U0486977

装备科技译著出版基金

纳米铝热剂

Nanothermites

[法国] Eric Lafontaine　Marc Comet　著

李国平　凌 剑　罗运军　译

国防工业出版社

·北京·

著作权合同登记　图字：军-2018-009 号

图书在版编目（CIP）数据

纳米铝热剂/（法）埃里克·拉方丹（Eric Lafontaine），（法）马克·科梅（Marc Comet）著；李国平，凌剑，罗运军译．—北京：国防工业出版社，2018.9

书名原文：Nanothermites

ISBN 978-7-118-11687-8

Ⅰ. ①纳…　Ⅱ. ①埃…　②马…　③李…　④凌…　⑤罗…
Ⅲ. ①铝-金属氧化物催化剂　Ⅳ. ①O643.36

中国版本图书馆 CIP 数据核字（2018）第 182061 号

Translation from the English language edition：
Nanothermites by Eric Lafontaine，Marc Comet
Copyright © 2016 by John Wiley & Sons，Inc.
All rights reserved.
本书简体中文版由 John Wiley & Sons，Inc. 授权国防工业出版社独家出版发行。
版权所有，侵权必究。

※

国防工业出版社出版发行
（北京市海淀区紫竹院南路 23 号　邮政编码 100048）
三河市腾飞印务有限公司印刷
新华书店经售

*

开本 710×1000　1/16　印张 $17\frac{1}{2}$　字数 316 千字
2018 年 9 月第 1 版第 1 次印刷　印数 1—3000 册　定价 88.00 元

（本书如有印装错误，我社负责调换）

国防书店：（010）88540777　　发行邮购：（010）88540776
发行传真：（010）88540755　　发行业务：（010）88540717

译 者 序

含能材料是一类含有爆炸性基团的化合物或含有氧化剂和可燃剂的混合物，在一定的外界能量刺激下，能独立进行氧化还原反应，并释放出大量能量(通常伴有大量气体和热)。它是武器装备发射和运载的动力能源，是战斗部实现毁伤的威力能源，也是各种驱动控制、爆炸切割装置的动力能源以及国家军事实战力量和威慑力量的物质基础。按材料的组成可将含能材料分为单质含能材料和混合含能材料。单质含能材料经过百年的发展，由 TNT(1863 年)到 CL-20(1987 年)，其爆炸能从 4097kJ/kg(TNT)提高到 7812kJ/kg(CL-20)，仅提高了 91%，但其安全性能(用撞击感度爆炸百分数表示)从 4%~8%(TNT)增加到 100%(CL-20)，并且 CL-20 的成本远高于 TNT，表明 CHNO 单质含能材料的能量、安全、成本是矛盾的，严重制约了含能材料的进一步发展。在目前的技术条件下，发挥含能材料化学潜能比提高含能材料化学潜能(即合成新的含能材料)的研究更为实用，为此，对现有单质含能材料进行组分复合成为发展含能材料的重要技术途径，但是复合效果是影响复合含能材料性能的关键因素。随着纳米技术的发展，20 世纪 90 年代，美国、俄罗斯等国家科学家在铝热剂的研究基础上，发展了纳米铝热剂，又称为超级铝热剂，也称纳米复合含能材料或亚稳态复合含能材料，由于其良好的复合效果，使其具有反应速率及燃烧速率高、安全性好、能量密度高(理论上能超过 $23kJ/cm^3$)等特点。故纳米复合含能材料有重要的应用前景，已引起国内外的高度重视，是含能材料的研究热点。

Nanothermites 一书是 WILEY 公司 2016 年出版的纳米铝热剂专著。该书的作者是法国国防部的 Eric Lafontaine 和法德研究中心的 Marc Comet。两位作者长期从事新型纳米复合含能材料的制备与表征、火药的点火与燃烧等领域的研究。本书的写作特点是内容全面、新颖，系统性强，既有作者自己的工作又有同行的研究成果，既对已有研究成果进行了论述又对发展趋势进行了展望，是一本优秀的学术著作，非常值得翻译和引进。既可为国内研究者和技术人员提供参考，也可以作为教材让研究生和大学生了解纳米复合含能材料的前沿，为其开展相关研究工作奠定坚实的基础，同时还可以为管理者决策提供参考。目前，国内还没有与本书内容和体系相似的书籍。

本书共5章。第1章介绍了纳米铝热剂组分中金属和金属氧化物纳米颗粒的制备方法,包括机械球磨法、超声化学法、微胶囊合成法、溶剂热合成法、气相精细制备法等;第2章论述了纳米铝热剂的制备方法,包括物理混合法、包覆法、溶胶-凝胶法、组装法等;第3章对纳米铝热剂结构与性能的关系进行了讨论,重点介绍了烟火性能的表征;第4章对纳米铝热剂的安全、中和处理和毒性风险等进行了分析;第5章主要是全文的结论和对未来发展趋势的展望。

本书第1、2章由李国平翻译,第3章由凌剑翻译,第4、5章由罗运军翻译,全书由罗运军、李国平校对。魏佳也参与了其中部分章节的翻译工作。为了使本书内容与参考文献更加对应,便于读者阅读,在翻译过程中,我们将原文中的参考文献按章进行了分类与排序,并根据内容补充了部分参考文献。

值此书出版之际,译者在此首先感谢国防工业出版社的编辑们,感谢他们对出版此书付出的辛勤努力;感谢张俊、姚启发、金碧鑫、兰元飞、温晓木、董皓雪、吴书宝、王翠晓、张晨晖等同学在译文和校对过程给予的帮助;感谢"装备科技译著出版基金"对本书的大力支持。

纳米复合含能材料是一个前沿交叉领域,涉及学科多,新概念、新方法不断涌现,有些概念和方法还没有形成统一认识,且由于译者水平有限,译文中不妥之处在所难免,恳请读者不吝指正。

译者

2018年3月

目　录

绪　论

铝热剂是一种可燃物质,是由金属氧化物和金属粉末通过物理混合制备的,一般不为公众所知。铝热剂独特的化学特性主要取决于其组分的性质,而这些物质通常被认为是不可燃的。

1865 年,俄国化学家 Nikolay Beketov 首先发现用铝可以取代金属氧化物中的氧,但直到 19 世纪末至 20 世纪初,德国化学家 Johannes Wilhelm Goldschmidt 才申请了有关铝热化合物的专利,它们可用于焊接金属零件。Goldshcmidt 所制备的混合物是由具有明显正电性的金属如铝、钙、镁等和能被金属还原的金属氧化物或硫化物组成的。值得注意的是,第一种铝热剂的制备就是采用 Goldshcmidt 所报道的工艺,其中通过熔融盐电解得到作为铝热剂燃料的金属,这种方法在当时已日趋成熟。由熔融冰晶石电化学还原法制备铝的过程就是 Hall-Héroult 工艺,这一工艺可追溯到 1886 年。几年后,即 1897 年,Herbert Henry Dow 创立了著名的陶氏化学公司,主要通过熔融氯化镁的电解反应制备镁。熔融和分解还原性金属前驱体盐所需要的电量较大,为此,需要寻找一种能够发电多且廉价的方法。1868 年比利时物理学家 Zénobe Théophile Gramme 发明了发电机,随后 1882 年 Aristide Bergès 用白煤作为发电机的能量源,标志着工业发电时代的开始。

历史背景的分析解释了尽管铝热剂的化学组成看似简单且可通过简单的粉末混合制备,但为什么在烟火剂历史上却较晚出现的原因。

“thermite”一词最早是由 Goldschmidt 提出的,用于描述他所发现的反应性物质。这个词的含义是在燃烧过程中能释放大量的热。Larousse 字典中关于铝热剂的定义是“金属氧化物与细颗粒铝粉的混合物,在铝热焊中能燃烧释放出大量的热”。这种高度限制的定义应该进一步扩展,将一些具有类似铝热反应模式的化合物都包括进来。鉴于本领域最新的研究进展,铝热剂的定义可以扩展为“由一些具有高含量金属元素的活性材料形成的含能化合物,它们可以自蔓延反应释放出大量的热”。

铝热剂的经典定义反映出了一个事实,即在很长时间内铝热剂混合物都是含能材料这一特殊家族的主要代表。微米级铝粉和金属氧化物形成的混合物对各种外界刺激均不敏感如火焰、冲击、摩擦和静电等。因此,采用简单的点火方式很难点燃微米级铝热剂,唯一能安全且快速引发反应的方式是采用一种更敏感的烟火剂去点燃[1]。该反应发生时会火花四溅,但是大多数燃烧产物都会以固体或液体的聚集态形式存在。由于密度不同,熔融金属可以从废渣中分离出来,其主要组成为氧化铝。冷却后,金属液滴会形成硬块,仍包裹在陶瓷层中。钢轨焊接是通过对利用重力作用使反应产生的熔融金属流动的装置完成的。

由于液体金属中的大量热可以转移到与其接触的物质上,微米级铝热剂可以用作燃烧物质。在流动的同时,白炽金属液滴会进一步细分成小液滴,其与空气接触会被氧化提供额外的能量。铝热反应的强放热性也被用于爆破领域,如对作为增强支架的钢筋进行热剪切。这些例子表明,微米级的铝热剂应用十分有限,主要是利用铝热反应所产生的巨大热量去熔融其他物质或点火。

铝热反应的放热量大、传播速率较慢,并且不需要氧气。氧化-还原反应是将氧化物中的氧转移给铝,铝是一种高度亲氧的金属。这种反应很难被激活,微米级铝热化合物只有在温度接近氧化铝的熔点(约2053℃)才能被点着。

最早制备的纳米铝热剂的化学组成与它们的祖先——铝热剂相同。唯一不同是它们的颗粒粒径较小,只有5~1000nm。至少含有一种纳米级反应性组分的混合物有时也称为纳米铝热剂,但是将组分均为亚微米大小(<1000nm)的混合物称为纳米铝热剂可能更准确些。文献中常用的“超级铝热剂”一般指的是反应活性而不是结构[2]。在英语科技文献中,纳米铝热剂通常又被称为“亚稳态介孔(分子间)复合材料”。

美国一些大型国家实验室在20多年前就开展了纳米铝热剂的研究,几乎在同一时期,俄罗斯也开展了相关研究。也就是说纳米铝热剂的发现距铝热剂的发现基本相差了近一个世纪。实际上,制备纳米铝热剂的起始时间可能就是制备出稳定并具有一定产量的纳米铝颗粒的时间。此外,值得注意的是,铝热剂的发展历史与它们所含有的金属燃料的发展历史紧密相关。

与铝热剂相比,纳米铝热剂的点火温度更低,因此其对点火更敏感。另外,纳米铝热剂的反应速率非常快,使得其性能更接近起爆药而不是可燃物质。与铝热剂相比,纳米铝热剂能在更短的时间里释放出相同的热量,故纳米铝热剂具有更高的反应能力。

尽管纳米铝热剂的发展历史较短,但这些新材料已经显示出其特殊的烟火特性。本书不仅介绍了纳米铝热剂在烟火剂领域的研究进展,而且还指出了本领域未来值得探索的研究方向。

第 1 章主要概述了合成分散性好的金属和金属氧化物的方法。为了使复合材料中含能组分之间的接触面积大,“基础模块”的尺寸应该尽可能的小。本章的内容对那些希望自己能制备纳米铝热剂所用纳米颗粒的科学家是非常有帮助的。

第 2 章主要介绍了纳米铝热剂的制备方法。这些方法主要是将金属燃料和氧化剂纳米颗粒通过一种更有序或无序的方式混合。

第 3 章详细阐述了纳米铝热剂及其组分的实验研究,包括纳米铝热剂常用燃料和氧化剂的性能,以及表征纳米铝热剂反应特性和结构的方法。

第 4 章从安全的本质特征、烟火剂安全、中和以及毒性等角度分析了纳米铝热剂的安全和风险。

参考文献

[1] COMET M. ,SPITZER D. ,“Des thermites classiques aux composites interstitiels métastables”, *Actual. Chimique*, vol. 299, pp. 20-25, 2006.

[2] PIERCEY D. G. ,KLAPÖTKE T. M. ,“Nanoscale Aluminum-Metal oxide(thermite) reactions for application in energetic materials”, *Cent. Eur. J. Energ. Mater.* , vol. 7, no. 2, pp. 115-129, 2010.

第 1 章　纳米粒子概述

根据金属粉末的基本性能，如尺寸、粒径分布、形态和比表面积，以及化学反应活性和静电稳定性等开发了多种制备金属粉末的方法。这些制备金属粉末的方法可以分为三大类：第一类是固相法，主要包括机械球磨法和机械合成或反应球磨法；第二类是液相法，包括超声波合成法、微乳液合成法、溶剂热合成法、溶胶-凝胶合成法；第三类是气相法，包括惰性气体冷凝法、金属丝爆炸法、热等离子体法、激光烧蚀法、烟火合成法。

本章没有将所有合成纳米粒子的方法全部总结出来，只是重点介绍了几种制备纳米尺寸金属或金属氧化物粒子的方法，这些方法对制备基于混合物的纳米铝热剂具有重要意义。

1.1　固相法

1.1.1　机械球磨

几千年来，人们采取了各种各样的球磨方法来减小材料的粒径。但是，直到 1960 年 Benjamin 才发明了一种制备纳米材料的新方法——高能球磨法[1,2]。

从 1980 年开始，高能球磨法得到了快速发展，因为使用这种方法可以得到其他方法难以获得的结构状态，即使使用传统的熔融固化法也不可能获得这种结构状态的材料。

例如，有文献报道可以使用这种方法制备无定形合金型化合物[3]。Gaffet 团队的研究发现，施加的机械力是控制镍合金中晶态与无定形之间转变的一个参数。这在行星式球磨机里可以通过分别控制转盘和卫星的转速获得[4]。另外一个例子是在热力学平衡[5]或亚稳晶相中从不相容的元素中获得过饱和固溶体[6,7]。

通常文献中使用的机械球磨和反应球磨这两个术语都是指高能球磨法。当不同性能的粉末球磨在一起最终获得具有新合金复合物性能或者新结构的材料时，或者球磨引发的现象中会由于机械能的转移而激活化学反应时都可以使用反应球磨这个术语[8,9]。

当高能球磨法用于减少粉末颗粒的尺寸或用于修饰粉末的结构和微结构时，可以使用机械球磨这个术语来描述。

1.1.1.1　原理

高能球磨法是一种通过对材料施加机械应力在固相中获得超细且均匀粉末的方法。包括一种或几种材料放置在一个密封容器，这个密封容器中有一个或几个罐，罐通常为球形，并且能通过或强或弱的力摇晃每个物质。在碰撞期间受机械能转移的影响，粉末颗粒会经过一系列的断裂和冷焊作用发生很强的塑性变形。

球磨会大大增加塑性变形速率[10]，这样随着球磨时间的延长材料硬度会显著增加[11]。

然而，随着颗粒尺寸的减小，材料的韧性并不能无限增加，因为增强作用机理主要依赖于障碍层物上的错位堆积，例如晶界面。因此，只有纳米材料的颗粒尺寸保持错位堆积状态时 Hall-Petch 定律才能成立。

$$\sigma_c=\sigma_0+\frac{k}{\sqrt{d}}\ (\text{Hall-Petch 定律}) \tag{1.1}$$

式中　σ_c——屈服强度；

d——晶粒的大小；

σ_0 和 k——材料的相关常数。

Nieh 和 Wadsworth[12] 提出了描述颗粒边界的错位堆积机理，并且建立了估算两个错位之间的临界距离的函数。

$$L_C=\frac{3Gb}{\pi(1-v)H} \tag{1.2}$$

式中　G——剪切模量；

v——泊松比；

b——伯格斯矢量；

H——材料的硬度；

L_c——两个错位之间的临界距离。

然而，球磨过程中，晶粒尺寸减小的程度也会受到错位重组速率的限制。Fetch 等人[13] 表明由机械球磨引起的错位会结合并产生一定程度约束直至消失，这样就会减小错位的密度。这个效应对铝等低熔点材料的影响非常大。对于这些材料而言，机械球磨过程中的错位密度受复合速率控制，而不是球磨引起的变形能。对于高熔点的材料而言则正好相反,晶粒尺寸是由塑性形变控制的。当达到平衡时就会发生新的形变使晶界面滑移,但晶界面滑移并不会影响纳米结构[11,14]。

Eckert 等人的研究表明,对于具有面心立方晶体结构的金属材料而言,其最小晶粒尺寸与熔化温度成反比。尤其对 Al、Ag、Cu 和 Ni 这四种较低熔点材料而言,这个规律更明显[15]。但对其他具有面心立方晶体结构且较高熔点的金属材料(如 Pd、Rh、Ir)以及具有体心立方晶体和六角密积晶体结构的金属[13]而言,其晶粒尺寸一般不会受熔化温度的影响,如图 1.1 所示。

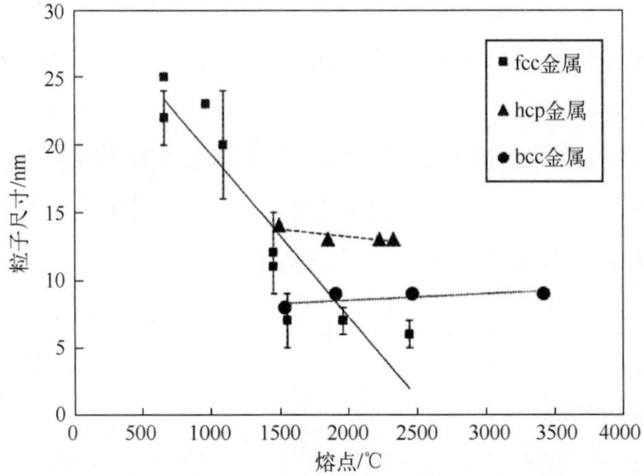

图 1.1 晶粒尺寸随着熔化温度变化图[13,15,16]

球磨法及其相关方法是一类由块状原料生产颗粒材料的有效方法,将其用于脆性材料时,可以获得尺寸在 100nm 以下的颗粒。

Svrcek 等人的研究工作主要是通过行星式球磨机获得粒子尺寸为 2~6nm 的晶体硅颗粒,硅团簇大约为 16nm。之后,通过滴加几滴 30% 的氨水,硅团簇会裂解,最终硅纳米粒子尺寸约为 4nm[17]。Russo 等人获得了平均粒径约为 55nm 的纳米粒子,但是产量很低。

Chakka 等人采用表面活性剂辅助直接球磨金属粒子的方法,即在质量比为 10% 的油酸和庚烷混合物中,将铁和钴一起球磨 50h,制备粒径为 3~9nm 的球形纳米粒子[19]。稍微改变球磨条件(球磨时间为 20h,相同的表面活性剂但质量浓度为 50%),Poudyal 等人获得的产物大多数为纳米片,其直径约为 5~30μm,厚度约为 20~200nm,少量粒径为 6nm 的纳米颗粒。

这种方法对于塑性和延展性材料可能是无效的,因为粒子不易断裂且会发生冷焊。然而,McMahon 等人将表面活性剂(油酸)在极性溶剂(乙腈)中稀释到 3% 或 5%,然后在氩气的保护下,用行星式球磨机(Retsch PM 400)球磨 3h 后可获得如表 1.1 所示的铝、铁、铜纳米粒子[21]。

表 1.1　机械球磨韧性金属获得纳米粒子的尺寸

金　属	球的类型	尺　寸
Al	直径为 8mm 的铝球	双峰 5~10nm(重量比 24%) 20~50nm
Fe	直径为 3mm 低碳钢球	10~20nm
Cu	铜柱(直径为 6.35mm,长为 6mm)	双峰 250nm(重量比 7%) 500~900nm

1.1.1.2　球磨机的主要类型

通过机械或者反应球磨减小晶粒尺寸的球磨机有多种类型,主要有:

—振动球磨机;

—立式球磨机;

—环式球磨机;

—行星式球磨机。

1.1.1.2.1　振动球磨机

振动球磨机由一个高频振动运动的筒组成。在这些振动球磨机中,我们可以将只有一个振动轴和一个球磨罐的球磨机和三个轴都具有高频振动的另一类球磨机区分出来。具有 8000M 振动的球磨机的种类很多,不同的公司都有销售,如 Fritsch(Pulverisette 0 或 23)或者 Spex 公司。

在这种类型的球磨机中,机械效应主要来自于球与粉末之间的碰撞。运行的振荡频率从几十到几千赫兹,可以球磨的粉体质量从 10g 到 20g,并且球磨时间非常短(约为 24h)[8]。与立式球磨机相比,这种球磨机具有很高的能量。

1.1.1.2.2　立式球磨机

Benjamin 使用的第一台球磨机就是立式球磨机[1],采用这台球磨机球磨得到了金属合金。这台球磨机可以垂直[22],也可以水平放置[23]。这类球磨机由一个装有球体的圆筒体和一个中心轴组成,中心轴垂直于轴心线。这个轴的旋转可以使球运动起来。这个设备的特点就是需要使用大量的球(约为 1000 个直径为 0.2~1cm 的球),其转速相对较低,约为 250r/min。这种类型的球磨机主要是通过球之间的摩擦或者与筒体壁之间的摩擦对粉末进行球磨[24]。

1.1.1.2.3 环式球磨机

环式球磨机是立式球磨机的变形体，它是由 Senna 团队开发的，并由日本 Nara Machinery Co 公司以 Micros 品牌名销售。它的运行依赖于固定在旋转主盘上的 6 个垂直轴上氧化锆环的堆积。环中心孔的直径比 6 个垂直轴长，因此在组装体的旋转过程中，由于离心力的作用，离心环会与受体壁发生摩擦。类似于立式球磨机（水平或者垂直），粉的球磨也主要依赖于摩擦力。该类型球磨机可根据它的尺寸大小分类，其容量为 0.4~33L，转速为 250~3000r/min[25]。

1.1.1.2.4 行星式球磨机

行星式球磨机由一个旋转主盘组成，这个旋转主盘的特点是包含了 1~4 个旋转筒。该设备的名字来源于类行星的运动。由于旋转主盘和旋转筒同时旋转，筒内会产生离心力，筒要么是按相同的方向，要么是按相反的方向运行，最终球和粉末之间会发生碰撞或者摩擦。

由于行星式球磨机可以任意调节其球磨参数，故在实验室中常采用这种球磨机来制备材料。它的容量范围从几克到几百克，转盘的转速为 100~1100r/min。大部分的行星式球磨机由 Retsch 公司和 Fritsch 公司出售，其中 Retsch 公司以 PM 系列产品为主，Fritsch 公司以 Pulverisette 系列产品为主，这些产品大多数是从 Gaffet 等人设计的 G5 和 G7 球磨机发展过来的[26]。

1.1.1.3 球磨参数

球磨参数会直接影响最终产品的形态和微观结构特征[8,27]。主要的变化参数如下：

—球磨时的能量转移；

—球磨时间；

—球磨介质的性质；

—球的尺寸；

—球和粉末的质量比；

—填充率；

—球磨气氛；

—控制剂；

—温度。

1.1.1.3.1 能量转移

球磨机的类型不同时能量也不同。一般来说，能量越高得到最终产品的速度越快。

一些研究团队对球磨过程中的建模与仿真非常感兴趣。尤其是 McCormick 队[28,29,30]、Gaffet 团队[31,32,33]、Courtney 团队[34-41]以及这些团队中 Hashimoto 和 Watanabe[43,44]都做出了巨大的贡献。

对球磨过程中发生的现象进行建模,如机械能转移到被球磨材料或者转移反应中的运动学、反应机理是一件非常复杂的工作。但是,这些是可以分为发生在局部和球层面上的现象。第一个层次是指球和粉末之间的相互作用,而第二个层次是指球磨机的动力学和运动学。Gaffet 等人提出了第三个层次,这个层次考虑到在机械应力作用下材料结构的演变过程,以及作为能量转移的能量演化过程[32]。

在垂直振动的单球球磨机中,冲击发生在法线方向。对于振动多球球磨机而言,它们的运动学更复杂,通常可以采用对壁的准正态冲击表征。

Chen 在研究 Ni_xZr_y 合金过程中,将球磨强度(I)定义为单位时间内(f)单位质量粉末(M_P)的动量转移($M_b \times V_{max}$)量:

$$I=\frac{M_b V_{max}}{M_P}f \tag{1.3}$$

$$V_{max}=2\pi A f_{bol} \tag{1.4}$$

式中 M_b——球的质量;

M_P——粉末的质量;

V_{max}——在碰撞瞬间相对于筒球的速率;

f——碰撞频率;

A——振动幅度;

f_{bol}——筒的振动频率[45]。

影响行星式球磨机或者水平球磨机动力学的参数包括筒和主盘的旋转速度、载荷比、填充率。

Mio 等人研究了不同参数的影响,尤其是速度比和旋转方向对球冲击能量的影响[46]。后者会随着主盘速度的增加而增加,超过最佳值后,冲击能减小。

冲击能达到最佳值时临界速度 V_c 为

$$V_c=\sqrt{\frac{R_p}{R_b-r_b}-1} \tag{1.5}$$

式中 R_p——主盘的半径;

R_b——筒的半径;

r_b——球的半径。

冲击能随速率的变化关系可以用不同模式的球运动来解释。随着速率的增

加,球运动可以分为四种模式:

(1)“平衡”模式是指球体和粉末作为整体移动。

(2)“串联”模式是指球的滚动会导致球到达罐子的相对较高位置后,再通过连续的小规模冲撞球会回到罐的较低位置。除了这种冲击机理,球也会在罐壁滑动。这些滑动现象会直接影响球的初始频率[29]。

(3)“瀑布”模式是指球填满罐子的所有空间并发生相互碰撞的情况,这会导致球体之间碰撞的频率增加,但是滑动现象几乎不存在。

(4)“滚动”模式发生在高速度下,由于离心效应,球依然胶合在罐子的内壁,所以球不会离开罐子的内壁而撞向相反的壁上,最终导致摩擦效应较弱。

Mio 等人强调的另外一点是,当罐子和主盘的旋转方向相反时,冲击能相对较高[46]。

1.1.1.3.2 球磨时间

该参数的定义是系统达到平衡状态所需的最短时间。在大气中,这个参数依赖于所用球磨机的类型、球体对粉末的作用(碰撞或摩擦)和对氢诱导的脆性断裂非常敏感的金属[15]。实际上,Eckert 等人已经报道在氩气条件下面心立方金属球磨时会黏附在球磨工具上,降低球磨效率[13]。最后,球磨时的温度也会影响球磨时间[47]。开始阶段,冷焊占据主导作用,导致颗粒尺寸增大[8]。然后,断裂现象变得比较明显,导致颗粒尺寸减小。这个过程发生的很迅速,随后速度放慢,直至停止,最后达到平衡状态[8,48]。该过程一般能够持续几个小时,但是也可能需要球磨几十个小时达到平衡[49,50]。另外值得注意的是,球磨时间越长,球磨介质对粉末的污染越重。另一方面,如果球磨时间超过所要求的时间,正如 Suryanarayana[52] 在钛和铝合金方面的研究所报道的那样会产生不良晶相。

在球磨过程中球体与粉末的碰撞和摩擦会使材料局部温度升高。为了减少热量聚集,可采用交替球磨和暂停的循环方法[53,54]。

1.1.1.3.3 介质性能

硬度的选择,也就是选择球磨球和磨筒制作材料的性能,需要考虑粉末的球磨程度。低硬度材料不适合用于粉末的球磨,但是硬度过高就会使球磨球和磨筒过早磨损,最终可能会污染球磨好的粉末。目前使用的材料为不锈钢[55,56]或者镀铬钢[57]、玛瑙[58,59,60]、罐体用氧化钇稳定的锆[61]和球用氧化钇或氧化镁[61]部分稳定的锆[62]、玛瑙[58,59,60]、刚玉石[63]、碳化钨[64]、WC-Co 碳化钨[59]和蓝宝石[65]。Suryanarayana 还报道了可以采用其他材料,如钛、铜或者铜-铍、陶瓷或氮化硅。

球磨铝等塑性材料所用球磨球和筒一般是钢制品[15,53]。

1.1.1.3.4　球体尺寸

在多数情况下,所使用的球磨球具有相同的直径和性能[64]。Shin 等人给出了在相同恒定载荷比下,球磨球的尺寸对球磨后粉末粒子尺寸的影响规律。他们的研究表明,球磨球的最佳直径随着旋转速度增加而减小。当旋转速度一定时,可以用两种相反效应的影响来解释。第一种效应是不利于改善球磨效率的,即随着磨球尺寸变小,动能降低。第二种效应是有利于改善球磨效率的,即随着磨球数量的增加,碰撞频率增加[67]。

Vaezi 等人的研究表明,在相同载荷比下,不同直径的磨球(5mm 和 10mm)混合使用比使用同一直径的磨球(5mm 或 10mm)效果更好[68]。他们对这种现象的解释是,在一个混合体中较小的球体可以填充到较大球体的空隙中。由于球体之间的这种重排,碰撞次数增加。此外,由于载荷比是恒定的,每个大球的重量等同于八个较小球的重量,这意味着会发生较高的碰撞次数,而球的动能并不会显著降低。因此,在一定范围(旋转速度,载荷比,填充比等)内的碰撞与碰撞能量之间存在一个最佳比值。

另一个假设是基于 Takacs 和 Pardavi-Horvath 的研究提出的[69],他们发现在氧化铁与锌通过反应球磨生成铁粒子的过程中,由于锌的延展性会沉积在球磨介质的表面,这样的行为有助于冷焊现象。为了解决这个问题,他们将不同直径的磨球混合使用,能有效地避免锌沉积到壁面和球体表面,但并没有解释其中的原因。根据这些结果,Suryanarayana 认为不同尺寸的磨球都可以产生剪切力。这些剪切力能够使粉末从筒和磨球的表面脱除,因此有利于减小冷焊过程中的损伤,从而提高球磨产量[8]。

1.1.1.3.5　磨球和粉末的质量比

磨球和粉末的质量比,也称为载荷比,是球磨过程中一个重要的变量,定义为磨球和粉末之间的质量比。在文献中,我们可以找到 1∶1的低比例,也能找到220∶1的非常高的比例[8]。一般来说,低容量球磨机最常用的比例是 10∶1～20∶1,如 SPEX 球磨机或 Fritsch Pulverisette 型行星式球磨机[64,70]。

载荷比会影响球磨粉末达到特定相态和/或尺寸所需要的时间。载荷比越高,所需的时间越短。载荷比的增加相当于磨球数目的增加,也就是说,当它们的平均质量相同时,单位时间的碰撞数增加,这样就会有更高的能量转移到粉末中,迅速达到终态。然而,我们应该意识到在短时间内高能量的传送会导致温度迅速升高,从而可能会影响材料的最终状态。

1.1.1.3.6 填充率

磨球在球磨罐中的填充率是机械球磨的另一个重要因素。低的填充率会降低球磨产量，而另一方面，如果填充率过高，就没有足够的空间使球自由移动，这会减少冲击能量和降低过程效率。最佳填充率一般是指球磨罐的体积填充 50%~60%[8,71]。

1.1.1.3.7 球磨气氛

球磨可以在各种气氛下进行，既可以是惰性气体（氩气、氦气），也可以是活性气体[8,71]。例如，为了获得氢化物或者使一些金属变脆可以是氢气条件[15]，为了获得氧化物可以是在空气或氧气稀释的惰性气体中，而在氨气和氮气气氛下进行球磨则可获得氮化物[72]。

气氛的类型会影响材料的最终结构。Ogino 等人的研究表明，在氮气或含有空气的氩气气氛下球磨制备 Cr-Cu 合金时，由于与中心立方相相比氮原子会被合金吸收，能提高晶粒边界和非晶相的热力学稳定性，因此氮原子的吸收有利于晶粒细化和非晶化。在纯氩气氛下不会出现合金的非晶化[73]。

Li 等人进行了类似的工作，得出了一个重要结论，氧气会加速钛合金的非晶化动力学[74]。

1.1.1.3.8 抑制剂

如前所述，在球磨期间粉末粒子会交替发生冷焊，然后破碎。在球磨期间加入控制剂是为了在给定的实验条件下改变焊接/碎片的比率[8]。控制剂的作用是降低粉末粒子的表面能，从而减少冷焊现象并有利于破碎，故在完全球磨之后能够使晶粒尺寸减小[15,71]。

控制剂可以是固体、液体或气体[8,15]。与添加固体控制剂相比，当添加液体控制剂时，得到粒子的粒度分布更加均匀[8]。经常使用的控制剂有硬脂酸[75,76,77]、醇类[77,78,79]、饱和烃（烷烃、正己烷等）[80,81]或不饱和烃（苯[79,82]和甲苯[64,83]）。

其他的外加试剂也可作为控制剂使用，如矿物或有机钠盐[84]，典型的溶剂如四氢呋喃[82]或固体物质如石墨等[85]。就石墨而言，有意思的是在球磨结束后并不会将其除去，而是直接作为纳米铝热剂的组分，以降低铝热剂对静电放电等的敏感性。

控制剂与粉末质量比通常为 0.5%~3%[49,53,86]，但是在某些情况下，相对于球磨的负荷来说，它们的质量比可能会达到百分之几百。

1.1.1.3.9 球磨温度

另一个确定材料最终状态的重要参数是球磨温度。当温度较高时，晶粒尺寸增大,但在固态时它们的约束性和溶解性会减弱[87]。Zhou 等人的研究工作表明,铝在 90 K 下,球磨得到平均直径为 26nm 的粒子仅需要 8h;但在 298K 下,则需要用将近 100h 才能使晶粒的尺寸达到稳定值,约为 25nm。这表明,对于类似的球磨能量水平,低温球磨比室温球磨更有效[88]。

1.1.1.4 机械合成

在机械球磨过程中可能会发生化学反应。在一些情况下,这种生产工艺又称为反应球磨,机械化学或机械合成。

化学反应发生在球磨过程中不断更新的粒子表面。这种技术的主要优势是反应发生的温度(它可能经常是环境温度)比热力学平衡温度低。反应要么发生在稳定的状态,要么发生在自蔓延燃烧期间。后者反应主要是由于局部温度的快速增加,所得到的粒子直径通常在微米范围内,而由自蔓延燃烧得到粒子的直径通常在纳米范围内。为了阻止在球磨过程中混合物的自燃,球磨的实验参数往往需要调整,因此降低冲击能量和/或添加惰性稀释剂都能减慢反应动力学。

用反应性气体作为球磨气氛时,在机械合成反应过程中,固体物质会与球磨气氛发生反应。例如,Liu 等人通过机械合成法球磨晶粒尺寸约为 100μm 的纯钽或者纯铌可以获得相应的氮化钽和氮化铌。所使用的球磨机为行星式球磨机,罐体和球磨球($d=17$mm)都是不锈钢的,球磨气氛是 2.5MPa 的氮气,磨球和粉末的载荷比为 20∶1。球磨 80h 后,形成了 NbN 相,其晶粒尺寸为 10~30nm。相比而言,Ta_2N 的形成比氮化铌更加迅速,球磨 16h 后,反应基本完全。当球磨时间超过 30h 后会出现无定形相,在整个球磨过程中,Ta_2N 是唯一形成的结晶相。作者提出的假设是由于铁杂质会污染球磨介质,使得 Ta-N 体系中出现了无定形相[89]。

当固体在活性液体中球磨时可能会发生固-液反应。例如,可以用 SPEX 8000 型球磨机在氩气保护下,通过液体四氯化硅和镁颗粒之间的反应[90],或通过以氯化锂作为控制剂避免燃烧反应,四氯化硅与锂颗粒之间的反应[91]制备纳米晶体硅粒子。在后面的例子中获得的硅是非晶态。最近的研究表明,机械化学引起的固-固反应也可用于生产纳米金属和金属氧化物粒子。

在合适的化学反应条件下,选择好初始试剂的化学计量和球磨参数(转速或碰撞频率、球体的尺寸和数目、载荷比、控制剂的性质和数量等),机械化学作用可用于制备分散在可溶性盐基质中的纳米粒子。用合适的溶剂清洗已获得的粉末可选择性地消除某些基体相,从而有可能获得具有期望相态的较弱聚集的纳米粒子。

通过机械合成方法制备的纳米金属和氧化物粒子的报道见表 1.2 和表 1.3。

表 1.2　机械合成法制备纳米金属粒子

金属	d/nm	条　件	参考文献
Al	20~40	$AlCl_3+3Li \rightarrow Al+3LiCl$ 控制剂:LiCl 载荷/试剂质量比为 0.25 Glen Mills Turbula T2C,B/P 载荷比为 35/1 气体:氩气,3h,钢球,洗涤硝基甲烷+ $AlCl_3$ $AlCl_3+3Na \rightarrow Al+3NaCl$ 控制剂:NaCl 载荷/试剂质量比为 0.3 Glen Mills Turbula T2C,B/P 载荷比为 55/1 气体:氩气,4h40,钢球	[92]
Cu	30	$CuCl_2+2Na \rightarrow Cu+2NaCl$ 控制剂:NaCl 载荷/试剂质量比为 1 SPEX 8000,B/P 载荷比为 3/1 气体:氩气,16h,钢球(d=4.8nm) 用去离子水洗,然后用甲醇超声	[93]
Co	10~50	$CoCl_2+2Na \rightarrow Co+2NaCl$ 控制剂:NaCl 载荷/试剂质量比为 0.5 SPEX 8000,B/P 载荷比为 3/1 气体:氩气,10h,钢球(d=4.8nm) 用去离子水洗,然后用甲醇超声	[94]
Fe	15~20 30~35 50~60	$FeCl_3+3Na \rightarrow Fe+3NaCl$ SPEX 8000,B/P 载荷比为 3/1 气体:氩气,16h,钢球(d=4.8nm)或 24h(d=3.2nm)或 3.3h(d=6.4nm) 用去离子水洗,然后用甲醇超声 $FeCl_3+3/2Ca \rightarrow Fe+3/2CaCl_2$ 8h,钢球(d=9.5nm) $FeCl_3+Al \rightarrow Fe+AlCl_3$ 90h,钢球(d=6.4nm) 控制剂:NaCl 载荷/试剂质量比为 1	[95]
Ni	10~20 10~500	$NiCl_2+Na \rightarrow Ni+2NaCl$ 控制剂:NaCl 载荷/试剂质量比为 0.5 SPEX 8000,B/P 载荷比为 3/1 气体:氩气,16h,钢球(d=4.8nm) 用去离子水洗,然后用甲醇超声 $NiCl_2+Mg \rightarrow Ni+MgCl_2$ SPEX 8000,B/P 载荷比为 10/1 气体:氩气,3h,钢球(d=4nm) 用去离子水洗,然后用甲醇超声	[94,96] [97]

（续）

金属	d/nm	条 件	参考文献
Si	20	$SiBr_4+2Mg \rightarrow Si+2MgBr_2$ SPEX 8000,B/P 载荷比为 10/1 气体:氩气,20h,钢球(2 个 d=11.1nm 和 1 个 14.3nm) 用 40mLHCl(37%)洗,再 70℃加热 30min,然后用乙醇洗	[90]
		$SiCl_4+4Li \rightarrow Si+4LiCl$ Glen Mills Turbula T2C,B/P 载荷比为 90/1 气体:氩气,24h,钢球(d=7.9nm 和 12.7nm) 用四氢呋喃洗	
	51	无控制剂	[91]
	13	控制剂:LiCl 载荷/试剂质量为 10	
	2.5	$SiO_2+4Al \rightarrow 3Si+2Al_2O_3$ SPEX 8000,B/P 载荷比为 23/1 气体:氩气,15h,不锈钢球(总重量 24.87g)	[98]
	5	$SiO_2+C \rightarrow Si+CO_2$ Planetary mill,B/P 载荷比为 10/1 气体:氩气,240h,不锈钢球(d=7.5nm)	[99]
Sb	19	$Sb_2S_3+Fe \rightarrow 2Sb+FeS$ Fritsch Pulverisette 6,B/P 载荷比为 120/1 气体:氩气,3h,50 球 WC(d=10nm)	[100]

表 1.3 机械合成法合成金属氧化纳米粒子(D:直径,E:厚度,L:长度)

氧化物	d/nm	条 件	参考文献
Al_2O_3	10~20	$2AlCl_3+3CaO \rightarrow Al_2O_3+3CaCl_2$ SPEX 8000,B/P 载荷比为 8/1 气体:氩气,24h,球(d=9.5mm) 在 400℃煅烧,1h 超声条件下用去离子水洗	[101]
CeO_2	10	$CeCl_3+3NaOH \rightarrow Ce(OH)_3+3NaCl$ 控制剂:NaCl 12 当量 SPEX 8000,B/P 载荷比为 10/1 气体:氩气,4h,钢球(d=6.4mm) 在 500℃煅烧,1h 超声条件下用去离子水洗	[102]
	19	$CeCl_3+3/2CaO+1/4O_2 \rightarrow CeO_2+3/2CaCl_2$ SPEX 8000,24h, 在 400℃煅烧,6h	[103]
	40-70	$2CeCl_3 \cdot 6H_2O+3Na_2CO_3 \cdot 10H_2O \rightarrow Ce_2(CO)_3 \cdot nH_2O+6NaCl+(42-n)H_2O$ SPEX 8000,B/P 载荷比为 5/1 24h,在 900℃煅烧,1h 超声条件下用去离子水洗	[104]

（续）

氧化物	*d*/nm	条　件	参考文献
Cr_2O_3	3 50 10~100	$Na_2Cr_2O_7+S \rightarrow Cr_2O_3+Na_2SO_4$ SPEX 8000，B/P 载荷比为 10/1 气体：氩气，6h，钢球（d=12.7mm），在 450℃煅烧，1h，或在 500℃煅烧，1h，或在 600℃煅烧，1h， 超声条件下用去离子水洗	[105]
Fe_2O_3	10~30 20~50	$FeCl_3+3CaO \rightarrow Fe_2O_3+3CaCl_2$ 控制剂：$CaCl_2$：载荷/试剂质量比为 1 SPEX 8000，B/P 载荷比为 5/1 气体：氩气，24h，钢球（d=4.8mm），在 150℃煅烧，1h 超声条件下用甲醇洗 $2FeCl_3+3Ca(OH)_2 \rightarrow Fe_2O_3+3CaCl_2+3H_2O$ 除了在 200℃煅烧，1h， 其他条件相同	[106]
	5 50~100 六角平板 D：50~200 E：20~40	$Fe_2(SO_4)_3+3Na_2CO_3 \rightarrow Fe_2(CO_2)_3+3Na_2SO_4 \rightarrow$ $Fe_2(CO_2)_3 \rightarrow Fe_2O_3+3Na_2SO_4+3CO_2$ SPEX 8000，B/P 载荷比为 10/1 气体：空气，4h，6 钢球（d=12.7mm），在 350℃煅烧，1h，或在 500℃煅烧，1h，或在 700℃煅烧，1h 超声条件下用去离子水洗	[107]
Gd_2O_3	5~50	$GdCl_3+3NaOH \rightarrow Gd(OH)_3+3NaCl$ 控制剂：NaCl：载荷/试剂质量比为 0.1 SPEX 8000，B/P 载荷比为 10/1 气体：氩气，24h，球（d=6.4mm），在 500℃煅烧，1/2h 超声条件下用去离子水洗	[108]
	平板长度 20~15 E：5~120	$2GdCl_3+3CaO \rightarrow Gd_2O_3+3CaCl_2$ SPEX 8000，B/P 载荷比为 40/1 气体：氩气，8h，球（d=12.7mm），清洗然后在 800℃煅烧，1h	[109]
Nb_2O_5	10~100 200~1000	$2NbCl_5+5Na_2CO_3 \rightarrow Nb_2O_5+10NaCl+5CO_2$ 控制剂：NaCl 当量比为 8 SPEX 8000，B/P 载荷比：10/1 气体：氩气，6h，钢球（d=12.7mm），在 550℃煅烧，1/2h 超声条件下用去离子水洗 $2NbCl_5+5MgO \rightarrow Nb_2O_5+5MgCl$ 相同条件，球磨时间 8h 在 400℃煅烧，1/2h	[110]
SnO_2	5~30	$2SnCl_2+2Na_2CO_3 \rightarrow 2SnCO_3+4NaCl$ $SnCO_3 \rightarrow SnO+CO_2$ $SnO+1/2O_2 \rightarrow SnO_2$ 控制剂：NaCl 为 100%当量比 B/P 载荷比：10/1 气体：氩气，6h，铬镀钢球（d=6.4mm），在 400℃煅烧，在空气中 超声条件下用去离子水洗	[57]

（续）

氧化物	d/nm	条件	参考文献
TiO_2	37	$TiOSO_4xH_2O+Na_2CO_3 \rightarrow TiO_2+Na_2SO_4+xH_2O+CO_2$ TB-1 Kadan ltd,B/P 载荷比为 20/1 气体:氩气,6h,刚玉球(d=11mm),在 700℃煅烧,1h 在空气 超声条件下用去离子水洗	[63]
Y_2O_3	28	$2YCl_3+6LiOH \rightarrow Y_2O_3+6LiCl+3H_2O$ B/P 载荷比为 10/1 SPEX 8000,气体:氩气,4h,20 钢球(d=9.5mm),在 500℃煅烧,1h 超声条件下用去离子水洗,然后用甲醇洗	[111]
ZnO	10~40	$ZnCl_2+NaCO_3 \rightarrow ZnCO_3+2NaCl$ $ZnCO_3 \rightarrow ZnO+CO_2$ 控制剂:NaCl,8.6 当量比 SPEX 8000,B/P 载荷比:10/1 气体:氩气,6h,钢球(d=6.4mm),在空气中 400℃煅烧,1/2h 超声条件下用去离子水洗	[112]
ZrO_2	5~10	$ZrCl_4+2CaO \rightarrow ZrO_2+2CaCl_2$ SPEX 8000,B/P 载荷比为 5/1 气体:氩气,20h,钢球(d=9.5mm),在 350℃煅烧,1/2h 超声条件下用去离子水洗	[113]
	14	$ZrCl_4+4LiOH \rightarrow ZrO_2+4LiCl+2H_2O$ SPEX 8000,气体:氩气,4h,20 钢球(d=9.5mm),在 500℃煅烧,1h 超声条件下用去离子水洗,然后用甲醇洗	[111]
	7	$ZrCl_4+2MgO \rightarrow ZrO_2+2MgCl_2$ SPEX 8000,气体:氩气,12h 在 500℃煅烧,1h 超声条件下用去离子水洗	[114]
	32	$ZrCl_4+2Li_2O \rightarrow ZrO_2+4LiCl$ 控制剂:LiCl 为 4 当量 SPEX 8000,B/P 载荷比为 10/1 气体:氩气,6h,20 钢球(d=9.5mm),在 400℃煅烧,1h 超声条件下用去离子水洗,然后用甲醇洗	[115]

1.1.1.5 小结

只要在球磨过程中使用表面活性剂,就可以采用机械球磨法通过直接球磨脆性材料和韧性材料获得相应纳米尺寸的粒子,如铜或铝的金属和氧化物。

这同样也适用于反应球磨,为得到以晶粒或纳米无定形粒子形式存在的金属或金属氧化物提供了可能性。当然,这个过程通常也需要使用一种控制剂,它会起到稀释剂的作用,能够阻止或延迟自燃反应,并且由于其稀释效应,也会显著降低纳米粒子间的团聚。机械合成技术的缺点一方面是生产量低,另一方面是过程持续时间往往是几个小时。然而,最重要的问题是球磨介质可能会污染粉末。

值得注意的是,当采用这种方法制备纳米铝热剂时,所制备的氧化物具有低的"反应活性"。用该种方法制备的最有活性的氧化物包括 WO_3、MoO_3、CuO、Bi_2O_3、I_2O_5或 Ag_2O。

1.2 液相法

1.2.1 超声化学

1.2.1.1 原理

超声化学是一种利用超声波来激活或加速化学反应的技术。这种简单的方法被特别推荐用于制备纳米结构。使用这种方法,可以获得无定形或结晶粒子,甚至金属或金属氧化物胶体悬浮液。超声化学中所使用的超声波,基本属于低频率范围(16~100kHz)[116-118]和高频率范围(100kHz~1MHz)[119,121]。较高频率(1MHz以上)的超声一般用于诊断,尽管频率在1MHz以上的超声有时也可以用于超声化学[121]。

1.2.1.2 实验参数的影响

1.2.1.2.1 发射功率

区分超声波的第二个标准是发射功率。当功率低于1W,超声波不会引起介质的改变。在这种情况下,振动相互作用只会发生在超声和它通过的物质之间。这种低功率的超声波一般用于材料或结构的无损检测,或医学诊断。当超声波的功率较高时,它在穿透物质的同时伴随着非线性物理现象和相关化学反应。和光化学现象对比,与声波相关的化学不依赖于波-物质的直接相互作用。它本质上是由于声波的空穴现象引起的。空穴现象的表现是在液体中形成气泡。当液体静压力减小到低于给定温度的液体蒸气张力时,就会出现这种现象。空化气泡的演变取决于它的初始体积、所承受的压力范围和液体表面张力。小尺寸的气泡受到低压力场的作用时,会因为迅速溶解在周围的液体中而消失。

在高压力场时,气泡体积会发生波动。在凹陷期间,受蒸发和汽化的影响,气泡体积会增大;当气泡被压缩时,气体会溶解在液体中,蒸气会在液/气界面冷凝。空化气泡的内爆会导致温度急剧增加,当压力高于500atm,局部加速度超过10g,

光子辐射和冲击波的持续时间小于 1μs 时,温度甚至高于 5000℃[122],这些极端条件使只发生在高能量区域的化学反应继续发生[123]。此外,由于与液体界面接触的蒸气会快速冷却,得到的是非晶态合金,如非晶态铁粉[123]。

金属羰基化合物等挥发性前驱体大部分在空化气泡内热分解得到金属纳米粒子[117,123]、氧化物[118,125]、碳化物[123]或硫化物[126]。

至于非挥发性前驱体,化学反应发生在空化气泡的液/气界面附近。一方面,化学反应是通过空化气泡中的溶剂热解生成的自由基与溶剂中离子之间的相互作用发生的;另一方面,由于温度的作用,尽管在界面附近温度较低,但是也能够引发溶质的热分解,并产生自由基,这些自由基也将与溶液中的活性物质发生相互作用。其他几个实验参数也会影响粒子的性能和尺寸。

1.2.1.2.2 发射频率

Reyman 等人的研究表明,由 Fe^{2+} 通过超声化学生成 Fe^{3+} 的产率与频率的关系呈现线性下降的规律。相比而言,所形成的氧化铁粒子尺寸似乎与频率的关系不大。

1.2.1.2.3 发射振幅

Ghasemi 等人开展的超声化学合成二氧化铅的研究工作表明,所形成的粒子尺寸主要取决于波的振幅。36μm 振幅下,得到的氧化铅粒子聚集体的大小为 300~350nm;60μm 振幅下得到的聚集体的大小为 5~100nm。因此,随着超声波振幅的增加,粒子的生长速率会降低[127]。

1.2.1.2.4 发射持续时间

最有名的是 Aslani 及其同事研究了反应介质中超声波发射持续时间与氧化镍(NiO)纳米粒子产物粒径之间的关系:当功率为 12~18W、发射持续时间为 2h 时,平均粒径为 60nm;当发射时间延长到 3h 时,平均粒径为 20nm[128]。

1.2.1.2.5 溶剂的影响

一些与溶液有关的参数也会影响波的传播,如与溶剂的性质和温度有关的溶液黏度。液体黏度的增加会使空穴功率的临界值增加。与低黏度液体相比,黏度较大的黏性液体需要更高的声压变化才能产生气蚀现象。

声频发射所提供的能量部分还会转变为热,使介质的温度升高。因此,有时必须采用传热流体控制介质热量以保证工作时温度的恒定。在反应期间升温的影响是一个复杂的问题,因为温度会影响反应介质的黏度、蒸汽压力和溶解气体的浓度,甚至会影响反应动力学[127]。

文献报道的用超声法制备的金属氧化物和金属纳米粒子见表 1.4 和表 1.5。

表 1.4 采用超声化学法合成的金属氧化物

氧化物	*d*/nm	条　件	参考文献
Bi_2O_3	40~100	$Bi(NO_3)_3$,PVP,H_2O,pH 11 US:600W,20kHz,75min,60℃	[129]
	<23	$Bi(NO_3)_3$,PVP,H_2O,pH 1 US:200W,24kHz,1h,80℃ 煅烧温度 800℃,空气,1h	[130]
Cr_2O_3	200	$Cr_2O_7(NH_4)_2$,H_2O US:100W,20kHz,3h	[131]
CuO	15~40	$Cu(NO_3)_2$,NaOH aq. (0.1~0.3M) US:20kHz,600W,90℃,0.5~2h 煅烧温度 100~300℃	[131]
	纳米棒 70×350	$CuSO_4$,NaOH aq. (0.05M),聚乙烯醇 US:80℃,30min,在 25℃老化 12h	[132]
	50~70	$Cu(NO_3)_2$,NaOH aq. (0.05M) US:20kHz,750W,90℃,1/2h 煅烧温度 700℃	[133]
Fe_2O_3	20	$Fe(acac)_3$,四甘醇二甲醚,2% vol. H_2O	[116]
	5~10	$Fe(acac)_3$,四甘醇二甲醚,6% vol. H_2O US:20kHz,13W,8h	[134]
	6	$Fe(CO)_5$,十六烷	
	<20	C(4~12nm),$Fe(CO)_5$,十六烷和在 450℃煅烧 2h US:20kHz,50W,20℃,3h,1atm Ar	
	21~23	$FeSO_4$,NaOH aq. (0.2M),乙二醇 US:581kHz,29W,20℃,30min	
Fe_3O_4	3~14	$Fe(CO)_5$,SDS(0.02M),H_2O US:20kHz,25℃,3h,1atm 空气	[125]
HfO_2	14~25	$HfCl_4$,NaOH aq. US:500W,1h 500℃煅烧 2h	[135]
In_2O_3	15~30	$In(acac)_2$,H_2O,pH:9~10 US:20kHz,750W,1h,80~90℃	[136]
MnO_2	50~150 200~1000	$KMnO_4$,H_2O, US:200kHz,13W,20℃,pH 6.0,9min US:200kHz,13W,20℃,pH 9.3,8min	[119]
Mn_2O_3	50	$KMnO_4$,H_2O, US:100W,20kHz,3h	[137]
Mn_3O_4	60 10~40 30~40 20~70	$MnSO_4$ $Mn(NO_3)_2$ $Mn(CH_3COO)_2$ Mn(acetylacetonate)$_2$ US:180W,12h	[138]

（续）

氧化物	d/nm	条　件	参考文献
	20~150	Ni($CH_3COO)_2$,NaOH aq.(0.1M)H_2O,乙酰丙酮,聚乙二醇 US:6~18W,30kHz,0.5~3h,然后500℃煅烧1/2h	[128]
PbO_2	50~150	PbO,$(NH_4)_4S_2O_8$,H_2O US:20kHz,600W,75℃,1h	[127]
SiO_2	60	Si$(OC_2H_5)_4$,甲醇,H_2O,BS US:20kHz,100W,1/2h,25℃,1atm,空气 然后乙二胺,用甲醇洗,在600℃煅烧2h	[139,140]
SnO_2	23~30	$SnCl_3$,PEG,H_2O,1,2-乙二胺 US:100min 在空气气氛中500℃煅烧3h	[141]
TiO_2	17	Ti$(OC_2H_5)_4$,乙醇,H_2O,乙酸 US:38kHz,30W 在530K煅烧	[142]
$WO_3 \cdot H_2O$ WO_3	纳米盘 L:250 E:几个打 50~70	$WCl_6 \cdot H_2O$ US:20kHz,1000W,200℃ W$(CO)_6$,二苯基甲烷 US:20kHz,100W,90℃,3h,1atm,Ar/O_2(8/2) 然后在空气气氛在1000℃煅烧	[143] [118]
ZnO	4~7	Zn$(CH_3COO)_2$,LiOH,乙醇 US:20kHz,900W,1~20min	

注:acac(乙酰丙酮化物),BS(希夫碱),二-(乙酰丙酮)丙烯-1,3二亚胺或者二-(乙酰丙酮)丁烯-1,4二亚胺,SDS(十二烷基硫酸钠),PVP(聚乙烯吡咯烷酮)

表1.5　金属和碳纳米粒子的超声化学合成

元素	d/nm	条　件	参考文献
Fe	10 8 8	Fe$(CO)_5$,萘烷 US:20kHz,100W,0℃,3h,1atm,Ar Fe$(CO)_5$,正辛烷,PVP(M_W为40000), US:20℃,1h,1atm Ar Fe$(CO)_5$,正辛烷,十八酸, US:20℃,3h,1atm Ar	[123] [123]
Cu	50~70	Cu$(N_2H_3CO)_2$,H_2O US:20kHz,100W,2~3h,80℃,1atm,Ar/H_2(95/5)	[145]
Ni	10	Ni$(CO)_4$,正辛烷 US:20kHz,100W,3h,0℃,1atm Ar	
C	150~400	甲苯/H_2O(体积比1/100) US:480kHz,2.5W,6h,20℃	[121]

1.2.1.3 小结

超声化学合成法是一种非常容易实现的技术。然而,其产量很低,每次实验量只有几克,因此超声化学目前只能用于实验室研究。值得注意的是,当采用发射探针浸没在溶液中产生波时,由于探头中金属的腐蚀,可能会出现污染的问题。

1.2.2 微乳液合成法

1.2.2.1 定义

微乳液一词是由 Schulmann 等人[146]提出的,它是指两种互不相溶的液体形成热力学稳定的分散体。需要添加表面活性剂来稳定体系。在低浓度时,表面活性剂溶解以单体的形式存在。当溶液浓度达到临界值时,单体会自发地自组装为各种结构的组装体和聚集体。

微乳液的相图非常丰富,可以得到不同结构的微乳液,这是由连续相中几何排列、曲率、界面张力和表面活性剂的溶解等引起的。因此,能获得水包油或油包水型的分散体,也可以获得双相连续结构。以分散结构存在的形式称为胶束,一般最常见为球形,这是由于其表面/体积的比值合适能最大限度地减少界面张力对系统总能量的贡献。圆柱形胶束已经可以在实验中观察到[147]。

当表面活性剂浓度超过临界胶束浓度值时,表面活性剂的极性端暴露于与连续极性相连的胶束表面,而表面活性剂的亲油有机端位于胶束里面,此时称为“胶束”。相反,“油包水”微乳液是水分散在连续有机相中。在这种情况下,表面活性剂分子自组装形成聚集体称为“反胶束”,表面活性剂的极性端朝向胶束的内部。

这些乳液可用于进行化学反应,它们最显著的特点是可以合成金属或金属氧化物纳米粒子。

1982 年,Boutonnet 等人通过氯化盐与由水、辛醇、溴化十六烷基三甲铵(CTAB)组成的乳液中肼或氢发生还原反应,或者通过由水、己烷和异戊二醇十二烷基醚(PEDGE)组成的微乳液[148],制备了尺寸较小(2~5nm)的贵金属纳米粒子(Pt,Pd,Rh 和 Ir)。

1.2.2.2 纳米粒子的制备

最常用于制备纳米粒子的方法是将两种相同结构的反相微乳液(水:油:表面活性剂)混合,这两种反相微乳液分别是由一种不同的试剂溶解在水相中并被束缚在胶束内部形成的[421]。第二种方法是将纯[148]或溶解在水中[149]的试剂直接加入到含有其他试剂的反相胶束中。在胶束相里可以发生许多合成反应,在这里只研究生成固体纳米粒子的反应。

1.2.2.3　机理

有几项研究工作试图解释在微乳液中纳米粒子的形成机理。Destrée and Nagy[151]提出了一个以LaMer图[152]为基础的机理，LaMer图是通过晶体形成期间以溶解组分的浓度作为时间的函数得到的。在乳液合成过程中，成核现象发生在胶束内部反应的开始阶段，这是由于，一方面当离子浓度较大时在成核时能产生一个稳定核；另一方面，能够与第二试剂相接触。根据这个模型，纳米粒子形成的第一阶段是成核，随后是粒子的生长，此为第二阶段。当生长动力学快于成核动力学时，后者可以忽略不计，只会发生纳米粒子的生长。当反应完成后，就可以获得准单分散的粒子。

根据第二个模型，从热力学角度来说，这种试剂能够稳定所形成纳米粒子。虽然成核与粒子生长同时进行，但是粒子的大小始终保持不变。由于表面活性剂的稳定作用，粒子生长达到一定尺寸后会停止，与金属盐中的胶束浓度或尺寸无关。

这些机理得到了Concha研究工作的支持。Tojo等人进行了基于成核和粒子生长过程的模拟研究[153]。他们的工作表明，液滴中试剂的浓度较高时，成核和生长阶段会明显分开。当浓度较低时，成核和生长同时发生。

这些工作表明粒子的生长可能是由于"Ostwald熟化"过程引起的，这个过程包括小粒子的增溶，随后是在大粒子上的沉积。由于小粒子和大粒子之间自由能的差异，它们不能在相同浓度的溶液中处于同一平衡状态。由于Gibbs-Thomson效应，更小的粒子比较大的粒子有更高的溶解性，它们能够缓慢溶解。因此，较大的粒子溶解得到轻微过饱和溶液后，溶质在其表面析出。在微乳液的情况下，这一机理发生在胶束的内部，并且在胶束相互接触时，胶束间发生相互交换。粒子生长的第二个过程是一个自动催化过程[154]。

对于包含有两种乳液混合物的经典合成途径，Fletcher提出用两种极限情况来描述溶解在胶束内部的水中复合物之间的交换[155]。首先，活性种应该保持在液滴内部，这样就避免了通过有机溶剂形成的连续相扩散到另一个液滴的可能性。实际上，在有机相中盐的溶解度较低，不利于在连续的有机相液滴之间发生试剂的动态交换。其次，胶束内部溶质的交换是反应动力学中的关键阶段。

第一个极限情况是两个液滴逐渐接近并接触，但并没有聚结在一起。已溶解的活性种通过液滴之间接触点处的表面活性剂双分子层进行扩散。

第二个极限情况包括两个液滴的融合和形成一个"二聚体"液滴，但这种结构的液滴的寿命低于1μs，随后分解成两个新液滴，而液滴是由两个初始液滴的溶质形成的混合物。

Bandyopadhyaya 等人的模拟工作参考了前期两种乳液混合物的经典合成方法。他们提出了制备纳米粒子的机制,即胶束交换是通过试剂在可溶性状态下的聚结实现的,从而引起核的形成,随后胶束溶液中的试剂不断相互接触,使得纳米粒子开始生长[156-159]。由于每个胶束含有一个核,为此 Bandyopadhyaya 等人在两个胶束的聚结期间,增加了一个核凝聚的阶段,以便能够预测粒子尺寸。当所得到粒子的尺寸大于两个胶束的核聚结而产生的胶束时[160],这个机理的阈值变得更重要。

1.2.2.4 试验参数的影响

合成粒子的直径会受以下几种试验参数的影响。目前已经获得了微乳液中胶束和所制备粒子之间的相关性[161,162]。

1.2.2.4.1 表面活性剂的浓度

当水和油的浓度恒定时,增加表面活性剂的浓度会增加胶束数目,但是它们的平均直径将会变小,这会导致在胶束中存在的金属离子的数目减少,事实上不利于成核现象。相反,当胶束数量较多时,它们碰撞频率增加,这有利于通过 Ostwald 熟化促进生长。但是,如果其尺寸较大,在水溶液中每个胶束接触处的水溶液中离子数量会低于原有数量,从而使由催化引起的生长变慢。这表明,粒子的生长受到以上两种因素的竞争影响。由 Lopez Quintela 和 Rivas 开展的控制铁粒子尺寸大小的研究表明,与表面活性剂浓度较高时相比,当表面活性剂的浓度较低时获得的颗粒尺寸较大[163]。

1.2.2.4.2 表面活性剂的性能

表面活性剂是一类两亲性分子,其亲水部分由离子组成(阴离子或阳离子)。它们在水中的增溶会导致反离子的释放和在极性头部生成电荷。CTAB [164]、十二烷基硫酸钠(SDS),甚至双十二烷基二甲基溴化铵[165]也是其中的一类。对于依赖于 pH 值的两性表面活性剂,可同时作为阴离子和阳离子表面活性剂。

一些非离子型表面活性剂经常用于纳米粒子的微乳液合成,如失水山梨醇酯(失水山梨醇单月桂酸酯,SPAN ®)或者聚乙二醇酯(TWEEN 80 ®)[166],醚类例如有 IGEPAL co-520 ® (壬基酚聚氧乙烯醚)[167]、Triton X-100 ® (4-(1,1,3,3 四甲基丁基) 苯基聚乙二醇)[149,168],或 PEDGE[148]。

也有一些表面活性剂具有双疏水性分子链,如 AOT(二(乙基己基)磺基琥珀酸酯钠盐)[169,170]或者全氟聚醚碳酸铵[171]或者全氟硫醇[172]。尤其是在使用超临界二氧化碳作为溶剂时,这些都常用于合成金属粒子。

对于特殊的水油混合物而言,使用表面活性剂也是有益的,因为除了最终得到的相图外，胶束交换也会受表面活性剂性质的影响。Lopez Quintea 等人提出了一种关于表面活性剂膜柔韧性的解释。此参数会影响薄膜的曲率，即在两个接触的胶束之间形成通道的原点。薄膜越硬，通道数量越少，这将使胶束间的相互交换作用减少，但是膜的柔韧性越好，就越能通过液滴之间的交换区，促进反应物的转移[173,174]。

最后，表面活性剂或者反离子带来的电荷会改变反应物的局部浓度，进而改变成核速率。

1.2.2.4.3　反应速率

根据所使用还原剂的性质和浓度，可能会或多或少加快还原过程。反应速率越高，粒径尺寸减小越明显。使用硼氢化钠或硼氢化钾[164]、肼[148]或二氢[169]等试剂还原金属盐都有可能制备出金属纳米粒子。因此，在铂盐存在下，肼的还原比注入氢的还原速率更快[148]。为了减少反应时间，加入还原剂的浓度往往要超过金属盐的浓度[175]。Lopez Quintea 等人通过模拟发现最终得到的粒子尺寸与反应速率成反比。他们还发现，与低反应速率相比，高反应速率下获得的粒子粒度分布较窄[174,176]。

1.2.2.5　小结

本节提供了一种获得尺寸较小(几纳米)的金属或金属氧化物粒子的简单方法，同时能够较好地控制粒子尺寸和窄的粒度分布，甚至获得类似单分散的粒子。粒度分布越窄，产物的性能越均匀。该方法也同样适用于制造纳米铝热剂混合物。这将使我们能够得到性能更加均匀的混合物。通过改变实验参数，如反应物的浓度、水和表面活性剂的浓度比等就能实现这种控制。在某些情况下，它也可以适用于控制三元体系(水-油-表面活性剂)的粒子形式。

这类技术的一个缺点是，与反应体积相比得到的产品数量较低。另外也是由于有机相作为反应体积的一个重要组成部分，会降低液体去胶束的作用。这种合成方法不适用于大规模生产金属或金属氧化物粒子，特别是纳米铝热剂，因此建议实验室使用。

1.2.3　溶剂热合成方法

第一次水热合成法的相关研究工作是由 Schafhäult 在 1845 年进行的，在 Papin 蒸汽蒸煮器中，以水为介质，硅酸加热 8 天，制备了石英晶体[177]。从 19 世纪 90 年代开始，这种方法用于开发刚玉。直到今天，许多金属氧化物仍然可通过这种方法制备。

1.2.3.1 原理

溶剂热法这个术语是用来描述使用溶剂时,压力高于1atm、温度高于环境温度条件下发生的非均相化学反应。当以水作为溶剂时,该合成方法称为“水热法”。

这类方法根据温度和压力可以分为以下两个不同类型:

(1) 经典或亚临界水热合成法:反应温度高于溶剂的沸点,但低于溶剂的临界温度,反应压力低于溶剂的临界压力[178,178];

(2) 超临界溶剂热法:反应压力和温度均高于溶剂的临界压力和临界温度。

合成金属氧化物和金属纳米粒子常用溶剂的临界温度和临界压力见表1.6。

表1.6 用于溶剂热法合成金属和金属氧化物纳米粒子的常用溶剂

溶剂	T_c/℃	P_c/MPa
水	374	22.10
二氧化碳	31.2	7.38
甲醇	240	8
乙醇	243	6.39
注:T_c—临界温度;P_c—临界压力		

溶剂热反应可以在一个封闭的反应器中以非连续模式或连续模式进行。Adchiri 和 Arai[180]在20世纪90年代首次在超临界介质中采用连续模式合成了纳米粒子。这些工作还包括连续喷射盐的水溶液到超临界水中,使12种金属盐发生水解反应得到相应的氧化物。反应时间约为2min,得到的粒子尺寸取决于盐的性质和浓度,范围为20~600nm[181]。

在亚临界或超临界水介质下进行反应的主要优点是通过改变压力和/或温度,反应介质的性能会发生较大的变化。因此,亚临界和超临界水可用作反应介质来合成晶体粒子,特别是金属和金属氧化物纳米粒子。这种方法使我们只要稍微改变温度和压力就可以控制粒子的形态、尺寸和粒度分布[182]。

在金属氧化物的形成过程中,水热合成方法可以用两种化学反应描述:溶液中盐的水解;其次是脱水。过程如下:

$$M(L)_x+xH_2O \rightarrow M(OH)_x+xHL \text{ 水解反应} \tag{1.6}$$

$$M(OH)_x \rightarrow MO_{x/2}+\frac{x}{2}H_2O \text{ 脱水反应} \tag{1.7}$$

当这些反应发生在超临界水中时,它可以通过加入还原剂(如甲酸[183]、甲醛[184]或甘油[185])来制备金属粒子。

作用机理主要包括以下几种:在超临界介质中的甲酸分解[186,187]或脱羰反应

(或脱水反应):

$$HCO_2H \rightarrow H_2O + CO \tag{1.8}$$

或者脱羧反应(脱氢反应):

$$HCO_2H \rightarrow H_2 + CO_2 \tag{1.9}$$

甲醛分解为:

$$HCOH \rightarrow H_2 + CO \tag{1.10}$$

以及甘油分解为:

$$C_3H_5(OH)_3 \rightarrow 4H_2 + 3CO \tag{1.11}$$

相反,一氧化碳气体可以和水反应:

$$H_2O + CO \rightarrow H_2 + CO_2 \tag{1.12}$$

随后,氢由于水解和脱水反应可以和金属氧化物反应[183,235,236]。

$$MO_x + xH_2 \rightarrow M + xH_2O \tag{1.13}$$

溶剂热反应绝大多数都是在水中进行的,但是为了制备不同形貌的金属粒子也可在其他介质中进行。

氧化钛纳米粒子可以分别将异丙醇钛(Ⅳ)[188]或二(乙酰丙酮基)钛(Ⅳ)酸二异丙酯[189]溶解在水中,然后注入到超临界二氧化碳中,水解获得。得到的粒子是球形的,但它们的粒度分布较宽,第一种情况下为20~800nm,第二种情况下分布稍窄(100~600nm之间)。

氧化铝纳米粒子已通过铝粉在水/超临界二氧化碳介质中的氧化制备。尤其是,采用这种方法获得的纳米粒子是由粒径尺寸介于300~500nm之间的α-型氧化铝晶体和粒径更小的尺寸介于20~70nm之间的γ-型氧化铝晶体组成的[190]。

多项研究工作表明,超临界甲醇或乙醇都有可能用于金属氧化物纳米粒子的连续或间断合成,并获得了影响粒子形态的因素。例如,使用超临界甲醇可以获得球形度较好的ZnO纳米粒子[191,192],而用超临界水获得的粒子则是纳米棒[193]。

控制实施条件,使用超临界乙醇也能够制备出金属粒子[194,195]。

Choi等人的工作[194,195]已经证明,超过一定的温度阈值,可能会在没有还原剂的超临界甲醇介质中生成镍、银和铜纳米粒子,并且对于每一种金属而言,温度阈值都是明确的。低于温度阈值时,可能会形成氧化物和氢氧化物。在连续合成过程中当滞留时间太短时,也可能会形成氧化物和氢氧化物。从最新解释可以看出,在高温下,超临界甲醇可以作为羟基化试剂。事实上,在超临界状态下,氢氧根离子会从甲醇分子脱落[196,197]。因此,“自由”氢氧根离子可以将电子转移到金属前驱体或金属中间物上,参与还原反应[184]。

此后报道的例子主要集中在亚临界或超临界条件下在水中的合成。表1.7~

1.12 是在水中分别以超临界乙醇[194]或者二氧化碳[190]作为介质制备金属氧化物纳米粒子的例子。

表 1.7 在密闭容器和超临界条件下,水热法合成金属氧化物纳米粒子

氧化物	d/nm	条 件	参考文献
Bi_2O_3纳米线	D:40 L:几个微米	$Bi(NO_3)_2$,Na_2SO_4,NaOH aq.,H_2O,120℃,12h	[198]
CeO_2纳米粒子	13~17	$Ce(NO_3)_2$,六亚基四胺,H_2O, PVP,180℃,100min	[199]
Co_3O_4 纳米立方体	20	$Co(NO_3)_2$,H_2O_2 aq.,pH 8~9,PEG(M_w 20000),H_2O n-丁醇,160℃,10h	[178]
Cr_2O_3	29~60	CrO_3,甲醇,H_2O,190℃,1h;煅烧温度 500℃,1h	[200]
CuO 盘	L:250~300 l:50~100	$Cu(NO_3)_2$,NaOH AQ.,柠檬酸钠, H_2O,160℃,12h	[201]
CuO 纳米管	L:20-120 D:7	$Cu(NO_3)_2$,乙二胺,NaOH aq., H_2O,100℃,24h,煅烧温度 400℃,5h	[202]
α-Fe_2O_3 纳米立方体	100~200	$Fe(NO_3)_3$,三乙胺,H_2O,160℃,24h	
α-Fe_2O_3多面体	90~110	$FeCl_3$,NH_3 aq.,H_2O,180℃,8h	[203]
α-Fe_2O_3多面体	20~50	$FeCl_3$,CH_3CO_2Na aq.,PVP,H_2O,200℃,18h	[204]
In_2O_3盘	15~35	$In(NO_3)_3$,Triton X-100,六亚基四胺, H_2O,180℃,8h;煅烧温度 400℃,3h	[205]
α-MnO_2 纳米线	D:15~20 L:几个微米	$KMnO_4$,$(NH_4)_2S_2O_8$,H_2O,HNO_3,180℃, 15h	[206]
MoO_3 纳米网	l:100~300 L:几个微米	H_2MoO_4,草酸,H_2O,HNO_3,180℃, 24h	[207]
α-MoO_3 纳米棒	L:3μm D:200	Na_2MoO_4,HCl,H_2O,120℃,18h	[208]
MoO_3	<100	Na_2MoO_4,环已烷,scCO_2,35℃, 150bars	
NiO 粒子	100~3000	$Ni(NO_3)_2$,H_2O,400℃,300bar,10min	[185]
Sb_2O_3多面体 Sb_2O_3纳米网	100 L: 4μm, l: 400, E:20	$SbCl_3$,pH 7~9,150℃,16h,CTAB 丁醇-1/甲醇 水/丁醇-1/甲醇	[210]
Sb_2O_3 纳米棒	L:1~2μm, l:50~150	$SbCl_3$,H_2O,pH 8~9,120~180℃,12h	[211]
SiO_2球	2~14	Na_2SiO_3,H_2O,AOT,scCO_2,5.60MPa, 308.2 K	[212]

（续）

氧化物	d/nm	条　件	参考文献
SnO_2纳米棒 球	7-27 10~15	$SnCl_4$, NH_3 aq., H_2O, pH 10.0, 180~250℃, 40atm. 无表面活性剂, 煅烧 600℃, 4h 用 CTAB	[213]
SnO_2 纳米棒 纳米花 聚集体	对于纳米棒而言 270	$SnCl_4$, 聚丙烯酰胺, NaOH aq., H_2O, 200℃, 12h	[214]
SnO_2	19	$Sn(Cl)_4$ CTBA, 尿素, pH 8, H_2O, 100℃, 24h, calcination 600℃, 2h	[215]
SnO_2盘	2~19	$SnCl_4$, CTAB, 尿素, H_2O, 100℃, 24h	[216]
WO_3六角形纳米棒	L:500~1000 D:50~60	$(NH_4)_6H_2W_{12}O_{40}\cdot nH_2O$, Na_2SO_4, 柠檬酸, H_2O, pH 1.5, 180℃, 24h	[217]
WO_3	D:80 L:>2.5μm	Na_2WO_4, Na_2SO_4, K_2SO_4, H_2O, pH 1.5~2, 180℃, 24h	[218]
WO_3纳米线	D:15 L:>5μm	Na_2WO_4, H_2O, 甘氨酸, pH 1.3, 180℃, 12h	[219]
WO_3 颗粒 聚集体	500 20~50	钨酸铵, HNO_3, pH 3, 180℃, 30~60min, 用微波辅助(200W), 在空气中, 250℃, 退火 10min	[220]
WO_3纳米棒	<50	Na_2WO_4, H_2O, pH 2.0, 180℃, 0.75~3h, 微波辅助(200W)	[221]
h-WO_3	D:100~150 L:1~2μm	Na_2WO_4, H_2O, pH 1~1.2, 180℃, 4~12h,	[222]
ZnO 粒子	<300	$Zn(CH_3COO)_2$, NaOH aq., pH 9, H_2O, 120℃, 12h	[223]

注：L—长度；l—宽度；D—直径；E—厚度；CTAB—十六烷基三甲基溴化铵；PVP—聚乙烯吡咯烷酮；sc—超临界

表 1.8　在封密反应器和超临界二氧化碳介质中采用水热合成法合成金属氧化物纳米粒子

材料	d/nm	条　件	参考文献
Al_2O_3	20~400	Al, H_2O, sc CO_2, 446~723K, 0.85~38.03MPa	[190]
WO_3	25~100	Na_2WO_4环己烷, sc CO_2, 35℃, 150bar	
TiO_2球	20~800	TTIP, Zonyl® FSP 含氟表面活性剂-2-丙醇-水(35-20-45), sc CO_2, 20~30s	[188]

注：TTIP 为四异丙醇钛

表 1.9 在超临界介质中采用连续水热合成法合成金属纳米粒子（FW，亚临界流体流动）

材料	d/nm	条　件	参考文献
α-Fe_2O_3粒子	30~60	$Fe(NO_3)_3$,H_2O,pH 1.8,250~350℃,FW/FS:3/2,流速 50~100mL/min	[224]
ZnO 球	20~25	$Zn(NO_3)_2$, NaOH aq., H_2O, 210℃, 260bar, 流速 10mL/min	[225]
TiO_2球	200±100(a) 270±125(b)	DIPBAT (a) 或 TTIP (b),乙醇,sc CO_2, 300℃,20MPa,保留时间 2min	[189]
注:FS 为溶解溶液流动;DIPBAT 为二(乙酰丙酮基)钛酸二异丙酯;TTIP 为四异丙醇钛			

表 1.10 在超临界介质中采用连续水热法合成金属氧化物纳米粒子

材料	d/nm	条　件	参考文献
γ-Al_2O_3球		$Al(NO_3)_3$,H_2O,585℃,FW:24~43.5g/min,FS:3.5~20g/min,25~35MPa	[226]
CeO_2	30~50	$Ce(NO_3)_3$,sc 甲醇,400℃,30MPa,保留时间:40s	[227]
Co_3O_4纳米网	9~90	$Co(CH_3COO)_2$,H_2O_2 aq.,430℃,240bar,保留时间 2s	[228]
CuO	8~14.8	$Cu(NO_3)_2$,H_2O,400℃,30MPa,保留时间为 0.129~2.08s	[229]
Fe_3O_4球 聚集体	16~25 90~150	$Fe(NO_3)_3$,甲醇,400℃,30MPa,保留时间为 38s	[230]
α-Fe_2O_3球	37±6	$Fe(NO_3)_3$,H_2O,400℃,30MPa,保留时间为 38s	[230]
Fe_2O_3	4~6.7	$Fe(NO_3)_3$,H_2O,400℃,30MPa,保留时间为 0.129~2.08s	[229]
Fe_3O_4球	21±2	$Fe(NO_3)_3$,sc 甲醇 400℃,30MPa,保留时间为 38s	[230]
NiO 粒子	20~55	$Ni(NO_3)_2$,H_2O,400℃,30MPa,总流速为 30~60g/min	[231]
NiO	6.6~9.7	$Ni(NO_3)_2$,H_2O,400℃,30MPa,保留时间为 0.129~2.08s	[229]
TiO_2粒子	13~30	$Ti(SO_4)_2$,KOH,H_2O,400℃,30MPa,保留时间为 1.7s	[232]
ZnO 纳米棒 聚集体 粒子	D:200~500 L:1~5μm 200~1000 5~10	$Zn(NO_3)_2$, FW 为 9g/min, FS 为 2g/min, sc H_2O, 400℃,30MPa sc 甲醇,270℃,20MPa	[193]
ZnO 粒子	20~25	$Zn(NO_3)_2$,NaOH aq.,H_2O,210℃,260bar,流速 10mL/min	[225]
ZnO	D:20~331 L:22~166	$Zn(NO_3)_2$,KOH,H_2O,410℃,305bar,FW=FS=20mL/min	[233]
注:L—长度;D—直径;FW—超临界流体的流动;FS—溶质溶液的流动			

表 1.11　在超临界介质(EDTA(Na)$_2$)乙二胺四乙酸二氢二钠二水化合物中采用非连续水热法合成金属纳米粒子

材料	d/nm	条　件	参考文献
Ag 粒子	390±114 320±73	$AgNO_3$,CH_3OH,400℃,300bar,5min $AgNO_3$,C_2H_5OH,400℃,300bar,5min	[194]
Co 立方体	30	$Co(NO_3)_2$,CH_3OH,十八酸,400℃,300bar,15min	[234]
Co 聚集体	200–400	$Co(CH_3COO)_2$,H_2O,CH_3OH,HCHO,340–420℃,22.1MPa,10min	[235]
Cu 粒子	420±119	$Cu(NO_3)_2$,CH_3OH,400℃,300bar,5min	[194]
Cu 粒子	14~85	$CuSO_4$,EDTA(Na)$_2$,NaOH aq.,H_2O,HCHO,400℃,25MPa,3min	[184]
Cu 粒子	100~1000	$Cu(NO_3)_2$,甘油,H_2O,400℃,300bar,10min	[185]
Ni 粒子	50±10	$Ni(NO_3)_2$,CH_3OH,400℃,300bar,5min	[194]
Ni 粒子	100~1000	$Ni(NO_3)_2$,甘油,H_2O,400℃,300bar,10min	[185]

表 1.12　连续水热法金属纳米粒子的合成

材料	d/nm	条　件	参考文献
Ag 球	148±32	$AgNO_3$,150℃,30MPa,FS 为 6mL/min,sc 甲醇	[195]
Cu 球	14~85	$Cu(SO_4)$,EDTA(Na)$_2$,NaOH aq.,sc H_2O,HCHO,400℃,25MPa,保留时间 3min	[184]
Cu 球	240±44	$Cu(NO_3)_2$,250℃,30MPa,FS 为 6mL/min,sc 甲醇	[195]
Ni 球	119±19	$Ni(NO_3)_2$,400℃,30MPa,FS 为 6mL/min,sc 甲醇	[195]
注:sc—超临界;FS—溶质溶液的流动			

粒子性能如平均粒径、粒度分布、形状等受许多因素的影响,如温度、压力、前驱体溶液的浓度和性能、溶剂的性能、原料纯度、反应器的设计以及在连续反应过程中反应的持续时间、在流动中存留时间等。

1.2.3.2　温度的影响

有几项工作表明,在不同温度条件下进行水热反应,升高温度会导致生成的粒子尺寸增加[228]。

例如,Patzke 等人的研究表明,当需要调节氧化钼纳米棒的直径时,可以用温度作为变化参数。反应温度在 90~120℃时可以得到平均直径为 40nm 的细纳米棒。当反应温度为 150℃时,纳米棒的直径达到最大,为 150nm[237]。Kolen'ko 及其同事分别在 423K 和 523K 下制备了 8nm 和 26nm 的锐钛矿纳米粒子[238]。

Choi 等人通过金属硝酸盐在超临界甲醇中进行连续水热反应研究了温度的影响。当温度上升到某一值时，得到的粒子是金属而不是氧化物，此值取决于金属离子。各种金属发生还原反应的温度不同，银为150℃，铜为300℃，镍为400℃。在这种情况下，增加反应温度会激活超临界甲醇还原金属氧化物的机制[195]。

1.2.3.3 前驱体浓度的影响

一些研究表明，产物粒子的尺寸直接受前驱体浓度的影响。前驱体的浓度越高，粒径越大。此外，高浓度还会促进聚集体的形成[204,213,228]。

例如，Søndergaard 及其同事的研究工作表明，前驱体浓度为0.005mol/L时，氧化锌纳米粒子尺寸的大小为29~34nm，而浓度为0.5mol/L时，纳米粒子的尺寸从49nm增加到59nm[225]。同样，Zhou 等人从0.05~0.5mol/L改变硫酸铜的浓度获得了14~50nm不同尺寸的铜纳米粒子。高于该浓度后，粒子尺寸的变化较小，但是粒度分布不均匀。在低浓度下，核迅速生成，离子的低浓度会限制尺寸进一步增长。核的低密度会阻碍或减慢任何情况下的聚集生长速度。这样会生成具有低分散性的小颗粒。相反，在高浓度下，成核可以延长到更长时间，从而生成分散性较宽且尺寸较大的粒子[184]。

1.2.3.4 表面活性剂的影响

表面活性剂对溶剂热合成纳米粒子的影响表现在两个方面。首先可以阻止或减少形成聚集体[199]。非离子型表面活性剂会促进Co_3O_4适当分散如聚乙二醇，而离子型表面活性剂却不能阻止聚集体的形成，如十二烷基苯磺酸钠[178]。其次是诱导粒子形态的改变。这些都是由于粒子生长的优选机制引起的，即依赖于材料结构的特殊晶体方向。不同的晶体平面具有不同的表面能，表面活性剂分子表现出与这些平面的表面相互作用的倾向也不同。因此，相互作用的表面活性剂会阻止溶质分子在这些平面上的沉积，从而阻止它们的生长。此外，在表面活性剂存在下不存在粒子聚集体的情况下，Jain 等人获得了从棒状到球形不同形态的氧化锡粒子，直径范围为10~15nm[213]。

1.2.3.5 pH 的影响

碱浓度的影响与溶液的pH值相关，也是非常重要的一种影响因素。Yang 等人的研究工作表明，在钴氧化物的形成过程中，pH值会影响所制备粒子的形态。pH值为8~9时，获得了20nm的纳米立方体，而pH为11~12时，获得了不规则的纳米粒子[178]。

在CeO_2粒子的研究中，Xie 等人发现环六次甲基四胺会促进其结构的生长，这主要依赖于粒径范围为13~17nm的粒子的一个特定晶面。在没有碱存在时，粒子为球形，粒径范围为200~300nm[199]。

最后，Søndergaard 等人进行了氧化锌的合成实验，通过改变 pH 值获得了不同形貌的氧化锌。在酸性介质中可以获得较大的纳米棒，在中性介质中则获得小粒子，而在碱性介质中，会形成片晶和纳米棒[225]。

1.2.3.6 溶剂的影响

溶剂性质可能会影响最终结构的形态。Liu 等人使用醇和水的混合物修饰了氧化锑粒子的形态。1-丁醇/乙醇混合使用得到了具有立方晶体结构的多面体氧化物粒子。水加入到乙醇混合物中，得到了平均长度为 4μm，宽度为 400nm，厚度为 20nm 的纳米带。这些纳米带的晶体结构为斜方晶系[210]。Chen 等人利用亚临界(120~180℃)水热合成法，制备了长度为 1~2μm、宽度为 50~150nm 的斜方晶系 Sb_2O_3纳米棒[211]。

1.2.3.7 阴离子的影响

前驱体溶液中反离子(硝酸盐、硫酸盐、醋酸酯)的变化，可能改变粒子形态。Yang 等人的研究表明，在 Co_3O_4的形成过程中，当分别采用硝酸盐、硫酸盐或乙酸乙酯时[178]，会形成不规则的纳米立方体、准球形或规则纳米立方体。

1.2.3.8 持续时间的影响

文献中多次提到，当溶剂热反应是在密闭反应器中进行时，延长反应时间通常会增大所形成粒子的尺寸[203]。同样，在连续合成过程中，停留时间的增加也会增加所形成粒子的尺寸[228]。

持续时间首先会影响可溶性盐转变为粒子的转化率。例如，Lester 等人对氧化钴的研究工作表明，当反应温度为 430℃、停留时间(T_S)为 0.5~2s 时，转化率为 89%~99%。在 200℃，由于动力学较慢，在停留 20s 后，转化率从几个百分点增加到接近 30%。对于粒子尺寸而言，当停留时间分别为 1s 和 7s 时，粒径会由 28nm 变成 47nm [228]。

1.2.3.9 微波辅助合成

文献中提到，微波源的使用可以作为辅助水热反应的一种手段，通过有效提供辐射能量可以作为加速反应的一种方式。同时微波能更快速、更均匀地加热，可以实现更大规模的合成。此外，微波辐射效应在溶液中可以获得粒径均匀的晶种。当不使用添加剂[239]、表面活性剂或模板剂时，在某些情况下，这种辅助作用也是有用的。Hu 等人通过控制辐射的持续时间，获得了外径约为 100nm、内径在 20~60nm 的赤铁矿纳米环[240]。

1.2.3.10 小结

无论是经典还是超临界介质中的水热合成法，在尺寸控制、粒径分布和形态控制等方面都有很多优势。绝大多数溶剂热反应都是在水中进行的。在反应中可以优先选择超临界介质,这是因为在这种状态下介电常数的减少会改善水解和脱水状态。但这种方法最大的不足是其生产不连续。事实上,合理设置反应时间是非常重要的,为了获得纳米粒子,反应时间应该相对较短。因此,必须快速升高温度,才能在较小的反应器中非常容易地制备纳米粒子,同时当以获得纳米尺寸粒子为目标时,与低浓度相结合也是必须的,但最终制备产物的量较少。连续生产的方法使我们能够避免这种现象,但前提是在亚或超临界流体流动中注入的溶质相是可以控制的。并且应该快速混合,因为停留时间只有几秒到几十秒。但是,当反应发生在混合区域时,由于金属物种的快速沉淀,注射喷嘴会被粒子的突然堆积而堵塞。为了尽量避免发生这些问题,应进一步改进连续反应器的几何形状。这使我们开始重视具有准单分散的小尺寸金属氧化物纳米粒子的合成,它们在纳米铝热剂中有重要的应用价值。

1.2.4 溶胶-凝胶合成法

法国化学家 Jacques-Joseph Ebelmen 在 1846 年首次提出了溶胶-凝胶法,即正硅酸乙酯在水存在时反应形成二氧化硅凝胶[242]。与溶胶-凝胶法相关的第一个专利是在20 世纪30 年代末公布的,它的作用是用于后视镜的表面处理[243]。在20 世纪 50 年代,通过溶胶-凝胶法制备了氧化硅球,并在杜邦公司的推动下[244,245],以商业名 Ludox ® 商业化。从那以后,关于这一课题的研究工作开始出现大量报道。

溶胶-凝胶法允许我们以不同形式构建各种各样的氧化物(致密的整体结构或相反、超级多孔结构、薄膜、纤维、粉末)。由于材料和实现技术的广泛多样性,这种方法吸引了很多行业的关注。

1.2.4.1 原理

溶胶-凝胶法是一种以溶液-凝胶化法为基本原理的制备方法,其过程包括制备含分子前驱体的稳定溶液(sol)和引发水解缩合反应获得凝胶。

溶胶-凝胶法可以采取两种合成途径实现。无机或胶体途径依赖于水溶液中的金属盐(氯化物、硝酸盐、硫酸盐等)。它的优点是便宜,但是,反应过程需要考虑大量的反应参数(pH 值、温度、混合方法、水解率、冷凝、氧化等),控制就是一项非常复杂的工作。当采用这种途径时,反离子可能会影响所获的物质的形态、结构、甚至其化学组成。最后,反离子的消除可能也是一件非常麻烦的事。这就是为什么有机金属法是一种首选方法。在有机金属法中最常用的前驱体是金属醇盐,这种金属醇盐可以很容易地转换成氧化物。溶胶-凝胶法是基于前驱体的水解和缩合这两个化学反应获得的。

水解阶段包括以下反应：

$$[M(H_2O)_x]^{y+}+H_2O\rightarrow[(HO)M(H_2O)_{x-1}]^{(y-1)+}+H_3O^+\xrightarrow{H_2O}M(OH)_y \tag{1.14}$$

$$M(OR)_x+H_2O\rightarrow HO-M-(OR)_{x-1}+ROH\xrightarrow{H_2O}M(OH)_x \tag{1.15}$$

凝胶阶段包括以下反应：

(1) 羟联反应,形成羟桥键并生成金属氢氧化物：

$$M-OH+H_2O-M\rightarrow M-OH-M+H_2O \tag{1.16}$$

(2) 氧桥合反应,形成氧桥键并生成金属氧化物：

$$M-OH+HO-M\rightarrow M-O-M+H_2O \tag{1.17}$$

1.2.4.2　实施条件的影响

金属氧化物纳米粒子的合成会受多种因素的影响,其中影响较大的参数有 pH 值和水与金属前驱体浓度的比值。

1.2.4.2.1　温度的影响

升温通常会加快反应速率,进而影响反应的持续时间。反之,对粒子尺寸的影响似乎会变得更加复杂。实际上,在氨气作用的水介质中,由钛酸丁酯合成二氧化钛时,当温度从 25℃升高到 80℃,Kojima 和 Sugimoto 并没有观察到温度会显著影响二氧化钛粒子尺寸的现象,得到粒子的尺寸约为 450nm[246]。然而,Qiu 等人在合成二氧化硅粒子的过程中观察到温度的复杂效应。当温度从 26℃升高到 28℃时,粒子尺寸变大;然后温度从 28℃增加到 32℃时,粒子尺寸减小。最后,在氧化锆的合成过程中,Santos 等人也观察到了粒子尺寸变大的现象,他们也认为这是由温度的升高引起的。升高温度,Zeta 电位会发生变化,这可能会影响粒子在溶液中的稳定性,从而促进粒子尺寸的增加[248]。

1.2.4.2.2　溶剂的影响

当用无机盐作为前驱体时[249],通常以水作溶剂;但如果盐是可溶性的,也可以采用醇类作溶剂[250,251]。当用醇盐作为前驱体时,因为它们与水只能轻微的混溶或不溶,所以通常用乙醇或水-乙醇混合液作为溶剂[201,248,252]。

与金属前驱体浓度相比,增加水的浓度会观察到粒子尺寸减小的现象[246,253]。

1.2.4.2.3　pH 的影响

在酸催化的溶胶-凝胶反应中,水解动力学优于缩合反应,一般水解完成后才会发生缩合反应。在碱性介质中发生缩合反应的速率比水解反应更快,从而会析出一些小粒子团聚物。

Pottier 等人在由四氯化钛羟基化形成锐钛矿型纳米粒子的研究过程中,详细分析了 pH 值对粒径的影响,分别测定了 pH 范围为 2~6 时所制备粒子的粒径。结果表明,溶液的酸性越强,粒子尺寸越小。粒子的平均直径会随 pH 值的变化而变化,当 pH 为 1 时,它们的平均直径在 5nm 的范围内变化;pH 为 5 时,平均直径为 8.6nm。这种尺寸变化可以是由粒子表面基团的质子化引起的界面张力减少来解释。磁铁矿粒子的合成工作表明,在碱性介质中,pH 值越高,粒子尺寸越小[255]。这表明,从零电荷点开始,随着 pH 值不断增加,粒子尺寸不断减小[256]。

1.2.4.2.4 加盐量的影响

一些团队的研究已经表明,溶胶-凝胶法得到的金属氧化物粒子的尺寸和多分散性与反应过程中盐的加入量有很大的关系。Eiden-Assmann 等人在碱性氯化物或硝酸盐(LiCl、NaCl、KCl、CSCl、KNO_3)存在的合成过程中通过电子显微镜观察到了完美的 TiO_2球形胶体。使用碱性氯化物时,粒子尺寸的大小随着 Zeta 电位和阳离子半径的增加而减小。分别使用 LiCl(Zeta 电位为 9mV)和 CsCl(Zeta 电位为 25mV)时,粒子的粒径由 2500nm 变化到 200nm。用溴或碘化物取代氯离子时,也可以观察到同样的现象。由此看来,粒子尺寸的大小也与溶液中的离子强度相关。当 KCl 浓度为 4×10^{-4}mol/L 时,粒子尺寸的范围为 500~900nm;浓度为 8×10^{-4}mol/L 时,尺寸下降到接近 50nm;当浓度加倍时,几乎观察不到粒子[257]。当溶液中离子强度逐步增加,这些研究工作的结论与 Vayssiere 等人在碱性介质中制备磁铁矿纳米粒子过程中得到的结论非常相似,即随着离子强度增加,粒子尺寸减小[255]。Bogush 和 Zukoski 在 1991 年的研究工作表明,离子强度会影响二氧化硅粒子的尺寸,但在这种情况下,电解质浓度增加两个数量级才会导致粒子直径增加 1 倍[258]。

Cai 等人观察到,当电解质浓度增加到一定值时,合成的二氧化硅粒子的多分散性增加。对这一现象的解释是由于胶体二氧化硅粒子表面的羟基,使胶体二氧化硅粒子带负电荷。然而,由于粒子的表面电荷较弱,胶体二氧化硅粒子之间的斥力一般较弱,导致粒子间易凝集,粒子的多分散性增加。当相互作用很弱,尤其是在无盐状态或盐浓度较低时,反应介质中会产生少量的游离二氧化硅粒子,反之,则会生成一些凝聚球。由于吸引和排斥这两种相互竞争的作用力,溶液 Zeta 电位的增加会导致硅胶体粒子间的排斥力增加,从而在一定范围内对粒子的单分散性是有益的[259]。

1.2.4.2.5 表面活性剂的影响

增加表面活性剂的浓度通常会降低粒子尺寸,并减少团聚现象[257,260]。

在溶胶-凝胶过程中加入表面活性剂也可以影响粒子的晶体结构。例如 Mirjalili 和 Park 制备氧化铝纳米粒子的研究表明,由于添加的表面活性剂能与勃姆石偶合形成水合物,故会形成无定形勃姆石,进一步就生成了无定形氧化铝,当不加表面活性剂时,可以得到结晶的氧化铝粒子[260,261]。

1.2.4.3 小结

在常压下当温度接近环境温度时,通过溶胶-凝胶法可以制备纳米粒子。事实上,通过了解各种影响因素的作用,能够控制氧化物和金属氢氧化物粒子的尺寸和形态。对于金属氢氧化物粒子而言,还需要增加一个阶段,即煅烧才能够获得所需的氧化物。同样,获得特定的晶型,也需要煅烧这个阶段。这种方法也可以让我们获得混合紧密的氧化物混合物,且比其他技术获得的混合物更为均一[262-264]。它也可以实现纳米粒子的连续合成[265]。这种方法的主要缺点:所需要的醇化物原料的成本较高并在所有操作过程(合成、洗涤等)中需要大量的溶剂。

1.3 气相法

1.3.1 惰性气体冷凝法

1.3.1.1 原理

此方法的过程包括:在用陶瓷材料如氧化铝或者金属材料如钨[267]制成的锅中或者金属线上[268]放置一个高纯度(> 99%)的金属板、金属丝或金属球;然后,该组装体放置在真空室中,真空室是低压中性气体环境(氦或氩气[269-272],氙气[268,273]或氮气[267]);随后,将金属加热到特定温度,使金属蒸发。已蒸发材料的原子由于与气体分子碰撞而失去动能。它们凝聚在小粒子中,然后要么通过将蒸气原子聚集到特定的簇上,要么通过簇间的碰撞聚集使粒子生长;这些粒子随后被收集到冷凝管中。对那些对氧化作用高度敏感的金属(如铝)而言,在纳米粒子暴露在空气中之前,需要在惰性气体中加入少量的空气,使其钝化[267]。

1.3.1.2 实验条件的影响

改变实验参数可以合成出不同尺寸的金属纳米粒子。

(1) 升高蒸发温度会导致粒子尺寸的增加[274];

(2) 粒子尺寸随着目标物和回收装置之间距离的增大而增加[274,275];

(3) 增加惰性气体压力会导致纳米粒子尺寸的增加[271,274];

(4) 增加惰性气体的摩尔质量会导致纳米粒子尺寸的增加[270,273]。

采用这种方法可以制备出多种金属纳米粒子(见表1.13)。

表1.13 在不同实验条件下(压力(P),温度(T),气流速度(V)),通过热蒸发技术获得不同尺寸的金属粒子

金属	平均直径或尺寸/nm	实验条件	参考文献
Ag	1~15	He,P=30kPa,V=25m/s,T=1000℃	[277]
	5~20,20~60,70~300	Ar,P=0.13,0.67,2.0,4.0kPa	[271]
	100~300	Xe,P=0.27,2kPa	[273]
Al	10~40	N_2,P=0.13kPa,T=1350℃	[267]
	24~100	Ar,1.3kPa<P<6.7kPa,1400℃<T<1600℃	[274]
	5~20,20~60,70~300	Ar,P=0.13,0.67,2.0,4.0kPa	[271]
	100~400	Xe,P=0.27,2kPa	[273]
	100~2300	He,P=6.67kPa,1100℃<T<1500℃	[272]
Au	5~20,20~60,70~300	Ar,P=0.13,0.67,2.0,4.0kPa	[271]
	30~200	Xe,P=0.27,2kPa	[273]
Be	100~400	Xe,P=0.27,2kPa	[273]
Bi	5~20,20~60,70~300	Ar,P=0.13,0.67,2.0,4.0kPa	[271]
Cd	5~20,20~60,70~300	Ar,P=0.13,0.67,2.0,4.0kPa	[271]
	100~400	Xe,P=0.27,2kPa	[273]
Co	5~20,20~60,70~300	Ar,P=0.13,0.67,2.0,4.0kPa	[271]
	10~20	Xe,P=0.27,2kPa	[273]
Cr	5~20,20~60,70~300	Ar,P=0.13,0.67,2.0,4.0kPa	[271]
	>20	Ar,P=0.67kPa	[278]
	50~100	Xe,P=0.27,2kPa	[273]
Cu	5~20,20~60,70~300	Ar,P=0.13,0.67,2.0,4.0kPa	[271]
	10~200	Xe,P=0.27,2kPa	[273]
	2~5	He或Ar,26.66kPa<P<53.33kPa,1727℃<T<2127℃	[269]
Fe	30	Xe或Ar,1;33kPa<P<2.67kPa	[268]
	5~20,20~60,70~300	Ar,P=0.13,0.67,2.0,4.0kPa	[271]
	50~200	Xe,P=0.27,2kPa	[273]
	6	He,P=2kPa	[279]
Mg	5~20,20~60,70~300	Ar,P=0.13,0.67,2.0,4.0kPa	[271]
	500~3000	Xe,P=0.27,2kPa	[273]
	2~6	He,P=1.3kPa	[280]

(续)

金属	平均直径或尺寸/nm	实验条件	参考文献
Mn	5~20,20~60,70~300	Ar,P=0.13,0.67,2.0,4.0kPa	[271]
	20~300	Ar,P=2.0kPa,T=1500℃,V=6m/s	[281]
Nb	10	Ar,2.0<P<6.67kPa,2500℃<T<2600℃	[282]
Ni	5~20,20~60,70~300	Ar,P=0.13,0.67,2.0,4.0kPa	[271]
	5~60	Xe,P=0.27,2kPa	[273]
Pb	5~20,20~60,70~300	Ar,P=0.13,0.67,2.0,4.0kPa	[271]
Sn	5~20,20~60,70~300	Ar,P=0.13,0.67,2.0,4.0kPa	[271]
Sb	20	Ar,P=0.8kPa,T=750℃,V=4.2m/s	[281]
V	10~100	Ar,0.03kPa<P<5.33kPa,2,000℃<T<2300℃	[282]
Zn	5~20,20~60,70~300	Ar,P=0.13,0.67,2.0,4.0kPa	[271]
	50~200	Xe,P=0.27,2kPa	[273]
	10~20	Ar,13.33<P<26.66kPa,T=900℃	

还有一种方法为热蒸发技术的改良方法,是在液相(氩气,氮气或氦气)的低温流体中通过射频(RF)感应加热金属。这种方法的成核速率快,并会快速冷却,从而限制了粒子的生长。另外,高蒸汽压力也能显著提高产量[283]。

随后,这些纳米粒子悬浮在低温气体中,并通过诸如己烷等有机溶剂使低温气体鼓泡下收集。获得的金属纳米粒子的粒径为20~200nm[284]。Champion 和 Bigot[283]的研究表明,在氩气气氛下,铝块(30g)通过射频(RF)感应加热(150kHz)(不用液氮是为了避免生成氮化铝(AlN)),每分钟生产约150mg的铝纳米粒子。这些纳米粒子是球形粒子,直径约为100nm,它们被厚度为3nm的氧化层钝化。用于制备铁和铜纳米粒子的低温气体是氮气,但所得到的粒子分散性较差[284,285]。

1.3.1.3 小结

虽然这种方法的得率较低,但是它简单易行。

这种技术也可用于制备纳米金属氧化物,通过在惰性气体流动中稀释氧气或空气的情况下蒸发金属。Zeng[286]等人采用这些方法制备出了直径在50~180nm之间的Sb_2O_3纳米粒子。

1.3.2 金属丝爆炸法

1.3.2.1 原理

金属丝电爆炸是一种气相方法,即用强电流通过细金属丝,使金属丝蒸发获得粒子。

Nairne 在 1774 年首次描述了这一现象,当时是用铜和银线连接一连串互联莱顿瓶[287]放电时发现的。

1946 年,在 Abrams 等人起草的美国原子能委员会的一份报告中,第一次描述了超细粉末的生产,同时还描述了直径约为 200nm 非晶态的钚、铀和铝纳米粒子的制备,且它们还能聚集在一起形成长度至少为 1μm 的聚集体[288]。

1962 年,Karioris 和 Fish 描述了一种基于金属丝爆炸的金属粒子气溶胶发生器,可以应用于包括铝和铜在内的约 15 种金属[289]。

全世界仍在研发这种方法[290,291]。通过这种方法在气体环境中获得了许多其他的金属和合金纳米粒子[292-294]。具体试验参数如下:

(1) 5~30kV 高压电源[295];

(2) 电流密度高于 $10^{10}A/m^2$[296];

(3) 脉冲持续时间可以是几纳秒到几微秒[298];

(4) 金属丝直径可以是十几到几百微米[299-301]。

1.3.2.2 实验条件的影响

1.3.2.2.1 压力的影响

Liu 等人研究了惰性气体的压力对形成粒子的影响[302]。结果表明,在高压氩气下生成的铝纳米粒子是球形,而且纳米粒子的平均粒径随氩气压力的增大而增加,同时铝纳米粒子的粒度分布和产量也会增加[303]。

1.3.2.2.2 气体性能的影响

Sarathi 等人的研究表明,当气体压力相同时,惰性气体(氦或氩)的性能几乎不会影响粒子尺寸或者它们的成分(铝和氧的比值)。另一方面,使用氮气时,会形成 AlN。

在惰性气体环境下,通过爆炸得到的铝纳米粒子具有较高的表面活性,故在进行其他处理之前,要先钝化,以避免这些粒子暴露在空气中时发生自燃。

1.3.2.3 钝化

大多数商业用途的铝纳米粒子粉末是被非晶或结晶氧化铝组成的惰性氧化层钝化的。这种空气钝化可以在获得粒子后或粒子制备过程中进行。

Kwon[304]提出了几种钝化超细铝颗粒(200~300nm)的方法,如可以用氩气(1.1atm 的压力)掺杂低浓度的空气(体积分数低于 0.1%),或用含有微量空气的氩气和氮气或氩气与氢气的混合物(体积分数 10%)进行钝化。在粒子的制备过程中进行氩气稀释活性气体(氧气或氮气)的钝化,会导致粒子尺寸分布变宽[305]。

氮气钝化是不稳定的，因为在储存期间 AlN 会氧化和水解，最终形成氧化铝[306]。Ilyin 及其同事在制备过程中研究了一种由硼钝化的方法，即铝颗粒被基本组分为 AlB_2 的化合物所包覆[307]。

也可以用硬脂酸、油酸、含氟聚合物等有机涂层进行钝化[308,309]，钝化层也可以是导电的。

1.3.2.4　小结

目前，Elex 或 Alex 公司已将这种方法用于制备纳米铝粉，并实现了商业化。

值得注意的是，当这种方法用于生产非氧化型金属粉末时，可以通过金属丝在液体（如去离子水、乙醇、异丙醇或丙酮[195,310,311,312]）中爆炸来制备纳米金属粉末。Cho[313]详细介绍了在去离子水中制备银纳米粒子的过程。这项工作记录了由汽化物质的原子组成的等离子体球的形成过程。该等离子体泡被限制在由冲击波产生压力的水中，通过冷却，在球体坍塌之前，球体的内部蒸汽冷凝产生粒子，随后粒子分散在液体中。粒子的粒径分散性较宽，根据所使用的溶剂和金属类型不同，尺寸分别为 10~500nm。

1.3.3　等离子体的合成

目前有一系列生成等离子体的技术，可以根据等离子体温度、气体压力、频率或是否存在电极等对其进行分类。在后面的描述中，主要考虑到它们的激发方式。本书中有一节专门描述通过脉冲激光产生等离子体的方法（见 1.3.4 节）。在气相中产生的等离子体可分为三类：

（1）通过直流放电（DC）和低频放电（AC）产生等离子体；

（2）通过 RF 产生等离子体；

（3）通过微波源产生等离子体。

1.3.3.1　直流放电（DC）和低频放电（AC）

这些等离子体是从电弧等离子体炬中获得的。根据它们的设计几何学，这些等离子体可以分为两类：吹电弧等离子体与转移弧等离子体。

1.3.3.1.1　在直流电中的吹电弧等离子体

1957 年，Gage[314]设计了第一个同轴结构，即在中心阴极和同心喷嘴之间产生的电弧作为阳极。阴极一般是由 2%镀钍钨[315]组成。电极由直流电源供电，电弧被等离子体柱周围的冷气体所限定。等离子体射流温度变化范围为 6000~15000K 之间[316]，冷气体可以防止电极过热，使用传热流体的冷却系统可能需要高功率系统其基本原理见图 1.2。

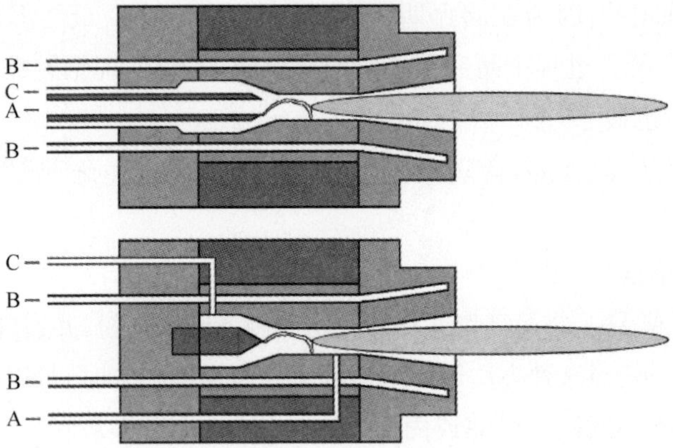

图 1.2 吹电弧等离子体点火器的原理

顶部—轴向注入、中空阴极(A);底部—前驱体的垂直射入(A),冷却流体(B)和等离子气体(C)。

在这种体系中注入的前驱体可以以粉末[317]、液体(水或有机溶剂)[318,319]或气体[321]的形式存在。粉末沿着某一方向平行或垂直喷射到等离子体流。值得注意的是,注入溶剂时它的性能会显著影响等离子体中物质的温度和性能。

由这种方法制备的粉体团聚严重[322]。然而,通过优化载气和等离子体气体的流量参数,Im 等人获得了直径为 3~21nm 和较少聚集体的氧化锡粒子,这些聚集体的尺寸约为 20nm。他们还证明,用于携带前驱体四氯化锡的气体流量减少,会导致生成氧化物的数量减少,特别是会导致粒子的尺寸减小。此外,提高等离子体气体流量,等离子体停留时间会减少,从而大大降低了粒子的生长时间和它们聚集的数量,这也有利于形成窄粒度分布的小粒子和少量的粒子聚集体[323]。

1.3.3.1.2 转移电弧等离子体

在转移电弧等离子体的情况下,直流电可以启动非同心电极的两个同轴线之间的电弧。阴极由钨组成,为了获得金属或氧化物纳米粒子,阳极可以由蒸发的金属组成(铝[19]、铜、铁[325]),或者阳极由钨或铜组成并支撑着一个能使金属熔融的锅(铝[326]、银[322]、钨[327,328]、铋[329]和镍[330])。通过转移电弧产生的等离子体的温度,其变化范围为 9000~25000K,其基本原理见图 1.3。

当电压和电流分别为 15~20V 和 25~50A 时,电弧是稳定的[326]。通常,等离子体室会由氩组成的等离子体流扫过。为了防止形成氧化物,在金属粒子的合成过程中,可以添加还原性的反应性气体,如氢气[322]。相反,如果需要获得氧化物,则可以加入稀释的氧气或空气[19,325]。

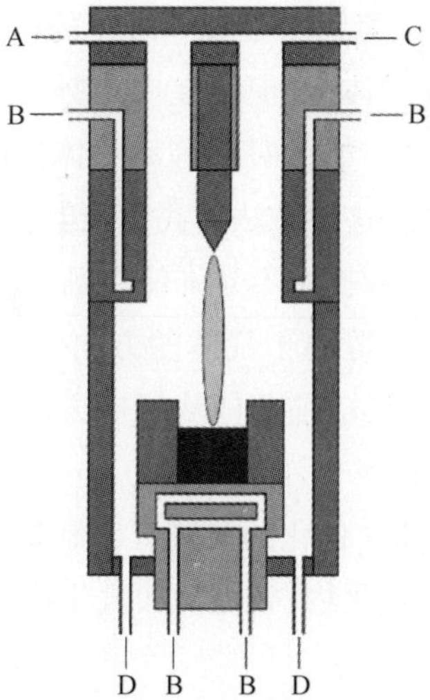

图 1.3　转移电弧等离子体点火器的原理

A—淬灭气体;B—冷却流体;C—低气压;D—等离子气体。

由此生成的纳米粉末团聚严重[331],这对用于纳米铝热剂配方中的超细粒子是很不利的。

1.3.3.2　RF 等离子体

大量的研究都侧重于 RF 等离子体炬。这些等离子体炬绝大多数是基于电感耦合制备纳米粒子,但也有一些等离子体炬是用电容耦合去产生纳米粉[332,333]。

1.3.3.2.1　RF 电感耦合等离子体

第一个没有电极的低压放电实验是在 19 世纪末进行的,但直到 20 世纪 40 年代才发现大气压感应放电。俄国物理学家 George Babat[334] 在 1947 首次报道放电一旦在低气压下建立起来,当压力升至大气压时也能够维持。

目前使用的感应等离子体来源于 Reed 的研究工作,Reed 在 1961 年的研究表明,在流动气体存在下,等离子体的电感耦合放电可以在一个开放的管中维持。当离开放电区域时,在 6000~11000K 的平均温度下,部分电离气体会形成低速等离子体射流[336]。

RF 等离子体炬的设计相对简单,它由两个同心且彼此之间距离很短的管子组成。低功率的管子是由石英制成的;高功率的管子则是由陶瓷制成的。当功率低于 10kW 时,等离子体封闭管是用压缩空气冷却的,而当功率高达 150kW 时,则通过循环水冷却。感应线圈的圈数(3~5 根)是根据电源而定的[316,337]。用这种技术制备金属或氧化物纳米粉末时,所需的频率范围为 50kHz~10MHz[338]。

等离子体是由 RF 驱动螺旋绕组激发和维持的(图 1.4)。虽然通过电感耦合可将能量从源头转移到等离子体上,但是在应用频率中无论是电子或离子都不能到达等离子体炬的壁上。因此,如果对与等离子体接触的壁采用合适的冷却方式时,与直流电弧生产方法相比,这种方法使我们能够获得不会受到因电极腐蚀引起的污染的粉末。另一方面,这种技术不允许使用牺牲阳极,需要注入前驱体。这种注入一般是轴向的[339-341],沿着等离子气体的方向传播。Schulz 和 Hausner 使用的等离子体炬,其几何形状能使反应前驱体从切向方向喷射到等离子体气体(氩气)和冷却气体(空气)内[342]。前躯体注入速率为 10~30m/s,获得的粒子尺寸范围为 100~400nm,产量约为 100g/h。优化的装置可以制备尺寸小于 100nm 的质量良好的纳米粒子,产品包括金属、氧化物、碳化物和氮化物。

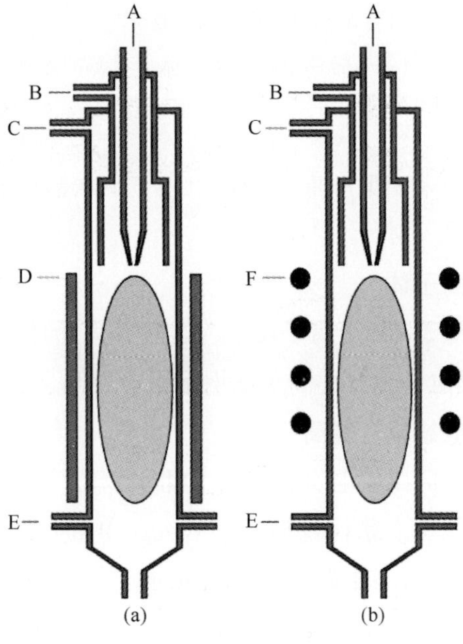

图 1.4 RF 等离子体炬

(a) 电容耦合炬;(b) 电感耦合火炬。

A—前体和载气;B—中心等离子气体;C—屏蔽气体;D—电容板;E—淬灭气体;F—感应线圈。

1.3.3.2.2 RF 电容耦合等离子体

几种能产生电容耦合等离子体的反应器已用于制备纳米粉末[332,333]。电容耦合等离子体源是由放置在一个真空室的两个平行导电电极组成的。放电由反应器壁限制,反应器壁可以是导体也可以是绝缘体。两个电极间会产生电场,电场会加速电子。交变电场允许电子在各自的区域中获得原子电离所需的能量。因此电子的释放有助于气体电离。由于雪崩效应，整个腔室将充满等离子体，其密度和温度取决于所施加的 RF 功率和气体压力。气体鞘使等离子体从电极和器壁分离出来[333]。

Matsui 及其同事[343]研制了一种反应器，在反应器内部放置了一个多孔不锈钢电极，垂直于等离子气体（氩气）和前驱物的流动方向。为了控制产生粒子尺寸的大小，可以选择一个不连续的等离子体放电周期。等离子体放电周期的持续时间为 0.5~30s，同时等离子体熄灭时间持续为 4s。由此获得的粒子尺寸大小取决于脉冲持续时间。脉冲持续时间越长，粒子在等离子体中的停留时间越长，这就增加了它们生长和聚集的时间，因此它们的平均直径增加。根据 Matsui 及其同事的研究工作，它们的直径变化范围为 10~120nm。

1.3.3.3　微波放电等离子体

所有微波系统都是按照相同的原理工作的，即它们不需要电极，是通过磁控管或速调管产生微波的。所使用的频率范围为 200~3000MHz[344]。在工业中，最常用的频率是 0.915GHz 和 2.45GHz。然后微波通过波导的引导作用，将它们的能量转移到等离子体气体中的电子上。

微波可以产生具有不同特性的等离子体[345]。对于几个 eV 的能量（或几万开尔文的等效电子温度），微波产生等离子体的气体温度可以从 300 到几千开尔文之间变化[346,347]。

利用微波等离子体法制备纳米粉末，是由 Mehta、Chou[349] 和 Vollath[273] 等在 20 世纪 90 年代首次提出的。

该反应器由一个微波谐振腔组成，微波谐振腔连接着由微波发生器提供的波导和阻抗匹配系统。等离子体被限制在石英管中，同时伴随着等离子体气体和前驱体的轴向喷射。鞘气体切向喷射会触发旋转型的位移，引发一个漩涡型取代，其基本原理见图 1.5。

许多相关参数都可能会影响所制备的纳米粉末的数量和质量见表 1.14 和表 1.15。

首先，一些研究工作证明获得的粒子尺寸与前驱体浓度具有强烈的依赖性。这很容易解释，事实上，当浓度很高时，一个重原子遇到另一个重原子的概率很大，促进成核，然后发生凝聚现象。最著名的研究是 Szabo[350] 和 Schumacher[351] 关于 SnO_2 粒子尺寸关系的研究。

对于这些研究，Vennekamp 等人[352]发现，一方面，由于物体快速转移出等离子体区，故中心等离子体气体流动速率太高会发生反应淬灭；另一方面，增加微波功率会增加等离子体射流的长度，导致滞留时间变长，由于反应时间延长，会进一步发生生长和聚集反应,导致粒子尺寸增加。最后,他们得出粒子尺寸与气体压力的对数呈线性函数,也就是说,当前驱体(四甲基硅烷)的浓度不变时,SiC 粒子的生长是一个时间线性函数。

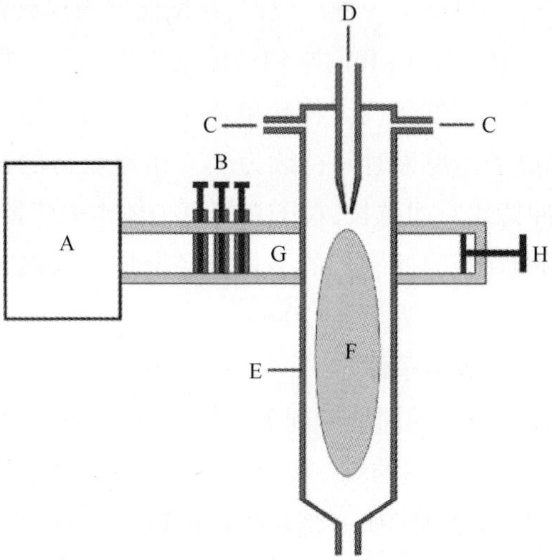

图 1.5 微波系统图

A—微波发生器;B—调谐器;C—淬火气体的切向入口;D--中心等离子体气体和前驱体的入口;E—放电管;F—等离子体;G—波导;H—移动活塞。

表 1.14 文献报道的通过热等离子体法合成金属纳米粒子(ATP,偏钨酸铵)

M	前驱体	气 体	类型	发 生 器	直径/nm	参考文献
Al	Al(微米)	Ar	MW	1.5kW,2.54GHz	1~100	[353]
	Al(50μm)	Ar	MW	1kW	7.4~34.2	[354]
	Al(颗粒)	Ar	DC	375~1000W	19	[326]
	Al(阳极)	Ar	DC	750W	200~600	[19]
Ag	Ag_2CO_3	N_2	MW	2.45GHz	9~10	[355]
	Ag(微米)	Ar,Ar/H_2	DC	7~9kW	<100	[356]
	Ag(块状)	Ar,N_2,He	DC	1.2~4.8kW	20~100	[322]
B	BCl_3	$Ar/H_2/CH_4$	RF	45kW	2~50	[357]
	BCl_3	Ar/H_2	DC	23~25kW	50	[321]
Co	$C_5H_5Co(CO)_2$	Ar	MW	0~6kW,2.45MHz	12	
	$CoCl_2$	N_2/H_2	MW	2.45GHz	41.4~21.6	[19]
Cu	Cu(40μm)	Ar/H_2	RF	28kW,2MHz	50~280	[359]
	Cu(块状)	Ar	DC	无特殊规定	30~90	[360]

（续）

M	前驱体	气　体	类型	发　生　器	直径/nm	参考文献
Cu	$CuCO_3$	N_2,N_2/H_2	MW	5kW,2.45GHz	60	[361]
Fe	Fe(5~9μm)	Ar	RF	20kW,2.9MHz	10~100	[362]
	$Fe(CO)_5$	Ar	MW	0~6kW,2.45MHz	10	
	$Fe(CO)_5$	Ar	MW	0~6kW,2.45MHz	10~15	[363]
	Fe(块状)	Ar	MW	1.2kW,2.45GHz	3~5	[364]
Mo	$Mo(CO)_6$	N_2	MW	5kW,2.45GHz	20	[361]
Mn	Mn(块状)	He/H_2	DC	无特殊规定	60	[365]
Ni	Ni(块状)	Ar	DC		20~70	[330]
	$NiCl_2$	N_2/H_2	MW	无特殊规定 2.45GHz	35~57.5	[366]
	$Ni(OH)_2$	Ar/H_2	RF	30kW,4MHz	50~500	[367]
	$NiCO_3$	Ar/H_2	RF	30kW,4MHz	50~500	[367]
Si	$SiCl_4$	N_2/H_2	MW	5kW,2.45GHz	26	[368]
	$SiCl_4$	Ar/H_2	MW	6kW	4~50	[347]
	Si(30~40mm)	Ar/H_2	RF	10~15kW	13~37	[369]
	SiH_4	Ar/H_2	RF	20~100W,70MHz	2~10	[370]
	$SiCl_4$	H_2	MW	0.8kW,2.45GHz	54	[371]
	$SiCl_4$	Ar/H_2	DC	7.6~13kW	<100	
	$SiCl_4$	Ar	RF	0.2kW,27.12MHz	2~8	[372]
	$SiCl_4$	Ar/H_2	RF	15W,144MHz	3~15	[373]
	SiH_4	Ar	RF	200W,13.56MHz	35 ± 4.7	[374]
W	APT	Ar/H_2	RF	30kW,4MHz	6~48	[361]
	$W(CO)_6$	N_2	MW	5kW,2.45GHz	30	
	APT	Ar/H_2	DC	13kW	88.5	

表1.15　文献报道的通过热等离子体合成金属氧化物纳米粒子(ATP,偏钨酸铵)

氧化物	前驱体	气　体	类型	发　生　器	直径/nm	参考文献
Al_2O_3	Al 3μm	Ar/O_2	RF	30kW,4MHz	65.6~126	[339]
	$Al(NO_3)_3$	空气	MW	0.915GHz	100~2000	[346]
	Al(阳极)	Ar/空气	DC	750W	<40	[19]
Bi_2O_3	Bi(块状)	O_2	DC	无特殊规定	<1000	[329]
Cr_2O_3	$Cr(CO)_6$	Ar/O_2	MW	0.915GHz	7~15	[376]

（续）

氧化物	前驱体	气体	类型	发生器	直径/nm	参考文献
Fe_2O_3	$Fe(CO)_5$	Ar/O_2	MW	0.7kW，2.45GHz	4.5 ± 1.3	[377]
	$Fe(CO)_5$	$Ar/H_2/O_2$	MW	2.45GHz	25	[378]
	$Fe(CO)_5$	$Ar/H_2/O_2$	MW	2.45GHz	<30	[379]
	$Fe(CO)_5$	Ar	MW	180W，2.45GHz	5.5~22	[380]
	$Fe(Cl)_3$	n. s.	MW	0.915GHz	4~7	[381]
	Fe（阳极）	Ar/O_2	DC	8.4kW	10~100	[325]
	Ferrocene	Ar/O_2	DC	6.7~7kW	8~9	[382]
HfO_2	$Hf(OC_4H_9)_4$ 或 $HfCl_4$	Ar/O_2	MW	2.45GHz	<5	[383]
MgO	Mg 颗粒	Ar/O_2	MW	2.45GHz	10~50	[384]
MoO_3	$(NH_4)_6Mo_7O_{24} \cdot 4H_2O$	n. s.	MW	700W	100~1000	[385]
NiO	Ni（块状）	Ar/O_2	DC	无特殊规定	25	[386]
SiO_2	SiO_2 μm	Ar/O_2	RF	40kW	10~300	[387]
SnO_2	$Sn(C_4H_9)_4$	Ar/O_2	MW	900W，2.45GHz	10	[350]
	$SnCl_4$	Ar/O_2	MW	2.45GHz	2~5	[388]
	$SnCl_4$	Ar/O_2	MW	2kW，2.45GHz	<10	[351]
	$SnCl_4$	$Ar/N_2/O_2$	DC	6.6~10.2kW	3~20	[323]
TiO_2	$TiCl_4$	$Ar/O_2/SO_2$	MW	1.2kW，2.45GHz	24~101	[389]
	$Ti(OC_4H_9)_4$	Ar/O_2	MW	2.45GHz	<5	[351]
	TiN（28μm）	Ar/O_2	RF	25kW，2MHz	50~70	[390]
V_2O_5	$VOCl_3$	$Ar/O_2/H_2$	MW	2.45GHz	50~60	[391]
WO_3	ATP	Ar	RF	30kW，4MHz	100	[327]
	W（块状）	Ar/O_2	DC	2.34kW	20~30	[328]
	W（块状）	Ar/O_2	DC	2.34kW	6~18	[392]
	W（钨丝）	H_2O	MW	200W，2.45GHz	7~13	[393]
	$W(CO)_6$	Ar/O_2	MW	300W，2.45GHz	3~4	
ZnO	$Zn(CH_3)_2$	Ar/O_2	MW	无特殊规定 2.45MHz	3~7	[394]
	$Zn(CH_3)_2$	Ar/O_2	MW		4.9~10.3	[395]
	Zn（粉末）	N_2/Ar 或 N_2	DC	70kW	30	[396]
	Zn（粉末）	Ar/O_2	RF	300W，13.56MHz	30	[340]
	Zn（粉末）	Ar/O_2	MW	2.45GHz	100~200	[391]
ZrO_2	$Zr(NO_3)_4$	Ar	MW	0.915GHz	100~500	[346]

（续）

氧化物	前驱体	气　体	类型	发　生　器	直径/nm	参考文献
ZrO_2	$ZrCl_4$	Ar/O_2	MW	0.915GHz	5	[397]
	$Zr(OC_4H_9)_4$	Ar/O_2	MW	2.45GHz	<5	[351]
	$Zr(OC_4H_9)_4$ 或 $ZrCl_4$	Ar/O_2	MW	2.45GHz	<5	[398]

1.3.3.4　溶液中的热等离子体

在液体中利用放电获得纳米粉末的技术可以通过液体或溶液中成分的转换或电极侵蚀来分类。文献报道通过这两种方法获得的金属或氧化物纳米粒子的例子如表 1.16 和表 1.17 所示。

表 1.16　在液体中通过等离子体法合成金属纳米粒子(NP)的例子
(SDS—十二烷基硫酸钠;CTAB—溴化十六烷基三甲铵;
CTAC—十六烷基三甲基氯化铵)

NP	液　体	前　驱　体	电子条件	直径/nm	参考文献
Ag	H_2O	$AgNO_3$	DC 15A	27 ± 14	[412]
	H_2O	Ag 电极	DC 4 A,135V	5~55	[413]
Al	H_2O,CTAB	$AlCl_3\cdot 6H_2O$	DC 250V,5μs,30kHz,W 电极	10~100	[414]
Au	H_2O,CTAC	$HAuCl_4$	DC,250ns,10kHz,Pt 电极	1~10	[409]
	H_2O	Au 电极	DC,70~100V,2~3μs	15~30	[415]
	C_2H_5OH	Au 电极	DC,135V,6.4A,50μs	4~15	[416]
Co	H_2O,SDS	$CoCl_2$	DC 250V,5μs,30kHz,W 电极	10~30	[411]
Cu	甲苯	Cu 电极	AC 200V,5A	3	
	H_2O,CTAB	$CuCl_2$	DC 250V,5μs,30kHz,W 电极	1~5	[410]
	H_2O,缓冲剂	Cu 阴极	DC 105~130V Pt 阳极	100	[403]
	H_2O,肼	Cu 电极	AC 150V	30~50	[407]
Fe	H_2O CTAB	$FeCl_2$	DC 250V,5μs,30kHz,W 电极	5~20	[417]
Mn	H_2O,CTAB	$MnCl_2$	DC 250V,5μs,30kHz,W 电极	50~150	[418]
Ni	H_2O,SDS	$NiCl_2$	DC 250V,5μs,30kHz,W 电极	20	[419]

表 1.17　在液体中通过等离子体法合成金属氧化物纳米粒子(NP)的例子
(SDS—十二烷基硫酸钠;CTAB—溴化十六烷基三甲铵;
CTAC—十六烷基三甲基氯化铵)

NP	液　体	前　驱　体	电子条件	直径/nm	参考文献
CoO	H_2O	Co acetate	AC 20kHz,15kV,10 A,2μs	2.5	[420]

（续）

NP	液　体	前 驱 体	电 子 条 件	直径/nm	参考文献
Cu_2O	H_2O,维生素C酸	Cu电极	AC 150V	4~10	[407]
CuO	$H_2OK_2CO_3H_2O$	Cu阳极	DC 105~130V Pt阴极	<100	[403]
CuO纳米线	$NaNO_3$	Cu电极	AC,150V	D=1~3 L=4~10	[407]
CuO纳米线	H_2O,NaCl	Cu阳极	DC 10~20kHz,1~2μs	D=15~25 L=50~60	[404]
TiO_2	H_2O H_2O,O_2	Ti电极 Ti电极	AC 200V,5A DC,20~40 A,2~3.5V	7 5~31	[400]
WO_3	H_2O,SDS	WCl_6乙醇	DC 250V,5μs,30kHz,W电极	50~70	[408]
	H_2O	W电极	DC,10V,25 A	30 ± 12	[401]
$WO_{3.}H_2O$	H_2O	W电极	DC 100V,50 A,15μs	5	[422]
ZnO纳米线	H_2O	Zn电极	DC 3.5kV,100Hz,30μs	*D*=30 *L*=80~100	[423]
	H_2O	Zn电极	DC,5~15 A,2~3.5V	100~260	[424]
ZnO	H_2O	Zn电极s	DC,5A,2~3.5V	15~20	[425]
ZrO_2	H_2O	Zr电极s	DC 10~20 A,2~3.5V	7~52	[426]

在金属电极侵蚀方法中，金属电极作为源材料，并浸入到惰性液体中，这意味着它们在等离子体中的分解不会生成固体粒子。去离子水是最常用的溶剂。通过控制离子电导率、pH值或介质的氧化还原能力可以获得金属或氧化物粒子，为此需要将不同种类的盐溶解在去离子水中。直流电或交流电都可以使用，应用模式可以是连续的、时序或高频率脉冲模式。为了获得放电电弧，电极通常由相同的金属组成，如果施加直流电时，阴极只能是易被腐蚀的金属，阳极可以是铂金。另外，电极可面对面或平行放置（见图1.6）。电极放电腐蚀产生蒸气，随之生成纳米粒子，然后开始凝聚。

这一过程的难点是颗粒大小的控制。较小尺寸（约为几纳米）的粒子是由金属蒸气的冷凝，并在与其他粒子继续生长或凝聚之前就被液体快速冷却下形成得的；中间尺寸的粒子（20~3nm）是在等离子体放电和液体之间的中间区域停留一段时间形成的；较大尺寸的粒子（约为100nm）是在腐蚀过程中由电极熔化产生的金属液滴形成的。纳米粒子的粒径分布很大程度上取决于电子放电的传递方式[399]。

Ashkarran等人的研究工作表明，获得粒子的尺寸大小与TiO_2[400]和WO_3[401]粒子制备过程中使用的放电电流强度相关。

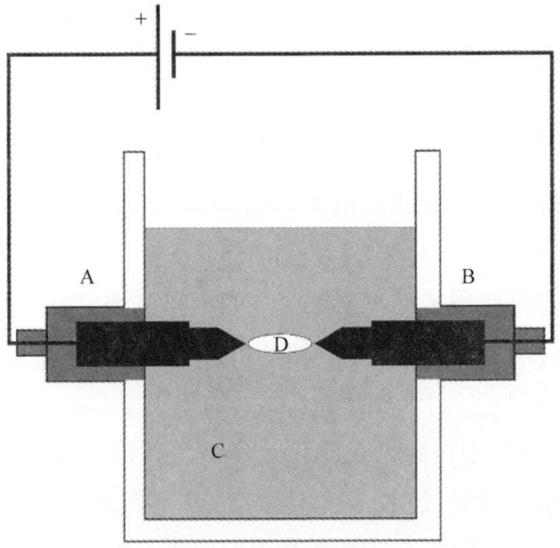

图 1.6 液体介质中的等离子体弧示意图

a—阳极;b—阴极;c—液体;d—等离子体。

但是,还需要考虑其他一些重要参数,如电极材料的熔化温度、能量沉积的数量和时间、电极之间的距离或溶剂的性能、介电特性、黏度等[402]。

氧化物可以直接通过液相中金属的氧化或者从由液相分解得到的活性种中获得。在击穿电压中,除了电极合金(如铜或锌)的蒸发外[403,404],还有水分解成离子化的自由基活性种,这些离子化的自由基活性种可以氧化金属原子。第二种方法需要将气态氧鼓入液相中[400]。

由于在等离子体相中水分解会生成氢氧自由基和氧原子,在这种情况下,对水敏感的强氧化性金属而言,可以使用另一种溶剂如苯乙烯替代水作为介质。所制备的金属粒子包覆了一层薄的聚苯乙烯涂层[406]。文献中还报道了一些改进的方法,例如 Yao 等人报道的在水介质中添加还原剂水合肼[407],或 Saito 等人报道的使用柠檬酸缓冲溶液(pH 为 4.8)[403]。采用这些改进的方法可制备出多孔球形铜纳米粒子。其形成机理是,通过羟基化物的形成使由水分解产生的含氧的熔融铜纳米粒子转化,随后是 $Cu-Cu_2O$ 共熔合金的凝固阶段;最后,氧化物被缓冲液溶解,未氧化的铜以多孔球形式存在。

第二种方法是通过在两个钨或铂电极之间产生的等离子体使溶液中的金属离子转变[408,409]。在液体介质中通过等离子体制备纳米颗粒时,经常需要添加 SDS 或 CTAB 等表面活性剂。一般来说,表面活性剂有助于分散粒子,消除或减少粒子的聚集,这是由于表面活性剂能减慢粒子的生长[410]。此外,表面活性剂分子趋向于优先结合某些晶面,如果它们的表面能量具有显著的差异,这将使粒子的生长呈现各向异性。因此表面活性剂被认为是获得非球形粒子的主要原因[411]。

1.3.4 激光烧蚀法

有关用激光束烧蚀固体靶的报道可以追溯到20世纪60年代,那时红宝石激光器已经得到发展[427]。

纳米粒子可以通过使用不同类型的激光器在连续或脉冲工作模式下制备。由于烧蚀机理不同,脉冲工作模式取决于脉冲持续时间,可以分为纳秒或超短(皮秒或飞秒)脉冲激光。

在经典方法中,与激光和材料表面相互作用相关的制备过程一方面强烈依赖于激光参数如脉冲持续时间、波长或能量密度;另一方面取决于材料的物理性能,尤其是熔化和蒸发温度、潜热、热扩散系数等会显著影响。

从用激光烧蚀获得纳米粉的角度来看,还需要考虑一个新参数,即与烧蚀过程中形成的等离子体羽流有关的环境性质,因为在烧蚀过程中形成的等离子体羽流会膨胀。等离子体羽流的膨胀一般发生在“自由”介质中,这意味着需要发生在具有低气体浓度的高真空或真空,甚至密闭介质如液体中。如果它们与外界介质(气体或液体)存在化学相互作用,将会显著影响其形成机理、形态、尺寸、分散性等。

目前激光烧蚀系统主要是Nd:YAG或准分子激光器。首先系统便宜,维护简单。对于准分子激光器,是以充气激光腔体为基础的,因此需要谨慎使用。另一方面,与Nd:YAG激光器相比,这些激光器能获得更高的输出功率并具有更均匀的光束轮廓。目标可以是一块高纯度的金属或金属合金或一个微米级金属或氧化物粒子。激光烧蚀固体靶获得的粒子可直接来自于激光脉冲辐射固体靶获得的等离子体羽流的冷凝。

1.3.4.1 长脉冲

当使用长脉冲(从连续到纳秒范围)时,粒子形成的本质受热传递支配。根据材料和激光能量密度的性能,激光束中自身带有能量的光子瞬间被价电子吸收,然后通过电子的相互碰撞发生电子热化,持续时间为10~100fs。在下一阶段,能量以几皮秒的速度从热电子转移到以声子形式形成的离子网络。在整个热化阶段,系统处于非平衡状态,其电子温度高于离子温度。材料的热化阶段是从激光能量沉积开始的,通常几皮秒就可完成。

由于脉冲持续时间比涉及到的热机理的持续时间长,所以在激光脉冲期间离子网络会被加热。

因为脉冲持续时间比电子-声子热化时间(1~10ps)和热扩散时间(约10ns)长,在长脉冲辐照过程中,烧蚀过程受流体力学和热传导控制。

当施加的能量超过材料的烧蚀通量阈值时,物质以蒸气或以离子、电子、中性原子、聚集体、熔料液滴等碎片形式喷射出来。烧蚀通量阈值取决于材料和激光参数。喷射出的粒子首先停留在目标表面附近,并形成Knudsen层[429]。Knudsen层作为激光光斑具有相同的表面尺寸,根据方程$\delta=\lambda 4\pi n_2$,其厚度对应光穿透长度δ,光穿透长度δ取决于激光的波长和材料的消光系数(n_2)。Knudsen层的粒子密度接近固体密度($10^{19}\sim10^{21}cm^{-3}$)[430]。

当靶向点不能将吸收的能量扩散到网络结构中时,Knudsen层会被汽化[431,432]。

由于烧蚀会在激光脉冲结束之前开始,因此形成的蒸气会与激光发生相互作用并产生等离子体,这是由两个不同机制形成的[433,434]。第一个机制包括光电离,其涉及在吸收一个或多个光子后,中性或处于激发态的原子的电离。值得注意的是,激光器在短波长下工作比在可见光或红外光波长下工作更加有效[435,436]。第二个机制包括初级电子的发射,初级电子的发射是由一个中性原子吸收几个光子后达到其电离电势(多光子电离),或由于加热材料的电子发射(热离子效应),或最终通过蒸气原子间的电离碰撞产生的。这些自由电子通过蒸气离子和中性原子的非弹性碰撞吸收激光发射的光子,该现象被称为逆韧致辐射(或逆制动辐射)。它们使电子能够获得动能,当动能达到足够高的值时,电子会通过碰撞使蒸气原子电离。

最后,当电子密度增加太多时,对于激光束来说等离子体变得极度不透明,并且能够反射出来[437,438]。因此,材料获得越来越少的能量,会减慢烧蚀现象,因此等离子体开始生长,直到激光脉冲结束。

1.3.4.2 超短脉冲(皮秒和飞秒)

在飞秒脉冲的情况下,其持续时间短于材料热化所需要的时间,只有脉冲结束后,能量才被转移到离子网络中。根据沉积能量,可以观察到两个重要的现象。一方面,如果强度足够大并迅速激发一定数量的载流子,那么非热现象会导致烧蚀;另一方面,热现象将占主导地位:固体由冷的离子网络周围的热电子气体组成。然后,发生电子网络热化(几个皮秒)。下面是烧蚀的产生过程。

(1) 蒸发法[439]。当能量水平低于烧蚀阈值时,只有材料表面层会通过汽化而喷射。应考虑使用一种厚的(几微米)材料,这种材料常用于固体靶产生纳米粒子。如果固体靶被能量密度高于烧蚀阈值的脉冲辐射,将会获得几种不同类型的具有独特辐射性能的烧蚀产物。当它能够穿透固体时,沉积能量减少,导致更深的内层也会蒸发。

(2) 相爆炸法[440]。当可以在表面发生能量沉积,并其附近的温度接近临界值时,就会发生相爆炸或爆炸性沸腾。这会引发过热的液体层气泡均匀成核,材料完成了从过热液体到蒸气与液体液滴混合体的快速转变。相反,对于长脉冲(约为1ns)的相爆炸机制,飞秒脉冲辐照诱导材料的加热是在恒定的体积中进行的。

(3) 层裂破坏法[441-444]。在返回热平衡(当电子温度等于离子温度)期间,在恒定体积内,晶格中的离子温度会快速增长,这是由于与环境压力相比,其惯性会产生非常高的局部压力,最终导致压缩波的径向发射。其有效部分向靶核传播,但另一部分以同样的方式直接传播到表面,并通过反射转化为反向传播的应力波,当通过结晶相,应力波会引起破裂和物质喷射,此时冲击波通过反射又可以与传播到背面的应力波叠加,从而发生层裂现象。

(4) 碎片法。在衬底上方通过真空稀释将超临界液体分离成液滴[445-447]。

当能量密度较高时,非热现象可以引起烧蚀。导电带中电子的快速激发会导致晶格不稳定。在这种情况下,通过光学击穿从固体到等离子体状态的直接过渡是可能的[450]。在电介质存在的情况下库仑爆炸也成为可能,它包括由电离原子间静电斥力引起的烧蚀[451]。

与纳秒脉冲产生等离子体云的膨胀相反,通过超短脉冲产生的等离子体的膨胀无需进一步加热,其温度和压力会迅速下降,因此寿命较短。

1.3.4.3 真空或低压下等离子体的膨胀

真空下等离子体的膨胀被认为是绝热的,粒子受到较小概率的碰撞,膨胀机制是自由的,能量通过各种辐射而消耗。起初,当自由电子穿过中性原子或离子的库仑场时(韧致辐射效应),它们失去一部分动能。同样当电子被离子俘获时通过辐射结合也会失去一部分动能。当温度和自由电子的密度足够小时,在中性原子或电离原子中会发生各种激发态的电子跃迁相应引起的辐射。热交换过程导致蒸气原子冷凝成几百个原子的小聚集体,然后通过聚合和聚结形成纳米粒子。

当使用低浓度气体时,通过环境气体的压缩限制蒸气的扩张,而这种扩张也反过来会压缩周围的气体[452]。等离子体由于高压冲击波传播,直到达到室温压力时才衰减。由于气体的存在,等离子体膨胀减少。如果气体为活性原子,它们就可以与电离原子产生化学相互作用,并形成新的活性种。

在短脉冲激光产生等离子体的过程中,由于等离子体只会在脉冲结束后才会出现,因此等离子体和激光脉冲之间没有相互作用力。表1.18列举了文献报道的在气体介质中由激光烧蚀法制备的金属和金属氧化纳米颗粒。

表 1.18 在气体介质中通过激光烧蚀获得金属纳米粒子
（d_0—平均直径；F—积分通量；E—每脉冲的能量沉积；T—烧蚀时间；P—辐射功率）

金属	目标	试验条件	气体	d 或 d_0/nm	参考文献
Al	Al	KrF 激发器；λ = 248nm；脉冲 = 20ns，f = 20Hz，E = 15mJ/脉冲，5000 脉冲	10^{-6} Torr	76~2000	[457]
Cu	Cu	Ti：蓝宝石，λ = 800nm，f = 1kHz，脉冲 100fs，F = 4J/cm^2	$P \leqslant 10^{-4}$Pa	0.5~12	[458]
Mo	Mo	KrF 激发器，λ = 248nm，脉冲 = 20ns，f = 20Hz，E = 15mJ/脉冲，5000 脉冲	$P = 10^{-6}$Torr	75~2000	[457]
Ni	Ni	Nd：玻璃，λ = 1055nm，脉冲 = 0.85ps，E = 4mJ/脉冲，f = 33Hz，T = 60min	$P \leqslant 10^{-5}$ Pa	23~56	[459]
		Nd：双玻璃，λ = 527nm，脉冲 = 0.30ps，E = 1.3mJ/脉冲，f = 33Hz，T = 60min	$P \leqslant 10^{-5}$Pa	5~65	
	Ni	Nd：双玻璃，λ = 527nm，脉冲 = 300fs，E = 4mJ/脉冲	$P \leqslant 10^{-7}$Pa	37	[460]
		Nd：三玻璃，λ = 263nm，脉冲 = 300fs，E = 4mJ/脉冲	$P \leqslant 10^{-7}$Pa	17	
	Ni	Ti：蓝宝石，λ = 780nm，f = 1kHz，脉冲 = 120fs；F = 0.3J/cm，200 脉冲	$P \approx 10^{-5}$Pa	40±19	[461]
Si	Si	Nd：玻璃，λ = 1055nm，脉冲 = 0.85ps，E = 4mJ/pulse，f = 33Hz，T = 2~60min	$P \leqslant 10^{-5}$Pa	5~39	[459]
		Nd：玻璃，λ = 527nm，脉冲 = 0.30ps，E = 1.3mJ/脉冲，f = 33Hz，T = 2~60min	$P \leqslant 10^{-5}$Pa	9~114	
	Si	ArF 激发器，λ = 193nm，脉冲 = 12ns，F = 1J/cm^2	He，P = 333Pa He，P = 665Pa	d_0 = 13 d_0 = 17	[462]
	Si	Nd：双 YAG λ = 532nm，脉冲 = 7ns，F = 5J/cm^2	Ar，P = 5Torr	1.5~3	[463]
W	W	ArF 激发器，λ = 193nm，脉冲 = 15ns，f = 1~25Hz，F = 1.4~8.3J/cm^2，T = 15min	N_2，P = 1atm	2~110	[464]
	W	Nd：双 YAG，λ = 532nm，脉冲 = 4.5~5.5ns，f = 20Hz，F = 1.9~3.8J/cm^2	He，P = 2.7~90kPa	10~20	[465]
	W	KrF 激发器，λ = 248nm，脉冲 = 20ns，f = 20Hz，E = 15mJ/脉冲，5000 脉冲	$P = 10^{-6}$Torr	100~2000	[457]
CuO	CuO	Nd：YAG λ = 1064nm，脉冲 = 0.5ms，f = 34Hz，E = 5600W/mm^2	空气，$P = 9\times10^4$Pa	4~26	[466]
α-Cr_2O_3	Cr	Nd：YAG λ = 1064nm，脉冲 = 0.24ms，f = 10Hz，E = 1100mJ/脉冲	空气+O_2 50L/min	30~100	[467]
γ-Fe_2O_3	Fe	Nd：YAG λ = 1064nm，脉冲 = 0.3~20ns，f = 5~150Hz，P = 400W	N_2，P = 0.18MPa O_2，P = 0.02MPa	5~90	[468]

1.3.4.4 液相激光烧蚀

20 世纪 80 年代末,Patil[453]和 Ogale[454]第一批报道了浸渍在液体中的固体的激光烧蚀,这些工作主要是为了改变固体表面性质而进行的。为了制备表面无污染的纳米粒子,Henglein 和 Cotton 的团队在 1993 年首次报道了在液体中采用烧蚀法合成纳米粒子[455,456]。

同时还有许多其他的研究工作证明可以采用液相烧蚀法合成各种纳米材料,主要取决于各种激光参数或所用液体的性质。

根据前面描述的机理,一般情况下当将给定波长的激光束聚焦在透明液体介质中的固体靶时,能量转移到固体靶上主要取决于脉冲持续时间[469,470]。当光束照射到已浸入液体的固体靶表面时,在固液界面上会形成等离子体。由于等离子体被局限在液体介质中,它们会在超声速度下绝热膨胀,引发冲击波,反过来,则会诱导等离子体中温度和压力的增加[471-473]。与空气或真空状态下的膨胀相比,在液体介质中等离子体的膨胀要小得多[474]。这种限制会导致烧蚀活性种的密度比真空或低气压膨胀的情况下高。但另一方面,在液体介质中的等离子体寿命是非常短的。这两种现象对所制备纳米粒子尺寸的影响是相反的。由于活性种的密度高,第一种现象倾向于促进纳米粒子凝聚,而体系中等离子体的寿命短使得凝聚和聚集反应发生不充分,从而影响所制备粒子的尺寸[475]。

最后,等离子体-液体界面的液体汽化,产生的气泡凝聚并形成空化气泡[476]。在这些气泡中活性种是游离且电离的,与已存在的活性种混合时可以发生新的化学反应。水中金属烧蚀会形成金属氢氧化物[477],如果在富含碳的溶剂中进行,就会生成碳化物。这种气泡将会发生体积膨胀和尺寸增大,最终内爆。在其内爆过程中,会产生第二种冲击波[479,480],等离子体中所有的活性种都会喷射到溶剂中。

当纳米粒子持续生成,它们在液相中积累,并与入射光束相互作用。由于吸收和扩散现象,介质中的透射束显著减少。这将导致作为时间函数的效率显著降低[481]。已经研究了几种解决措施。第一个解决方案包括只在目标上使用一个小厚度的液体,但产量较低,主要是因为液体体积较小,在粒子中会迅速饱和。第二个解决方案是使用稳定流单元,使我们能够在生产时回收颗粒,同时保持悬浮液中大部分悬浮粒子的流动[482,483]。相反,这减少了悬浮液中光束和胶体之间的相互作用,从而降低了胶体溶液的激光脉冲辐射所引起的破碎和生长现象[484]。

因此,可以通过浸没块状固体靶的激光烧蚀[487]或者液相悬浮液中尺寸为几个微米粒子的破碎[484]来制备不同类型的金属纳米粒子、金属氧化物或半导体粒子如硅[486]。

表 1.19 和表 1.20 是文献报道制备的一些金属和氧化物纳米粒子的例子。

表 1.19　在液相中激光烧蚀获得的金属纳米粒子

金属 1	目标	试验条件	液　体	d 或 d_0/nm	参考文献
Al	Al	Nd:YAG, λ = 1.06μm, f = 10Hz, T = 1h, 脉冲 = 30ps, F = 4J/cm^2	乙醇 + H_2	30	[488]
	Al	Ti:蓝宝石, λ = 800nm, 脉冲 = 200fs, f = 1kHz, F = 0.4J/cm^2, T = 10min	乙醇	10~60	[489]
		Nd:YAG, λ = 1064nm, 脉冲 = 30ps, F = 8J/cm^2, f = 10Hz, T = 60min	乙醇	10~250	
		Nd:YAG, λ = 1064nm, 脉冲 = 150ps, F = 1.5J/cm^2, f = 10Hz, T = 60min	乙醇	10~50	
Co	Co	Nd:双 YAG, λ = 532nm, 脉冲 = 3ns, F = 6.37J/cm^2, f = 20Hz, T = 60min	EG, PVP	22	[490]
Cu	Cu	Ti:蓝宝石, λ = 800nm, 脉冲 = 120fs, f = 1kHz, F = 0.2mJ/脉冲, T = 60min	H_2O/乙醇 8/2, PVP	10	[491]
	Cu	Nd:双 YAG, λ = 532nm, 脉冲 = 5ns, E = 0.2J/脉冲, f = 10Hz, T = 10min	聚硅氧烷 M_w = 240 M_w = 1200	5~20 2~5	[493]
	CuO	Nd:YAG, λ = 1064nm, 脉冲 = 5ns, F = 509mJ/cm^2, f = 10Hz, T = 5min	异丙醇	d_0 = 28.9	[494]
Mg	Mg	Nd:YAG, λ = 1064nm, 脉冲 = 5.5ns, F = 0.265J/cm^2, f = 10Hz, T = 60min	异丙醇 丙酮	15~20 50~100	[495]
Ni	Ni	Nd:双 YAG, λ = 532nm, 脉冲 = 3ns, F = 6.37J/cm^2, f = 20Hz, T = 60min	EG, PVP	8	[490]
	Ni	Nd:双 YAG, λ = 532nm, 脉冲 = 8ns, E = 40mJ/脉冲, f = 10Hz, T = 60min	H_2O	3~5	[496]
Si	Si	Nd:YAG, λ = 1064nm, 脉冲 = 10ns, E = 160mJ/脉冲, f = 10Hz, T = 60min	H_2O, SDS	10~20	[487]
	Si	Ti:双蓝宝石, λ = 387.5nm, 脉冲 = 180fs, f = 1kHz, F = 0.8J/cm^2	H_2O	d_0 = 20	[486]
	Si	Nd:YAG, λ = 1064nm, 脉冲 = 60ps, f = 20Hz, F = 0.9~2.7J/cm^2, T = 60min	H_2O	40 ± 10	[497]
		Nd:YAG 三, λ = 355nm, 脉冲 = 60ps, f = 20Hz, F = 0.4~4.4J/cm^2, T = 60min	H_2O	3 ± 1	
	Si	Ti:蓝宝石, λ = 800nm, 脉冲 = 120fs, f = 1kHz, E = 1mJ/脉冲, T = 30min	H_2O	d_0 = 2.4	
Zn	Zn	Nd:YAG 双, λ = 532nm, 脉冲在纳秒范围, E = 100mJ/脉冲, f = 10Hz, T = 60min	H_2O, SDS	14.7 ±8.1	[499]

注:EG—乙二醇;SDS—十二烷基硫酸钠;PVP—聚乙烯吡咯烷酮;d_0—平均直径;F—积分通量;E—每脉冲能量的沉积;T—烧蚀持续时间;M_w—平均分子量

表 1.20 在液相中激光烧蚀获得的金属氧化物纳米粒子

氧化物	目标	试验条件	液体	d 或 d_0/nm	参考文献
Al_2O_3	Al_2O_3	Ti:蓝宝石,$\lambda=800nm$ $f=10Hz$,脉冲≤130fs,$F=0.462J/cm^2$,$T=90min$	H_2O 乙醇	60 80	[500]
	Al_2O_3	$\lambda=1064nm$ $f=4kHz$,脉冲 = 40~55ns,$F=14\sim50J/cm^2$,$T=5min$	H_2O	29	[501]
Bi_2O_3	Bi_2O_3	Ti/蓝宝石,$\lambda=800nm$,脉冲 = 120fs,$f=1kHz$,$F=0.5mJ$/脉冲,$T=60min$	乙醇	10~60	[502]
	Bi	Nd:YAG,$\lambda=1.06\mu m$,脉冲 = 10ns,$f=1Hz$,$F=21J/cm^2$,$T=200min$	H_2O	56.81	[503]
Co_3O_4	Co	Nd:YAG,$\lambda=1064nm$,脉冲 = 4ns,$f=10Hz$,$E=330mJ$/脉冲,$T=15min$	H_2O	10~14	[504]
		Nd:双 YAG,$\lambda=532nm$,脉冲 = 4ns,$f=10Hz$,$E=165mJ$/脉冲,$T=15min$	H_2O	13~22	
CuO	Cu	Nd:双 YAG,$\lambda=532nm$,脉冲 = 90fs,$f=1Hz$,$T=30min$,$F=9J/cm^2$	H_2O	25~200	[505]
Cu_2O	Cu	Nd:YAG,$\lambda=1064nm$,脉冲 = 10ns,$f=10Hz$,$E=80mJ$/脉冲,$T=60min$	H_2O,PVP	15~60	[506]
Cr_3O_4	Cr	$\lambda=800nm$,脉冲 = 90fs,$f=1kHz$,$T=35min$,$F=102J/cm^2$	H_2O	6.8	[507]
	Cr	Nd:YAG,$\lambda=1064nm$,脉冲 = 240μs,$f=10Hz$,$E=1100mJ$/脉冲,$T=10min$	H_2O	10~30	[508]
Fe_2O_3	Fe_2O_3	Nd:YAG,$\lambda=1064nm$,$E=40mJ$/脉冲,$f=10Hz$,$T=60min$	H_2O H_2O,CTAB	28~33 10.7~15.6	[484]
	Fe_2O_3	Nd:三 YAG,$\lambda=355nm$,脉冲 = 10ns,$E=40mJ$/脉冲,$f=30Hz$,$T=60min$	乙醇 H_2O 丙酮	3~50 5~30 4~28	[509]
$Mg(OH)_2$	Mg	Nd:三 YAG,$\lambda=355nm$,脉冲 = 7~8ns,$E=100mJ$/脉冲,$f=10Hz$,$T=60min$	H_2O,SDS	$L>200$ $\Phi=10\sim30$	[477]
	Mg	Nd:YAG,$\lambda=1064nm$,脉冲 = 5.5ns,$F=0.265J/cm^2$,$f=10Hz$,$T=60min$	H_2O H_2O,SDS	$L=150$ $\Phi=5\sim10$ 20~30	[495]
NiO	Ni	CW,$P=250W$,$\lambda=1070nm$,$T=1s$,光斑为 40μm	H_2O,SDS	13 ± 9	[510]
TiO_2	Ti	CW,$P=250W$,$\lambda=1070nm$,$T=1s$,光斑为 40μm CW,$P=250W$,$\lambda=1070nm$,$T=1s$,光斑为 40μm	H_2O,SDS H_2O H_2O,SDS	17 ± 7 27 ± 11 40 ± 18	[510,511]
	Ti	Nd:三 YAG,$\lambda=355nm$,脉冲 = 7ns,$E=150mJ$/脉冲,$f=10Hz$,$T=60min$	H_2O,SDS	2~6	[512]

（续）

氧化物	目标	试验条件	液　体	d 或 d_0/nm	参考文献
Sb_2O_3 光纤	Sb	Nd：双 YAG，λ = 532nm，脉冲 = 5ns，E = 140mJ/脉冲，f = 10Hz，T = 10min	H_2O H_2O，SDS	35	[513]
SnO_2	Sn	Nd：三 YAG，λ = 355nm，脉冲 = 7ns，E = 100mJ/脉冲，f = 10Hz，T = 60min	H_2O，SDS	2~6	[512]
	Sn	Nd：三 YAG，λ = 355nm，脉冲 = 7ns，E = 100mJ/脉冲，f = 10Hz，T = 60min	H_2O，SDS	2.5±0.6	[514]
$H_2WO_4$① 片	W	Nd：YAG 双，λ = 532nm，脉冲 = 10ns，E = 300mJ/脉冲，f = 10Hz，T = 30min	H_2O	10	[515]
$H_2WO_4$①	W	Nd：YAG λ = 1064nm，脉冲 = 10ns，E = 80mJ/脉冲，f = 10Hz，T = 120min	H_2O	1	[516,517]
WO_3	W	Nd：YAG 双 λ = 532nm，脉冲 = 5ns，F = 1 ~ 7J/cm^2，f = 10Hz，T = 30min	H_2O	2~6	[518]
ZnO	Zn	Nd：YAG 双，λ = 532nm，脉冲 = 7ns，E = 60mJ/脉冲，f = 10Hz，T = 60min	H_2O，SDS，O_2	13.7±5.8	[519]
	Zn	Nd：YAG 三，λ = 355nm，脉冲 = 7ns，E = 100mJ/脉冲，f = 10Hz，T = 20min	H_2O，CTAB	10~25	[520]
	Zn	Nd：YAG 三，λ = 355nm，脉冲 = 7ns，E = 100mJ/脉冲，f = 10Hz，T = 60min	H_2O pH：5.36 pH：11.98 pH：7.51 NaCl	15±6 20±8 23±11 26±15	[521]
ZnO 纳米棒	Zn	Nd：YAG 三，λ = 355nm，脉冲 = 7ns，F = 3.2J/cm^2，f = 10Hz，T = 40min	H_2O，80℃	L=500~600 Φ=200	[522]

注：SDS—十二烷基硫酸钠；CTBN—溴化十六烷基三甲基铵；PVP—聚乙烯吡咯烷酮；d_0—平均直径；F—积分通量；E—每脉冲能量的沉积；T—烧蚀持续时间；M_w—平均分子量。

① 在 800℃煅烧 4h 前的 WO_3 前驱体

1.3.4.5　激光参数的影响

1.3.4.5.1　脉冲数的影响

研究工作表明，随着脉冲数的增加，平均粒径和分散性减小。一些典型的例子，如 Mahfouz 等人[496]在水中制备了氧化镍，Prochazka 等人制备了胶体银纳米粒子。这些研究表明，当脉冲数增加时粒子的尺寸减小，而且只有一个激光脉冲照射胶体溶液时，也会导致粒子尺寸减小。

Mafuné 等人关于银纳米粒子制备的工作表明，所形成的纳米颗粒的丰度随脉冲数线性增加，直到约 50000 个脉冲的极限，超过该极限后增长减慢。超过 50000 脉冲后斜率减小可以用银纳米颗粒对波长的弱吸收来解释，这有助于金属板穿透上方溶液的激光束的衰减。当到达目标表面时能量降低,形成纳米粒子的效率也会下降。

1.3.4.5.2 脉冲持续时间的影响

与纳秒型[487]的较长脉冲相比,使用短的皮秒[497]或飞秒脉冲可以获得分散性低、尺寸小的粒子。这可能是辐射能较低时,非热烧蚀会引起电介质的库仑爆炸。飞秒脉冲在等离子体开始出现之前就已经结束。这将产生低强度的羽流,并且空化气泡的寿命也将缩短。在液相烧蚀或周围气体的气体压力足够时,这种趋势更明显。因此在飞秒机制下,核的生长是受限的,将会导致生成更小的纳米粒子[523]。

另一方面,纳米粒子的产率可以通过更高的重复频率来弥补:飞秒激光器的重复频率约为千赫兹;而纳秒激光器的重复频率约为几赫兹或 12Hz。

1.3.4.5.3 波长的影响

金属烧蚀速率随激光波长的减小而增加[524,525]。一方面,当波长较短时,这是由于金属较高的辐射吸收引起的;另一方面,一般情况下,波长的减少会使逆韧致辐射时等离子体的辐射吸收较低[526]。

此外,较短的波长时,激光和所制备的纳米粒子之间的二次相互作用会变得更强[527],二次相互作用通常会导致由激光碎裂生成的胶体尺寸减小[481]。

使用较短波长通常减小所制备粒子的平均尺寸[481,528]。

1.3.4.5.4 能量密度的影响

在固定聚焦条件下,粒子的平均尺寸随着脉冲能量的增加而增加[523-530]。这是由两种现象造成的。第一种现象出现的原因是因为等离子体羽流中物质浓度较高,在冷却期间会促进凝聚和聚集。特别是,Kabashin 的工作已经表明,在水中用飞秒激光合成金胶体时,纳米粒子尺寸和激光能量密度的对数之间为线性关系[529]。当能量密度超过一个特定阈值(依赖于辐射金属的性能)时会出现第二种现象,同时生成大尺寸的粒子。这是由于辐射表面的熔融金属液滴喷出引起的[531,532]。实际上,使用高能量密度时会形成最大粒径的粒子(几十纳米),这是由发生在目标表面的相爆炸引起的[529,533-535]。当使用散焦辐射时,粒子尺寸也会增加[536, 538]。

1.3.4.5.5 气体压力的影响

在气体介质的烧蚀过程中,环境压力的增加会限制等离子体羽流的膨胀,因此也会限制等烧蚀活性种的扩展。这将导致与时间有关的稀释变弱,并由于后者变得更冷,会促进等离子体内粒子的生长[539,540]。主要可以由两种机理得到不同尺寸的纳米粒子。小的纳米粒子主要是由蒸发及随后的冷凝获得的。对于较大粒径的粒子,它们来自于由激光辐射引起的固体靶表面的相爆炸过程。如1.3.4.5.4小节可知,后一现象取决于所使用的能量密度[541]。

1.3.4.5.6 溶剂性能的影响

金属粉可以通过在溶剂中的激光烧蚀获得。例如,用乙二醇作还原剂可以制备镍纳米颗粒[490]。单独使用乙醇或在鼓泡溶解的氢气存在下可以制备出钛[542]或铝[488]纳米粉。使用水作为溶剂通常会生成金属氧化物。

1.3.4.5.7 表面活性剂的影响

在激光烧蚀之前,将碱性或酸性盐[521,543]或表面活性剂[484,506,512]引入到液体介质中时,会影响在一定激光参数下获得的纳米粒子的分布、性能[544]、形态[477]和/或聚集密度。

Mafuné 等人已经证实一些表面活性剂如 SDS,可以减缓或阻止锌颗粒在水中的氧化[499,545]。当等离子体消失时,形成的锌簇会与存在于溶液中的溶剂和表面活性剂分子接触,将会加剧颗粒的氧化反应和包覆反应之间的竞争。当表面活性剂浓度较低时,第一个作用是减少锌簇的聚集,氧化反应占主导地位,导致形成氧化锌纳米颗粒。当表面活性剂浓度增加时,包覆反应占主导地位,会阻止锌氧化,这种阻止氧化的保护作用在其他金属中尚未得到证明。

表面活性剂还会影响在去离子水溶液中形成的氢氧化镁晶粒的形态。SDS 会诱导晶粒要么沿着具有纤维形态的轴要么沿着两个轴的方向增长,最终形成了类似于片晶的形式。增长模式取决于表面活性剂的浓度[477,546]。

在所有情况下,表面活性剂浓度的增加会导致纳米粒子的平均粒径下降[543,547-549]。

1.3.4.5.8 悬浮液中胶体的影响

当悬浮在气体或溶液中的粒子吸收电子束能量时,其结果可能会引起粒子的破碎[550-554]、生长[494,527,555]或改性[556,558]。

在液体介质中,要么通过直接暴露于纳米粒子的胶体溶液的辐射[559-561],要么在固体靶的激光烧蚀直接产生纳米粒子期间[544,562,563]来研究这些现象。

这些工作表明,微粒激光碎裂法获得纳米粒子的产率于块状靶表面的激光烧蚀法[564-566],且其获得的纳米粒子的多分散性较小。文献中已经报道了解释这些现象的两种模型。第一个模型基于热转移。沉积在颗粒表面的能量会导致温度升高,随后熔化和表面蒸发,这将会使颗粒尺寸减小[568]以及形态改变。第二个模型是 Kamat 等人提出的[569],他们用库仑爆炸现象来解释观察到的颗粒尺寸减少的现象。这两种模型并不是相互排斥的,都能够根据激光发射条件对现象进行描述。高能量密度能促进通过库仑爆炸获得的纳米颗粒的破碎,而暴露于较低能量辐射时会促进热传递的破裂。

1.3.4.6 小结

这种技术为获得具有低多分散性和较小聚集度的小尺寸颗粒提供了一种优化效果的可能性。因此,应优先使用具有低激光能量、低脉冲宽度、短波长和长烧蚀持续时间的脉冲。最后,表面活性剂的使用有助于减小粒径,并减少颗粒的聚集[469]。当获得尺寸约为几纳米、低多分散性的纳米颗粒时,产物的产率也能保持在适度水平。

1.3.5 烟火合成法

1.3.5.1 爆轰合成法

爆轰合成法的原创性在于运用一种通常对纳米尺寸的物质具有破坏性的方法,在分裂状态下使其"冻结"。采用爆炸后物质分散形成粉末,该粉末中的基本纳米颗粒比在溶液中或通过球磨所制备的颗粒聚集少。由于纳米颗粒尺寸小且相对独立,通过爆轰合成的材料可以分散在具有亲和性的液体中。无论是在悬浮液中粉体的简单物理混合或通过合适的组装方法形成的胶体悬浮液,都是制备纳米铝热剂最重要的阶段。

历史上,纳米金刚石是第一个通过爆轰法合成的材料,它是由核武器领域的苏联科学家于 1963 年 7 月在猛炸药爆轰中首次观察到的。1962 年进行了第一次测试,包括用爆轰冲击将石墨或者炭黑压缩在球形或圆柱形存储安瓿中。之后,将石墨加入由三硝基甲苯(TNT)和黑索今组成的柱状药包中。在没有石墨的情况下进行的测试表明,纳米金刚石是由爆轰分子的碳形成的[570]。爆轰法得到的纳米金刚石的粒径范围为 4~10nm。最近的研究表明,纳米结构的黑梯炸药(TNT/RDX)的爆轰可产生较小尺寸的纳米金刚石,同时能大大增加其在爆轰产物中的比例[571]。从 Bundy 给出的碳相图可以看出,在常温常压下,金刚石是亚稳态材料[572]。当温度升高时,金刚石因暴露于大气中而转变为石墨或被氧化。金刚石($d = 3.52\mathrm{g/cm^3}$)是室温下的密度最高的碳材料,也是已知的最佳导热材料之一[573]。此外,其氧化能接近 33kJ/g(或 $116\mathrm{kJ/cm^3}$),所以常作为烟火组分的首选还原剂。Comet 等人[574]报道了在以氯酸钾($KClO_3$)为基础的含能组分中,使用纳米金刚石作为燃料的研究。这些压缩组分具有连续或间歇的燃烧特征,主要取决于它们所含的纳米金刚石的比例及其孔隙率。对这些初级含能材料的研究,我们可以预估由爆轰产生的纳米金刚石的氧化速率为0.8mm/s,并且表明纳米金刚石粉体的导热系数比块状金刚石的导热系数小四个数量级[575]。小尺寸的金刚石纳米粒子和它们表面存在氧官能团[576],使其比块状的金刚石更容易氧化。然而,纳米金刚石与纳米铝热剂配方中的其他燃料(如铝,硼或红磷)相比,燃烧活性较低。这意味着纳米金刚石的氧化性较低,不能在铝热剂中作为纳米燃料使用。然而,Pichot 等人将爆轰法合成的纳米金刚石作为添加剂用于以氧化铋(Bi_2O_3)和铝为基础的纳米铝热剂中,可显著增加静电放电和摩擦感度的阈值。为此,首先将纳米金刚石沉积在乙腈悬浮液中亚微米 Bi_2O_3粒子的表面,然后将所得复合材料与纳米尺寸的铝粉进行物理混合[577]。

Eidelman 和 Altshuler 提出使用爆轰合成法制备了各种不同类型的纳米材料。根据这些研究者的工作,爆轰波可以产生具有较高能量密度的等离子体,能有效用于制备纳米材料。由碳、氢、氧和氮形成的最常见的爆炸物在爆轰后会形成纳米结构的碳相,其性质取决于电荷组成和点火环境。根据实验条件,含有硼的特殊炸药在爆轰后会形成氧化硼(B_2O_3)或氮化物(BN)。纳米结构金属能通过金属叠氮化物或乙炔化物的爆轰形成。最后,将金属卤化物引入到经典炸药中将是一种制备铱、钚、铼、钨、钒或钛等纳米金属颗粒的方法。由于爆轰产物[578]的快速淬火会引起急剧冷却,爆轰合成法为高压下获得稳定的多晶产品提供了唯一的可能性。

可以采用两种爆轰合成法来制备纳米结构粉末。第一个是自上而下的方法,包括在爆轰冲击波作用下惰性物质的破裂。第二个是自下而上的方法,是从反应性前驱体开始构建纳米颗粒。

Gibot 等人使用自上而下的方法去破碎最初为微米尺寸(40~100μm)的碳化硅(SiC)粒子。其操作过程是,首先用聚氨酯包覆 SiC 粒子以减少碳化物与炸药之间的摩擦。然后将包覆的颗粒与三硝基甲苯和蜡混合;混合物压缩后得到炸药药柱。SiC 粒子通过爆轰会微型化,但其粒度分布非常宽(0.01~10μm)。这一结果表明,爆轰波的冲击不能使包含于装药中的所有耐火材料破碎。将小尺寸的原始颗粒粉碎成更小尺寸的次级颗粒需要更高的压力。这个实验结果应该考虑到与原子概念之间的联系,原子长期以来都被认为是基本物质中不可分割的单位,破碎原子只能使用核反应产生的巨大能量来实现。碳化硅是一种陶瓷材料,不能用作纳米铝热剂的活性组分。然而,碳化硅的超细粒子可以作为纳米铝热剂的添加剂,通过将冲击转化为摩擦力来降低铝热剂对冲击的敏感度。因此,SiC 颗粒能起到烟火传感器的作用。

Beloshapko 等人已经将亚微米厚度(0.25~0.5μm)和微米尺寸(20~30μm)的花瓣形颗粒组成的铝粉应用到不同炸药配方的爆轰中。铝粉并没有加入到炸药药柱中,而是与炸药接触。通过这种自上而下的原始方法制得的颗粒为球形,并且其组成与它们的尺寸有关。较小的粒子基本上由 α-氧化铝(刚玉石)组成,而较大尺寸的粒子主要由 δ-氧化铝和 AlN 组成。为了解释物质的转变过程,作者提出了一个非常有意义的机理:由于铝粉受到冲击波的压力作用被压缩,金属会熔化并蒸发。之后,铝粉会与燃烧室或炸药药柱中的氧气接触后发生氧化。反应会使温度升高从而导致液态氧化产物的蒸发或烧蚀。颗粒的生长是通过液滴的凝聚机理实现的[579]。显然,通过 Beloshapko 方法获得的陶瓷纳米颗粒不能制成纳米铝热剂,但它们证实了爆炸冲击波对微米尺寸铝粉的影响。冲击过程中的金属蒸发可以用来解释混合配方的爆轰性能[567],在混合配方中炸药爆炸与铝热反应之间存在协同作用。

Comet 等人报道了一种基于爆轰制备氧化铬(Cr_2O_3)纳米粒子方法,这种方法与自上而下和自下而上的方法都有关[561]。该方法是在氧化物空隙中的爆炸物(RDX)和作为纳米复合材料 RDX @ Cr_2O_3(符号@表示化合物中前面的化合物用后面的化合物包覆。全书同①)的反应性约束材料的黑梯炸药药柱同时爆轰将氧化铬的海绵基体碎裂、融化、分散(见图 1.7)。

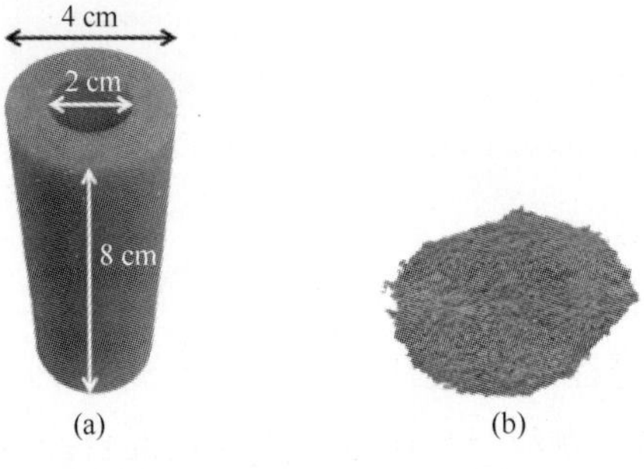

图 1.7 管状黑梯炸药药柱(a)作为纳米复合材料 RDX-Cr_2O_3(b)的包覆柱,RDX- Cr_2O_3纳米复合材料(b)作为前驱体通过爆轰作用形成 Cr_2O_3纳米粒子

爆炸产物(图 1.8(a))是由球形或略长的椭圆形(5~50nm)的 Cr_2O_3纳米粒子和含碳物质、纳米金刚石和新月形的石墨粒子以及由此产生的可以导致爆震室壁侵蚀的杂质组成的。含碳物质相是爆炸烟灰的主要成分之一,可以通过氧化处理消除(空气,500℃),这样就能够回收氧化铬纳米颗粒(图 1.8(b))。

① 为译者注。

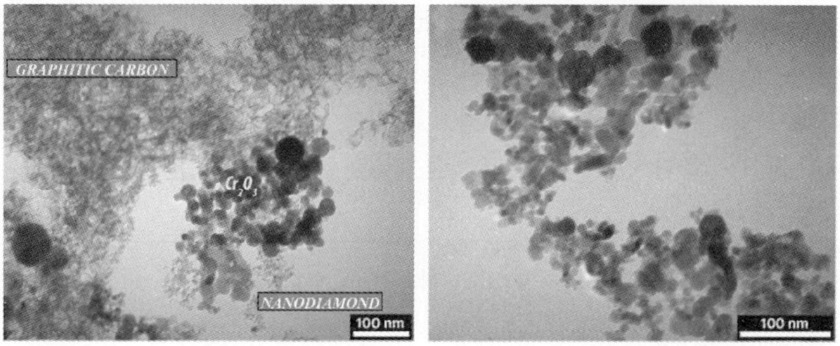

(a)　(b)

图 1.8　由纳米复合材料 RDX-Cr_2O_3爆轰生成产物的透射电镜图(TEM)

(a) 原始烟尘;(b) 从纯化后的烟尘中萃取出来的 Cr_2O_3纳米粒子。[561]

根据 Scherrer 方程计算的 Cr_2O_3基本晶粒的平均尺寸表明,在 Cr_2O_3原料中晶粒尺寸(19.4nm)小于在爆轰结构的氧化物中的(49.6nm)。该结果通过特殊的表面积测量得到了证实,并对其进行扫描电子显微镜观察(图 1.9),表明由于爆轰,Cr_2O_3初级粒子会长大。根据 Fedoroff 等人的研究[557],TNT 和 RDX 的爆炸温度分别达到 3450K 和 4500K。因此,在爆轰期间,Cr_2O_3的接触温度一般位于这两个极限温度之间。爆轰温度可能更接近于 RDX 的爆轰温度,因为 RDX 作为氧化物与纳米复合材料 RDX-Cr_2O_3中的爆炸物直接接触。另一方面,根据文献可知,Cr_2O_3的熔融和沸腾温度分别为 2539K 和 4273K。炸药药柱在水中被点燃,而所形成的氧化物液滴被射出,并暴露在水中会快速淬冷。这就解释了为什么通过爆轰产生的 Cr_2O_3初级粒子的粒径会大于由它们所形成的氧化物粒子的粒径。

(a)　(b)

图 1.9　扫描电镜形貌

(a) Cr_2O_3原料;(b) 爆轰产物,比表面积分别为 44.2m^2/g 和 20.4m^2/g。[561]

对爆轰法所形成的氧化铬水悬浮液进行粒度测量表明，它们含有大量“游离”的亚微米和纳米尺寸的粒子。此外，初级粒子的聚集体比多孔氧化铬悬浮液中观察到的聚集体小(见图1.10)。虽然悬浮液很稀，但是这些结果表明，通过爆轰形成的Cr_2O_3粒子比多孔氧化铬粒子更容易分散。

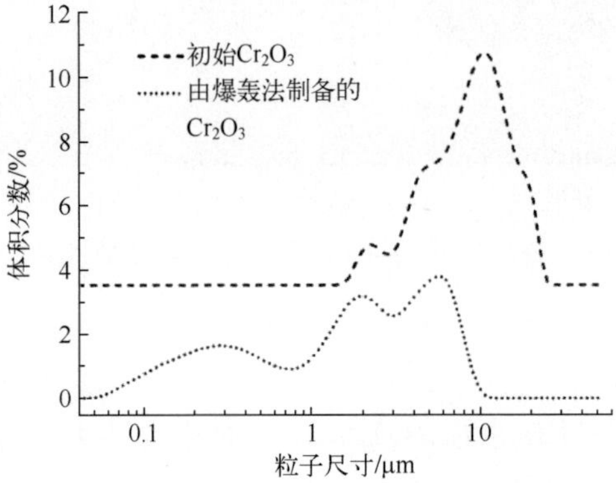

图1.10 通过爆轰法制备的Cr_2O_3和初始Cr_2O_3的粒度分布[561]

在相同的压缩条件下，与由多孔氧化物制备的氧化铬形成的纳米铝热剂相比，由爆轰法制备的氧化铬形成的Cr_2O_3/ Al纳米铝热剂的致密程度更高。这个结果再一次证明了通过爆轰法制备的氧化物粒子的聚集较少。孔隙率的减少也可以通过较低的点火敏感性和更规律的燃烧来反映。

球形(5~25nm)二氧化钛(TiO_2)纳米粒子可通过由黑索今和含有氢氧化钛的硝酸铵组成的炸药装药爆轰获得。在这种情况下，爆轰能确保前驱体脱水和分散。形成的氧化物颗粒含有TiO_2的两种同素异形体，金红石型(65.2%)和锐钛矿型(34.8%)。作者通过热力学计算表明，在给定的实验条件下，计算得到的反应温度(2577K)高于金红石的熔融温度(2153K)。他们认为，在这种情况下只能形成金红石，而锐钛矿型的存在则不能用爆轰理论充分解释。然而，根据Hanaor的观点，金红石型是TiO_2唯一的热力学稳定相，锐钛矿型的形成是因为受动力学的影响，其结构与金红石型相比约束较少[192]。因此，通过爆轰分散的熔融TiO_2液滴在剧烈的淬火过程中形成锐钛矿型并不奇怪。与纳米铝热剂制备的关注程度相比，对二氧化钛的关注是有限的，因为其与纳米铝的反应是已知反应中活性最弱的反应之一[537]。

自下而上的爆轰合成法是前驱体参与爆轰反应形成纳米粒子的方法。因此，爆炸物中的剩余碳通过爆轰会产生纳米金刚石。Anisichkin使用同位素标记证明了碳原子来自于TNT分子，TNT分子优先转化为金刚石[498]。Frank等人描述了小尺寸(2~24nm)纳米颗粒、六方晶系氮化镓(GaN)的爆轰合成。使用三烷基胺族的不同配体稳定的初级爆炸药(三叠氮基镓)就可以用于此类反应[485]。许多研究工作报道了由硝酸盐—燃料炸药配方爆轰合成陶瓷材料。基于硝酸铵的炸药配方具有低的爆炸温度[478],并会产生大量的气体。这两种效果对于爆炸法合成材料是非常重要,因为它们能够限制由该技术制备的纳米颗粒的生长。因此 Zhi-wei Han 等人通过分散相为硝酸铈铵和硝酸铵、连续相为石蜡和乳化剂的乳化炸药爆轰合成了 CeO_2纳米颗粒(55nm)[449],用于催化高氯酸铵分解。Neves 等人也使用硝酸酯基乳化炸药制备了掺铝的氧化锌(ZnO)纳米颗粒(AZO)。通过电子显微镜观察所制备的粉末,可以看出它们由不同形态的纳米颗粒组成,分别为球形、小棒和薄片。晶粒的比表面积和尺寸与铝含量没有太大的关系,这就与常规方法不同,常规方法中掺杂程度会影响颗粒的尺寸。通过扫描透射电子显微镜的深入研究表明,铝均匀分布在已形成的 AZO 粒子中,并替代 ZnO 结构中 Zn^{2+}阳离子,最终形成混合氧化物锌尖晶石($ZnAl_2O_4$)。纳米颗粒是一种脆性的团聚体,能通过微球球磨分离。通过这种处理后比表面积显著增加,从 $8m^2/g$ 增加到 $12m^2/g$[448]。用含 2%聚苯乙烯微球的硝酸盐复合乳化药的爆轰制备了氧化锌纳米颗粒(20~50nm)[428]。由于其较好的稳定性,氧化锌不能用作纳米铝热剂的氧化剂。然而,从其压电性质中可以发现一个优点[405],就是它能将由冲击产生的能量转化到能引起反应的电能,从而增加纳米铝热剂的撞击敏感性。

混合氧化物可以通过含有金属硝酸盐混合物的爆轰制备。因此,Xie 等人使用硝酸锂和硝酸锰制备了锰酸锂($Li_{1+x}Mn_2O_4$)的初级纳米粒子(20~60nm)。这些初级纳米粒子组装成球形次级粒子(1~2μm)[375]。通过含有铁(III)、锰(II)和硝酸铵混合物的爆轰制备了尺寸范围在 5~30nm 之间的锰铁氧化物($MnFe_2O_4$)纳米粒子。这些研究工作者认为材料的形成过程可分为两个阶段:首先,硝酸盐分解成氧化物,然后氧化物之间相互作用形成混合氧化物[358]。到目前为止,关于纳米混合氧化物作为纳米铝热剂中氧化剂的研究非常少。两种活性氧化物($MnFe_2O_4$)在同一晶体结构中结合或一种活性氧化物与一种惰性氧化物组合都能提供另外一类方法,可用于调节纳米铝热剂的性能。

Luo 等人研究了一类将铁(III)阳离子尿素配合物、钴和硝酸镍这些氧化盐变成本征能量复合物的新方法。这些物质与猛炸药密切相关,猛炸药的作用是增强爆炸的威力。因此,可以使用改性的硝酸镍、黑索今和石蜡来制备各种性能的纳米粒子(5~30nm)。石蜡的加入可以降低炸药的氧平衡并决定爆轰形成产物的性质。当氧平衡逐渐减小时,已形成的相包括氧化镍(NiO)、无定形碳包覆的镍、石墨包覆的镍,最终获得的粒子是包含镍和碳化镍(Ni_3C)[335]的混合物。类似的药包也可以使用尿素络合硝酸铁制得,逐渐降低氧平衡可以获得不同性能的产物:氧化铁(25~55nm)、氧化铁和铁的混合物、面心立方铁纳米颗粒(6~35nm)和体心立方铁纳米颗粒(6~40nm)[324]。在不加石蜡的情况下,爆轰获得的纳米颗粒是由纳米厚度的碳层(3~5nm)包覆的钴镍金属核(10~25nm)构成的[320]。由三价铁的前驱体制得的纳米颗粒,其核是由碳层包覆的铁或者铁的碳化物(Fe_2C 或 Fe_3C)组成的[297]。最后,Guilei 等人通过黑索今与环烷酸钴混合物的爆轰制备了该金属的纳米颗粒。这些纳米颗粒为厚碳层(8~41nm)包覆金属核(22~56nm)[18]。

Ouyang 等人研究了由四氯化钛($TiCl_4$)爆轰诱导的"热水解":用电火花引发按化学计量比的氢气和氧气混合气体爆轰产生的水去水解在爆炸室中喷射的四氯化钛($TiCl_4$)液滴。由这一方法产生的二氧化钛是由质量分数为 12%的锐钛矿和 88%的金红石组成的,包括很多纳米颗粒(10~30nm)和团聚严重的小颗粒。这种材料的 SEM 表明,它是由微米和亚微米大小的颗粒组成的,它们的聚集程度似乎非常高。作者解释大尺寸颗粒是由气体混合物从爆燃到爆轰转变过程中产生的[276]。近年来,Yan 等人使用这一方法制备了非常小的纳米粒子(1~10nm),并由气态四氯化锡制备了不团聚的二氧化锡(SnO_2)。为此,需要将爆炸室的温度维持在四氯化锡的沸点以上[28]。因为反应的第二产物(HCl)是气体,故获得的二氧化锡是纯物质。这种制备方法有很多优势,可以用于制备中等稳定性的氧化物,例如可作为纳米铝热剂的组分并且团聚程度较弱的纳米颗粒如表 1.21 所示。

表 1.21 通过爆轰法制备的材料性能及用于纳米铝热剂的配方的可能性

性质	实例	应用领域
反应型氧化物	TiO_2; Cr_2O_3; Fe_xO_y; SnO_2	中度反应性的纳米铝热剂
混合氧化物	$Li_{1+x}Mn_2O_4$; $MnFe_2O_4$	性能调整剂
具有特定性能的陶瓷	SiC; ZnO CeO_2	烟火传导 催化
氧化物—碳复合物	NiO-C	钝感
金属@碳复合物	Fe@C; Co@C; Ni@C	游离金属氧化物纳米粒子的前驱体
含碳材料	纳米金刚石	钝感

1.3.5.2 爆燃合成法

封闭炸药混合物的爆燃是由缓慢加热(10~20K/min)引起的,可用于制备各种不同性能的纳米材料。通常这一方法被错误的定义为"爆轰合成",可以用于制备管状纳米尺寸的物质,常用金属物质作为催化剂。

Lu 等人通过三硝基苯酚的分解去热解二茂铁,形成石墨壳层包覆的铁纳米颗粒(5~20nm),这样能有效地保护金属核,防止其在苛刻的条件下被氧化。含二茂铁最贫氧炸药的反应产物中也可以观测到碳纳米管的生成[266]。还可以通过含有硝化煤沥青和硝酸铁的混合炸药的爆燃生成无定型碳壳层包覆的碳化铁纳米晶(Fe_7C_3)[254]。碳纳米管可以通过与有机金属盐结合的芳香硝基化合物的组合物爆炸产生。例如,多壁碳纳米管的生成是由三硝基苯酚和醋酸钴(II)的混合物爆炸产生的。三硝基苯酚本身反应会得到较少的固体产物;后者仅由无定型碳纳米粒子组成[247]。具有竹子结构的纳米管也可通过相同混合物爆炸产生,还能掺入如苯或石蜡等烃类物质[241]。基于二硝基苯(DNB)和醋酸钴或甲酸镍的混合物的爆燃也能生成多壁碳纳米管和碳包覆的纳米粒子。在高电荷密度和 DNB/醋酸钴摩尔比下可以获得最高产率的纳米管[209]。碳纳米泡是由碳纳米管充气制得的,它是由三硝基苯酚和甲酸镍的混合物爆炸生成的[179]。Siegert 等人证实内径为 40nm 中空碳纤维能通过物理的方法使氧化锰与铝分开,故可用于制备对摩擦不敏感的 MnO_x/Al($x \approx 1.9$)纳米铝热剂[150]。通过爆燃产生的具有相对较大直径的管状碳纳米结构也可以用于这一目的。另外,炸药的爆燃可以用于制备碳膜包覆的金属氧化物纳米颗粒,以它们为组分的纳米铝热剂对摩擦和电火花不敏感。

1.3.5.3　燃烧合成法

几千年来,人类一直在使用火从矿石、处理过的金属和陶瓷中提取金属。Berzelius 1825 年在研究锆粉的燃烧性能时,首次提出了通过物质燃烧形成的"内火"来制备具有特定化学本质和形貌的材料。这其实是自然界中一种非常普遍的方法,也就是钻木取火。生物聚合物、纤维素和木质素的热解会生成木炭的多孔碳结构,灰分是木炭完全氧化得到的纳米结构材料,是由无机氧化物的残余物组成的。Moore 和 Feng 总结了从 1995 年开始燃烧合成法的发展历史[144]。

Patil 等人总结了各种燃烧合成法,大致分为四种:

(1) 自蔓延高温合成法(SHS);

(2) 固态复分解反应;

(3) 火焰热解反应;

(4) 来自于氧化还原物质或混合物的合成[124]。

传统的 SHS 方法并不适用于纳米材料的制备,因为它涉及到由大小为 10~100μm 的粒子组成的高度不均匀的可燃性混合物的反应。用复分解反应制备电子设备用陶瓷时必须在严格的惰性环境下进行。

火焰热解合成方法是一种在工业上用于生产热解硅石的合成方法,如 Cab-O-Sil 或 Degussa P25 二氧化钛。该方法已经用于生产纳米铝热剂的某些氧化物(V_2O_5,Fe_2O_3,SnO_2,WO_2)。根据 Patil 等人的研究,火焰热解可用于制备作为纳米铝热剂燃料的硼或难熔金属(Ti,Ta,Zr,Hf,Nb)粒子。这些材料是金属卤化物在气态下由碱金属或碱土金属置换制备的。

在最近的文献综述中,Patil 等人提出通过溶液燃烧法合成催化剂和纳米材料[120],并给出了通过这种方法制备金属元素用于耐火氧化物纯化、混合或掺杂的实例。最近,Mukasyan 等人阐述了燃烧合成法制备纳米结构材料的独特优点。首先,初始反应介质为液态,这意味着试剂能够在分子层次上均匀混合;第二,反应温度高,可以得到纯度高和结晶性好的产物,且无需进行另外的热处理,而在其他制备纳米材料的方法中,热处理几乎是纯化或结晶产物所必需采用的途径;第三,物质的快速转变和产物在周围气体凝聚相中的分散有助于限制粒子的生长,使其具有稳定的分散状态。通过溶液燃烧法合成产物的性质和形态取决于以下几个方面:

(1) 燃料/氧化剂比例;

(2) 在操作过程中气氛的性质;

(3) 燃料和氧化剂的化学性质[77]。

目前,通过溶液燃烧合成法已经制备了一千多种复合氧化物粉体。纯的氧化物粉末通常用金属硝酸盐与各种燃料混合后燃烧制备。金属硝酸盐通常含有大量的结合水分子。

Lima 等人使用溶液燃烧合成法制备了氧化铬(III)。他们以重铬酸铵作为前驱体,与尿素或甘氨酸结合在一起形成富燃料的复合物。通过添加硝酸铵来增加这些组合物中氧的比例,从而得到富燃料,化学计量或富氧化剂的组合物。在优化条件下,与化学计量相比,用过量甘氨酸和氧气制得的 Cr_2O_3 纳米粒子,其平均尺寸约为 20nm[51]。Yu 等人通过硝酸亚锰($Mn(NO_3)_2$)与可能是甘氨酸的物质($C_2H_5NO_2$)的混合物燃烧得到了具有纳米结构的氧化锰(ε-MnO_2)。富氧混合物的燃烧可生成直径为 50~150nm,厚度为 20~25nm 的片晶。贫氧混合物的燃烧反应可制备直径约 60nm 的球形颗粒。在这两种情况下,电子显微照片表明 ε-MnO_2 纳米粒子会发生明显聚集[42]。Nagabhushana 等人通过过氧化钼酸和蔗糖溶液燃烧以及另一种含有七钼酸铵和 DL-苹果酸的溶液燃烧制备了 α-MoO_3 纳米粒子[20]。扫描电镜观察显示这两种材料均为多孔材料,但第一种材料的团聚现象要远少于第二种。透射电镜分析表明第一种材料主要由相对独立的小尺寸(2~

10nm）纳米颗粒组成。然而，材料的比表面积（≈ 4.97m^2/g）远低于预期结果。与作者的描述不同，α-MoO_3粒子有一定的团聚现象。以硝酸铁为氧化剂，并加入各种助燃剂，如氨基乙酸、肼和柠檬酸等，可以制成不同种类的氧化铁纳米粒子，分别为α-Fe_2O_3、γ-Fe_2O_3、Fe_3O_4或其混合物。从这些材料的比表面积（50～175m^2/g）可以看出，这些材料由小尺寸的纳米颗粒组成，但从扫描电镜的形态分析可以看出，这些纳米颗粒存在较严重的团聚现象[492]。由燃烧法制备的三氧化二铋（Bi_2O_3）纳米粒子可以获得一种最活泼的纳米铝热剂。基于此，Martirosyan 等人设计了一种液体燃烧的合成路径，其中包含五水硝酸铋与熔融氨基乙酸的混合物。反应在预热温度为 250℃ 的烘箱中通过加入溶剂引发。纳米尺寸的 Bi_2O_3（18～95.8nm）晶粒通过富氧组合物燃烧形成，富氧组合物中氨基乙酸的含量只占化学计量比的 0.05～0.4，所加最高和最低燃料含量分别由溶液的耐燃性和爆炸性决定。Bi_2O_3粒子的结晶度和尺寸大小随着燃料含量的增加而增大，这是根据反应温度增加得到的结论[66]。

1.3.5.4　小结

表 1.22 给出了合成纳米铝热剂用材料的三种烟火合成方法的特点。爆轰合成法能够形成团聚不明显的耐火纳米颗粒。为了纯化爆轰产物中包含的爆炸室腐蚀产生的杂质和爆炸物部分气化产生的纳米结构碳物质，必须进行化学和热处理。炸药爆燃法能够得到各种形式碳材料的混合物，而这些混合物似乎难以分离。与其他两种方法相比，在合适条件下燃烧合成法可以获得纯的或混合的纳米金属氧化物。燃烧合成法中所用的低温似乎更适合合成热易损氧化物（Bi_2O_3、CuO、MnO_2、MoO_3）。

表 1.22　制备纳米铝热剂用材料的不同烟火方法之间的比较

	爆　轰	爆　燃	燃　烧
材料	低活性氧化物与耐火陶瓷	钝感碳材料	纯或混合氧化物
条件	快速反应（< 0.1μs）、爆轰室	快速反应、压力室	反应慢（1～100s），玻璃仪器
优点	独立纳米颗粒，微小聚集体	多态材料：金属/碳管、灯泡、洋葱	多功能、高纯度材料
不足	杂质	相混合，难分离	相对团聚的纳米颗粒

参考文献

[1]　BENJAMIN J. S., "Dispersion strengthened superalloys by mechanical alloying", *Metall.*

Trans., vol. 1, pp. 2943–2951, 1970.

[2] BENJAMIN J. S., VOLIN T. E., "The mechanism of mechanical alloying", *Metall. Trans.*, vol. 5, pp. 1929–1934, 1974.

[3] WEEBER A. W., BAKKER H., "Amorphization by ball milling. A review", *Physica B*, vol. 153, pp. 93–135, 1988.

[4] GAFFET E., "Planetary ball-milling: an expérimental parameter phase diagram", *Mater. Sci. Eng.*, *A*, vol. 132, pp. 181–193, 1991.

[5] YAVARI A. R., DESRé P. J., BENAMEUR T., "Mechanically driven alloying of immiscibles elements", *Phys. Rev. Lett.*, vol. 68, no. 14, pp. 2235–2238, 1992.

[6] KOCH C. C., WHITTENBERGER J. D., "Review: mechanical milling/alloying of intermetallics", *Intermetallics*, no. 4, pp. 339–355, 1996.

[7] KOCH C. C., "The synthesis and structure of nanocrystalline materials produced by mechanical attrition: a review", *Nanostruct. Mater.*, no. 2, pp. 109–129, 1993.

[8] SURYANARAYANA C., "Mechanical alloying and milling", *Prog. Mater. Sci.*, no. 46, pp. 1–184, 2001.

[9] GLUSHENKOV A. M., ZHANG H. Z., CHEN Y., "Reactive ball milling to produce nanocrystalline ZnO", *Mater. Lett.*, vol. 62, no. 24, pp. 4047–4049, 2008.

[10] DEL BIANCO L., HERNANDO A., BONETTI E. *et al.*, "Grain-boundary structure and magnetic behavior in nanocrystalline ball-milled iron", *Phys. Rev.*, *B*, vol. 56, no. 14, pp. 8894–8901, 1997.

[11] KIMURA Y., TAKAKI S., "Microstructural changes during annealing of workhardened mecanically milled metallic powders (Overview)", *Mater. Trans.*, *JIM*, vol. 36, no. 2 pp. 289–296, 1995.

[12] NIEH T. G., WADSWORTH J., "Hall-Petch relation in nanocrystalline solids", *Scripta Mater.*, no. 25, pp. 955–958, 1991.

[13] FECHT H. J., HELLSTERN E., FU Z. *et al.*, "Nanocrystallin metals prepared by hyghenergy ball milling", *Metall. Trans.*, *A*, no. 21A, pp. 2333–2337, 1990.

[14] ZHAO Y. H., SHENG H. W., LU K., "Microstructure evolution and thermal properties in nanocrystalline Fe during mechanical attrition", *Acta Mater.*, no. 49, pp. 365–375, 2001.

[15] ECKERT J., HOLZER J. C., KRILL IIIC. E. *et al.*, "Structural and thermodynamic properties of nanocrystalline fee metals prepared by mechanical attrition", *J. Mater. Res.*, vol. 7, no. 7, pp. 1751–1761, 1992.

[16] OLESZAK D., SHINGU P. H., "Nanocrystalline metals prepared by low energy ball milling", *J. Appl. Phys.*, vol. 79, no. 6, pp. 2975–2980, 1996.

[17] SVRCEK V., REHSPRINGER J. -L., GAFFET E. *et al.*, "Unaggregated silicon nanocrystals

obtained by ball milling", *J. Cryst. Growth*, no. 275, pp. 589-597, 2005.

[18] SUN G., LI X., ZHANG Y. et al., "A simple detonation technique to synthesize carbon-coated cobalt", *J. Alloy Compd.*, vol. 473, no. 1-2, pp. 212-214, 2009.

[19] CHAZELAS C., COUDERT J. F, JARRIGE J. *et al.*, "Synthesis of ultra fine particles by plasma transferred arc: Influence of anode material on particle properties", *J. Eur. Ceram. Soc.*, no. 6, pp. 3499-3507, 2006.

[20] NAGABHUSHANA G. P., SAMRAT D., CHANDRAPPA G. T., "α-MoO_3 nanoparticles: solution combustion synthesis, photocatalytic and electrochemical properties", *RSC Adv.*, vol. 4, pp. 56784-56790, 2014.

[21] MCMAHON B. W., PEREZ J. P. L., YU J. *et al.*, "Synthesis of nanoparticles from malleable and ductile metals Using powder-free, reactant-assisted mechanical attrition", *ACS Appl. Mater. Interfaces*, no. 6, pp. 19579-19591, 2014.

[22] GILMAN P. S., BENJAMIN J. S., "Mechanical alloying", *Ann. Rev. Mater. Sci.*, no. 13, pp. 279-300, 1983.

[23] ZOZ H., ERNST D., WEISS H. *et al.*, "Mechanical alloying of Ti-24Al-11Nb (AT%) using the simoloyer (ZOZ-horizontal rotary ball mill)", *Mater. Sci. Forum*, vol. 235-238, pp. 59-66, 1997.

[24] SURYANARAYANA C., "Mechanical alloying and milling", *Prog. Mater. Sci.*, no. 46, pp. 1-184, 2001.

[25] AVVAKUMOV E., SENNA M., KOSOVA N., *Soft Mechanochemical Syn. esis, a Basis for new Chemical Technologies*", Kluwer Academic Publishers, Boston, 2001.

[26] GAFFET E., ABDELLAOUI M., MALHOUROUX-GAFFET N., "Formation of nanostructured material induced by mechanical processings", *Mater. Trans. JIM*, vol. 36, no. 2, pp. 198-209, 1995.

[27] GAFFET E., LE CAËR G., "Mechanical processing for nanomaterials", in Nalwa H. S. (ed.), *Encyclopedia of Nanoscience and Nanotechnology*, American Scientific Publishers, 2004.

[28] HUANG H., PAN J., MCCORMICK P. G., "On the dynamics of mechanical milling in a vibratory mill", *Mater. Sci. Eng. A*, vol. 232, pp. 55-62, 1997.

[29] DALLIMORE M. P., MCCORMICK P. G., "Dynamics of planetary ball milling: a comparison of computer simulated processing parameters with CuO/Ni displacement reaction milling kinetics", *Mater. Trans.*, vol. 37, no. 5, pp. 1091-1098, 1996.

[30] HUANG H., PAN J. MCCORMICK P. G., "Prediction of impact forces in a vibratory ball mill using an inverse technique", *Int. J. Impact Eng.*, vol. 19, no. 2, pp. 117-126, 1997.

[31] ABDELLAOUI M., GAFFET E., "The physics of mechanical alloying in a planetary ball mill:

Mathematical treatment", *Acta Metall. Mater.*, vol. 43, no. 3, pp. 1087-1098, 1995.

[32] CHOULIER D., RAHOUADJ R., GAFFET E., "Mécanique de ma mécanosynthèse: Bilan et perspectives", *Ann. Chim. Sci. Mat.*, no. 22, pp. 351-361, 1997.

[33] ABDELLAOUI M., GAFFET E., "The physics of mechanical alloying in a modified horizontal rod mill: Mathematical treatment", *Acta Mater.*, vol. 44, no. 2, pp. 725-734, 1996.

[34] MAURICE D., COURTNEY T. H., "Modeling of mechanical alloying: part I, deformation, coalescence, and fragmentation mechanisms", *Metall. Mater. Trans.*, *A*, no. 25, pp. 147-158, 1994.

[35] MAURICE D., COURTNEY T. H., "Modeling of mechanical alloying: part II, development of computational modeling programs", *Metall. Mater. Trans.*, *A*, no. 26, pp. 2431-2435, 1995.

[36] MAURICe D., COURTNEY T. H., "Modeling of mechanical alloying: part III, applications of computational programs", *Metall. Mater. Trans.*, *A*, no. 26, pp. 2437-2444, 1995.

[37] MAURICE D., COURTNEY T. H., "Milling dynamics: part II, dynamics of a SPEX mill on a one-dimentional mill", *Metall. Mater. Trans.*, *A*, no. 27, pp. 1973-1979, 1996.

[38] COOK T. M., COURTNEY T. H., "The effect of ball size distribution on attritor efficiency", *Metall. Mater. Trans.*, *A*, no. 26, pp. 2389-2397, 1995.

[39] MAURICE D., COURTNEY T. H., "Milling dynamics: part III, integration of local and global modeling of mechanical alloying devices", *Metall. Mater. Trans.*, *A*, no. 27, pp. 1981-1986, 1996.

[40] MAURICE D., COURTNEY T. H., "Modeling of the mechanical alloying process", *JOM*, vol. 44, no. 8, pp. 10-14, 1992.

[41] COURTNEY T. H., MAURICE D., "Process modeling of the mechanics of mechanical alloying", *Scripta Mater.*, vol. 34, no. 1, pp. 5-11, 1996.

[42] YU P., ZHANG X., CHEN Y. et al., "Solution-combustion synthesis of $\varepsilon-MnO_2$ for supercapacitors", *Mater. Lett.*, vol. 64, no. 1, pp. 61-64, 2010.

[43] WATANABE R., HASHIMOTO H., LEE G. G., "Computer simulation of milling ball motion in mechanical alloying (Overview)", *Mater. Trans.*, *JIM*, vol. 36, no. 2, pp. 102-109, 1995.

[44] HASHIMOTO H., WATANABE R., "Model simulation of energy consumption during vibratory ball milling of metal powder", *Mater. Trans.*, *JIM*, vol. 31, no. 3, pp. 219-224, 1990.

[45] CHEN Y., Contribution à la physique du procédé de mécanosynthèse, PhD Thesis University of Paris XI, 1992.

[46] MIO H., KANO J., SAITO F. *et al.*, "Effects of rotational direction and rotation-torevolution speed ratio in planetary ball milling", *Mater. Sci. Eng.*, *A*, no. 332, pp. 75-80, 2002.

[47] BORNER I., ECKERT J., "Nanostructure formation and steady-state grain size of ballmilled iron powders", *Mater. Sci. Eng.*, *A*, nos. 226-228, pp. 541-545, 1997.

[48] LEE P. Y. ,YANG J. L. ,LIN H. M. ,"Amorphization behaviour in mechanically alloyed Ni-Ta powders" ,*J. Mater. Sci.* ,no. 33,pp. 235-239,1998.

[49] KHAN A. S. ,SUH Y. S. ,CHEN X. *et al.* ,"Nanocrystalline aluminum and iron: Mechanical behavior at quasi-static and high strain rates,and constitutive modeling" ,*Int. J. Plast.* ,no. 22, pp. 195-209,2006.

[50] KHATIRKAR R. K. ,MURTY B. S. ,"Structural changes in iron powder during ball milling", *Mater. Chem. Phys.* ,no. 123,pp. 247-253,2010.

[51] LIMA M. D. ,BONADIMANN R. ,DE ANDRADE M. J. *et al.* ,"Nanocrystalline Cr_2O_3 and amorphous CrO_3 produced by solution combustion synthesis" ,*J. Eur. Ceram. Soc.* ,vol. 26,no. 7, pp. 1213-1220,2006.

[52] SURYANARAYANA C. ,"Does a disordered y- TiAl phase exist in mechanically alloyed Ti-Al powders?" ,*Intermetallics*,no. 3,pp. 153-160,1995.

[53] KHAN A. S. , FARROKH B. , TAKACS L. , "Effect of grain refinement on mechanical properties of ball-milled bulk aluminum" ,*Mater. Sci. Eng.* ,*A*,no. 489,pp. 77-84,2008.

[54] KLEINER S. ,BERTOCCO F. ,KHALID F. A. *et al.* ,"Decomposition of process control agent during mechanical milling and its influence on displacement reactions in the Al-TiO_2 system", *Mater. Chem. Phys.* ,no. 89,pp. 362-366,2005.

[55] EL-ESKANDARANY M. S. ,"Amorphous-i phase-big cube-amorphous cyclic phase transformation of mechanically alloyed Zr 75Ni 20Al 5 system", *Intermetallics*, no. 63, pp. 27-36,2015.

[56] CHENG Z. -H. ,MACKAY G. R. ,SMALL D. A. *et al.* ,"Phase development in titanium by mechanical alloying under hydrogen atmosphere" , *J. Phys. D: Appl. Phys.* , no. 32, pp. 1934-1937,1999.

[57] CUKROV L. M. ,TSUZUKI T. ,MCCORMICK P. G. ,"SnO_2 nanoparticles prepared by mechanical processing" ,*Scripta Mater.* ,no. 44,pp. 1787-1790,2001.

[58] TONEJC A. ,DUZEVIK D. ,TONEJC A. M. "Effects of ball milling on pure antimony,on Ga-Sb alloy and on Ga+Sb powder mixture; oxidation,glass formation and crystallization" ,*Mater. Sci. Eng.* ,*A*,no. 134,pp. 1372-1375,1991.

[59] STUBICAR M. ,BERMANEC V. ,STUBICAR N. *et al.* ,"Microstructure evolution of an equimolar powder mixture of ZrO_2-TiO_2 during high-energy ball-milling and postannealing", *J. Alloys Compd*,no. 316,pp. 316-320,2001.

[60] LI Y. X. ,ZHOU X. Z. ,WANG Y. *et al.* ,"Preparation of nano-sized CeO_2 by mechanochemical reaction of cerium carbonate with sodium hydroxide" ,*Mater. Lett.* ,no. 58,pp. 245-249,2003.

[61] YEN B. K. ,AIZAWA T. ,KIHARA J. ,"Synthesis and formation mechanisms of molybdenum silicides by mechanical alloying" ,*Mater. Sci. Eng.* ,*A*,no. 220,pp. 8-14,1996.

[62] BEGIN-COLIN S. , WOLF F. , LE CAËR G. , "Mécanosynthèse d' oxydes nanocristallins", *J. Phys.* , *III*, no. 7, pp. 473-482, 1997.

[63] BILLIK P. , PLESCH G. , BREZOVA V. *et al.* , "Anatase TiO_2 nanocrystals prepared by mechanochemical synthesis and their photochemical activity studied by EPR spectroscopy", *J. Phys. Chem. Solids*, no. 68, pp. 1112-116, 2007.

[64] PABI S. K. , MANNA I. , MURTY B. S. , "Alloying behaviour in nanocrystalline materials during mechanical alloying", *Bull. Mater. Sci.* , vol. 22, no. 3, pp. 321-327, 1999.

[65] EL-ESKANDARANY M. S. , "Fabrication and characterizations of new nanocomposite WC/ Al_2O_3 materials by room temperature ball milling and subsequent consolidation", *J. Alloys Compd.* , no. 391, pp. 228-235, 2005.

[66] MARTIROSYAN K. S. , WANG L. , VICENT A. *et al.* , "Synthesis and performances of bismuth trioxide nanoparticles for high energy gas generator use", *Nanotechnology*, vol. 20, pp. 405609 (8), 2009.

[67] SHIN H. , LEE S. , JUNG H. S. *et al.* , "Effect of ball size and powder loading on the milling efficiency of a laboratory-scale wet ball mill", *Ceram. Int.* , no. 39, pp. 8963-8968, 2013.

[68] VAEZI M. R. , GHASSEMI S. H. M. S. , SHOKUHFAR A. , "Effect of different sizes of balls oncrystalline size, strain, and atomic diffusion on Cu-Fe nanocrystals produced by mechanical alloying", *J. Theor. Appl. Phys.* , vol. 6, no. 29, p 1-7, 2012.

[69] TAKACS L. , PARDAVI-HORVATH M. , "Nanocomposite formation in the Fe_3O_4-Zn system by reaction milling", *J. Appl. Phys.* , Vol 75, no. 10, pp. 5864-5866, 1994.

[70] AVETTAND-FÉNOËL M. -N. , TAILLARD R. , DHERS J. *et al.* , "Effect of ball milling parameters on the microstructure of W-Y powders and sintered samples", *Int. J. Refract. Met. Hard Mater.* , no. 21, pp. 205-213, 2003.

[71] GAFFET E. , LE CAËR G. , "Mechanical processing for nanomaterials", in Nalwa H. S. (ed.), *Encyclopedia of Nanoscience and Nanotechnology*, American Scientific Publishers, 2004.

[72] MIKI M. , YAMASAKI T. , OGINO Y. , "Preparation of nanocrystalline NbN and (Nb, Al) N powders by mechanical alloying under nitrogen atmosphere", *Mater. Trans.* , *JIM*, vol. 33, no. 9, pp. 839-844, 1992.

[73] OGINO Y. , YAMASAKI T. , MURAYAMA S. *et al.* , "Non-equilibrium phases formed by mechanical alloying of CrCu alloys", *J. Non-Cryst. Solids*, nos. 117-118, pp. 737-740, 1990.

[74] LI Y. Y. , YANG C. , CHEN W. P. *et al.* , "Oxygen-induced amorphization of titanium by ball milling", *J. Mater. Res.* , vol. 22, no. 7, pp. 1927-1932, 2007.

[75] LIU J. , KHAN A. S. , TAKACS L. *et al.* , "Mechanical behavior of ultrafinegrained/nanocrystalline titanium synthesized by mechanical milling plus consolidation: Experiments, modeling and simulation", *Int. J. Plast.* , no. 64, pp. 151-163, 2015.

[76] WOLSKI K. ,LE CAËR G. ,DELCROIX P. *et al.* ,"Influence of milling conditions on the FeAl intermetallic formation by mechanical alloying", *Mater. Sci. Eng.* , *A*, no. 207, pp. 97 - 104,1996.

[77] MUKASYAN A. S. ,EPSTEIN P. ,DINKA P. ,"Solution combustion synthesis of nanomaterials",*Proc. Combust. Inst.* ,vol. 31,no. 2,pp. 1789-1795,2007.

[78] HUANG B. ,ISHIHARA K. N. ,SHINGU P. H. "Metastable phases of Al-Fe system by mechanical alloying",*Mater. Sci. and Eng.* ,*A*,no. 231,pp. 72-79,1997.

[79] LEE W. ,KWUN S. I. ,"The effects of process control agents on mechanical alloying mechanisms in the Ti-Al system",*J. Alloys Compd.* ,no. 240,pp. 193-199,1996.

[80] AMEYAMA K. , OKADA O. , HIRAI K. *et al.* , "Microstructure of a Ti - 45 mol% Al mechanical alloyed powder and its $\alpha \rightarrow \gamma$ massive transformation during consolidation", *Mater. Trans.* ,*JIM*,vol. 32,no. 2,pp. 269-275,1995.

[81] SUZUKI T. S. ,NAGUMO M. ,"Metastable intermediate phase formation at reaction milling of titanium and n-heptane",*Scr. Metall. Mater.* ,vol. 32,no. 8,p 1215-1225,1995.

[82] IMAMURA H. ,SAKASAI N. ,KAJII Y. ,"Hydrogen absorption of Mg-based composites prepared by mechanical milling: Factors affecting its characteristics",*J. Alloys Compd.* ,no. 232, pp. 218-223,1996.

[83] PABI S. K. , MURTY B. S. , "Mechanism of mechanical alloying in Ni - Al and Cu - Zn systems",*Mater. Sci. Eng.* ,*A*,no. 214,pp. 146-52,1996.

[84] SHI Y. ,DING J. ,LIU X. *et al.* ,"$NiFe_2O_4$ ultrafine particles prepared by coprecipitation/mechanical alloying",*J. Magn. Magn. Mater.* ,no. 205,pp. 249-254,1999.

[85] MORRIS D. G. ,MORRIS M. A. ,"Mechanical alloying of Fe-Al with oxide and carbide dispersoids",*Mater. Sci. Eng.* ,*A*,no. 125,pp. 97-106,1990.

[86] KLEINER S. ,BERTOCCO F. ,KHALID F. A. *et al.* ,"Decomposition of process control agent during mechanical milling and its influence on displacement reactions in the Al-TiO_2 system", *Mater. Chem. Phys.* ,no. 89,pp. 362-366,2005.

[87] HONG L. B. ,BANSAL C. ,FULTZ B. ,"Steady state grain size and thermal stability of nanophase Ni_3Fe and Fe_3X (X = Si, Zn, Sn) synthesized by ball milling at elevated temperatures", *Nanostruct. Mater.* ,vol. 4,no. 8,pp. 949-956,1994.

[88] ZHOU F. ,WITKIN D. ,NUTT S. R. *et al.* ,"Formation of nanostructure in Al produced by a low-energy ball milling at cryogenic temperature",*Mater. Sci. Eng.* ,*A*,no. 375-377,pp. 917-921,2004.

[89] LIU L. ,LU L. ,CHEN L. *et al.* ,"Solid-gas reactions driven by mechanical alloying of niobium and tantalum in nitrogen",*Metall. Mater. Trans. A*,no. 30,pp. 1097-1100,1999.

[90] SANDU I. ,MOREAU P. ,GUYOMARD D. *et al.* ,"Synthesis of nanosized Si particles via a

mechanochemical solid-liquid reaction and application in Li-ion batteries", *Solid State Ionics*, no. 178, pp. 1297-1303, 2007.

[91] CHAUDHARY A. -L., SHEPPARD D. A., PASKEVICIUS M. *et al.*, "Mechanochemical synthesis of amorphous silicon nanoparticles", *RSC Adv.*, no. 4, pp. 21979-21983, 2014.

[92] PASKEVICIUS M., WEBB J., PITT M. P. *et al.*, "Mechanochemical synthesis of aluminium nanoparticles and their deuterium sorption properties to 2 kbar", *J. Alloys Compd.*, no. 481, pp. 595-599, 2009.

[93] DING J., TSUZUKI T., MCCORMICK P. G. *et al.*, "Ultrafine Cu particles prepared by mechanochemical process", *J. Alloys Compd.*, no. 234, pp. L1-L3, 1996.

[94] DING J., TSUZUKI T., MCCORMICK P. G. *et al.*, "Ultrafine Co and Ni particles prepared by mechanochemical processing", *J. Phys. D: Appl. Phys.*, no. 29, pp. 2365-2369, 1996.

[95] DING J., TSUZUKI T., MCCORMICK P. G. *et al.*, "Structure and magnetic properties of ultrafine Fe powders by mechanochemical processing", *J. Magn. Magn. Mater.*, no. 162, pp. 271-276, 1996.

[96] DING J., TSUZUKI T., MCCORMICK P. G., "Microstructural evolution of Ni-NaCl mixtures during mechanochemical reaction and mechanical milling", *J. Mater. Sci.*, no. 34, pp. 5293-5298, 1999.

[97] BABURAJ E. G., HUBERT K. T., FROES F. H., "Preparation of Ni powder by mechanochemical process", *J. Alloys Compd.*, no. 257, pp. 146-149, 1997.

[98] ARAUJO-ANDRADE C., ESPINOZA-BELTRAN F. J., JIMENEZ-SANDOVAL S. *et al.*, "Synthesis of nanocrystalline Si particles from a solid-state reaction during a ball-milling process", *Scripta Mater.*, no. 49, pp. 773-778, 2003.

[99] LAM C., ZHANG Y. F., TANG Y. H. *et al.*, "Large-scale synthesis of ultrafine Si nanoparticles by ball milling", *J. Cryst. Growth*, no. 220, pp. 466-479, 2000.

[100] BALAZ P., TAKACS L., GODOCIKOVA E. *et al.*, "Preparation of nanosized antimony by mechanochemical reduction of antimony sulphide Sb_2S_3", *J. Alloys Compd.*, nos. 434-435, pp. 773-775, 2007.

[101] DING J., TSUZUKI T., MCCORMICK P. G., "Ultrafine alumina particles prepared by mechanical/thermal proceding", *J. Am. Ceram. Soc.*, vol. 79, no. 11, pp. 2956-58, 1996.

[102] TSUZUKI T., MCCORMICK P. G., "Synthesis of ultrafine ceria powders by mechanochemical processing", *J. Am. Ceram. Soc.*, vol. 84, no. 7, pp. 1453-1458, 2001.

[103] GOPALAN S., SINGHAL S. C., "Mechanochemical synthesis of nano-sized CeO_2", *Scripta Mater.*, no. 42, pp. 993-996, 2000.

[104] LI Y. X., CHEN W. F., ZHOU X. Z. *et al.*, "Synthesis of CeO_2 nanoparticles by mechanochemical processing and the inhibiting action of NaCl on particle agglomeration",

Mater. Lett., no. 59, pp. 48-52, 2005.

[105] TSUZUKI T., MCCORMICK P. G., "Synthesis of Cr2O3 nanoparticles by mechanical processing", *Acta Mater.*, no. 48, pp. 2795-2801, 2000.

[106] DING J., TSUZUKI T., MCCORMICK P. G., "Hematite powders synthesized by mechanochemical processing", *Nanostruct. Mater.*, vol. 8, no. 6, pp. 739-747, 1997.

[107] TSUZUKI T, SCHÄFFEL F., MUROI M. *et al.*, "α-Fe2O3 nano-platelets prepared by mechanochemical/thermal processing", *Power Technol.*, no. 210, pp. 198-202, 2011.

[108] TSUZUKI T., PIRAULT E., MCCORMICK P. G., "Mechanochemical synthesis of gadolinium oxide nanoparticles", *Nanostruct. Mater.*, vol. 11 no. 1, pp. 125-131, 1999.

[109] TSUZUKI T., HARRISON W. T. A., MCCORMICK P. G., "Synthesis of ultrafine gadolinium oxide powder by mechanochemical processing" *J. Alloys Compd.*, no. 281, pp. 146-151, 1998.

[110] TSUZUKI T., MCCORMICK P. G., "Mechanochemical synthesis of niobium pentoxide nanoparticles", *Mater. Trans, JIM*, vol. 42, no. 8, pp. 1623-1628, 2001.

[111] DODD A. C., TSUZUKI T., MCCORMICK P. G., "Nanocrystalline zirconia powders synthesised by mechanochemical processing", *Mater. Sci. Eng.*, *A*, no. 301, pp. 54-58, 2001.

[112] TSUZUKI T., MCCORMICK P. G., "ZnO nanoparticles synthesis by mechanical processing", *Scripta Mater.*, no. 44, pp. 1731-1734, 2001.

[113] DING J., TSUZUKI T., MCCORMICK P. G., "Mechanochemical synthesis ofultrafine ZrO_2 powder", *Nanostruct. Mater.*, vol. 8, no. 1, pp. 75-81, 1997.

[114] DODD A. C., RAVIPRASAD K., MCCORMICK P. G., "Synthesis of ultrafine zirconia powders by mechanical processing", *Scripta Mater.*, no. 44, pp. 689-694, 2001.

[115] DODD A. C., MCCORMICK P. G., "Solid-state chemical synthesis of nanoparticulate zirconia", *Acta Mater.*, no. 49, pp. 4215-4220, 2001.

[116] PINKAS J., VENDULA R. V., ZBORIL R. *et al.*, "Sonochemical synthesis of amorphous nanoscopic iron (III) oxide from $Fe(acac)_3$", *Ultrason. Sonochem.*, no. 15, pp. 257-264, 2008.

[117] KOLTYPIN Y., KATABI G., CAO X. *et al.*, "Sonochemical preparation of amorphous nickel", *J. Non-Cryst. Solids*, no. 201, pp. 159-162, 1996.

[118] KOLTYPIN Y., NIKITENKO S. I., GEDANKEN A., "The sonochemical preparation of tungsten oxide nanoparticles", *J. Mater. Chem.*, no. 12, pp. 1107-1110, 2012.

[119] ABULIZI A., YANG G. H., OKITSU K. *et al.*, "Synthesis of MnO_2 nanoparticles from sonochemical reduction of MnO_4 in water under different pH conditions", *Ultrason. Sonochem.*, no. 21, pp. 1629-1634, 2014.

[120] PATZKE G. R., KRUMEICH F., NESPER R., "Oxidic nanotubes and nanorodsanisotropic modules for a future nanotechnology", *Angew. Chem. Int. Ed.*, vol. 41, no. 14, pp. 2446-

2461,2002.

[121] FUJITA M.,KOMATSU N.,KIMURA T.,"Sonochemical preparation of carbon spheres",*Ultrason. Sonochem.*,no. 21,pp. 943–945,2014.

[122] SUSLICK K. S.,"The chemical effects of ultrasound",*Sci. Am.*,pp. 80–86,February 1989.

[123] SUSLICK K. S.,CHOE S. –B.,CICHOWLAS A. A. *et al.*,"Sonochemical synthesis of amorphous iron",*Nature*,no. 353,pp. 414–416,1991.

[124] PATIL K. C.,ARUNA S. T.,EKAMBARAM S.,"Combustion synthesis",*Curr. Opin. Solid State Mater. Sci.*,vol. 2,no. 2,pp. 158–165,1997.

[125] ABU MUKH–QASEM R.,GEDANKEN A.,"Sonochemical synthesis of stable hydrosol of Fe3O4 nanoparticles",*J. Colloid Interface Sci.*,no. 284,pp. 489–494,2005.

[126] LOPES P. A. L.,SANTOS M. B.,MASCARENHAs A. J. S. *et al.*,"Synthesis of CdS nanosphereby a simple and fast sonochemical method at room temperature",*Mater. Lett.*,no. 136,pp. 111–113,2014.

[127] GHASEMI S.,MOUSAVi M. F.,SHAMSIPUR M. *et al.*,"Sonochemical–assisted synthesis of nano–structured lead dioxide",*Ultrason. Sonochem.*,no. 15,pp. 448–455,2008.

[128] ASLANI A.,OROOJPOUR V.,FALLAHI M.,"Sonochemical synthesis,size controlling and gas sensing properties of NiO nanoparticles",*Appl. Surf. Sci.*,no. 257,pp. 4056–4061,2011.

[129] ZHANG L.,WANG W.,YANG J. *et al.*,"Sonochemical synthesis of nanocrystallite Bi_2O_3 as a visible–light–driven photocatalyst",*Appl. Catal.*,*A*,no. 308,pp. 105–110,2006.

[130] AZIZIAN–KALANDARAGH Y.,SEDAGHATDOUST–BODAGH F.,HABIBI–YANGJEH A.,"Ultrasound–assisted preparation and characterization of β–Bi_2O_3 nanostructures: Exploring the photocatalytic activity against rhodamine B",*Superlattices Microstruct.*,no. 81,pp. 151–160,2015.

[131] PENDASHTEH A.,RAHMANIFAR M. S.,MOUSAVI M. F. "Morphologically controlled preparation of CuO nanostructures under ultrasound irradiation and their evaluation as pseudocapacitor materials",*Ultrason. Sonochem.*,no. 21,pp. 643–652,2014.

[132] SHUI A.,ZHU W.,XU L. *et al.*,"Green sonochemical synthesis of cupric and cuprous oxides nanoparticles and their optical properties",*Ceram. Int.*,no. 39,pp. 8715–8722,2013.

[133] WONGPISUTPAISAN N.,CHAROONSUK P.,NARATIP VITTAYAKORN N. *et al.*,"Sonochemical synthesis and characterization of copper oxide nanoparticles",*Energy Procedia*,no. 9,pp. 404–409,2011.

[134] BANG J. H.,SUSLICK K. S.,"Sonochemical synthesis of nanosized hollow hematite",*J. Am. Chem. Soc.*,no. 129,pp. 2242–2243,2007.

[135] AMADOSS A. KIM S. J.,"Synthesis and characterization of HfO_2 nanoparticles by sonochemical approach",*J. Alloys Compd.*,no. 544,pp. 115–119,2012.

[136] HAFEEZULLAH, YAMANI Z. H., IQBAL J. *et al.*, "Rapid sonochemical synthesis of In_2O_3 nanoparticles their doping optical, electrical and hydrogen gas sensing properties", *J. Alloys Compd.*, no. 616, pp. 76–80, 2014.

[137] DHAS N. A., KOLTYPIN Y., GEDANKEN A., "Sonochemical preparation and characterization of ultrafine chromium oxide and manganese oxide powders", *Chem. Mater.*, no. 9, pp. 3159–3163, 1997.

[138] KUMAR V. G., AURBUCH D., GEDANKEN A., "A comparison between hothydrolysis and sonolysis of various Mn (II) salts", *Ultrason. Sonochem.*, no. 10, pp. 17–23, 2003.

[139] MASJEDI-ARANI M., SALAVATI-NIASARI M., GHANBARI D. *et al.*, "A sonochemicalassisted synthesis of spherical silica nanostructures by using a new capping agent", *Ceram. int.*, no. 40, pp. 495–499, 2014.

[140] MASJEDI-ARANI M., GHANBARI D., SALAVATI-NIASARI M. *et al.*, "Sonochemical synthesis of spherical silica nanoparticles and polymeric nanocomposites", *J. Clust. Sci.*, vol. 27, no. 1, pp. 39–53, 2016.

[141] WANG Y.-F., LI X.-F., LI D.-J. *et al.*, "Controllable synthesis of hierarchical SnO_2 microspheres for dye sensitized solar cells", *J. Power Sources*, no. 280, pp. 476–482, 2015.

[142] AWATI P. S., AWATE S. V., SHAH P. P. *et al.*, "Photocatalytic decomposition of methylene blue using nanocrystalline anatase titania prepared by ultrasonic technique", *Catal. Commun.*, no. 4, pp. 393–400, 2003.

[143] CHANG X., SUN S., YIN Y., "Green synthesis of tungsten trioxide monohydrate nanosheets as gas sensor", *Mater. Chem. Phys.*, no. 126, pp. 717–721, 2011.

[144] MOORE J. J., FENG H. J., "Combustion synthesis of advanced materials: part I, reaction parameters", *Prog. Mater. Sci.*, vol. 39, no. 4–5, pp. 243–273, 1995.

[145] DHAS N. A., RAJ C. P., GEDANKEN A., "Synthesis, characterization, and properties of metallic copper nanoparticles", *Chem. Mater.*, no. 10, pp. 1446–1452, 1998.

[146] SCHULMAN J. H., STOECKENIUS W., PRINCE L. M., "Mechanism of formation and structure of micro emulsions by electron microscopy", *J. Phys. Chem.*, vol. 63, no. 10, pp. 1677–1680, 1959.

[147] SVERGUN D. I., KONAREV P. V., VOLKOV V. V. *et al.*, "A small angle x-ray scattering study of the droplet-cylinder transition in oil-rich sodium bis(2-ethylhexyl) sulfosuccinate microemulsions", *J. Chem. Phys.*, vol. 113, no. 4, pp. 1651–1664, 2000.

[148] BOUTONNET M., KIZLING J., STENIUS P., "The preparation of monodisperse colloidal metal particles from microemulsion", *Colloids Surf.*, no. 5, pp. 209–225, 1982.

[149] PANG Y.-X, BAO X., "Aluminium oxide nanoparticles prepared by water-in-oil microemulsions", *J. Mater. Chem.*, no. 12, pp. 3699–3704, 2002.

[150] SIEGERT B., COMET M., MULLER O. *et al.*, "Reduced-sensitivity nanothermites containing manganese oxide filled carbon nanofibers", *J. Phys. Chem.*, *C*, vol. 114, no. 46, pp. 19562-19568, 2010.

[151] DESTRÉE C., NAGY J. B., "Mechanism of formation of inorganic and organic nanoparticles from microemulsions", *Adv. Colloid Interface Sci.*, no. 123-126, pp. 353-357, 2006.

[152] LAMER V. K., DINEGAR R., "Theory, production and mechanism of formation of monodispersed hydrosols", J. Am. Chem. Soc., vol. 72, no. 11, pp. 4847-4854, 1950.

[153] TOJO C., BLANCO M. C., RIVADULLA F. *et al.*, "Kinetics of the formation of particles in microemulsions", *Langmuir*, no. 13, pp. 1970-1977, 1997.

[154] BESSON C., FINNEY E. E., FINKE R. G., "A mechanism for transition-metal nanoparticle self-assembly", *J. Am. Chem. Soc.*, no. 127, pp. 8179-8184, 2005.

[155] FLETCHER P. D. I., HOWET J. A. M., ROBINSON B. H., "The kinetics of solubilisate exchange between water droplets of a water-in-oil microemulsion", *J. Chem. Soc.*, *Faraday Trans. I*, no. 83, pp. 985-1006, 1987.

[156] ETHAYARAJA M., BANDYOPADHYAYA R., "Population balance models and Monte Carlo simulation for nanoparticle formation in water-in-oil microemulsions: implications for CdS synthesis", *J. Am. Chem. Soc.*, no. 128, pp. 17102-17113, 2006.

[157] ETHAYARAJA M., DUTTA K., BANDYOPADHYAYA R., "Mechanism of nanoparticle formation in self-assembled colloidal templates: population balance model and Monte Carlo simulation", *J. Phys. Chem.*, *B*, no. 110, pp. 16471-16481, 2006.

[158] BANDYOPADHYAYA R., KUMAR R., GANDHI K. S., "Modeling of precipitation in reverse micellar systems", *Langmuir*, no. 13, pp. 3610-3620, 1997.

[159] BANDYOPADHYAYA R., KUMAR R., GANDHI K. S., "Simulation of precipitation reactions in reverse micelles", *Langmuir*, no. 16, pp. 7139-7149, 2000.

[160] ETHAYARAJA M., DUTTA K., MUTHUKUMARAN D. *et al.*, "Nanoparticle formation in water-in-oil microemulsions: experiments, mechanism, and Monte Carlo simulation", *Langmuir*, no. 23, pp. 3418-3423, 2007.

[161] BURDA C., CHEN X., NARAYANAN R., EL-SAYED M. A., "Chemistry and properties of nanocrystals of different shapes", *Chem. Rev.*, no. 105, pp. 1025-1102, 2005.

[162] PILENI M.-P. "The role of soft colloidal templates in controlling the size and shape of inorganic nanocrystals", *Nat. Mater.*, no. 2, pp. 145-150, 2003.

[163] LOPEZ QUINTELA M. A., RIVAS J., "Chemical reactions in microemulsions: a powerful method to obtain ultrafine particles", *J. Colloid Interface Sci.*, no. 158, pp. 446-451, 1993.

[164] CHENG X., BAOSHAN WU B., YANG Y. *et al.*, "Synthesis of iron nanoparticles in water-in-oil microemulsions for liquid-phase Fischer-Tropsch synthesis in polyethylene glycol",

Catal. Commun. ,no. 12,pp. 431–435,2011.

[165] BUMAJDAD A. ,SAMI ALI S. ,MATHEW A. ,"Characterization of iron hydroxide/oxide nanoparticles prepared in microemulsions stabilized with cationic/nonionic surfactant mixtures", *J. Colloid Interface Sci.* ,no. 355,pp. 282–292,2011.

[166] DI CARLO G. ,LUALDI M. ,VENEZIA A. M. *et al.* ,"Design of cobalt nanoparticles with tailored structural and morphological properties via O/W and W/O microemulsions and their deposition onto silica",*Catalysts*,no. 5,pp. 442–459,2015.

[167] ARRIAGADA F. J. ,OSSEO–ASARE K. ,"Synthesis of nanosize silica in a nonionic water–in–oil microemulsion: Effects of the water/surfactant molar ratio and ammonia concentration", *J. Colloid Interface Sci.* ,no. 211,pp. 210–220,1999.

[168] WANG A. ,CHEN L. ,XU F. *et al.* ,"In situ synthesis of copper nanoparticles within ionic liquid–in–vegetable oil microemulsions and their direct use as high efficient nanolubricants", *RSC Adv.* ,no. 4,pp. 45251–45257,2014.

[169] LU L. ,AN X. ,"Silver nanoparticles synthesis using H_2 as reducing agent intoluene–supercritical CO_2 microemulsion",*J. Supercrit. Fluids*,no. 99,pp. 29–37,2015.

[170] OHDE H. ,HUNT F. ,WAI C. M. ,"Synthesis of silver and copper nanoparticles in a water–in–supercritical–carbon dioxide microemulsion",*Chem. Mater.* ,no. 13,pp. 4130–4135,2001.

[171] MEZIANI M. J. ,PATHAK P. ,BEACHAM F. *et al.* ,"Nanoparticle formation in rapid expansion of water – in – supercritical carbon dioxide microemulsion into liquid solution", *J. Supercrit. Fluids*,vol. 34,no. 1,pp. 91–97,2005.

[172] FERNANDEZ C. A. ,WAI C. M. ,"Continuous tuning of cadmium sulfide and zinc sulfide nanoparticle size in a water–in–supercritical carbon dioxide microemulsion",*Chem. Eur. J.* , no. 13,pp. 5838–5844,2007.

[173] LOPEZ–QUINTELA M. A. ,"Synthesis of nanomaterials in microemulsions: formation mechanisms and growth control",*Curr. Opin. Colloid Interface Sci.* ,no. 8,pp. 137–144,2003.

[174] DE DIOS M. ,BARROSO F. ,TOJO C. *et al.* ,"Effects of the reaction rate on the size control of nanoparticles synthesized in microemulsions", *Colloids Surf.* , *A*, no. 270 – 271, pp. 83 – 87,2005.

[175] WANG C. –C. ,CHEN D. –H. ,HUANG T. –C. ,"Synthesis of palladium nanoparticles in water–in–oil microemulsions",*Colloids Surf.* ,A,no. 189,pp. 145–154,2001.

[176] BARROSO F. ,DE DIOS M. ,TOJO C. *et al.* ,"A computer simulation study on the influence of the critical nucleus on the mechanism of formation of nanoparticles in microemulsions", *Colloids Surf.* ,*A*,nos. 270–271,pp. 78–82,2005.

[177] SCHAFTHAUL K. F. E. ,"Die neuesten geologischen hypothesen und ihr verhältniβ zur naturwissentschaft über haupt",*Gelehrte Anzeigen Bayer Akad.* ,Vol 20,pp. 557–594,1845.

[178] YANG Y. -P. ,HUANG K. -L. ,LIU R. -S. *et al.* ,"Shape-controlled synthesis of nanocubic Co_3O_4 by hydrothermal oxidation method", *Trans. Nonferrous Met. Soc. China*, no. 17, pp. 1082-1086,2007.

[179] ZHU Z. ,SU D. ,LU Y. *et al.* ,"Molecular 'glass' blowing: from carbon nanotubes to carbon nanobulbs",*Adv. Mater.* ,vol. 16,no. 5,pp. 443-447,2004.

[180] ADSCHIRI T. ,KANAZAWA K. ,ARAI K. ,"Rapid and continuous hydrothermal synthesis of boehmite particles in subcritical and supercritical water", *J. Am. Ceram. Soc.* ,vol. 75,no. 9, pp. 2615-2618,1992.

[181] ADSCHIRI T. ,KANAZAWA K. ,ARAI K. ,"Rapid and continuous hydrothermal crystallization of metal oxide particles in supercritical water",*J. Am. Ceram. Soc.* ,vol. 75,no. 4,pp. 1019-1022,1992.

[182] JUNG J. ,PERRUT M. ,"Particle design using supercritical fluids: Literature and patent survey",*J. Supercrit. Fluids*,no. 20,pp. 179-219,2001.

[183] ARITA T. ,HITAKA H. ,MINAMI K. *et al.* ,"Synthesis of iron nanoparticle: Challenge to determine the limit of hydrogen reduction in supercritical water", *J. Supercrit. Fluids*, no. 57, pp. 183-189,2011.

[184] ZHOU L. ,WANG S. ,MA H. *et al.* ,"Size-controlled synthesis of copper nanoparticles in supercritical water",*Chem. Eng. Res. Des.* ,no. 98,pp. 36-43,2015.

[185] KIM M. ,SON W. S. ,AHN K. H. *et al.* ,"Hydrothermal synthesis of metal nanoparticles using glycerol as a reducing agent",*J. Supercrit. Fluids*,no. 90,pp. 53-59,2014.

[186] YU J. , SAVAGE P. E. , "Decomposition of formic acid under hydrothermal conditions", *Ind. Eng. Chem. Res.* ,no. 37,pp. 2-10,1998.

[187] YOSHIDA K. ,WAKAI C. ,MATUBAYASI N. *et al.* ,"NMR spectroscopic evidence for an intermediate of formic acid in the water-gas-shift reaction", *J. Phys. Chem.* , *A*, vol. 108, no. 37,pp. 7479-7482,2004.

[188] STALLING W. E. ,LAMB H. H. ,"Synthesis of nanostructured titania powders via hydrolysis of titanium isopropoxide in supercritical carbon dioxide", *Langmuir*, no. 19, pp. 2989-2994,2003.

[189] ALONSO E. ,MONTEQUI I. ,LUCAS S. *et al.* ,"Synthesis of titanium oxide particles in supercritical CO_2: Effect of operational variables in the characteristics of the final product", *J. Supercrit. Fluids*,no. 39,pp. 453-461,2007.

[190] VOSTRIKOV A. A. ,FEDYAEVA O. N. ,"Mechanism and kinetics of Al_2O_3 nanoparticles formation by reaction of bulk Al with H_2O and CO_2 at sub- and supercritical conditions" *J. Supercrit. Fluids*,no. 55,pp. 307-315,2010.

[191] VERIANSYAH B. , KIM J. -D, MIN B. K. *et al.* ,"Continuous synthesis of surfacemodified

zinc oxide nanoparticles in supercritical methanol", *J. Supercrit. Fluids*, no. 52, pp. 76-83,2010.

[192] HAN N. S. ,SHIM H. S. ,SEO J. H. *et al.* ,"Optical properties and lasing of ZnO nanoparticles synthesized continuously in supercritical fluids" ,*Chem. Phys. Lett.* ,no. 505,pp. 51-56,2011.

[193] KIM J. ,HONG S. A. ,YOO J. ,"Continuous synthesis of hierarchical porous ZnO microspheres in supercritical methanol and their enhanced electrochemical performance in lithium ion batteries" ,*Chem. Eng. J.* ,no. 266,pp. 179-188,2015.

[194] KIM J. ,KIM D. ,VERIANSYAH B. *et al.* ,"Metal nanoparticle synthesis using supercritical alcohol" ,*Mater. Lett.* ,no. 63,pp. 1880-1882,2009.

[195] CHOWDHURY S. ,SULLIVAN K. ,PIEKIEL N. *et al.* ,"Diffusive vs. explosive reaction at the nanoscale" ,*J. Phys. Chem.* ,*C*,vol. 114,no. 20,pp. 9191-9195,2010.

[196] BULGAREVICH D. S. ,HORIKAWA Y. ,SAKO T. ,"ATR FT-IR studies of supercritical methanol" ,*J. Supercrit. Fluids*,no. 46,pp. 206-210,2008.

[197] ANDANSON J. -M. ,BOPP P. A. ,SOETENS J. -C. ,"Relation between hydrogen bonding and intramolecular motions in liquid and supercritical methanol", *J. Mol. Liq.* , no. 129, pp. 101-107,2006.

[198] WU C. ,SHEN L. ,HUANG Q. *et al.* ,"Hydrothermal synthesis and characterization of Bi_2O_3 nanowires" ,*Mater. Lett.* ,no. 65,pp. 1134-1136,2014.

[199] XIE A. ,WANG S. ,LIU W. *et al.* ,"Rapid hydrothermal synthesis of CeO_2 nanoparticles with (2 2 0)-dominated surface and its CO catalytic performance", *Mater. Res. Bull.* , no. 62, pp. 148-152,2015.

[200] PEI Z. ,XU H. ,ZHANG Y. ,"Preparation of Cr_2O_3 nanoparticles via C_2H_5OH hydrothermal reduction" ,*J. Alloys Compd.* ,no. 468,pp. L5-L8,2009.

[201] SONG J. -C. ,XUE F. -F. ,LU Z. -Y. *et al.* ,"Controllable synthesis of hollow mesoporous silica particles by a facile one-pot sol-gel method", *Chem. Commun.* , no. 51, pp. 10517-10520,2015.

[202] IPEKSAC T. ,KAYA F. ,KAYA C. ,"Template-free hydrothermal method for the synthesis of multi-walled CuO nanotubes" ,*Mater. Lett.* ,no. 130,pp. 68-70,2014.

[203] MA J. ,LIAN J. ,DUAN X. *et al.* ,"α-Fe_2O_3: hydrothermal synthesis,magnetic and electrochemical properties" ,*J. Phys. Chem.* ,*C*,no. 114,pp. 10671-10676,2010.

[204] ZHU M. ,WANG Y. *et al.* ,"Hydrothermal synthesis of hematite nanoparticles and their electrochemical properties" ,*J. Phys. Chem.* ,*C*,no. 116,pp. 16276-16285,2012.

[205] SELVAKUMAR D. ,DHARMARAJ N. ,KADIRVELU K. *et al.* ,"Effect of sintering temperature on structural and optical properties of indium(III) oxide nanoparticles prepared with Triton X-100 by hydrothermal method" ,*Spectrochim. Acta*,*Part A*,no. 133,pp. 335-339,2014.

[206] TOUFIQ A. M. , WANG F. , JAVED Q. *et al.* , "Hydrothermal synthesis of MnO_2 nanowires: structural characterizations, optical and magnetic properties", *Appl. Phys.* , *A*, no. 116, pp. 1127-1132, 2014.

[207] ZENG X. , ZHANG X. , YANG M. *et al.* , "A facile hydrothermal method for the fabrication of one-dimensional MoO_3 nanobelts", *Mater. Lett.* , no. 112, pp. 87-89, 2013.

[208] WANG Y. , ZHU Y. , XING Z. *et al.* , "Hydrothermal synthesis of α-MoO_3 and the influence of later heat treatment on its electrochemical properties", *Int. J. Electrochem. Sci.* , no. 8, pp. 9851-9857, 2013.

[209] LU Y. , ZHU Z. , WU W. *et al.* , "Catalytic formation of carbon nanotubes during detonation of m-dinitrobenzene", *Carbon*, vol. 41, no. , pp. 179-198, 2003.

[210] LIU L. , HU Z. , CUI Y. *et al.* , "A facile route to the fabrication of morphology controlled Sb_2O_3 nanostructures", *Solid State Sci.* , no. 12, pp. 882-886, 2010.

[211] CHEN X. , WANG X. , AN C. *et al.* , "Synthesis of Sb_2O_3 nanorods under hydrothermal conditions", *Mater. Res. Bull.* , no. 40, pp. 469-474, 2005.

[212] ZHANG J. , LIU Z. , HAN B. *et al.* , "Preparation of silica and TiO_2-SiO_2 core-shell nanoparticles in water-in-oil microemulsion using compressed CO_2 as reactant and antisolvent", *J. Supercrit. Fluids*, no. 36, pp. 194-201, 2006.

[213] JAIN K. , SRIVASTAVA A. , RASHMI, "Synthesis and controlling the morphology of SnO_2 nanocrystals via hydrothermal treatment", *ECS Trans.* , vol. 1, no. 21, pp. 1-7, 2006.

[214] TIAN J. X. , ZHANG Z. Y, YAN J. F. *et al.* , "Hydrothermal synthesis and infrared emissivity property of flower-like SnO_2 particles", *AIP Adv.* , no. 4, pp. 047131-1-047131-8, 2014.

[215] BLESSI S. , SONIA M. M. L. , VIJAYALAKSHMI S. *et al.* , "Preparation and characterization of SnO_2 nanoparticles by hydrothermal method", *Int. J. Chem. Tech. Res.* , vol. 6, no. 3, pp. 2153-2155, 2014.

[216] FARRUKH M. A. , HENG B. -T. , ADNAN R. , "Surfactant-controlled aqueous synthesis of SnO_2 nanoparticles via the hydrothermal and conventional heating methods", *Turk J. Chem.* , no. 34, pp. 537-550, 2010.

[217] WANG X. , ZHANG H. , LIU L. *et al.* , "Controlled morphologies and growth direction of WO_3 nanostructures hydrothermally synthesized with citric acid", *Mater. Lett.* , no. 130, pp. 248-251, 2014.

[218] MIAO B. , ZENG W. , HUSSAIN S. *et al.* , "Large scale hydrothermal synthesis of monodisperse hexagonal WO_3 nanowire and the growth mechanism", *Mater. Lett.* , no. 147, pp. 12-15, 2015.

[219] LIN S. , GUO Y. , LI X. *et al.* , "Glycine acid-assisted green hydrothermal synthesis and controlled growth of WO_3 nanowires", *Mater. Lett.* , no. 152, pp. 102-104, 2015.

[220] HERNANDEZ-URESTI D. B. , SANCHEZ-MARTINEZ D. , MARTINEZ-DE LA CRUZ A. *et*

al. , "Characterization and photocatalytic properties of hexagonal and monoclinic WO_3 prepared via microwave – assisted hydrothermal synthesis", *Ceram. Int.* , no. 40, pp. 4767–4775, 2014.

[221] CHANG K. -H. , HU C. -C. , HUANG C. -M. *et al.* , "Microwave-assisted hydrothermal synthesis of crystalline $WO_3 - WO_3$ $0.5H_2O$ mixtures for pseudocapacitors of the asymmetric type", *J. Power Sources*, no. 196, pp. 2387–2392, 2011.

[222] HA J. -H. , MURALIDHARAN P. , KIM D. K. , "Hydrothermal synthesis and characterization of self-assembled h-WO_3 nanowires/nanorods using EDTA salts", *J. Alloys Compd.* , no. 475, pp. 446–451, 2009.

[223] BAMIDURO F. , WARD M. B. , BRYDSON R. *et al.* , "Hierarchical growth of ZnO particles by a hydrothermal route", *J. Am. Ceram. Soc.* , vol. 97, no. 5, pp. 1619–1624, 2014.

[224] KRIEDEMANN B. , FESTER V. , "Critical process parameters and their interactions on the continuous hydrothermal synthesis of iron oxide nanoparticles", *Chem. Eng. J.* , no. 281, pp. 312–321, 2015.

[225] SØNDERGAARD M. , BØJESEN E. D. , CHRISTENSEN M. *et al.* , "Size and morphology dependence of ZnO nanoparticles synthesized by a fast continuous flow hydrothermal method", *Cryst. Growth Des.* , no. 11, pp. 4027–4033, 2011.

[226] NOGUCHI T. , MATSUI K. , ISLAM N. M. *et al.* , "Rapid synthesis of $-Al_2O_3$ nanoparticles in supercritical water by continuous hydrothermal flow reaction system", *J. Supercrit. Fluids*, no. 46, pp. 129–136, 2008.

[227] VERIANSYAH B. , PARK H. , KIM J. -D. *et al.* , "Characterization of surface-modified ceria oxide nanoparticles synthesized continuously in supercritical methanol", *J. Supercrit. Fluids*, no. 50, pp. 283–291, 2009.

[228] LESTER E. , AKSOMAITYTE G. , LI J. *et al.* , "Controlled continuous hydrothermal synthesis of cobalt oxide (Co_3O_4) nanoparticles", *Prog. Cryst. Growth Charact. Mater.* , no. 58, pp. 3–13, 2012.

[229] SUE K. , KAWASAKI S. -I, SUZUKI M. *et al.* , "Continuous hydrothermal synthesis of Fe_2O_3, NiO, and CuO nanoparticles by super rapid heating using a T-type micro mixer at 673K and 30MPa", *Chem. Eng. J.* , no. 166, pp. 947–953, 2011.

[230] VERIANSYAH B. , KIM J. -D. , MIN B. K. *et al.* , "Continuous synthesis of magnetite nanoparticles in supercritical methanol", *Matter. Lett.* , no. 64, p . 2197–2200, 2010.

[231] KAWASAKI S. -I. , SUE K. , OOKAWARA R. *et al.* , "Engineering study of continuous supercritical hydrothermal method using a T-shaped mixer: Experimental synthesis of NiO nanoparticles and CFD simulation", *J. Supercrit. Fluids*, no. 54, pp. 96–102, 2010.

[232] KAWASAKI S. -I. , YAN XIUYI Y. , SUE K. *et al.* , "Continuous supercritical hydrothermal

synthesis of controlled size and highly crystalline anatase TiO_2 nanoparticles", *J. Supercrit. Fluids*, no. 50, pp. 276–282, 2009.

[233] DEMOISSON F., PIOLET R., ARIANE M. *et al.*, "Influence of the pH on the ZnO nanoparticle growth in supercritical water: experimental and simulation approaches", *J. Supercrit. Fluids*, no. 95, pp. 75–83, 2014.

[234] SHIN N. C., LEE Y. -H., SHIN Y. H. *et al.*, "Synthesis of cobalt nanoparticles in supercritical methanol", *Mater. Chem. Phys.*, no. 124, pp. 140–144, 2010.

[235] SEONG G., TAKAMI S., ARITA T. *et al.*, "Supercritical hydrothermal synthesis of metallic cobalt nanoparticles and its thermodynamic analysis", *J. Supercrit. Fluids*, no. 60, pp. 113–120, 2011.

[236] KUBOTA S., MORIOKA T., TAKESUE M. *et al.*, "Continuous supercritical hydrothermal synthesis of dispersiblezero-valent copper nanoparticles for ink applications in printedelectronics", *J. Supercrit. Fluids*, no. 86, pp. 33–40, 2014.

[237] PATZKE G. R., MICHAILOVSKI A., KRUMEICH F. *et al.*, "One-step synthesis of submicrometer fibers of MoO_3", *Chem. Mater.*, no. 16, pp. 1126–1134, 2004.

[238] KOLEN'KO Y. V., BURUKHIN A. A., CHURAGULOV B. R. *et al.*, "Synthesis of nanocrystalline TiO_2 powders from aqueous $TiOSO_4$ solutions under hydrothermal conditions", *Mater. Lett.*, no. 57, pp. 1124–1129, 2003.

[239] HERNANDEZ-URESTI D. B., SANCHEZ-MARTINEZ D., MARTINEZ-DE LA CRUZ A. *et al.*, "Characterization and photocatalytic properties of hexagonal and monoclinic WO_3 prepared via microwave-assisted hydrothermal synthesis", *Ceram. Int.*, no. 40, pp. 4767–4775, 2014.

[240] HU X., YU J. C., GONG J. *et al.*, "α-Fe_2O_3 nanorings prepared by a microwave-assisted hydrothermal process and their sensing properties", *Adv. Mater.*, no. 19, pp. 2324–2329, 2007.

[241] LU Y., ZHU Z., LIU Z., "Catalytic growth of carbon nanotubes through CHNO explosive detonation", *Carbon*, vol. 42, no. 2, pp. 361–370, 2004.

[242] EBELMEN J. -J., "Recherches sur les combinaisons des acides boriques et siliciques avec les ethers", *Ann. Chim. Phys.*, *Serie* 3, no. 16, pp. 129–166, 1846.

[243] GEFFCKEN W., BERGER E., Verfahren zur Änderung des Reflexionsvermögen optischer Gläser, DE Patent 736411 C, 1939.

[244] ILER R. K., Aqueous dispersion of water-insoluble organic polymers containing colloïdal silica, US Patent no. 2, 597, 872, 1952.

[245] BECHTOLD, M. F., SNYDER O. E., Chemical processes and composition, US Patent no. 2, 574, 902, December, 15, 1948.

[246] KOJIMA T., SUGIMOTO T., "Formation mechanism of amorphous TiO_2 spheres in organic

solvents 3. Effects of water, temperature, and solvent composition", *J. Phys. Chem. C*, no. 112, pp. 18445-18454, 2008.

[247] LU Y., ZHU Z., WU W. et al., "Detonation chemistry of a CHNO explosive: catalytic assembling of carbon nanotubes at low pressure and temperature state", *Chem. Commun.*, vol. 22, pp. 2740-2741, 2002.

[248] DOS SANTOS V., DA SILVEIRA N. P., BERGMANN C. P., "In-situ evaluation of particle size distribution of ZrO_2-nanoparticles obtained by sol-gel", *Powder Technol.*, no. 267, pp. 392-397, 2014.

[249] WAHAB R., ANSARI S. G., DAR M. A. *et al.*, "Synthesis of magnesium oxide nanoparticles by sol-gel process", *Mater. Sci. Forum*, no. 558-559, pp. 983-986, 2007.

[250] MBARKI R., MNIF A., HAMZAOUI A. H., "Structural dielectric relaxation and electrical conductivity behavior in MgO powders synthesized by sol-gel", *Mater. Sci. Semicond. Process.*, no. 29, pp. 300-306, 2015.

[251] CAMPONESCHI E., WALKER J., GARMESTANI H. *et al.*, "Surfactant effects on the particle size of iron (III) oxides formed by sol-gel synthesis", *J. Non-Cryst. Solids*, no. 354, pp. 4063-4069, 2008.

[252] DEMIRCI S., OZTUŸRK B., YILDIRIM S. *et al.*, "Synthesis and comparison of the photocatalytic activities of flame spray pyrolysis and sol-gel derived magnesium oxide nano-scale particles", *Mater. Sci. Semicond. Process.*, no. 34, pp. 154-161, 2015.

[253] WANG L., CAI Y., SONG L.-Y. *et al.*, "High efficient photocatalyst of spherical TiO_2 particles synthesized by a sol-gel method modified with glycol", *Colloids Surf.*, *A*, no. 461, pp. 195-201, 2014

[254] WU W., ZHU Z., LIU Z. et al., "Preparation of carbon-encapsulated iron carbide nanoparticles by an explosion method", *Carbon*, vol. 41, no. 2, pp. 317-321, 2003.

[255] VAYSSIERES L., CHANEAC C., TRONC E. *et al.*, "Size tailoring of magnetite particles formed by aqueous precipitation: An example of thermodynamic stability of nanometric oxide particles", *J. Colloid Interface Sci.*, no. 205, pp. 205-212, 1998.

[256] JOLIVET J.-P., FROIDEFOND C., POTTIER A. *et al.*, "Size tailoring of oxide nanoparticles by precipitation in aqueous medium. A semi-quantitative modelling", *J. Mater. Chem.*, no. 14, pp. 877-882, 2004.

[257] EIDEN-ASSMANN S, WIDONIAK J., MARET G., "Synthesis and characterization of porous and nonporous monodisperse colloidal TiO_2 particles", *Chem. Mater.*, no. 16, pp. 6-11, 2004.

[258] BOGUSH G. H., ZUKOSKI IV C. F., "Studies of the kinetics of the precipitation of uniform silica particles through the hydrolysis and condensation of silicon alkoxides", *J. Colloid Interface Sci.*, vol. 142, no. 1, pp. 1-18, 1991.

[259] CAI Y. – G. , MA Q. – L. , HUANG Y. M. , "Effect of sodium chloride on the sol – gel synthesized silica colloidal particles", *Solid State Phenom.* , nos. 181 – 182, pp. 417 – 421,2012.

[260] MIRJALILI F. , HASMALIZA M. , CHUAH ABDULLAH L. , "Size – controlled synthesis of nano a – alumina particles through the sol – gel method", *Ceram. Int.* , no. 36, pp. 1253 – 1257,2010.

[261] PARK Y. K. ,TADD E. H. ,ZUBRIS M. *et al.* ,"Size–controlled synthesis of alumina nanoparticles from aluminum alkoxides" ,*Mater. Res. Bull.* ,no. 40,pp. 1506–1512,2005.

[262] TOBA M. ,MIZUKAMI F. , NIWA S. *et al.* ,"Effect of preparation methods on properties of amorphous alumina/silicas" ,*J. Mater. Chem.* ,vol. 4,no. 4,pp. 1131–1135,1994.

[263] ANDRIANAINARIVELO M. ,CORRIU R. J. P. ,LECLERCQ D. *et al.* ,"Non hydroliytic sol–gel process: aluminium titanate gels" ,*Chem. Mater.* ,no. 9,pp. 1098–1102,1997.

[264] ANDRIANAINARIVELO M. ,CORRIU R. J. P. ,LECLERCQ D. *et al.* ,"Non hydroliytic sol–gel process: zirconium titanate gels" ,*Chem. Mater.* ,no. 9,pp. 279–1284,1997.

[265] GIESCHE H. ,"Synthesis of monodispersed silica powders II. Controled growth reaction and continuous production process" ,*J. Eur. Ceram. Soc.* ,no. 14,pp. 205–214,1994.

[266] LU Y. ,ZHU Z. ,LIU Z. ,"Carbon–encapsulated Fe nanoparticles from detonationinduced pyrolysis of ferrocène" ,*Carbon*,vol. 43,no. 2,pp. 369–374,2005.

[267] SANCHEZ–LOPEZ J. C. ,CABALLERO A. ,FERNANDEZ A. ,"Characterisation of passivated aluminium nanopowders: an XPS and TEM/EELS study", *J. Eur Ceram. Soc.* , no. 18, pp. 1195 – 1200,1998.

[268] FUKANO Y. ,"Particles of gamma–iron quenched at room temperature" ,*Jpn J. Appl. Phys.* , vol. 13,no. 6,pp. 702–713,1610,1974.

[269] BOWLES R. S. ,KOLSTAD J. J. ,CALO J. M. *et al.* ,"Generation of molecular clusters of controlled size" ,*Surf. Sci.* ,no. 106,pp. 117–124,1981.

[270] WADA N. ,"Preparation of fine metal particles by means of evaporation in helium gas," ,*Jpn J. Appl. Phys.* ,vol. 6,no. 5,pp. 553–556,1967.

[271] KIMOTO K. ,KAMIYA Y. ,NONOYAMA M. *et al.* ,"An electron microscope study on fine metal particles prepared by evaporation in argon gas at low pressure", Jpn *J. Appl. Phys.* , vol. 2,no. 11,pp. 702–713,1963.

[272] YATSUYA S. ,KASUKABE S. ,UYEDA R. ,"Formation of ultrafine metal particles by gas evaporation technique. I. aluminum in helium" ,*Jpn J. Appl. Phys.* ,vol. 12,no. 11,pp. 1675–1684,1973.

[273] WADA N. ,"Preparation of fine metal particles by means of evaporation in xenon gas" *Jpn J. Appl. Phys.* ,vol. 7,no. 10,pp. 1287–1293,1968.

[274] PANDA S. ,PRATSINIS S. E. ,"Modeling the synthesis of aluminum particles by evaporation-condensation in an aerosol flow reactor" ,*Nanostruct. Mater.* ,no. 5,pp. 755-767,1995.

[275] GLEITER H. ,"Nanocrystalline materials" ,*Prog. Mater Sci.* ,vol. 33,pp. 223-315,1989.

[276] OUYANG X. ,LI X. ,YAN H. *et al.* ,"Synthesis of TiO_2 nanoparticles from sprayed droplets of titanium tetrachloride by the gas-phase detonation method" , *Combust. Explos. Shock Waves*, vol. 44,no. 5,pp. 597-600,2008.

[277] IWAMA S. ,HAYAKAWA K. ,"Vaporization and condensation of metals in a flowing gas with high velocity" ,*Nanostruct. Mater.* ,no. 1,pp. 113-118,1992.

[278] NISHIDA I. ,KIMOTO K. ,"Crystal habit and crystal structure of fine chromium particles: an electron microscope and electron diffraction study of fine metallic particles prepared by evaporation in argon at low pressure (III)" ,*Thin Solid Films*,no. 23,pp. 179-189,1974.

[279] BIRRINGER,R. ,GLEITER,H. ,KLEIN,H. P. *et al.* ,"Nanocrystalline materials: an approach to a novel solid structure with gas - like disorder?" ,*Phys. Lett.* ,no. 102A,pp. 365-369,1984.

[280] KIMURA K. ,"Metal colloïds produced by means of gas evaporation technique. IV Size distribution of small Mg and In particles" ,*Bull. Chem. Soc. Jpn.* ,no. 60,pp. 3093-3097,1987.

[281] IWAMA S. ,MIHAMA K. ,"Nanometer-sized beta-Mn and amorphous Sb particles formed by the flowing gas evaporation technique" ,*NanoStruct. Mater.* ,vol. 6,pp. 305-308,1995.

[282] SAITO Y. ,MUHAMA K. ,UYEDA R. ,"Formation of ultrafine metal particles by gasevaporation VI. Bcc metals, Fe, V, Nb, Ta, Cr, Mo and W" , *Jpn J. Appl. Phys.* , vol. 19, no. 9, pp. 1603-1610,1980.

[283] CHAMPION Y. ,BIGOT J. ,"Synthesis and structural analysis of aluminum nanocrystalline powders" ,*Nanostruct. Mater.* ,no. 10,pp. 1097-1110,1998.

[284] CHAMPION Y. ,BIGOT J,"Characterization of nanocrystalline copper powders prepared by melting in a cryogenic liquid" ,*Mat. Sci. Eng. A*,nos. 217-218,pp. 58-63,1996.

[285] GOURSAT A. G. ,VERNET G. ,RIMBERT J-F. *et al.* ,Procédé de fabrication de poudres métalliques à partir d'un matériau métallique de fusion,French Patent no. 8307414,1993.

[286] ZENG D. W. ,XIE C. S. ,ZHU B. L. *et al.* ,"Characteristics of Sb_2O_3 nanoparticles synthesized from antimony by vapor condensation method" ,*Mater. Lett.* ,no. 58,pp. 312-315,2004.

[287] NAIRNE E. ,"Electrical Experiments by Mr. EDWARD NAIRNE, of London, Mathematical Instrument-Maker, Made with a Machine of His Own Workmanship, A description of Which is Prefixed" ,*Phil. Trans.* ,no. 64,pp. 79-89,1774.

[288] ABRAMS R. ,POTTS A. M. ,BEILMAN C. E. *et al.* ,Production and Analysis of Radioactive Aerosol,Report,U. S. Atomic Energy Commission,1946.

[289] KARIORIS F. G. ,FISH B. R. ,"An exploding wire aerosol generator" ,*J. Col. Sci.* ,no. 17, pp. 155-161,1962.

[290] KOTOV Y. A. , "Electric explosion of wires as a method for preparation of nanopowders", *J. Nanopart. Res.* ,5 ,pp. 539–550 ,2003.

[291] IVANOV Y. F. ,. OSMONOLIEV M. N ,SEDOI V. S. *et al.* ,"Productions of ultra–fine powders and their use in high energetic compositions" , *Prop.* , *Explosives* , *Pyrot.* , vol. 28 , no. 6 , pp. 319–333 ,2003.

[292] NAZARENKO O. ,"Nanopowders produced by electric explosion of wires" ,*Proceeding of European Congress of Chemical Engeneering* (*ECC–6*) , Copenhagen , Denmark , September 2006.

[293] LEE S. B. , JUNG J. H. , BAE G. N. *et al.* , "In–situ characterization of metal nanopowders manufactured by the wire electrical explosion process" , *Aerosol Sci. Technol.* , no. 44 , pp. 1131–1139 ,2010.

[294] JANKAUSKAS V. , PADGURSKAS J. , ZUNDA A. *et al.* , "Research into nanoparticles obtained by electric explosion of conductive materials" ,*Surf. Eng. Appl. Electrochem.* ,vol. 47 , no. 2 ,pp. 170–175 ,2011.

[295] DREIZIN E. L. , "Metal–based reactive nanomaterials" , Prog. Energy Combust. Sci. , no. 35 , pp. 141–167 ,2009.

[296] KWON Y. S. , JUNG Y. H. , YAVOROVSKY N. A. *et al.* , "Ultra–fine powder by wire explosion method" ,*Scripta Mater.* ,no. 44 ,pp. 2247–2251 ,2001.

[297] LUO N. ,LI X. ,WANG X. *et al.* ,"Synthesis and characterization of carbonencapsulated iron/iron carbide nanoparticles by a detonation method" , *Carbon* , vol. 48 , no. 13 , pp. 3858–3863 ,2010.

[298] JIANG W. H. , YATSUI K. , "Pulsed wire discharge for nanosize powder synthesis" , *IEEE T. Plasma Sci.* ,vol. 26 ,no. 5 ,pp. 1498–1501 ,1998.

[299] DAS R. ,DAS B. K. ,SHUKLA R. *et al.* ,"Analysis of electrical explosion of wire systems for the production of nanopowder" ,*Sadhana* ,vol. 37 ,no. 5 ,pp. 629–635 ,2012.

[300] BAGAZEEV A. V. ,KOTOV Y. A. ,"Some characteristics of electric explosion of zinc wires" , *Tech. Phys. Lett.* ,vol. 37 ,no. 9 pp. 91–96 ,2011.

[301] SUESMATSU H. ,NISHIMURA S. ,MURAI K. *et al.* , "Pulsed wire discharge apparatus for mass production of copper nanopowders" , *Rev. Scientific Instrum.* , vol. 78 , no. 5 , pp. 056105–056105–3 ,2007.

[302] LIU L. C. ,ZHANG Q. G. ,ZHAO J. P. *et al.* , "Study on characteristics of nanopowders synthesized by nanosecond electrical explosion of thin aluminum wire in the argon gas" , *IEEE T. Plasma Sci.* ,vol. 41 ,no. 8 ,Part 2 SI ,pp. 2221–2226 ,2013.

[303] SARATHI R. , SINDHU T. K. , CHAKRAVARTHY S. R. , "Generation of nano aluminium powder through wire explosion process and its characterization" , *Mater. Charact.* , no. 58 , pp. 148–155 ,2007.

[304] KWON Y. S. ,GROMOV A. A. ,ILYIN A. P. *et al.* ,"Passivation process for superfine aluminum powders obtained by electrical explosion of wires",*Appl. Surf. Sci.* ,vol. 211,no. 1-4, pp. 57-67,2003.

[305] KOTOV Y. A. ,SAMATOV O. M. ,"Production of nanometer sized AlN powders by the exploding wire method",*NanoStruct. Mater.* ,no. 12,pp. 119-122,1999.

[306] KINEMUCHI Y. ,MURAI K. ,SANGURAI C. *et al.* ,"Nanosize powders vof aluminium nitride synthesized by pulsed wire discharge",*J. Am. Ceram. Soc.* ,no. 86,pp. 420-424,2003.

[307] KWON Y. S. ,GROMOV A. A. ,ILYIN A. P. ,"Reactivity of superfine aluminium poders stabilized by aluminium diboride",*Combust. Flame*,no. 131,pp. 349-352,2002.

[308] KWON Y. S. ,GROMOV A. A. ,ILYIN A. P. et al. ,"Passivation process for superfine aluminum powders obtained by electrical explosion of wires", Appl. Surf. Sci. ,vol. 211,no. 1-4, pp. 57-67,2003.

[309] GROMOV A. A. ,FÖRTER-BARTH U. ,TEIPEL U. ,"Aluminium nanopowders produced by electrical explosion of wires and passived by non - inert coatings: Characterisation and reactivity with air and water",*Power Technol.* ,vol. 164,pp. 111-115,2006.

[310] HA Y. -C. ,CHO C. ,"Production of highly-dispersed nano-sized sn powders in a liquid medium by using a high - energy electrical explosion", *J. Korean Phys. Soc.* , vol. 57, no. 6, pp. 1574-1576,2010.

[311] GOO W. H. ,BAC L. H. ,PARK E. J. *et al.* ,"Synthesis and characterization of nanosized Zn powder by electrical explosion of wire in liquid",*Mod. Phys. Lett.* ,*B*,vol. 23,no. 31-32,p 3903-3909,2009.

[312] YUN J. -Y. ,LEE H. -M. ,CHOI S. -Y. *et al.* ,"Characteristics of Fe-Cr-Al alloy nanopowders prepared by electric wire explosion proces under liquid media",*Mater. Trans.* ,vol. 52, no. 2,pp. 250-253,2011.

[313] CHO C. H. ,PARK S. H. ,CHOI Y. W. *et al.* ,"Production of nanopowders by wire explosion in liquid media",*Surf. Coat. Tech.* ,no. 201,pp. 4847-4849,2007.

[314] GAGE,R. M. ,Arc torches and process,U. S. Patent no. 2,806,124,1957.

[315] FAUCHAIS P. ,COUDERT J. F. ,PATEYRON B. ,"La production des plasmas thermiques", *Rev. Gen. Therm.* ,no. 35,pp. 543-560,1996.

[316] FAUCHAIS P. ,COUDERT J. F. ,PATEYRON B. ,"Mesure de température dans les plasmas thermiques",*Rev. Gen. Therm.* ,no. 35,pp. 324-337-560,1996.

[317] LEE S. H. ,OH S. M. ,PARK D. W. ,"Preparation of silver nanopowder by thermal plasma", *Mater. Sci. Eng.* ,*C*,no. 27,pp. 1286-290,2007.

[318] SIVAKUMAR G. ,DUSANE R. O. ,JOSHI S. V. ,"A novel approach to process phase pure-Al2O3 coatings by solution precursor plasma spraying", *J. Eur. Ceram. Soc.* , no. 33, pp.

2823-2829,2013.

[319] FAUCHAIS P. ,MONTAVON G. ,LIMA R. S. *et al.* ,"Engineering a new class of thermal spray nano-based microstructures from agglomerated nanostructured particles, suspensions and solutions: an invited review", *J. Phys. D: Appl. Phys.* , no. 44 pp. 093001 – 1 – 093001 – 53,2011.

[320] LUO N. ,LI X. J. ,WANG X. H. *et al.* ,"Synthesis of carbon-encapsulated metal nanoparticles by a detonation method",*Combust. Explos. Shock Waves*,vol. 46,no. 5,pp. 609-615,2010.

[321] HUANG Z. ,WU Q. ,LI X. *et al.* "Synthesis and characterization of nano-sized boron powder prepared by plasma torch",*Plasma Sci. Technol.* ,vol. 12,no. 5,pp. 577-580,2010.

[322] ZHOU M. ,WEI Z. Q. ,QIAO H. *et al.* ,"Particle size and pore structure characterization of silver nanoparticles prepared by confined arc plasma", *J. Nano Mat.* , vol. 2009, Article ID 968058,2009.

[323] IM J. -H. ,LEE J. -H. ,PARK D. -W. ,"Synthesis of nano-sized tin oxide powder by argon plasma jet at atmospheric pressure",*Surf. Coat. Technol.* ,no. 202,pp. 5471-5475,2008.

[324] LUO N. ,LIU K. X. ,LIU Z. Y. *et al.* ,"Controllable synthesis of carbon coated ironbased composite nanoparticles",*Nanotechnology*,vol. 23,no. 475603,2012.

[325] BANERJEE I. ,KHOLLAM Y. B. ,BALASUBRAMANIAN C. *et al.* ,"Preparation of γ-Fe_2O_3 naoparticles using DC thermal arc-plasma route, their characterization and magnetic properties",*Scripta Mater.* ,no. 54,pp. 1235-1240,2006.

[326] PARK K. ,LEE D. ,RAI A. *et al.* ,"Size-resolved kinetic measurements of aluminum nanoparticle oxidation with single particle mass spectrometry", *J. Phys. Chem.* , *B*, vol. 109, no. 15, pp. 7290-7299,2005.

[327] SU C. -Y. ,LIN C. -K. ,YANG T. -K. *et al.* ,"Oxygen partial pressure effect on the preparation of nanocrystalline tungsten oxide powders by a plasma arc gas condensation technique", *Int. J. Refract. Met. Hard Mater.* ,no. 26,pp. 423-428,2008.

[328] SU C. -Y. ,LIN C. -K. ,CHENG C. -W. ,"A modified plasma arc gas condensation technique to synthesize nanocrystalline tungsten oxide powders",*Mater. Trans.* ,vol. 46,no. 5 pp. 1016-1020,2005.

[329] CHEN P. ,JI Y. ,FENG S. ,"Preparation of spherical Bi2O3 powder by plasma and precipitation processes",*Plasma Sci. Technol.* ,vo1. 7,no. 6,pp. 3139-3142,2005.

[330] WEI Z. Q. ,QIAO H. X. ,DAI J. F. *et al.* ,"Preparation and characterization of Ni nanopowders prepared by anodic arc plasma", *Trans. Nonferrous Met. Soc. China*, vol. 15, no. 1, pp. 51 – 56,2005.

[331] VOLLATH D. "Plasma synthesis of nanoparticles", *KONA*, *Powders and particules*, no. 25, pp. 39-55,2007.

[332] MATSUI I. ,"Preparation of magnetic nanoparticles by pulsed plasma chemical vapor synthesis", *J. Nanopart. Res.* , no. 8, pp. 429-443, 2006.

[333] BUSS R. J. , RF-plasma synthesis of nanosize silicon carbide and nitride, Final Report, SAND97-0039, 1997.

[334] BABAT G. I. , "Electrodeless discharges and some allied problems", *J. Inst. Elec. Eng.* , vol. 94, no. 27, pp. 27-37, 1947.

[335] LUO N. , LIU K. X. , LI X. *et al.* , "Systematic study of detonation synthesis of Nibased nanoparticles", *Chem. Eng. J.* , vol. 210, pp. 114-119, 2012.

[336] BOULOS M. I. , "The inductively coupled R. F. (radio frequency) plasma", Pure Appl. Chem. , vol. 57, no. 9, pp. 1321-1352, 1985.

[337] FAUCHAIS P. , COUDERT J. F. , PATEYRON B. , "La production des plasmas thermiques", *Rev. Gen. Therm.* , no. 35, pp. 543-560, 1996.

[338] VOLLATH D. , "Plasma synthesis of nanopowders", *J Nanopart Res.* , no. 10, pp. 39-57, 2008.

[339] YE R. , LI J. -G. , ISHIGAKI T. , "Controlled synthesis of alumina nanoparticles using inductively coupled thermal plasma with enhanced quenching", *Thin Solid Films*, no. 515, 4251-4257, 2007.

[340] SATO T. , TANIGAKI T. , SUZUKIA H. *et al.* , "Structure and optical spectrum of ZnO nanoparticles produced in RF plasma", *J. Cryst. Growth*, no. 255, pp. 313-316, 2003.

[341] ZHANG H. , BAI L. , HU P. *et al.* , "Single-step pathway for the synthesis of tungsten nanosized powders by RF induction thermal plasma", *Int. J. Refract. Met. Hard Mater.* , no. 31, pp. 33-38, 2012.

[342] SCHULZ O. , HAUSNER H. , "Plasma synthesis of silicon nitride powders. I. RFplasrna system for the synthesis of ceramic powders", *Ceram. Int.* , no. 18, pp. 177-183, 1992.

[343] MATSUI I. , "Preparation of magnetic nanoparticles by pulsed plasma chemical vapor synthesis", *J. Nanopart. Res.* , no. 8, pp. 429-443, 2006.

[344] FAUCHAIS P. , "Utilisation industrielle actuelle et potentielle des plasmas: synthèses, traitement des poudres, traitements métallurgiques, traitements de surface", *Revue Phys. Appl.* , no. 15, pp. 1281-1301, 1980.

[345] TENDERO C. , TIXIER C. , TRISTANT P. *et al.* , "Atmospheric pressure plasmas: A review", *Spectrochimica Acta Part B*, no. 61, pp. 2-30, 2006.

[346] VOLLATH D. , SICKAFUS K. E. , "Synthesis of ceramic oxide powders by microwave plasma pyrolysis", *J. Mater. Sci.* , no. 28, pp. 5943-5948, 1993.

[347] PETERMANN N. , STEIN N. , SCHIERNING G. *et al.* , "Plasma synthesis of nanostructures for improved thermoelectric properties", *J. Phys.* , *D*, vol. 44, pp. 174034, 2011.

[348] MEHTA P. , SINGH A. K. , KINGON A. I. , "Nonthermal microwave plasma synthesis of crys-

talline titanium oxide and titanium nitride nanoparticles", *Mat. Res. Soc. Sympp. Proc.*, no. 249, pp. 153-159. 1991.

[349] CHOU C. H., PHILLIPS J., "Plasma production of metallic nanoparticles", *J. Mater. Res.*, vol. 7, no. 8, pp. 2107-2113, 1992.

[350] SZABO D. V., KILIBARDA G., SCHLABACH S. *et al.*, "Structural and chemical characterization of SnO_2-based nanoparticles as electrode material in Li-ion batteries", *J. Mater. Sci.*, no. 47, pp. 4383-4391, 2012.

[351] SCHUMACHER B., OCHS R., TROβE H. *et al.*, "Nanogranular SnO_2 layers for gas sensing applications by in situ deposition of nanoparticles produced by the Karlsruhe microwave plasma process", *Plasma Process. Polym.*, no. 4, pp. S865-S870, 2007.

[352] VENNEKAMP M., BAUER I., GROH M. *et al.*, "Formation of SiC nanoparticles in an atmospheric microwave plasma", *Beilstein J. Nanotechnol.*, no. 2, 665-673, 2011.

[353] PHILLIPS J., PERRY W. L., KROENKE W. J., Method for producing metallic nanoparticles, US Patent 6,689,192 B1, 2004.

[354] WEIGLE J. C., LUHRS C. C., CHEN C. K. *et al.*, "Generation of aluminum nanoparticles using an atmospheric pressure plasma torch", *J. Phys. Chem.*, *B*, no. 108, pp. 18601-18607, 2004.

[355] CHAU J. L. H., HSU M.-K., HSIEH C.-C. *et al.*, "Microwave plasma synthesis of silver nanopowders", *Mater. Lett.*, no. 59, pp. 905-908, 2005.

[356] LEE S. H., OH S. M., PARK D. W., "Preparation of silver nanopowder by thermal plasma", *Mater. Sci. Eng.*, *C*, no. 27, pp. 1286-290, 2007.

[357] MARZIK J. V., SUPLINSKAs R. J., WILKE R. H. T. *et al.*, "Plasma synthesized doped B powders for MgB_2 superconductors", *Physica C*, no. 423, pp. 83-88, 2005.

[358] WANG X. H., LI X. J., YAN H. H. *et al.*, "Nano-$MnFe_2O_4$ powder synthesis by detonation of emulsion explosive", *Appl. Phys. A*, vol. 90, no. 3, pp. 417-422, 2008.

[359] KOBAYASHI N., KAWAKAMI Y., KAMADA K. *et al.*, "Spherical submicron-size copper powders coagulated from a vapor phase in RF induction thermal plasma", *Thin Solid Films*, no. 516, pp. 4402-4406, 2008.

[360] WEI Z. Q., XIA T.-D., MA J. *et al.*, "Growth mechanism of Cu nanopowders prepared by anodic arc plasma", *Trans. Nonferrous Met. Soc. China*, no. 16, pp. 168-172, 2006.

[361] CHAU J. L. H., YANG C.-C., SHIH H.-H., "Microwave plasma production of metal nanopowders", *Inorganics*, no. 2, pp. 278-290, 2014.

[362] GIRSHICK S. L., CHIU C.-P., MUNO R. *et al.*, "Thermal plasma synthesis of ultrafine iron particles", *J. Aerosol Sci.*, vol. 24, no. 3, pp. 367 382, 1993.

[363] KALYANARAMAN R., SANG YOO, KRUPASHANKARA M. S. *et al.*, "Synthesis and con-

solidation of iron nanopowders" *Nanostruct. Mater.* ,vol. 10,no. 8,pp. 1379-1392,1998.

[364] HAYAKAWA K. ,IWAMA S. ,"Preparation of ultrafine gamma Fe particles by microwave plasma processing",*J. Cryst. Growth*,no. 99,pp. 188-191,1990.

[365] PANG S. ,WANG L. G. ,ZHANG Z. ," Preparation of manganese and their derivate compounds by arc plasma method",*Surf. Coat. Technol.* ,no. 201,pp. 5451-5453,2007.

[366] CHAU J. L. H. "Synthesis of Ni and bimetallic FeNi nanopowders by microwave plasma method",*Mater. Lett.* ,no. 61,pp. 2753-2756,2007.

[367] BAI L. ,FAN J. ,HU P. *et al.* ,"RF plasma synthesis of nickel nanopowders via hydrogen reduction of nickel hydroxide/carbonate",*J. Alloys Compd.* ,no. 481,pp. 563-567,2009.

[368] KUMAR S. M. ,MURUGAN K. ,CHANDRASEKHAR S. B. *et al.* ,"Synthesis and characterization of nano silicon and titanium nitride powders using atmospheric microwave plasma technique",*J. Chem. Sci.* ,vol. 124,no. 3,pp. 557-563,2012.

[369] LEPAROUX M. ,LOHER M. ,SCHREUDERS C. *et al.* ,"Neural network modelling of the inductively coupled RF plasma synthesis of silicon nanoparticles", *PowderTechnol.* , no. 185, pp. 109-115,2008.

[370] DING Y. ,YAMADA R. ,GRESBACK R. *et al.* ,"A parametric study of non-thermal plasma synthesis of silicon nanoparticles from a chlorinated precursor", *J. Phys. D: Appl. Phys.* , no. 47,pp. 485202,2014.

[371] WU L. ,MA Z. ,HE A. *et al.* ,"Studies on destruction of silicon tetrachloride using microwave plasma jet",*J. Hazard. Mater.* ,no. 173,pp. 305-309,2010.

[372] MANGOLINI L. ,THIMSEN E. ,KORTSHAGEN U. ,"High-yield plasma synthesis of luminescent silicon nanocrystals",*Nano Lett.* ,vol. 5,no. 4,pp. 655-659,2005.

[373] NOZAKI T. ,SASAKI K. ,OGINO T. *et al.* ,"Silicon nanocrystal synthesis in microplasma reactor",*J. Therm. Sci. Tech. Jpn*,vol. 2,no. 2,pp. 192-199,2007.

[374] BAPAT A. ,GATTI M. ,DING Y. -P. *et al.* ,"A plasma process for the synthesis of cubic-shaped silicon nanocrystals for nanoelectronic devices", *J. Phys. D: Appl. Phys.* , no. 40, pp. 2247-2257,2007.

[375] XIE X. ,LI X. ,ZHAO Z. *et al.* ,"Growth and morphology of nanometer $LiMn_2O_4$ powder", *Powder Technol.* ,vol. 169,pp. 143-1-46,2006.

[376] VOLLATH D. ,SZABO D. V. ,WILLIS J. O. ,"Magnetic properties of nanocrystalline Cr_2O_3 synthesized in a microwave plasma",*Mater. Lett.* ,no. 29,pp. 271-279,1996.

[377] BAUMANN W. ,THEKEDAR B. ,PAUR H. R. *et al.* ,"Characterization of nanoparticles synthesized in the microwave plasma discharge process by particle mass spectrometry and transmission electron microscopy",*AIChE Fall and Annual Meeting*,San Francisco,CA,USA,November 2006.

[378] DAVID B. ,PIZUROVA N. ,SYNE P. *et al.* ,"ε-Fe_2O_3 nanoparticles synthesized in atmospheric-pressure microwave torch",*Mater. Lett.* ,no. 116,pp. 370-373,2014.

[379] DAVID B. , SCHNEEWEISS O. , PIZUROVA N. *et al.* , "Atmospheric-pressure microwave torch discharge generated gamma-Fe_2O_3 nanopowder", *Phys. Procedia*, no. 44, pp. 206-212,2013.

[380] SYNEK P. ,JASEK O. ,ZAJICKOVA L. *et al.* ,"Plasmachemical synthesis of maghemite nanoparticles in atmospheric pressure microwave torch",*Mater. Lett.* ,no. 65,pp. 982-984,2011.

[381] VOLLATH D. ,SZABO D. V. ,TAYLOR R. D. *et al.* ,"Synthesis and properties of nanocrystalline superparamagnetic gamma-Fe_2O_3". *Nanostruct. Mater.* ,no. 6,pp. 941-944,1995.

[382] LEI P. ,BOIES A. M. ,CALDER S. *et al.* ,"Thermal plasma synthesis of superparamagnetic iron oxide nanoparticles" *Plasma Chem. Plasma Process.* ,no. 32,pp. 519-531,2012.

[383] FORKER M. ,DE LA PRESA P. ,HOFFBAUER W. *et al.* ,"Structure,phase transformations, and defects of HfO_2 and ZrO_2 nanoparticles studied by 181Ta and 111Cd perturbed angular correlations,1H magic-angle spinning NMR,XPS, and X-ray and electron diffraction", *Phys. Rev.* ,*B*,no. 77,p. 054108,2008.

[384] HONG Y. C. ,UHM H. S. ,"Synthesis of MgO nanopowder in atmospheric microwave plasma torch",*Chem. Phys. Lett.* ,no. 422,pp. 174-178,2006.

[385] KLINBUMRUNG A. ,THONGTEM T. ,THONGTEM S. ,"Characterization of orthorhombic α-MoO_3 microplates produced by a microwave plasma process",*J. Nano. Mat.* ,vol. 2012.

[386] WEI Z. Q. ,QIAO H. X. ,YANG H. *et al.* ,"Characterization of NiO nanoparticles by anodic arc plasma method",*J. Alloys Compd.* ,no. 479,pp. 855-858,2009.

[387] GOORTANI B. M. , MENDOZA N. , PROULX P. , "Synthesis of SiO_2 Nanoparticles in RF Plasma Reactors: Effect of Feed Rate and Quench Gas Injection",*Int. J. Chem. React. Eng.* , vol. 4,Article A33,2006.

[388] SZABO D. V. ,SCHLABACH S. ,OCHS R. ,"Analytical TEM investigation of size effects in SnO_2 nanoparticles produced by microwave plasma synthesis", *Microsc. Microanal*, no. 13, pp. 430-431,2007.

[389] HONG Y. C. ,LHO T. ,LEE B. J. *et al.* ,"Synthesis of titanium dioxide in $O_2/Ar/SO_2/TiCl_4$ microwave torch plasma and its band gap narrowing", *Curr. Appl. Phys.* , no. 11, pp. 517-520,2011.

[390] OH S. -M. ,LI J. -G. ,ISHIGAKI T. ,"Nanocrystalline TiO_2 powders synthesized by inflight oxidation of TiN in thermal plasma: mechanisms of phase selection and particle morphology evolution",*J. Mater. Res.* ,vol. 20,no. 2,pp. 529-537,2005.

[391] KIM J. H. ,HONG Y. C. ,UHM H. S. ,"Synthesis of oxide nanoparticles via microwave plasma decomposition of initial materials",*Surf. Coat. Technol.* ,no. 201,pp. 5114-5120,2007.

[392] HATTORI Y. ,NOMURA S. ,MUKASA S. *et al.* ,"Synthesis of tungsten trioxide nanoparticles by microwave plasma in liquid and analysis of physical properties", *J. Alloys Compd.*, no. 560,pp. 105-110,2013.

[393] SAGMEISTER M. ,POSTL M. ,BROSSMAN U. *et al.* ,"Structure and electrical properties of nanoparticulate tungsten oxide prepared by microwave plasma synthesis", *J. Phys.: Condens. Matter.* ,no. 23,pp. 334206 (7pp),2003.

[394] JANZEN C. ,KLEINWECHTER H. ,KNIPPING J. *et al.* ,"Size analysis in low-pressure nanoparticle reactors: comparison of particle mass spectrometry with in situ probing transmission electron microscopy",*J. Aerosol Sci.* ,no. 33,pp. 833-841,2002.

[395] KLEINWECHTER H. ,JANZEN C. ,KNIPPINg J. *et al.* ,"Formation and properties of ZnO nano-particles from gas phase synthesis processes", *J. Mater. Sci.*, no. 37, pp. 4349-4360,2002.

[396] KO T. S. ,YANG S. ,HSU H. C. *et al.* ,"ZnO nanopowders fabricated by DC thermal plasma synthesis",*Mater. Sci. and Eng. B*,no. 134,pp. 54-58,2006.

[397] VOLLATH D. ,SICKAFUS K. E. ,Synthesis of ceramic oxide powders in a microwave plasma device",*J. Mater. Res.* ,vol. 8,no. 11,pp. 2978-2984,1993.

[398] FORKER M. ,DE LA PRESA P. ,HOFFBAUER W. *et al.* ,"Structure,phase transformations, and defects of HfO_2 and ZrO_2 nanoparticles studied by 181Ta and 111Cd perturbed angular correlations,1H magic-angle spinning NMR,XPS, and X-ray and electron diffraction", *Phys. Rev.* ,*B*,no. 77,p. 054108,2008.

[399] CHEN L. C. ,PAI S. -H. ,"In-situ measurement and control of electric discharge on submerged arc synthesis process for continuous TiO_2 nanoparticle fabrication",*Mater. Trans.*, vol. 45,no. 10,pp. 3071-3078,2004.

[400] ASHKARRAN A. A. ,KAVIANIPOUR M. ,AGHIGH S. M. *et al.* ,"On the formation of TiO_2 nanoparticles via submerged arc discharge technique: synthesis,characterization and photocatalytic properties",*J. Clust. Sci.* ,no. 21,pp. 753-766,2010.

[401] ASHKARRAN A. A. ,ZAD A. I. ,AHADIAN M. M. *et al.* ,"Synthesis and photocatalytic activity of WO_3 nanoparticles prepared by the arc discharge method in deionized water", *Nanotechnology*,no. 19,pp. 195709-1-195709-7,2008.

[402] BELMONTE T. ,HAMDAN A. ,KOSIOR F. *et al.* ,"Interaction of discharges with electrode surfaces in dielectric liquids: application to nanoparticle synthesis",*J. Phys. D: Appl. Phys.*, no. 47,pp. 224016-1-224016-18,2014.

[403] SAITO G. , HOSOKAI S. , TSUBOTA M. *et al.* , "Synthesis of copper/copper oxide nanoparticles by solution plasma",*J. Appl. Phys.* ,no. 110,pp. 023302-1- 23302-6,2011.

[404] HU X. ,ZHANG X. ,SHEN X. *et al.* ,"Plasma-induced synthesis of CuO nanofibers and ZnO

nanoflowers in water", *Plasma Chem. Plasma Process.*, no. 34, pp. 1129–1139, 2014.

[405] WANG Z. L., SONG J., "Piezoelectric nanogenerators based on zinc oxide nanowire arrays", *Science*, vol. 312, no. 5771, pp. 242–246, 2006.

[406] SULAIMANKULOVA S., OMURZAK E., JASNAKUNOV J. *et al.*, New Preparation Method of Nanocrystalline Materials by Impulse Plasma in Liquid", *J. Clust. Sci.*, no. 20, pp. 37–49, 2009.

[407] YAO W. -T., YU S. -H., ZHOU Y. *et al.*, "Formation of Uniform CuO nanorods by spontaneous aggregation: selective synthesis of CuO, Cu_2O, and Cu nanoparticles by a solid–liquid phase Arc discharge process", *J. Phys. Chem.*, *B*, no. 109, pp. 14011–14016, 2005.

[408] LEE D. J., KIM S. J., LEE J. *et al.*, "Bipolar pulsed electrical discharge for synthesis of tungsten nanoparticles in the aqueous solutions", *Sci. Adv. Mater.*, no. 6, pp. 1599–1604, 2014.

[409] BRATESCU M. A., CHO S. P., TAKAI O. *et al.*, "Size–controlled gold nanoparticles synthesized in solution plasma", *J. Phys. Chem.*, *C*, no. 115, pp. 24569–24576, 2011.

[410] LEE H., PARK S. H., SEO S. G. *et al.*, "Preparation and characterization of copper nanoparticles via the liquid phase plasma method", *Curr. Nanosci.*, no. 10, pp. 7–10, 2014.

[411] KIM S. C., KIM B. H., CHUNG M. *et al.*, "Preparation of aluminum nanoparticles using bipolar pulsed electrical discharge in water", *J. Nanosci. Nanotechnol.*, no. 15, pp. 5350–5353, 2015.

[412] ASHKARRAn A. A., "A novel method for synthesis of colloidal silver nanoparticles by arc discharge in liquid", *Curr. Appl. Phys.*, no. 10, pp. 1442–1447, 2010.

[413] TIEN D. –C., TSENG K. –H., LIAO C. –H. *et al.*, "Identification and quantification of ionic silver from colloidal silver prepared by electric spark discharge system and its antimicrobial potency study", *J. Alloys Compd.*, no. 473, pp. 298–302, 2009.

[414] KIM S. C., KIM B. H., CHUNG M. *et al.*, "Preparation of aluminum nanoparticles using bipolar pulsed electrical discharge in water", *J. Nanosci. Nanotechnol.*, no. 15, pp. 5350–5353, 2015.

[415] LUNG J. K., HUANG J. C., TIEN D. C. *et al.*, "Preparation of gold nanoparticles by arc discharge in water", *J. Alloys Compd.*, no. 434–435, pp. 655–658, 2007.

[416] TSENG K. –H., HUANG J. –C., LIAO C. –Y. *et al.*, "Preparation of gold ethanol colloid by the arc discharge method", *J. Alloys Compd.*, no. 472, pp. 446–450, 2009.

[417] HEON L., KIM H. G., KIM B. H. *et al.*, "Investigation on sized–regulated iron nanoparticles prepared by liquid Phase plasma reduction process", *J. Nanosci. Nanotechnol.*, no. 15, pp. 518–521, 2015.

[418] KIM H. G., LEE H., KIM S. J. *et al.*, "Synthesis of manganese nanoparticles in the liquid phase plasma", *J. Nanosci. Nanotechnol.*, no. 13, pp. 6103–6108, 2013.

[419] KIM S. J. ,KIM B. H. ,CHUNG M. *et al.* ,"The synthesis of nickel nanoparticles by liquid phase plasma processing" ,*J. Nanosci. Nanotechnol.* ,no. 13,pp. 1997-2000,2015.

[420] CHEN Q. ,KANEKO T. ,HATAKEYAMA R. ,"Synthesis of superfine ethanol-soluble CoO nanoparticles via discharge plasma in liquid", *Appl. Phys. Express*, no. 5, pp. 096201 - 1 - 096201-3,2012.

[421] KIM E. J. ,HAHN S. H. ,"Microstructure and photoactivity of titania nanoparticles prepared in nonionic W/O microemulsions" ,*Mater. Sci. Eng.* ,*A*,no. 303,pp. 24-29,2001.

[422] CHEN L. ,MASHIMO T. ,OKUDERA H. *et al.* ,"Synthesis of $WO_3 . H_2O$ nanoparticles by pulsed plasma in liquid" ,*RSC Adv.* ,no. 4,28673-28677,2014.

[423] TARASENKO N. ,NEVAR A. ,NEDELKO M. ,"Properties of zinc-oxide nanoparticles synthesized by electrical-discharge technique in liquids" ,*Phys. Status Solidi A*,vol. 207,no. 10, pp. 2319-2322,2010.

[424] ASHKARRAN A. A. ,ZAD A. I. ,MAHDAVI S. M. *et al.* ,"ZnO nanoparticles prepared by electrical arc discharge method in water" ,*Mater. Chem. Phys.* ,no. 118,pp. 6-8,2009.

[425] ASHKARRAN A. A. ,ZAD A. I. ,MAHDAVI S. M. *et al.* ,"Photocatalytic activity of ZnO nanoparticles prepared via submerged arc discharge method" ,*Appl Phys.* ,*A*,no. 100,pp. 1097-1102,2010.

[426] ASHKARRAN A. A. , AHMADI AFSHAR S. A. , AGHIGH S. M. *et al.* , "Photocatalytic activity of ZrO_2 nanoparticles prepared by electrical arc discharge method in water" ,*Polyhedron*,no. 29,pp. 1370-1374,2010.

[427] SMITH H. M. ,TURNER F. ,"Vacuum deposited thin film using a rubis laser" ,*Appl. Opt.* , no. 4,pp. 147-148,1965.

[428] XIE X. , LI X. , YAN H. , "Detonation synthesis of zinc oxide nanometer powders", *Mater. Lett.* ,vol. 60,no. 25-26,pp. 3149-3152,2006.

[429] KELLY R. ,DREYFUS R. W. ,"On the effect of Knudsen-layer formation on studies of vaporization,sputtering and desorption" ,*Surf. Sci.* ,no. 198,pp. 263-276,1988.

[430] SINGH R. K. ,NARAYAN J. ,"Pulsed-laser evaporation technique for deposition of thin films: Physics and theoretical model" ,*Phys. Rev. B*,vol. 41,no. 13,pp. 8843-8859,1990.

[431] MIOTELLO A. ,PERLONGO A. ,KELLY R. ,"Laser-Pulse sputtering of aluminium: gasdynamic effects with recondensation and reflection conditions at the Knudsen layer", *Nucl. Instr. Meth. Phys. Res. Sect. B*,no. 101,pp. 148-155,1995.

[432] WILLMOTT P. R. ,HUBER J. R. ,"Pulsed laser vaporization and deposition" ,*Rev. Mod. Phys.* , vol. 72,no. 1,pp. 315-328,2000.

[433] CHANG J. J. ,WARNER B. E. ,"Laser-plasma interaction during visible-laser ablation of methods" ,*Appl. Phys. Lett.* ,no. 69,pp. 473-475,1996.

[434] SCHITTENHEIM H., CALLIES G., STRAUB A. *et al.*, "Measurements of wavelength-dependent transmission in excimer laser-induced plasma plumes and their interpretation", *J. Phys. D: Appl. Phys.*, no. 31, pp. 418-427, 1998.

[435] AMORUSO S., BRUZZESE R., SPINELLI N. *et al.*, "Characterisation of laser-ablation plasmas", *J. Phys.*, *B*, no. 32, pp. R131-R172, 1999.

[436] MAO X., WEN S. B., RUSSO R. E., "Time resolved laser-induced plasma dynamics", *Appl. Surf. Sci.*, no. 253, pp. 6316-6321, 2007.

[437] MAO X., RUSSO R. E., "Observation of plasma shielding by measuring transmitted and reflected laser pulse temporal profiles", *Appl. Phys. A Mater. Sci. Process.*, no. 64, pp. 1-6, 1997.

[438] AGUILERA J. A., ARAGON C., PENALBA F., "Plasma shielding effect in laser ablation of metallic samples and its influence on LIBS analysis", *Appl. Surf. Sci.*, nos. 127-129, pp. 309-314, 1998.

[439] LORAZO P., LEWIS L., MEUNIER M., "Thermodynamic pathways to melting, ablation, and solidification in absorbing solids under pulsed laser irradiation", *Phys. Rev.*, *B*, vol. 73, no. 13, pp. 1-22, 2006.

[440] LORAZO P., LEWIS L., MEUNIER M., "Short-pulse laser ablation of solids: from phase explosion to fragmentation", *Phys. Rev. Lett.*, vol. 91, no. 22, pp. 1-4, 2003.

[441] WU C., ZHIGILEI L. V., "Microscopic mechanisms of laser spallation and ablation of metal targets from large-scale molecular dynamics simulations", *Appl. Phys.*, *A*, no. 114, pp. 11-32, 2014.

[442] DEMASKE B. J., ZHAKHOVSKy V. V., INOGAMOV N. A. *et al.*, "Ablation and spallation of gold films irradiated by ultrashort laser pulses", *Phys. Rev.*, *B*, no. 82, pp. 064113(1)-064113(5), 2010.

[443] INOGAMOV N. A., ZHAKHOVSKY V. V., FAENOV A. Y. *et al.*, "Spallative ablation of dielectrics by X-ray laser", *Appl. Phys.*, *A*, vol. 101, no. 1, p 87-96, 2010.

[444] IONIN A. A., KUDRYASHOV S. I., SELEZNEV L. V. *et al.*, "Dynamics of the spallative ablation of a GaAs surface irradiated by femtosecond laser pulses", *J. Expp. Theor. Phys. lett.*, vol. 94, no. 10, pp. 753-758, 2011.

[445] LEVEUGLE E., IVANOV D. S., ZHIGILEI L. V., "Photomechanical spallation of molecular and metal targets: molecular dynamics study", *Appl. Phys. A*, no. 79, pp. 1643-1655, 2004.

[446] WANG X. Y., DOWNER M. C., "Femtosecond time-resolved reflectivity of hydrodynamically expanding metal surfaces", *Opt. Lett.*, vol. 17, no. 20, pp. 1450-1452, 1992.

[447] IONIN A. A., KUDRYASHOV S. I., SELEZNEV L. V. *et al.*, "Thermal melting and ablation of silicon by femtosecond laser radiation", *J. Expp. Theor. Phys.*, vol. 116, no. 3, pp. 347-

362,2013.

[448] NEVES N. ,LAGOA A. ,CALADO J. *et al.* ,"Al-doped ZnO nanostructured powders by emulsion detonation synthesis - improving materials for high quality sputtering targets manufacturing",*J. Eur. Ceram. Soc.* ,vol. 34,no. 10,pp. 2325-2338,2014.

[449] HAN Z. -W. ,HAN Y. -C. ,XU S. ,"Preparation of nano-cerium dioxide and its effect on the thermal decomposition of ammonium perchlorate", *J. Therm. Anal. Calorim.* , vol. 116, pp. 273-278,2014.

[450] VON dER LINDE D. ,SCHYLER H. ,"Breakdown threshold and plasma formation in femtosecond laser-solid interaction",*J. Opt. Soc. Am. B*,vol. 13,no. 1,pp. 216-222,1996.

[451] STOIAN R. ,ROSENFELD A. ,ASHKENASI D. *et al.* ,"Surface charging and impulsive ion ejection during ultrashort pulsed laser ablation",*Phys. Rev. Lett.* ,vol. 88,no. 9,pp. 097603(1)-097603(4),2002.

[452] HARILAL S. S. ,BINDHU C. V. ,TILLACK M. S. *et al.* ,"Internal structure and expansion dynamics of laser ablation plumes into ambient gases", *J. Appl. Phys.* , no. 93, pp. 2380-2388,2003.

[453] PATIL P. P. , PHASE D. M. , KULKARNI S. A. *et al.* , "Pulsed-laser-induced reactive quenching at liquid-solid interface: aqueous oxidation of iron", *Phys. Rev. Lett.* , no. 58, pp. 238-241,1987.

[454] OGALE S. B. ,"Pulsed-laser induces and ion-beam-induced surface synthesis and modification of oxides,nitrides and carbides",*Thin Solid Films*,no. 163,pp. 215-227,1988.

[455] HENGLEIN A. ,"Physicochemical properties of small metal particles in solution: 'microelectrode' reactions,chemisorption,composite metal particles,and the atom-tometal transition", *J. Phys. Chem.* ,vol. 97,no. 21,pp. 5457-5471,1993.

[456] NEDDERSEN J. , CHUMANOV G. , COTTON T. M. , "Laser-ablation of metals-a new method for preparing SERS active colloids", *Appl. Spectrosc.* , vol. 47, no. 12, pp. 1959-1964,1993.

[457] SIRAJ K. , SOHAIL Y. , TABASSUM A. , "Metals and metal oxides particles produced by pulsed laser ablation under high vacuum",*Turk. J. Phys.* ,no. 35,pp. 179-183,2011.

[458] NOËL S. ,HERMANN J. ,ITINA T. ,"Investigation of nanoparticle generation during femtosecond laser ablation of metals",*Appl. Surf. Sci.* ,no. 253,pp. 6310-6315,2007.

[459] AUSANIO G. ,AMORUSO S. ,BARONE A. C. *et al.* ,"Production of nanoparticles of different materials by means of ultrashort laser pulses",*Appl. Surf. Sci.* ,no. 252,pp. 4678-4684,2006.

[460] AMORUSO S. ,AUSANIO G. ,BARONE A. C. *et al.* ,"Nanoparticles size modifications during femtosecond laser ablation of nickel in vacuum", *Appl. Surf. Sci.* , no. 254, pp. 1012-1016, 2007.)

[461] AMORUSO S. , AUSANIO G. , DE LISIO C. *et al.* , "Synthesis of nickel nanoparticles and nanoparticles magnetic films by femtosecond laser ablation in vacuum", *Appl. Surf. Sci.* , no. 247, pp. 71–75, 2005.

[462] YAMADA Y. , ORII T. , UMEZU I. *et al.* , "Optical properties of silicon nanocrystallites prepared by excimer laser ablation in inert gas", *Jpn. J.* , *Appl. Phys.* , vol. 35, pp. 1361–1365, 1996.

[463] MAKIMURA T. , MIZUTA T. , TAKAHASHI T. *et al.* , "In situ size measurement of Si nanoparticles and formation dynamics after laser ablation", *Appl. Phys.* , *A*, no. 79, pp. 819–821, 2004.

[464] LANDSTRÖM L. , MARTON Zs. , ARNOLD N. *et al.* , "In situ monitoring of size distributions and characterization of nanoparticles during W ablation in N2 atmosphere", *J. Appl. Phys.* , vol. 94, no. 3, pp. 2011–2017, 2003.

[465] OZAWA E. , KAWAKAMI Y. , SETO T. , "Formation and size control of tungsten nano particles produced by Nd:YAG laser irradiation", *Scripta. mater.* , no. 44, pp. 2279–2283, 2001.

[466] YANG X. C. , RIEHEMANN W. , DUBIEL M. *et al.* , "Nanoscaled ceramic powders produced by laser ablation", *Mater. Sci. Eng.* , *B*, no. 95, pp. 299–307, 2002.

[467] LIN C. H. , CHEN S. Y. , HO N. J. *et al.* , "Shape-dependent local internal stress of α-Cr_2O_3 nanocrystal fabricated by pulsed laser ablation", *J. Phys. Chem. Solids*, no. 70, pp. 1505–1510, 2009.

[468] WANG Z. , LIU Y. , ZENG X. , "One-step synthesis of γ-Fe_2O_3 nanoparticles by laser ablation", *Powder Technol.* , no. 161, pp. 65–68, 2006.

[469] YANG G. W. , "Laser ablation in liquids: applications in the synthesis of nanocrystals", *Prog. Mater. Sci.* , no. 52, pp. 648–698, 2007.

[470] BERTHE L. , FABBRO R. , PEYRE P. *et al.* , "Shock waves from a water-confined lasergenerated plasma", *J. Appl. Phys.* , vol. 82, no. 6, pp. 2826–2832, 1997.

[471] FABBRO R. , FOURNIER J. , BALLARD P. *et al.* , "Physical study of laser-produced plasma in confined geometry" *J. Appl. Phys.* , vol. 68, no. 2, pp. 775–784, 1990.

[472] BERTHE L. , FABBRO R. , PEYRE P. *et al.* , "Wavelength dependent of laser shockwave generation in the water-confinement regime", *J. Appl. Phys.* , vol. 85, no. 11, pp. 7552–7555, 1999.

[473] BERTHE L. , SOLLIER A. , PEYRE P. *et al.* , "The generation of laser shock waves in a water-confinement regime with 50 ns and 150 ns XeCl excimer laser pulses", *J. Phys. D: Appl. Phys.* , no. 33, pp. 2142–2145, 2000.

[474] WU B. X. , "High-intensity nanosecond-pulsed laser-induced plasma in air, water, and vacuum: A comparative study of the early-stage evolution using a physics-based predictive mod-

el", *Appl. Phys. Lett.*, vol. 93, no. 10, pp. 101104(1)-101104(3), 2008.

[475] SAITO K., TAKATANI K., SAKKA T. *et al.*, "Observation of the light emitting region produced by pulsed laser irradiation to a solid-liquid interface", *Appl. Surf. Sci.*, vol. 197, pp. 56-60, 2002.

[476] PARK H. K., GRIGOROPOULOS C. P., POON C. C. *et al.*, "Optical probing of the temperature transients during pulsed-laser induced boiling of liquids", *Appl. Phys. Lett.*, vol. 68, no. 5, pp. 596-598, 1996.

[477] LIANG C., SASAKI T., SHIMIZU Y. *et al.*, "Pulsed-laser ablation of Mg in liquids: surfactant-directing nanoparticle assembly for magnesium hydroxide nanostructures", *Chem. Phys. Lett.*, no. 389, p. 58-63, 2004.

[478] BÜCHEL K. H., MORETTO H.-H., WODITSCH P., *Industrial Inorganic Chemistry*, Wiley-VCH Verlag GmbH, 2nd ed., 2000.

[479] TSUJI T., OKAZAKI Y., TSUBOI Y. *et al.*, "Nanosecond time-resolved observations of laser ablation of silver in water", *Jpn. J. Appl. Phys.*, vol. 46, no. 4A, pp. 1533-1535, 2007.

[480] SASOH A., WATANABE K., SANO Y. *et al.*, "Behavior of bubbles induced by the interaction of a laser pulse with a metal plate in water", *Appl. Phys.*, *A*, vol. 80, no. 7, pp. 1497-1500, 2005.

[481] TSUJI T., IRYO K., WATANABE N. *et al.*, "Preparation of silver nanoparticles by laser ablation in solution: influence of laser wavelength on particle size", *Appl. Surf. Sci.*, no. 202, pp. 80-85, 2002.

[482] BESNER S., MEUNIER M., "Femtosecond laser synthesis of AuAg nanoalloys: photoinduced oxidation and ions release", *J. Phys. Chem.*, *C*, no. 114, pp. 10403-10409, 2010.

[483] SAJTI C. L., SATTARI R., CHICHKOV B. N. *et al.*, "Gram scale synthesis of pure ceramic nanoparticles by laser ablation in liquid", *J. Phys. Chem.*, *C*, vol. 114, no. 6, pp. 2421-2427, 2010.

[484] PANDEY B. K., SHAHI A. K., SHAH J. *et al.*, "Optical and magnetic properties of Fe_2O_3 nanoparticles synthesized by laser ablation/fragmentation technique in different liquid media", *Appl. Surf. Sci.*, no. 289, pp. 462-471, 2014.

[485] FRANK A. C., STOWASSER F., SUSSEK H. *et al.*, "Detonations of gallium azides: a simple route to hexagonal GaN nanocrystals", *J. Am. Chem. Soc.*, vol. 120, no. 14, pp. 3512-513, 1998.

[486] SEMALTIANOS N. G., LOGOTHETIDIS S., PERRIE W. *et al.*, "Silicon nanoparticles generated by femtosecond laser ablation in a liquid environment", *J. Nanopart. Res.*, no. 12, pp. 573-580, 2010.

[487] YANG S., CAI W., ZENG H. *et al.*, "Polycrystalline Si nanoparticles and their strong aging

enhancement of blue photoluminescence", *J. Appl. Phys.*, no. 104, pp. 023516(1)-023516(5), 2008.

[488] VIAU G., COLLIERE V., LACROIX L. M. *et al.*, "Internal structure of nanoparticles of Al hollow nanoparticles generated by laser ablation in liquid ethanol", *Chem. Phys. Lett.*, vol. 501, no. 4-6, pp. 419-422, 2011.

[489] STRIGUL N., VACCARI L., GALDUN C. *et al.*, "Acute toxicity of boron, titanium dioxide, and aluminum nanoparticles to Daphnia magna and Vibrio fischeri", *Desalination*, vol. 248, no. 1-3, pp. 771-782, 2009.

[490] ZHANG J., LAN C. Q., "Nickel and cobalt nanoparticles produced by laser ablation of solids in organic solution", *Mater. Lett.*, no. 62, pp. 1521-1524, 2008.

[491] FAN G., REN S., QU S. *et al.*, "Stability and nonlinear optical properties of Cu nanoparticles prepared by femtosecond laser ablation of Cu target in alcohol and water", *Opt. Commun.*, no. 330, pp. 122-130, 2014.

[492] DESHPANDE K., MUKASYAN A., VARMA A., "Direct synthesis of iron oxide nanopowders by the combustion approach: reaction mechanism and properties", *Chem. Mater.*, vol. 16, no. 24, pp. 4896-4904, 2004.

[493] FAN G., REN S., QU S. *et al.*, "Stability and nonlinear optical properties of Cu nanoparticles prepared by femtosecond laser ablation of Cu target in alcohol and water", *Opt. Commun.*, no. 330, pp. 122-130, 2014.

[494] YEH M.-S., YANG Y.-S., LEE Y.-P. *et al.*, "Formation and characteristics of Cu colloids from CuO powder by laser irradiation in 2-propanol", *J. Phys. Chem.*, *B*, no. 103, pp. 6851-6857, 1999.

[495] PHUOC T. X., HOWARD B. H., MARTELLO D. V. *et al.*, "Synthesis of $Mg(OH)_2$, MgO, and Mg nanoparticles using laser ablation of magnesium in water and solvents", *Opt. Laser Eng.*, no. 46, pp. 829-834, 2008.

[496] MAHFOUZ R., CADETE SANTOS AIRES F. J., BRENIER A. *et al.*, "Synthesis and physico-chemical characteristics of nanosized particles produced by laser ablation of a nickel target in water", *Appl. Surf. Sci.*, no. 254, pp. 5181-5190, 2008.

[497] INTARTAGLIA R., KOMAL BAGGA K., BRANDI F., "Study on the productivity of silicon nanoparticles by picosecond laser ablation in water: towards gram per hour yield", *Opt. Express*, vol. 22, no. 3, pp. 3117-3127, 2014.

[498] ANISICHKIN V. F., "Isotope studies of detonation mechanisms of TNT, RDX, and HMX", *Combust. Explos. Shock Waves*, vol. 43, no. 5, pp. 580-586, 2007.

[499] SINGH S. C., GOPAL R., "Zinc nanoparticles in solution by laser ablation technique", *Bull. Mater. Sci.*, vol. 30, no. 3, pp. 291-293, 2007.

[500]　ALNASSAR S. ,ADEL K. M. ,FADHIL Z. ,"Study the effect of laser fluences on the production of alumina nanoparticles (Al_2O_3) synthesized by pulsed laser ablation techniques in aqeous solutions" ,*Mach. Technol. Mater.* ,no. 8,pp. 47-50,2013.

[501]　SAJTI C. L. ,SATTARI R. ,CHICHKOV B. *et al.* ,"Ablation efficiency of $\alpha-Al_2O_3$ in liquid phase and ambient air by nanosecond laser irradiation" ,*Appl. Phys.* ,*A*, no. 100, pp. 203-206,2010.

[502]　LIN G. ,TAN D. ,LUO F. *et al.* ,"Fabrication and photocatalytic property of $\alpha-Bi_2O_3$ nanoparticles by femtosecond laser ablation in liquid" , *J. Alloys Compd.* , no. 507, pp. L43-L46,2010.

[503]　ISMAIL R. A. ,FADHIL F. A. ,"Effect of electric field on the properties of bismuth oxide nanoparticles prepared by laser ablation in water" , *J. Mater. Sci.* : *Mater. Electron.* , no. 25, pp. 1435-1440,2014.

[504]　HU S. ,MELTON C. ,MUKHERJEE D. ,"A facile route for the synthesis of nanostructured oxides and hydroxides of cobalt using laser ablation synthesis in solution (LASIS)" , *Phys. Chem. Chem. Phys.* ,no. 16,pp. 24034-24044,2014.

[505]　NATH A. ,KHARE A. ,"Size induced structural modifications in copper oxide nanoparticles synthesized via laser ablation in liquids" , *J. Appl. Phys.* , no. 110, pp. 043111-1-043111-6,2011.

[506]　LIU P. ,LI Z. ,CAI W. *et al.* ,"Fabrication of cuprous oxide nanoparticles by laser ablation in PVP aqueous solution" ,*RSC Advances*,no. 1,pp. 847-851,2011.

[507]　SEMALTIANOS N. G. ,HENDRY E. ,CHANG H. *et al.* ,"Laser ablation of a bulk Cr target in liquids for nanoparticle synthesis" ,*RSC Adv.* ,no. 4,pp. 50406-50411,2014.

[508]　LIN C. H. ,CHEN S. Y. ,SHEN P. ,"Defects,lattice correspondence,and optical properties of spinel-like Cr_3O_4 condensates by pulsed laser qblation in water" , *J. Phys. Chem.* , *C*, vol. 113,no. 37,pp. 16356-16363,2009.

[509]　MANEERATANASARN P. , KHAI T. V. , KIM S. Y. *et al.* , "Synthesis of phase-controlled iron oxide nanoparticles by pulsed laser ablation in different liquid media" ,*Phys. Status Solidi A*,vol. 210,no. 3,pp. 563-569,2013.

[510]　LIU Z. , YUAN Y. , KHAN S. *et al.* , "Generation of metal-oxide nanoparticles using continuous-wave fibre laser ablation in liquid" , *J. Micromech. Microeng.* , no. 19, pp. 054008 (1)-054008(7),2009.

[511]　ABDOLVAND A. ,KHAN S. Z. YUAN Y. *et al.* ,"Generation of titanium-oxide nanoparticles in liquid using a high-power,high-brightness continuous-wave fiber laser" ,*Appl. Phys.* ,*A*, no. 91,pp. 365-368,2008.

[512]　SASAKI T. ,LIANG C. ,NICHOLS W. T. *et al.* ,"Fabrication of oxide base nanostructures

using pulsed laser ablation in aqueous solutions", *Appl. Phys.*, *A*, no. 79, pp. 1489–1492, 2004.

[513] MENDIVIL M. I., KRISHNAN B., SANCHEZ F. A. *et al.*, "Synthesis of silver nanoparticles and antimony oxide nanocrystals by pulsed laser ablation in liquid media", *Appl. Phys.*, *A*, no. 110, pp. 809–816, 2013.

[514] LIANG C., SHIMIZU Y., SASAKI T. *et al.*, "Synthesis of ultrafine SnO_2-xnanocrystals by pulsed laser-induced reactive quenching in liquid medium", *J. Phys. Chem.*, *B*, vol. 107, no. 35, pp. 9220–9225, 2003.

[515] XIAO J., LIU P., LIANG Y., LI H. B., YANG G. W, "Porous tungsten oxide nanoflakes for highly alcohol sensitive performance", *Nanoscale*, no. 4, pp. 7078–7083, 2012.

[516] ZHANG H., LI Y., DUAN G. *et al.*, "Tungsten oxide nanostructures based on laser ablation in water and a hydrothermal route", *CrystEngComm*, no. 16, pp. 2491–2498, 2014.

[517] ZHANG H., DUAN G., LI Y. et al., "Leaf-like tungsten oxide nanoplatelets induced by laser ablation in liquid and subsequent aging", Cryst. Growth Des., no. 12, pp. 2646–2652, 2012.

[518] BARRECA F., ACACIA N., SPADARO S. *et al.*, "Tungsten trioxide (WO_3-x) nanoparticles prepared by pulsed laser ablation in water", *Mater. Chem. Phys.*, no. 127, pp. 197–202, 2011.

[519] SINGH S. C., GOPAL R., "Synthesis of colloidal zinc oxide nanoparticles by pulsed laser ablation in aqueous media", *Physica E*, no. 40, pp. 724–730, 2008.

[520] HE C., SASAKI T., SHIMIZU Y. *et al.*, "Synthesis of ZnO nanoparticles using nanosecond pulsed laser ablation in aqueous media and their self-assembly towards spindle-like ZnO aggregates", *Appl. Surf. Sci.*, no. 254, pp. 2196–2202, 2008.

[521] HE C., SASAKI T., USUI H. *et al.*, "Fabrication of ZnO nanoparticles by pulsed laser ablation in aqueous media and pH-dependent particle size: An approach to study the mechanism of enhanced green photoluminescence", *J. Photochem. Photobiol. A*, no. 191, pp. 66–73, 2007.

[522] ISHIKAWA Y., SHIMIZU Y., SASAKI T. *et al.*, "Preparation of zinc oxide nanorods using pulsed laser ablation in water media at high temperature", *J. Colloid Interface Sci.*, no. 300, pp. 612–615, 2006.

[523] SYLVESTRE J.-P., KABASHIN A. V., SACHER E. *et al.*, "Femtosecond laser ablation of gold in water: influence of the laser-produced plasma on the nanoparticle size distribution", *Appl. Phys. A*, no. 80, pp. 753–758, 2005.

[524] VLADOIU I., STAFE M., NEGUTU C., POPESCU I. M., "Nanopulsed ablation rate of metals dependence on the laser fluence and wavelengh in atmospheric air", *U. P. B.*, *Sci. Bull. A*, vol. 70, no. 4, pp. 119–126, 2008.

[525] TSUJI T., IRYO K., NISHIMURA Y. *et al.*, "Preparation of metal colloids by a laser ablation

technique in solution: influence of laser wavelength on the ablation efficiency (II)", *J. Photochem. Photobiol. A*, no. 145, pp. 201-207, 2001.

[526] BOGAERTS, A., CHEN Z. Y., "Effect of laser parameters on laser ablation and laserinduced plasma formation: A numerical modeling investigation", *Spectrochim. Acta Part B*, vol. 60, nos. 9-10, pp. 1280-1307, 2005.

[527] ZHENG X. L., XU W. Q., CORREDOR C. *et al.*, "Laser-induced growth of monodisperse silver nanoparticles with tunable surface plasmon resonance properties and a wavelength self-limiting effect", *J. Phys. Chem.*, *C*, vol. 111, no. 41, ppp. 14962-14967, 2007.

[528] NICHOLS W. T., SASAKI T., KOSHIZAKI N., "Laser ablation of a platinum target in water, II, ablation rate and nanoparticle size distributions", *J. Appl. Phys.*, vol. 100, no. 11, pp. 114912(1)-114912(6), 2006.

[529] KABASHIN A. V,. MEUNIER M., "Synthesis of colloidal nanoparticles during femtosecond laser ablation of gold in water", *J. Appl. Phys.*, vol. 94, no. 12, pp. 7941-7943, 2003.

[530] AMORUSO S., AUSANIO G., BRUZZESE R. *et al.*, "Femtosecond laser pulse irradiation of solid targets as a general route to nanoparticle formation in a vacuum", *Phys. Rev.*, *B*, no. 71, pp. 033406(1)-033406(4), 2005.

[531] YAHIAOUI K., KERDJA T., MALEK S., "Phase explosion in tungsten target under interaction with Nd: YAG laser tripled in frequency", *Surf. Interface Anal.*, no. 42, pp. 1299-1302, 2010.

[532] FISHBURN J. M., WiTHFORD M. J., COUTTS D. W. et al., "Study of the fluence dependent interplay between laser induced material removal mechanisms in metals: Vaporization, melt displacement and melt ejection", Appl. Surf. Sci., no. 252, pp. 5182-5188, 2006.

[533] ACACIA N., BARRECA F., BARLETTA E. *et al.*, "Laser ablation synthesis of indium oxide nanoparticles in water", *Appl. Surf. Sci.*, no. 256, pp. 6918-6922, 2010.

[534] AMENDOLA V., MENEGHETTI M., "Laser ablation synthesis in solution and size manipulation of noble metal nanoparticles", *Phys. Chem. Chem. Phys.*, no. 11, pp. 3805-3821, 2009.

[535] NICHOLS W. T., SASAKI T., KOSHIZAKI N., "Laser ablation of a platinum target in water. III. Laser-induced reactions", *J. Appl. Phys.*, vol. 100, no. 11, pp. 114913(1)-114913(7), 2006.

[536] PETERSEN S., JAKOBI J., BARCIKOWSKI S., "In situ bioconjugation-Novel laser based approach to pure nanoparticle-conjugates", *Appl. Surf. Sci.*, vol. 255, no. 10, pp. 5435-5438, 2009.

[537] VALLIAPAN S., PUSZYNSKI J. A., "Combustion characteristics of metal-based nanoenergetic systems", *Proc. SD Acad. Science*, vol. 82, pp. 97-101, 2003.

[538] MAFUNE F., KOHNO J., TAKEDA Y. *et al.*, "Formation and size control of sliver nanoparti-

cles by laser ablation in aqueous solution", *J. Phys. Chem.*, *B*, vol. 104, no. 39, pp. 9111–9117, 2000.

[539] SUZUKI K., TANAKA N., ANDO A. *et al.*, "Size-selected copper oxide nanoparticles synthesized by laser ablation", *J. Nanopart. Res.*, no. 14, pp. 863(1)–863(11), 2012.

[540] BARCIKOWSKI S., HAHN A., KABASHIN A. V. *et al.*, "Properties of nanoparticles generated during femtosecond laser machining in air and water", *Appl. Phys.*, *A*, no. 87, pp. 47–55, 2007.

[541] OZAWA E., KAWAKAMI Y., SETO T., "Formation and size control of tungsten nano particles produced by Nd:YAG laser irradiation", *Scripta mater.*, no. 44, pp. 2279–2283, 2001.

[542] SIMAKIN A. V., VORONOV V. V., KIRICHENKO N. A. *et al.*, "Nanoparticles produced by laser ablation of solids in liquid environment", *Appl. Phys.*, *A*, no. 79, pp. 1127–1132, 2004.

[543] SYLVESTRE J.-P., POULIN S., KABASHIN A. V. et al., "Surface chemistry of gold nanoparticles produced by laser ablation in aqueous media", J. Phys. Chem. B, vol. 108, no. 43, pp. 16864–16869, 2004.

[544] MAFUNE F., KOHNO J., TAKEDA Y. *et al.*, "Formation of gold nanoparticles by laser ablation in aqueous solution of surfactant", *J. Phys. Chem.*, B, no. 105, pp. 5114–5120, 2001.

[545] HAIBO Z., WEIPING C., YUE L. *et al.*, "Composition/structural evolution and optical properties of ZnO/Zn nanoparticles by laser ablation in liquid media", *J. Phys. Chem.*, *B*, vol. 109, no. 39, pp. 18260–18266, 2005.

[546] YANG L., MAY P. W., YIN L. *et al.*, "Growth of self-assembled ZnO nanoleaf from aqueous solution by pulse laser ablation", *Nanotechnology*, no. 18, pp. 215602(1)–215602(5), 2007.

[547] MAFUNE F., KOHNO J. Y., TAKEDA Y. *et al.*, "Structure and stability of silver nanoparticles in aqueous solution produced by laser ablation", *J. Phys. Chem.*, *B*, vol. 104, no. 35, pp. 8333–8337, 2000.

[548] MAFUNE F., KOHNO J. Y., TAKEDA Y. *et al.*, "Formation of stable platinum nanoparticles by laser ablation in water", *J. Phys. Chem.*, B, no. 107, pp. 4218–4223, 2003.

[549] SYLVESTRE J.-P., KABASHIN A. V., SACHER E. *et al.*, "Stabilization and size control of gold nanoparticles during laser ablation in aqueous cyclodextrins", *J. Am. Chem. Soc.*, no., 126, pp. 7176–7177, 2004.

[550] TAKAMI A., KURITA H., KODA S., "Laser-induced size reduction of noble metal particles", *J. Phys. Chem.*, *B*, vol. 103, no. 8, pp. 1226–1232, 1999.

[551] INASAWA S., SUGIYAMA M., YAMAGUCHI Y., "Bimodal size distribution of gold nanoparticles under picosecond laser pulses", *J. Phys. Chem.*, *B*, vol. 109, no. 19, pp. 9404–9410, 2005.

[552] BESNER S., KABASHIN A. V., MEUNIER M., "Fragmentation of colloidal nanoparticles by

femtosecond laser-induced super continuum generation", *Appl. Phys. Lett.*, vol. 89, no. 23, pp. 233122(1)-233122(3), 2006.

[553] SVRCEK V., MARIOTTI D., NAGAI T. *et al.*, "Photovoltaic applications of silicon nanocrystal based nanostructures induced by nanosecond laser fragmentation in liquid media", *J. Phys. Chem.*, *C*, vol. 115, no. 12, pp. 5084-5093, 2011.

[554] YAMADA K., TOKUMOTO Y., NAGATA T. et al., "Mechanism of laser-induced sizereduction of gold nanoparticles as studied by nanosecond transient absorption spectroscopy", *J. Phys. Chem.*, *B*, vol. 110, no. 24, pp. 11751-11756, 2006.

[555] BESNER S., KABASHIN A. V., WINNIK F. M. *et al.*, "Synthesis of size-tunable polymer-protected gold nanoparticles by femtosecond laser-based ablation and seed growth", *J. Phys. Chem.*, *C*, vol. 113, no. 22, pp. 9526-9531, 2009.

[556] AGUIRRE C. M., MORAN C. E., YOUNG J. F. *et al.*, "Laser-induced reshaping of metallodielectric nanoshells under femtosecond and nanosecond plasmon resonant illumination", *J. Phys. Chem.*, *B*, vol. 108, no. 22, pp. 7040-7045, 2004.

[557] FEDOROFF B. T., AARONSON H. A., REESE E. F. et al., Encyclopedia of Explosives and Related Items, New Jersey: US Army Research and Development Command, TACOM, ARDEC, Picatinny Arsenal, 1960.

[558] WANG H., PYATENKO A., KAWAGUCHI K. *et al.*, "Selective pulsed heating for the synthesis of semiconductor and metal submicrometer spheres", *Angew. Chem. Int. Ed.*, no. 49, pp. 6361-6364, 2010.

[559] GIAMMANCO F., GIORGETTi E., MARSILI P. *et al.*, "Experimental and theoretical analysis of photofragmentation of Au nanoparticles by picosecond laser radiation", *J. Phys. Chem.*, *C*, vol. 114, no. 8, pp. 3354-3363, 2010.

[560] WERNER D., HASHIMOTO S., "Improved working model for interpreting the excitation wavelength and fluencedependent response in pulsed laser-induced size reduction of aqueous gold nanoparticles", *J. Phys. Chem.*, *C*, vol. 115, no. 12, pp. 5063-5072, 2011.

[561] COMET M., PICHOT V., SIEGERT B. *et al.*, "Preparation of Cr_2O_3 nanoparticles for superthermites by the detonation of an explosive nanocomposite material", *J. Nanopart. Res.*, vol. 13, no. 5, pp. 1961-1969, 2011.

[562] MUTO H., MIYAJIMA K., MAFUNE F., "Mechanism of laser-induced size reduction of gold nanoparticles as studied by single and double laser pulse excitation", *J. Phys. Chem.*, *C*, vol. 112, no. 15, pp. 5810-5815, 2008.

[563] VAN OVERSCHELDE O., DERVAUX J., YONGE L. *et al.*, "Screening effect in gold nanoparticles generated in liquid by KrF ablation", *Laser Phys.*, vol. 23, no. 5, pp. 055901(1)-055901(7), (2013).

[564] YEH M. -S. ,YANG Y. -S. ,LEE Y. -P. *et al.* ,"Formation and characteristics of Cu colloids from CuO powder by laser irradiation in 2-propanol",*J. Phys. Chem.* ,*B*,no. 103,pp. 6851-6857,1999.

[565] ZHANG J. ,WORLEY J. ,DENOMMEE S. *et al.* ,"Synthesis of metal alloy nanoparticles in solution by laser irradiation of a metal powder suspension", *J. Phys. Chem.* , *B*, vol. 107, no. 29,pp. 6920-6923,2003.

[566] KAWASAKI M. ,NISHIMURA N. ,"1064-nm laser fragmentation of thin Au and Ag flakes in acetone for highly productive pathway to stable metal nanoparticles", *Appl. Surf. Sci.* , vol. 253,no. 4,pp. 2208-2216,2006.

[567] THIRUVENGADATHAN R. ,BEZMELNITSYN A. ,APPERSON S. *et al.* ,"Combustion characteristics of novel hybrid nanoenergetic formulations", *Combust. Flame*, vol. 158, no. 5, pp. 964-978,2011.

[568] TAKAMI A. ,KURITA H. ,KODA S. ,"Laser-induced size reduction of noble metal particles",*J. Phys. Chem.* ,*B*,vol. 103,no. 8,pp. 1226-1232,1999.

[569] KAMAT P. V. FLUMIANI M. ,HARTLAND G. V. ,"Picosecond dynamics of silver nanoclusters. photoejection of electrons and fragmentation",*J. Phys. Chem. B*,vol. 102,no. 17,pp. 3123-3128,1998.

[570] DANILENKO V. V. ,"On the history of the discovery of nanodiamond synthesis",*Phys. Solid State*,vol. 46,no. 4,pp. 595-599,2004.

[571] PICHOT V. ,RISSE B. ,SCHNELL F. *et al.* ,"Understanding ultrafine nanodiamond formation using nanostructured explosives",*Sci. Rep.* ,vol. 3,no. 2159,2013.

[572] BUNDY F. P. ,"Direct conversion of graphite to diamond in static pressure apparatus",*Science*,vol. 37,no. 3537,pp. 1057-1058,1962.

[573] FIELD J. E. ,*The Properties of Natural and Synthetic Diamond*, Elsevier Academic Press, 1992.

[574] COMET M. ,PICHOT V. ,SIEGERT B. *et al.* ,"Use of nanodiamond as a reducing agent in a chlorate-based energetic composition", *Propell. Explos. Pyrot.* , vol. 34, no. 2, pp. 166-173,2009.

[575] COMET M. ,PICHOT V. ,SCHNELL F. *et al.* ,"Oxidation of detonation nanodiaonds in a reactive formulation",*Diamond Relat. Mater.* ,no. 47,pp. 35-39,2014.

[576] SCHMIDLIN L. ,PICHOT V. ,COMET M. *et al.* ,"Identification,quantification and modification of detonation nanodiamond functional groups", *Diam. Relat. Mater.* , vol. 22, pp. 113-117,2012.

[577] PICHOT V. ,COMET M. ,MIESCH J. *et al.* ,"Nanodiamond for tuning the properties of energetic composites",*Journal of Hazardous Materials*,vol. 300,pp. 194-201,2015.

[578] EIDELMAN S. , ALTSHULER A. , "Synthesis of nanoscale materials using detonation of solid explosives", *Nanostruct. Mater.* , vol. 3, no. 1-6, pp. 31-41, 1993.

[579] BELOSHAPKO A. G. , BUKAEMSKII A. A. , STAVER A. M. , "Formation of ultradispersed compounds upon schock wave loading of porous aluminum. Study of particles obtained", *Combust. Explos. Shock Waves*, vol. 26, no. 4, pp. 457-461, 1990.

第 2 章　纳米铝热剂的制备方法

2.1　绪论

纳米铝热剂是通过物质的基础“模块”组装而成的，在本书第 1 章已经描述了这些物质的合成。经典的纳米铝热剂是由金属氧化物和还原性金属（燃料）组成的。然而，随着研究的不断深入，目前的研究对象开始涉及到含氧金属盐，例如高氯酸盐、碘酸盐、高碘酸盐、硫酸盐和过硫酸盐等，与其相应的氧化物相比，含氧金属盐的氧化性能更好。由于这些复合物中金属的含量仍然很高，故可以把它们当做铝热剂。制备纳米铝热剂的方法主要有：物理混合，包覆，溶胶－凝胶，多孔固体的浸渍和薄层沉积。Zhou 等人[1] 发表了除物理混合法外其他制备纳米含能复合材料的方法的文献综述，但是物理混合法也是制备纳米铝热剂的主要技术手段。

制备的大多数纳米铝热剂为松散粉末，表观密度较低（$0.5 \sim 1 g/cm^3$）。为了提高纳米铝热剂的性能，降低其感度，改善力学性能或方便制备，可以向纳米铝热剂组分中添加其他物质。

在开展纳米铝热剂的应用研究时，最重要的任务是采用简单可行的方法大量制备纳米铝热剂，甚至达到公斤级。从这个角度考虑，粉末混合法、纳米颗粒组装法和气溶胶合成法都是非常重要的制备方法。

蒸发或阴极溅射法可用于在基材表面上制备具有原始组分和形态的纳米铝热剂。与由化学当量比的纳米颗粒组成的混合物相比，以致密且理想方式组装的纳米复合材料更是真正意义上的“二维”纳米铝热剂。除在微系统领域外，这些材料的应用领域似乎非常有限，因为许多烟火效应，例如点火，传输或引发，通常需要比以稳定涂层形式沉积在基底表面上的纳米铝热剂的用量多。

纳米铝热剂的性能受燃料与氧化剂比例的影响较大。Granier 等提出了用当量比（Φ）作为描述纳米铝热剂组成的唯一值，Φ 值由方程（2.1）计算得到，其中分子是实测的质量比（EXP），分母是与燃烧反应的化学配比（ST）对应的质量比[2]：

$$\Phi = (燃料/氧化剂)_{EXP}/(燃料/氧化剂)_{ST} \tag{2.1}$$

纳米铝热剂具有最佳性能的当量比通常在1和2之间。Φ值取决于复合物的性质、可能存在的杂质、化学或吸附水的含量以及纳米铝热剂的反应环境。因此，Φ值应在与使用纳米铝热剂的实际条件相当的实验条件下进行优化。对该领域已发表的文献进行分析发现，为了达到最优性能，纳米铝热剂中往往需要加入过量的燃料。

燃料粉末颗粒表面往往会被与周围气体物质接触而自发生成的一层氧化物包覆。氧化物的含量对于纳米燃料是非常重要的，它随着颗粒尺寸的减小而增加直到其达到超过燃料的水平。因此，设计一种纳米铝热剂时，确定纳米燃料中氧化物的含量是非常必要的。

还有一点需要特别指出，尤其对于那些专门从事纳米铝热剂研究的工作者这一点是非常重要的。即，对从事该领域的科学家，或任何操作人员而言，在尚未获得某一纳米铝热剂的实验知识之前，其制备量不应该超过0.1g。一些复合物如铝和氧化铋纳米颗粒的混合物，在受到极低能量的刺激时就会发生反应，因此如果一开始制备量就过高，将会给未知情的实验者带来极大的危险。摩擦和静电放电是引起纳米铝热剂意外着火的两个最重要原因。

2.2 物理混合

在大多数情况下，制备纳米铝热剂的物理混合法是通过将具有纳米结构的粉末分散在液体中混合制备的。该方法需要将那些由于表面张力聚集在一起的纳米颗粒暂时解离才有助于各相混合。从文献综述可知，在蒸发液体时，通常采用人工方法，例如将样品放在通风橱内自然蒸发或在加热板上加热蒸发。从混合液体中分离纳米铝热剂最有效的方法是在保持样品连续搅拌的条件下，使用能控制温度、压力和干燥时间的旋转蒸发器。在液体介质中制备的纳米铝热剂粉末通常会生成一些毫米尺寸的聚集体。为了获得宏观粒度均匀的材料，原料粉末需要通过刮刀轻轻切碎并过筛。

为了避免出现含有有机物质的复合材料与溶剂接触会破坏纳米结构的问题，需要采用无溶剂的物理混合法去制备这些材料。

采用物理混合法制备复合材料，当其燃料和还原剂密度相差较大时，由于沉降速率不同会导致时间稳定性较差。这种行为可以用纳米粉末的松散一致性解释，它会促进较重颗粒的沉降。当纳米铝热剂受到振动或离心作用时，应该考虑这种现象,因为它们可以增强相的物理分离。

2.2.1 在己烷中混合

己烷是一种非极性脂肪烃,是纳米铝热剂组分混合最常用的溶剂。其优点是与金属氧化物、氧化性盐和燃料具有物理和化学惰性。其异构体的低沸点有利于在己烷中制备的纳米铝热剂的干燥分离。

Plantier 等分别在纯己烷或含有琥珀辛基磺酸钠作为添加剂的己烷中通过超声波法将纳米铝(52nm)与由溶胶-凝胶法合成的(干凝胶和气凝胶)或市售的氧化铁粉末(3nm)混合在一起制备了纳米铝热剂。研究发现用分散剂制备的复合物混合更均匀,其燃烧波的速度更高(17%~53%)。值得注意的是,一旦溶剂蒸发后,Plantier 等就需要用 200μm 的金属丝网对复合物过筛,才能将大尺寸聚集体筛掉。Puszynski 等发现在含有琥珀辛基磺酸钠的己烷中制备的二氧化钛(40nm)/Al 粉(50nm)纳米铝热剂比在纯己烷中所制备的均匀性好。

Malchi 等通过在己烷中分散球形铝纳米颗粒(80nm),圆柱形氧化铜纳米颗粒(21nm×100nm)和结晶氧化铝纳米颗粒($\alpha-Al_2O_3$;40nm)制备了氧化铝富集的纳米铝热剂。该复合物可以在 200 W 功率的超声波脉冲(0.5s)作用 1min 混合均匀,己烷可在电炉上被蒸发(48℃,10min),最后用 335μm 网筛过筛纳米铝热剂。纳米铝(22%)和 CuO(78%)的质量比接近铝热反应的理论化学计量比。在 Al/CuO/Al_2O_3三元复合物中,纳米氧化铝(0%~20%)的百分含量没有考虑纳米铝粉[5]表面的氧化铝。

Prentice 等通过在己烷中分散的方法制备了两种 $Al-Fe_2O_3-SiO_2$三元纳米铝热剂。第一类材料是将铝纳米颗粒(80nm)与气凝胶 Fe_2O_3/SiO_2混合制备的,其中两种氧化物在分子尺度上复合在一起。第二类材料是将铝与亚微米二氧化硅和纳米氧化铁(3nm)混合制备的。

Sullivan 等通过在己烷中混合并超声分散制备了铝(50nm),硼(62nm 或 700nm)和氧化铜(<50nm)的三元复合物。己烷自然蒸发,然后将复合物放在 100℃的炉中干燥几分钟,并用刮刀将复合物的聚集体分开[7]。

Comet 等将含红磷的己烷溶液与氧化镍(NiO)、氧化铁(Fe_2O_3)和氧化铜(CuO)的纳米粉末混合制备了有机复合物。在有机复合物中,微米磷颗粒被一层氧化物纳米颗粒包覆[8]。

Martirosyan 等在氮气气氛下,将纳米铝(50~180nm)和五氧化二碘(约 10nm)粉末在己烷中混合。为此,他们使用了一个能在球磨的同时混合样品的装置[9]。

Wang 等使用该装置将燃烧法合成的结晶 Bi_2O_3 纳米颗粒(50~150nm)[10]与粒径不同的铝颗粒(100nm,3μm,20μm 和 70μm)混合,所制备铝热剂的量可以达到 3g,其中样品与球磨球的质量比为 3g/70g。球磨时间(0~30h)会显著影响铝热剂的性能[11]。但电子显微镜图像表明该混合方法破坏了微米级铝颗粒的球形结构。结果还表明,己烷的存在有效地钝化了对摩擦特别敏感的 Bi_2O_3/Al 复合物。

Sullivan 等通过混合铝(50nm)和氧化银(Ag_2O;<20nm)纳米颗粒制备了纳米铝热剂,并通过向该纳米铝热剂中添加氧化铜(CuO;<50nm)或碘酸银($AgIO_3$)制备了三元复合物。混合过程是将粉末在己烷中超声混合(20~30min)。溶剂蒸发后,用刮刀分散纳米铝热剂团聚体,获得性能一致的松散粉末。Ag_2O 纳米颗粒的制备过程是:低浓度硝酸银(0.005mol/L)与氢氧化钠(0.025mol/L)溶液在 60℃下逐步碱化生成氢氧化银(AgOH),氢氧化银会自发地转变成氧化物,然后将纳米结构的氧化物通过分散,离心和在乙醇中沉淀的洗涤过程,循环洗 3~4 次,最后干燥[12]。

纳米铝粉(50nm 和 80nm)和纳米碘酸银($AgIO_3$)在己烷中超声分散就可以制备出铝热剂。碘酸银的制备过程是:将硝酸银溶液(约 248g/L;125mL)加入到碘酸钾溶液(约 42g/L;950mL)中沉淀得到碘酸银。之后经过短时间搅拌(5min),过滤,然后经过水、丙酮和水混合溶液、丙酮等三个过程洗涤,最后用乙醚洗涤。所制备的碘酸银颗粒具有薄片状形态和 6.95m^2/g 的比表面积。如果用碘酸钠溶液来制备 $AgIO_3$颗粒,其比表面积(4m^2/g)较小、粒径较大[13]。

Gibot 等采用在己烷中分散的方法制备了纳米铝(约 50nm)和纳米氧化铬(10~15nm)组成的铝热剂。与分散液体的体积(30mL)相比,Cr_2O_3/Al 纳米铝热剂的用量(1.5g)相对较小。将胶体介质超声分散 1h 后,在 80℃和低压(20kPa)下蒸馏除去己烷。Gibot 等人使用的超薄氧化铬是采用一种非常新颖的方法合成的,即二氧化硅纳米球(12nm)的多孔间隙复制法。硝酸铬(III)作为氧化物前驱体溶解在二氧化硅纳米球的悬浮液中,二氧化硅纳米球的质量是铬盐的 2 倍。将反应物搅拌 1h,在烘箱(80℃)中干燥,然后煅烧(220℃,30min)可将硝酸铬分解成氧化物;然后将二氧化硅溶解在氢氟酸溶液中;最后依次用水、丙酮洗涤氧化物,并在 100℃下干燥一夜[14]。Gibot 等也使用该方法制备了粒径很小(13nm)的三氧化钨(WO_3)颗粒,然后制备了 WO_3/Al 纳米铝热剂。此时所用的氧化物前驱体是磷钨酸水合物($H_3P_4W_{12}O_{40} \cdot xH_2O$)。需要采用相当严格的煅烧条件(600℃,2h)才能将磷钨酸水合物转化为三氧化钨[15]。

Foley 等首先将纳米氧化铜粉末(33nm)和纳米铝粉末(80nm)在己烷中通过

超声分散混合在一起。然后将含氟聚合物(Viton A®)($C=3.5g/L$)的丙酮溶液加入到该混合物中,制备出了含氟聚合物(Viton A®)沉积在纳米铝热剂周围的复合物[16]。

即使在己烷中混合是一种制备纳米铝热剂的常用方法,但并不是一种理想的制备方法。首先,用于制备纳米铝热剂的金属和金属氧化物纳米颗粒的表面都含有一定比例的亲水氧化基团。而己烷是一种疏水性液体,故会发生颗粒排斥液体的情况,导致其在己烷中的分散是十分困难的。此外,正己烷的神经毒性相当高,会导致外周神经麻木和全身肌肉萎缩。由于正己烷经过身体代谢会产生2,5-己二酮[17],故它无疑是最危险的一类烷烃。因此,建议使用更有效和更低毒的液体来混合制备纳米铝热剂。烷烃的另一个成员——庚烷可以作为正己烷的替代物,尽管其沸点较高,可能使其蒸发比较困难。

2.2.2 在异丙醇中混合

异丙醇是一种质子极性溶剂,与水和许多有机溶剂的互溶性好,相比己烷更易分散组成纳米铝热剂的纳米颗粒。但与正己烷不同,异丙醇会因溶解包覆硼纳米粒子表面的硼酸层或进攻铝纳米颗粒的金属核而与燃料颗粒发生相互作用。除非有微量水存在,否则在沸点时,醇会与铝反应生成金属醇盐并放出氢气[18]。在乙醇介质中,水会保护铝不被腐蚀,在金属表面形成一层氢氧化物。用异丙醇蒸气来氧化铝是一种制备异丙醇铝盐的方法[19]。因此,在异丙醇中混合制备纳米铝热剂时,任何内部或外界产生热的因素都应避免。不推荐采用长时间超声来分散纳米颗粒或高温蒸发异丙醇。基于氧化金属盐的纳米铝热剂(例如高氯酸盐)绝不能在异丙醇中混合。

最后,值得注意的是,异丙醇会生成有机过氧化物,这些有机过氧化物在纯液体中一般会在几天内形成,并且其浓度随时间的延长而增加。众所周知,这些化合物可能会在醇蒸馏过程中引起意外爆炸[20]。

Perry 等在异丙醇中将铝纳米颗粒(44nm)与氧化钨纳米颗粒(WO_3和WO_2)混合制备了铝热剂。首先,在超声浴中超声处理约10min,将氧化物(0.3~0.4g)分散在异丙醇(10mL)中,形成悬浮液。然后加入铝粉(0.1~0.2g),通过超声波探头的强超声处理(45s)使胶体介质均匀化。Perry 等人使用的氧化钨纳米颗粒为薄片状(100nm×7nm),是通过一种新颖的方法制备的,即将仲钨酸铵(35g/L)溶解在浓盐酸中,然后将所形成的溶液快速稀释到蒸馏水中并沉淀出($WO_3 \cdot H_2O$)水合氧化物。纳米三氧化钨的结构是立方还是单斜晶型主要取决于钨酸的脱水温度是

200℃还是400℃。650℃下在氦气中用低浓度的氢气还原三氧化钨可以得到纳米二氧化钨[21]。

Shende 等在异丙醇中将氧化铜(CuO)纳米棒与各种粒度(18nm,80nm 和 120nm)的铝粉混合制备了铝热剂。将 0.4g 氧化物与适量的铝混合,分散所需的异丙醇的量仅为 1.5mL。将所得浆料在超声波(2~10min)作用下均匀分散,然后在蒸汽室中干燥(95℃,10min)。Shende 等注意到超声时间会显著影响铝热剂的燃烧速度,因此确定了最佳时间为 9min。根据他们的研究发现,太短时间的超声处理会导致混合不均匀,而太长时间的处理则会损害它们的化学和物理性能。通过球磨二水合氯化铜($CuCl_2 \cdot 2H_2O$;5g)和氢氧化钠(NaOH;3g)的聚乙二醇溶液(PEG 400;6mL)混合物可以制备出 Shende 等报道的纳米铝热剂中的 CuO 纳米棒。氢氧化铜($Cu(OH)_2$)在表面活性剂存在时会发生沉淀,表面活性剂的作用是使晶体颗粒沿着给定方向生长。反应中的 PEG 400 和氯化钠可通过水和乙醇的几次循环洗涤去除。然后进行干燥(100℃)、球磨、煅烧(450℃,4h)。铝热剂中的 CuO 纳米棒的长度范围为 100~1000nm,直径在 10nm 和 20nm 之间变化,铝热剂的比表面积为 $46m^2/g$ [22]。

Patel 等通过在异丙醇中分散铝纳米颗粒(80nm)和氧化铜纳米棒的方法制备了纳米铝热剂。在超声波脉冲(10s)处理 5~10min 可以将纳米颗粒均匀混合。在 90℃下蒸发异丙醇。氧化铜是用一种新颖的方法制备的,即采用从芦荟叶(芦荟提取物)中提取的凝胶而不是 PEG 400 去诱导 CuO 纳米颗粒的生长。第一种方法称为超声乳液生物合成法,即 Patel 等将二水合氯化铜($CuCl_2 \cdot 2H_2O$;1.705g)溶解在去离子水(10mL)中,然后在搅拌的同时向该溶液中加入芦荟凝胶(1.5mL);采用类似的方式制备氢氧化钾(KOH;1.68g)溶液,并在 60℃超声波振荡下逐滴滴加到铜盐溶液中;然后将介质分散在异丙醇中,超声处理 30~45min;沉淀物用水和乙醇反复洗涤几次;最后,在 90℃下干燥 6h。第二种方法称为固态生物合成法,即 Patel 等人在芦荟凝胶(3mL)存在的条件下使用研钵球磨氯化物(3.41g)与氢氧化钠(NaOH,2g);将所得混合液用水和乙醇洗涤数次,然后干燥(90℃,6h)。超声乳液生物合成法所制备的纳米棒的纳米结构((10~15)nm×400nm)的精细度不如固态生物合成法((5~10)nm×80nm)[23]。

Wen 等首先对纳米镍和氧化铝粉末(约 80nm)进行混合和球磨,然后经过长时间的超声处理(2h)使它们分散在异丙醇中制备了 NiO/Al 纳米铝热剂。然后,将所制备的材料在电热板上干燥,并用研钵球磨。氧化镍纳米颗粒为纤维形态,直径为 20nm,长度约为 1.5μm,是通过两步水热法合成的,即首先在弱碱性介质中沉淀产生氢氧化镍(NiOH),然后在空气环境中煅烧(500℃,1h)[24]。

Thiruvengadathan 等在异丙醇中将氧化铜和氧化铝的纳米颗粒与微米或纳米结构的二级炸药,如硝酸铵、黑索今或 CL-20 等混合在一起[25]。但用于分散颗粒的超声时间(4h)和用于干燥 Al/CuO /炸药三元纳米铝热剂的条件(70℃,15min)看起来相当苛刻,有可能会损害炸药颗粒的纳米结构。即使有机粒子只有极小量溶解在个别的液体中,它们也不应该与液体混合。这是因为液体和纳米结构物质之间的相互作用会导致颗粒的聚集,尤其在长时间接触和高温下这种现象更加突出。

2.2.3 在水中混合

从烟火安全的角度来看,优选在水介质中混合纳米铝热剂的成分,因为它能防止生成易于激活反应物反应的静电荷。然而,纳米铝粉与水接触时会发生快速氧化,一部分金属会失活而放出氢气。为了能够用水作为液体来制备铝热剂,Puszynski 等用各种物质对铝进行了包覆。将处理过的铝粉分散在 48℃的水中,可以用一种压力监控技术测量放氢量。这种技术可以测量当氢的压力超过一定值时的诱导时间和水解期间的金属消耗速率。当在铝纳米颗粒的氧化物包覆层上接枝硅烷或羧酸时,主要利用它们能与氧化铝表面的羟基反应。疏水物质例如油酸会长期阻止铝水解,但另一方面,它们也会使其在水中的分散变得困难。亲水性分子的接枝,例如丁二酸或抗坏血酸能有效地保护铝,并有利于其在水中的分散。Puszynski 等还发现,丁二酸可以抑制铝与水的反应,更有效的是磷酸二氢铵。氧化铋(Bi_2O_3)会使铝的水解发生改变。少量氧化物溶解后会以可以与铝反应的 BiO^+ 阳离子存在。在密闭反应器中,BiO^+离子还原生成金属铋时,会消耗铝与水反应产生的氢。当磷酸二氢铵的比例为 Bi_2O_3/Al 纳米铝热剂质量的 1%时,可以在水中制备这种类型的复合物。但是,这些分散体的化学稳定性一般只有几个小时,在低温下则可以适当延长。

Yang 等最先报道了 MnO_2/SnO_2/Al 三元纳米铝热剂薄膜的制备。首先,在水热条件下(180℃,12h),锰(II)盐被硫酸盐阴离子氧化生成二氧化锰(α-MnO_2)纳米线。然后,将水合氯化锡($SnCl_4 \cdot 5H_2O$)和氢氧化钠加入到该氧化物的水悬浮液中通过水热法(200~220℃;3h)使纳米锡氧化物(SnO_2)生长到 MnO_2丝的表面。反应温度不同时,氧化锡分别以颗粒(220℃)或小棒(200℃)形式生长。然后再在水溶液中合成纳米铝热剂,即 MnO_2/SnO_2异质结构和铝纳米颗粒分别在超声波振荡下分散在含磷酸二氢铵(质量分数为 0.1%)的水溶液和异丙醇中,随后将所得的这两种悬浮液在持续超声下混合,最后过滤悬浮液得到 $MnO_2/SnO_2/Al$ 膜[28]。

2.2.4　在其他溶液中混合

Puszynski 等采用超声波将铝纳米颗粒(41nm)与氧化铁(25nm)或氧化铜(29nm)在乙醇中混合制备了纳米铝热剂。

Bouma 等人将纳米铝(40nm)与微米或纳米氧化钼在丙酮中混合制备了纳米铝热剂。选择丙酮是因为所研究的复合物中有可能加入了质量比为10%的氟橡胶。该氟橡胶是一类反应性粘合剂,能增强由加压法制备复合物时的内聚力。该铝热剂的制备量为0.5g/5mL丙酮。Bouma 等人采用一种原创性的混合和干燥方法,先将初始的悬浮液搅拌10min,然后在氩气流动下干燥30min,丙酮一旦蒸发,就需要提高氩气的流速,以便复合物充分干燥[29]。

Spitzer 等将三氧化钨纳米颗粒(约30nm)与微米(约20μm)或纳米(约50nm)铝在乙醚中混合制备了纳米铝热剂[30]。醚使吸附在纳米颗粒表面的水溶解,因此干燥的纳米铝热剂对摩擦更敏感,并且具有更强的反应性。醚可以将有机物质结合到纳米铝热剂中以改善它们的机械或烟火特性。其较低的沸点(34.6℃)使其在温和条件下可通过蒸馏去除。但醚的主要缺点是易燃,特别是当存在静电放电时。此外,暴露于光时,乙醚的自发反应会生成具有高爆炸性的过氧化物,过氧化物掺入到纳米铝热剂中会带来更大的安全隐患。正是由于这些原因,除非不能使用其他溶剂,在制备纳米铝热剂时应该尽量不使用醚。

Bach 等通过在乙腈(CH_3CN)中混合铝纳米颗粒(质量分数为33.3%),各种碳添加剂(质量分数为5%)和薄片形态的三氧化钨(质量分数为61.7%)制备了三元铝热剂。与用于制备悬浮液的分散液体的体积(60mL)相比,纳米铝热剂的量(1g)较小。一般用于改性 WO_3/Al 纳米铝热剂性质的碳物质是纯炭黑,以及通过对母体材料进行热氧化或球磨制备的各种物质[31]。Siegert 等也将乙腈用于制备基于锰氧化物和中空碳纳米纤维的纳米铝热剂用的分散液[32]。Comet 等在乙腈中将无定形纳米硼与氧化铜(CuO)纳米颗粒或亚微米铋氧化物(Bi_2O_3)颗粒混合制备了纳米铝热剂[33]。乙腈是一种具有低黏度和反应性的极性非质子液体,在大气压下其在-43.8℃和81.6℃之间为液体,并且能够溶解许多有机物质。由于乙腈的这些物理和化学性质,在用分散法制备纳米铝热剂的实验中,它是最合适的溶剂之一。乙腈本身无毒,但其在体内会代谢生成氢氰酸,是一种剧毒物质。因此,与其他有机溶剂例如烷烃或醇相比,使用该溶剂时需要采用更多的预防措施。特别需要注意的是,在制备纳米铝热剂时要避免乙腈的意外燃烧,并且在该溶剂中制备干燥粉末时应采取特别的防护措施。

石油醚是碳氢化合物的混合物,其组成因低沸点变化而不同,可以用作己烷的替代物,以获得某些溶剂难以萃取的复合物。例如,Comet 等使用石油醚将硅油掺入 WO_3/Al 纳米铝热剂中降低它们的摩擦感度[34]。

2.2.5 干混法

这是一种不常见的制备方法,因为它不能像在液体中分散一样将纳米铝热剂的组分均匀分散。此外,通过该方法制备的纳米铝热剂需要进行对摩擦不敏感处理,以避免发生意外反应。

Comet 等将铝粉(约 100nm)与各种微米粒度的金属硫酸盐粉末通过刮刀和振动破碎方法进行混合制备了铝热剂[35]。Pichot 等使用该制备方法实现了纳米金刚石(3.7nm)包覆的氧化铋颗粒(约 200nm)与纳米铝粉(约 100nm)的混合。为了获得纳米金刚石包覆的 Bi_2O_3 颗粒,Pichot 等首先将这两相分散在乙腈中,然后在连续超声并保持悬浮液的条件下将液体蒸发[36]。

Sullivan 等提出了一种通过声共振的干混合法,可用于制备由氧化铜(<50nm)和各种粒度(0.08~108μm)的铝粉组成的纳米铝热剂[37]。

2.2.6 用于物理混合"模块"的气溶胶合成法

液体可以喷射成由微米级直径的液滴组成的雾状物。对雾化溶液进行快速干燥可得到亚微米甚至纳米级颗粒。气溶胶可以通过自然蒸发,也可在不可逆的固定溶剂的物质存在下通过分子扩散,或通过闪蒸来干燥。气雾化法越来越多地用于制备简单或复合氧化剂的细颗粒以及有机纳米颗粒,其能够使纳米铝热剂产生气体。这些雾化方法的主要优点是能够连续合成矿物或有机物质,如果可能,它们通常很难通过其他方法获得精细的分散状态。

2.2.6.1 简单氧化剂颗粒

亚微米氧化剂颗粒可以通过气溶胶的干燥或热解制备,气溶胶由低浓度水溶液雾化产生的微米级液滴(约 1μm)组成(见表 2.1)。液滴首先在扩散干燥器中脱水,然后在管式炉中进行热处理。

表 2.1 通过水溶液的气雾化法制备亚微米级结构的氧化剂

生成的氧化剂	方法	前驱体	温度/℃	尺寸/nm	参考文献
CuO	热解	$Cu(NO_3)_2$,5%	500	250	

（续）

生成的氧化剂	方法	前驱体	温度/℃	尺寸/nm	参考文献
KIO_4	干燥	KIO_4	180~200	50~300	[39]
KIO_4	干燥	KIO_4,0.4%	180	460±270	[40]
$KMnO_4$	干燥	$KMnO_4$,5%	150	250	
K_2SO_4	干燥	K_2SO_4,0.3%	180	420±240	[40]
$K_2S_2O_8$	干燥	$K_2S_2O_8$,0.47%	150	460±190	[40]
$NaIO_4$	干燥	$NaIO_4$	180~200	50~300	[39]

为了将氧化铜纳米颗粒（约 10nm）组装成空心球体，Jian 等设计了一个非常有趣的喷雾热解方法。他们使用了一个非常巧妙的组合：硝酸铜（前驱体），蔗糖和过氧化氢（H_2O_2），这些物质反应生成的气体会导致 CuO 纳米颗粒的中心形成空腔。作者观察到，硝酸铜本身的热解也能产生空心球。然而，这些颗粒并不是由纯 CuO 组成的，其中心孔隙度较小。不管是否使用气体生成的复合物，产物最后都得进行氧化处理（空气，350℃，1h），以消除第一种情况下生成的含碳物质，并确保在第二种情况下前驱体全部转化为 CuO[41]。

2.2.6.2　复合氧化剂颗粒

一些强氧化剂，例如高锰酸钾，过氧化物或五氧化二碘，当与金属或有机物质混合时，可以自发地与它们反应。用金属氧化物包覆这些超强氧化剂可以让它们以分散状态稳定存在，并且能增强在环境温度下它们与周围环境的化学相容性，而不会显著降低它们的性能。

Prakash 等制备了氧化铁（Fe_2O_3）包覆的高锰酸钾（$KMnO_4$）纳米颗粒（约 150nm）。为此，他们使用了九水硝酸铁和高锰酸盐的水溶液，其盐的质量浓度为 2%。为了能形成连续的氧化铁壳层，硝酸盐/高锰酸盐的最低质量比为 3/1，得到的纳米颗粒中高锰酸盐的体积分数为 86%，包覆层氧化物的平均厚度为 4nm，溶液随着加压空气（约 2.4bar）喷射。气凝胶首先用硅胶扩散干燥器干燥，然后用温度分别为 120℃和 240℃的两个管式炉进行热处理。第一次热处理是将硝酸铁分解成氧化铁；第二次热处理采用的温度接近高锰酸盐的熔点，能够使相分离并自组装形成核—壳结构。最终，通过亚微米孔隙（0.6μm）膜收集纳米颗粒。被氧化铁充分包覆的高锰酸盐纳米颗粒不溶于水。高锰酸盐的包覆技术为合成新含能复合物提供了一种有趣的途径，因为其不仅能起到稳定作用，而且还将其加入到含有机物的复合物中。

Wu 等人使用由 Prakash 等人发明的方法制备了金属氧化物包覆的高氯酸钾或高氯酸铵亚微米颗粒。将两个炉的温度分别设定为能让硝酸盐分解成氧化物

(T_1)和随后形成核—壳结构(T_2)的温度。用于合成 $Fe_2O_3/KClO_4$，$CuO/KClO_4$ 和 Fe_2O_3/NH_4ClO_4 复合氧化剂的 T_1/T_2 温度值分别为 125℃/550℃，400℃/550℃ 和 125℃/200℃[43]。

Feng 等制备了氧化铁(Fe_2O_3)包覆的五氧化二碘(I_2O_5)颗粒(约 200nm)。大部分氧化物以纳米颗粒形式存在于 I_2O_5@Fe_2O_3 复合纳米颗粒表面的分形结构中。该材料的合成过程是:起始物碘酸(HIO_3)溶液被雾化成亚微米尺寸的液滴。气溶胶首先通过在硅胶中的扩散干燥形成酸性颗粒,然后在温度为 290℃ 的炉子里煅烧。热解温度应能使碘酸脱水(T>207℃)但不能分解生成酸酐(约 390℃)。接着需要干燥气溶胶,以防止反应生成的水蒸气与五氧化二碘纳米颗粒相互作用。氧化铁包覆层是通过在约 200℃ 的第二炉子里由氩气携带的五羰基铁($Fe(CO)_5$)蒸气分解制备的。包覆 I_2O_5 的氧化铁厚度可通过氩气流速计算。将 I_2O_5@Fe_2O_3 纳米复合粒子和铝纳米颗粒(约 50nm)在已烷中超声(30min)混合制备了纳米铝热剂。在实验罩下自然蒸发一夜或通过真空蒸发(3~4h)可完全干燥样品[44]。Feng 等在他们发表的论文中没有提到用一氧化碳还原五氧化二碘生成碘和二氧化碳的反应。这个经典反应可能会消耗大部分五氧化二碘并且导致最终产物中 Fe/I 摩尔比的增加。它也可以解释碘和五羰基铁之间发生同质气相反应,氧化铁纳米颗粒以分散碎片状聚集在 I_2O_5 颗粒表面的现象。

2.2.6.3 有机纳米颗粒

有机纳米颗粒加到纳米铝热剂中可以增加其燃烧产生的气体量或改变其对给定应力的灵敏度阈值。通过对气溶胶的闪蒸干燥会得到大量以纳米颗粒形式(50~1000nm)存在的有机化合物[45],其速率为几克/小时。该技术包括在保持动态真空(约 5mbar)的室中,用高于其沸点的温度对预热的溶液进行雾化;随后进行快速蒸发使气溶胶微滴破裂,形成大量晶核,而这些晶核没有足够的时间生长,只能维持在纳米尺寸。对含有几种有机化合物的溶液进行闪蒸干燥可以生成各种形式的纳米材料:纳米颗粒的混合物、核—壳结构、半结晶复合材料和共晶[47]。

2.3 包覆

包覆是指采用物理或化学方法得到铝热剂的一个反应相被另一相覆盖。该方法能够实现燃料和氧化剂之间的最佳接触,缩小反应性物质之间的扩散距离,并维持一定的孔体积。包覆可以改性纳米铝热剂的物理和化学表面性质,如摩擦感度。Spitzer 等注意到铝包覆的三氧化钨纳米颗粒与相应的物理混合物相比,摩擦感度更低[30]。

在液体介质中获得具有厚度均匀包覆层的纳米颗粒是很困难的,因为沉积物质倾向于不规则地聚集在纳米颗粒的表面或独立于它们而固化。最常见的包覆过程是在流化床或气溶胶中分散纳米粒子,然后通过气体前驱体在其表面的反应来包覆它们。

2.3.1 燃料包覆氧化物

Comet 等人申请了用化学方法制备铝包覆金属氧化物纳米颗粒的专利[48]。这种技术可用于制备低氧化铝含量的纳米铝热剂,能实现金属氧化物和铝之间的最佳接触。该方法的第一阶段包括使用 Schlesinger 双分解反应制备氢化铝的乙醚溶液:

$$AlCl_3+3LiAlH_4 \rightarrow 4AlH_3+3LiCl$$

然后用倾析法从氯化锂中分离出氢化铝溶液。WO_3纳米颗粒在该溶液中的分散会伴随着氧化物颜色的变化,从淡绿色变为蓝黑色。然后在低压下蒸发乙醚得到 $WO_3/AlH_3 \cdot O(C_2H_5)_2$复合物,最后在 $T=120℃$ 下进行热处理分解非晶态铝中的氢化物[49]。该阶段非常难以实施,为了避免材料自燃,需在动态真空和没有湿度的条件下进行。WO_3/Al 纳米铝热剂不会自燃,但与火焰接触时容易反应。将 WO_3/Al 复合粉末压缩形成粒料后,其物理稳定性较差。当与湿空气接触时,它们会变得越来越松散。这种解离是由残余的金属氯化物引起的,该物质使得材料具有一定的吸湿性。这个问题的解决方法可以从 Lund 等人描述的制备 α 氢化铝的方法中受到启发[49],即用金属氧化物纳米颗粒作为核。

用扫描电子显微镜可观察到三氧化钨颗粒被铝包覆的情况(参见图 2.1)。最小颗粒的透射电子照片表明它们是无定形铝包覆的 WO_3核。亚微米尺寸颗粒具有光滑表面,是铝包覆的 WO_3纳米颗粒的聚集体[50]。

图 2.1 WO_3纳米颗粒被铝包覆前(a)和后(b)的 SEM 图;
WO_3/Al 复合粒子的透射电子显微镜图像(c)

2.3.2 氧化物包覆燃料

用金属氧化物层包覆燃料的纳米颗粒已有文献报道。该方法将燃料封装在氧化物中可以增强某些核—壳结构金属颗粒的爆炸性能。Kaplowitz 等人的研究表明,反应性氧化物层不能保护所包覆的燃料免于氧化[51]。因此,优先包覆那些表面已经通过自发氧化钝化的燃料纳米颗粒。

Kaplowitz 等巧妙地使用气溶胶热解法制备了铝纳米颗粒,然后用氧化铁(Fe_3O_4)对其进行包覆。首先通过氩气稀释的三异丁基铝蒸气在 350℃下热解制备了多面体铝纳米颗粒(约 90nm)。然后将铝气溶胶与五羰基铁($Fe(CO)_5$)蒸气接触后,在 175℃下铁前驱体分解生成金属。最后在 50℃下,氩气和空气的混合物氧化金属包覆层[51]。

Ferguson 等人采用原子层沉积技术用氧化锡(SnO_2)(约 50nm)对铝纳米颗粒进行包覆。首先,铝粉(约 0.5g)通过氩气流动和振动系统的流化悬浮在床反应器中。流化室由不锈钢管($D=9.52$mm;$h=101.6$mm)组成,粉末样品被两个平均孔隙为 10μm 的金属过滤器限制在不锈钢管中。氧化锡前驱体,四氯化锡($SnCl_4$)和过氧化氢(H_2O_2)由氩气鼓泡驱动,并采用相同的气体清洗反应器。在 250~1000 次循环处理过程中,通过控制阀,铝粉可以交替暴露于具有明确限定量的 $SnCl_4$ 和 H_2O_2 中,氧化物的反应沉积温度为 250℃或 350℃。样品的透射电子显微镜图像表明铝纳米颗粒表面包覆有一层粗糙的 SnO_2。然而,样品中锡的质量比(1.8%~10.4wt%)与铝热剂的化学计量反应所需值(质量分数为 55%)相比非常低。Fergusson 等试图通过优化试验条件来解决这个问题,但也没能在铝纳米颗粒上沉积更多的氧化物。为了解释得率较低的原因,Fergussonet 等提出了一个假设,即铝纳米颗粒暴露在试剂($SnCl_4$ 和 H_2O_2)中,$SnCl_4$ 和 H_2O_2 很难在其表面发生反应生成 SnO_2[52]。Al@SnO_2 纳米铝热剂中锡的适中比例可能是由铝与气态氯化氢反应所引起的,而气态氯化氢是由沉积在铝纳米颗粒表面的氯化锡水解生成。在这种情况下形成的氯氧化铝可能污染 Al@SnO_2 颗粒的表面并抑制氧化锡的后期成核。

Qin 等使用原子层沉积法用氧化锌(ZnO)和氧化锡(SnO_2)包覆粒径在 40nm 和 180nm 之间的铝纳米颗粒。该包覆是在铝纳米颗粒(约 100mg)的低厚度(<1mm)固定床上进行。氧化物的前驱体二乙基锌和四氯化锡($SnCl_4$)在环境温度下是液体,所以可以直接使用它们的蒸气,而不需要借助其他气体鼓泡。通过控制阀,铝粉可以交替地暴露在前驱体蒸气和含氧水中。换气操作中的暴露过程需使用氮气作为保护气体。前面提到的氧化物包覆铝所需的实验条件见表 2.2。暴露持续时间是

指暴露的表面达到饱和所需的最短时间。它已通过重量追踪法优化,并取决于暴露循环次数。Qin 等的研究表明,用该方法包覆可能会在颗粒之间形成连续物而导致颗粒的聚集。氧化物壳越厚,聚集越严重,并且沉积速度越高。由于流化床可以在包覆期间保持纳米颗粒连续移动,从而能抑制聚集现象。

表 2.2 文献[45]中报道的铝纳米粒子表面沉积氧化物的操作条件

沉积氧化物	前驱体	T_r/℃	DE/s	V_D/(nm/循环)	N_C	E/nm
ZnO	$(C_2H_5)_2Zn$	120	10	0.17	225	~0~39
SnO_2	$SnCl_4$	300	60	0.031	550	~0~17
注:T_r—前驱体的化学式,反应器温度,D_E—曝露时间,V_D—沉积速度,N_C—循环次数;E—氧化物层的厚度						

用原子层沉积制备纳米铝热剂的方法没有得到广泛推广。但是,这种方法具有许多优点,如能够制备具有明确核—壳结构的纳米铝热剂。氧化物壳的厚度可以通过被包覆的粉末暴露于前驱体蒸气的循环次数严格控制。在这些材料中燃料和氧化剂之间的接触是非常理想的,并且两相能尽可能接近,并能调节复合物成分使其质量比与铝热反应的化学计量一致。当然,为了获得具有最佳燃料/氧化剂比的颗粒,需要使用单分散的粉末。

原子层沉积法也可以用于制备以有机金属化合物作为前驱体的金属可控包覆氧化物纳米颗粒。在这种情况下,必须增加一个抑制氧化过程,即氧化物-金属颗粒的表面在暴露于空气之前应先钝化。在这些核-壳结构中氧化物和金属之间的直接接触可能会伴随着部分反应,包括氧原子的交换和在氧化物/金属界面处形成混合氧化物层。

2.3.3 金属包覆燃料

尽管可能和前面的方法一样,但值得注意的是,这种方法可能会改变金属燃料颗粒的表面,从而控制纳米铝热剂的燃烧性能。

Wang 等人用一层铜纳米颗粒包覆了微米尺寸的铝颗粒(5μm)。首先,将铝颗粒分散在硫酸铜和凝胶溶液中,其 pH 值先前设定为 6.4。然后加入氟化铵(NH_4F)溶液溶解铝颗粒表面的氧化铝层,并激活附着在其表面的 Cu^{2+} 阳离子的还原性。用稀盐酸溶液处理包覆的颗粒可溶解铝核,剩下沉积的铜颗粒层。通过将双金属 Al-Cu颗粒与三氧化钨颗粒(12μm)混合可制备 Al-Cu/WO_3铝热剂[54]。用该方法还原金属纳米粒子(Al,Zn,Ti)将是一项非常有趣的事。

2.4 溶胶-凝胶法

溶胶-凝胶合成法是生产金属氧化物广泛使用的方法之一,这种金属氧化物以非常小尺寸的颗粒形式组装在三维多孔结构中。溶胶-凝胶法的第一阶段是由前驱体制备胶体悬浮液,前驱体通常是盐或金属醇盐;第二阶段是凝胶的形成,其通过胶体的组装并且使材料具有一定的宏观形态;第三阶段是通过简单蒸发或特定的干燥方法(例如超临界溶剂萃取法)干燥液体浸泡过的凝胶。第一种干燥方式得到的是干凝胶,是在由液体蒸发产生的毛细管力作用下凝胶收缩形成的材料;第二种干燥模式不改变凝胶形态,使材料具有特殊的物理性能,得到的产物为气凝胶。为了使溶胶-凝胶法所制备的氧化物脱水,纯化和结晶,通常需要热处理。这一最后过程常会破坏材料的精细结构。此外,高温处理含能材料是非常困难的,因为含能材料在高温下会反应或破坏。这就是溶胶-凝胶法合成纳铝热剂最重要的限制之一。

溶胶-凝胶法还有一个缺点就是制备的不连续性,这样导致在很长时间里材料需要分批制备,极大地降低了生产效率。此外,溶胶-凝胶法对许多参数非常敏感,会使材料性能产生波动。

尽管其有很多不足,但在制备含能材料时,溶胶-凝胶法还是具有许多优势的。在 Gash 等人的研究中对溶胶-凝胶法的优点进行了总结。作者认为溶胶-凝胶技术作为日趋完善的合成方法,它能实现反应相紧密复合在一起,在一定程度上很难通过其他方法实现。它还能够精确控制结构材料的颗粒组成、密度、形态和尺寸。换句话说,可以制备具有特定性能的含能复合物。用溶胶-凝胶法制备铝热剂可以通过在燃料纳米颗粒周围形成金属氧化物凝胶[55]或在氧化物与铝物理混合之前先制备氧化物。

2.4.1 金属颗粒周围形成氧化物

Gash 等原创性地开发了一种溶胶-凝胶合成方法,即使用环氧化合物诱导金属盐溶液,使其凝胶化。该方法可以用于制备各种氧化物的块状气凝胶。为了确定各种实验参数对凝胶形成的影响,详细研究了氧化铁凝胶的合成。一种铁(III)盐,可以是硝酸铁或氯化铁,在不同量的水存在下溶解在各种溶剂中。向铁盐溶液中加入环氧丙烷可以形成凝胶。Gash 等注意到极性质子溶剂,如短烃链醇类,是采用该方法最有利于凝胶形成的液体介质。使用某些极性非质子溶剂也获得了良好的结果，例如乙腈、二甲基甲酰胺或二甲亚砜。不能使用非极性溶剂，因为它们不能溶解用作氧化物前驱体的铁盐。凝胶化所需水的最小量至少应该能够使铁盐形成六角形(III)络合物。换句话说，在反应体系中加入环氧化合物之前，水的量至少要比 Fe^{3+} 多6倍。丙烯氧化物能与水合铁盐络合物的氢原子结合，从而使这些物质发生缩聚反应变成氧化物。最初与 Fe^{3+} 阳离子缔合的阴离子对环氧化合物的亲核攻击会打开环氧环。该反应通过不可逆地固定新的有机分子内的氢来消耗质子。Gash 等研究了环氧丙烯/Fe^{3+}摩尔比在3~25之间的制备情况，发现只有高于6才能生成凝胶。当反应条件合适时，增加环氧化合物的比例可以缩短凝胶时间[56]。Tillotson 等在九水合硝酸铁(1.0g)的无水乙醇(5.0g)溶液中加入环氧丙烷(1.0g)可以形成凝胶。在凝胶化发生之前，向反应体系中加入微米(6μm)或纳米级(30nm)铝粉制备了纳米铝热剂凝胶。形成的凝胶在70℃真空干燥5~6天可得到干凝胶，或通过超临界二氧化碳干燥萃取可得到气凝胶。超临界二氧化碳干燥萃取法是在10℃下用液化 CO_2 替换渗透在凝胶中的溶剂，连续洗涤几次。一旦填充了 CO_2，就以0.5℃/min的速率加热凝胶至45℃，同时将压力保持在约100bar。通过以约1bar/min的速率缓慢减压最终除去二氧化碳。Tillotson 等注意到铝纳米颗粒在凝胶中会形成聚集体，但是它们仍然被氧化铁很好地包覆。在合成期间包覆在它们表面的氧化铝壳不会变厚。因此，该方法能够实现两相之间的良好接触，同时铝又不会被氧化[57]。

在随后的工作中，Gash 等发现氧化铁的性质和形态取决于诱导凝胶化的环氧化合物的化学结构。由于环氧化合物是具有三键联的环醚，它们的反应速率比四键联的快。用小环氧化合物如环氧丙烷制备的气凝胶是由相互连接的球形非晶态纳米颗粒(5~15nm)组成的。用较大的环氧化合物(例如氧杂环丁烷)制备的气凝胶由直径为15~35nm的碱金属互连纤维(β-FeOOH)组成。这些气凝胶表现出很高的多孔性和优异的刚性，这使得人们能更好地对它们进行控制和加工[58]。

Clapsaddle 等人从含有氯化铁和硅醇盐(比如四甲基硅氧烷或四乙基硅氧烷)的溶胶开始制备了组成更复杂的气凝胶，还可以用具有氟化烃链的半硅氧烷或双倍半硅氧烷的分子。微米级的球形铝颗粒(2μm)是在凝胶化之前先分散在溶胶中的。二氧化硅和氟均匀分布在氧化铁上。在铝热剂气凝胶中，铝粒子分布在氧化物基体中，氧化物以非常均匀的方式分别包覆每个铝粒子。虽然纳米铝热剂气凝胶有非常诱人的机械和烟火特性，但其制备过程较长，似乎与工业规模发展不相符。Gash 等人的研究表明，典型样品的合成需要凝胶老化24h，用乙醇洗涤1周，最后通过超临界萃取干燥2~3天[59]。此外，纳米铝热剂气凝胶中有一定比例的杂质,例如氯化物,可能会影响长期稳定性。

Wang 等人在硝酸铁的乙醇溶液中使用环氧丙烷凝胶化,得到了氧化铁包覆亚微米尺寸的铝颗粒凝胶。凝胶老化 5 天后,在真空和 55℃ 干燥形成干凝胶,然后在 45℃ 用乙醇洗涤,最后干燥。最终氧化物纳米颗粒(约 20nm)在铝颗粒的表面形成致密的包覆层[60]。

Shin 等将铝纳米颗粒(100nm)超声波处理(30min)后分散在硝酸铁的丙醇溶液中,然后加入环氧丙烷生成凝胶。在大气中干燥 2 周得到纳米铝热剂干凝胶[61]。

Kuntz 等用氧化钨包覆了微米级的钽颗粒(5μm)。前驱体为四氯化钨($WOCl_4$),将该化合物溶于乙醇和水(95/5vol%)的混合物中,该溶液是轻度混浊的,需过滤澄清。加入四键联的环氧化合物 3,3-二甲基氧杂环丁烷诱导凝胶化,不到 5min 就凝胶化。而三键联的环氧化合物反应太快,得到是沉淀而不是凝胶。用特氟隆包覆的磁力搅拌棒搅拌,使钽粉均匀分散在溶胶中,持续搅拌直到发生凝胶化。老化(24h)后,将凝胶放入无水乙醇浴中洗涤,每天重复操作一次或两次,共 3 天。然后将凝胶以类似的方式用环己烷洗涤 2 天,并在环境温度下通过自然蒸发进行干燥,最后在 110℃ 的蒸汽室中动态真空下干燥 24h,钽颗粒固定在氧化钨的无定形凝胶中。因为这些复合物对冲击、摩擦和静电放电都非常不敏感,所以当相对密度为 84%~93%时,它们可以在高压下快速烧结固化[62]。

2.4.2 先制备氧化物,然后与金属混合

由 Gash 等人开发的环氧化合物辅助的溶胶-凝胶合成方法已经用于生产纳米结构的氧化物,再与纳米铝粉混合可制备纳米铝热剂。由该方法制备的基于氧化铁[3],氧化钨和氧化镍[64]的复合物的性能已经广泛研究。Kim 等对这个方法进行了进一步改进,包括溶胶的雾化和在气溶胶中触发凝胶化形成氧化铁纳米颗粒[65]。Bezmelnitsyn 等在非离子表面活性剂的存在下通过环氧化合物方法合成了氧化铁凝胶,干燥后,再对凝胶进行热处理,即首先逐步升高温度(1℃/min)至 500℃,然后恒温 12h[66]。

Plantier 等人注意到,考虑到它们的精细结构,以气凝胶($300m^2/g$)或干凝胶($250m^2/g$)形式的氧化铁制备的铝热剂的火焰传播速度特别低。在空气中煅烧这些材料来消除它们含有的"化学水",氧化残余的碳,并诱导生成最稳定形式的氧化铁晶体(α-Fe_2O_3)。这些转变都会伴随着比表面积的减小和表观密度的增加。尽管如此,煅烧凝胶与纳米铝(52nm)混合物后的性能表明,其氧化性比气凝胶和

干凝胶更好。因此,Plantier 等人得出了杂质可以作为阻燃剂的结论[3]。考虑到用金属氧化物与碳的还原反应比与铝的慢得多,这个结果并不令人惊讶。碳热法确实可用于控制许多工业过程中金属的生产。此外,在具有纳米结构的铝热剂中引入碳会形成金属碳化物[36],从而降低它们的活性。

Prentice 等指出以气凝胶形式制备的三氧化钨纳米颗粒的稳定性不好。这些材料的老化是由与大气接触的水吸附引起的。气凝胶在 120℃ 干燥时的重量增加高于在 400℃ 煅烧时的重量增加。材料的这种变化趋势对纳米铝热剂性能的影响较大。这些结果还表明,对溶胶-凝胶法制备的氧化物进行煅烧对改善其随时间的稳定性是非常必要的。为此,煅烧温度需要合理优化以避免破坏通过溶胶-凝胶法制备的氧化物的精细结构。

Comet 等报道了一种使用琼脂作为胶凝物的新颖的溶胶-凝胶法制备纳米结构的 $Al_xMo_yO_z$。合成的第一阶段包括在 60℃ 和 70℃ 之间加热介质,将一定质量的琼脂溶解在一定体积的仲钼酸铵水溶液($H_2Mo_7N_6O_{24}\cdot 4H_2O$,约 50g/L)中。然后将溶液冷却至环境温度诱导凝胶化,并用索氏抽提装置用丙酮循环洗涤约 100 次提取凝胶中的水。复合干凝胶由非常细的丝紧密相连,形成海绵状结构。这些长丝本身是念珠状结构,其中球形仲钼酸铵纳米颗粒是通过含有它们的琼脂链结合的(见图 2.2)。

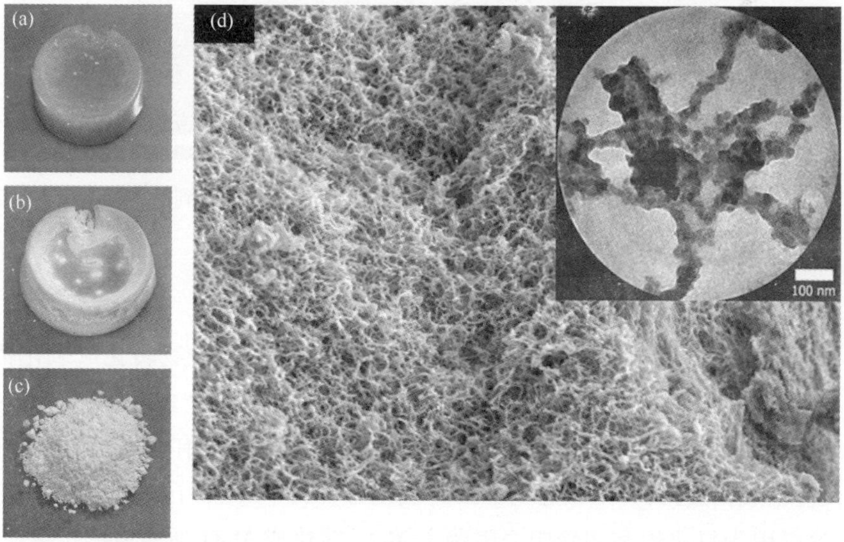

图 2.2　(a)复合水凝胶;(b)块状干凝胶;(c)干凝胶粉末;(d)通过扫描电子显微镜和透射电子显微镜(试剂盒)观察干凝胶形态[68]

将干凝胶复合物在液氮中球磨成粉末，然后浸泡在无水三氯化铝($AlCl_3$)的乙醚溶液中。在醚蒸发后，将包覆有三氯化铝的复合干凝胶粉末在不断更新的空气气氛中于550℃下煅烧2h。直接煅烧未处理的复合凝胶会产生微米尺寸的瓦片状三氧化钼(MoO_3)颗粒(见图2.3)，而用三氯化铝包覆后再进行煅烧，则能在氧化热处理期间保持纳米尺寸形态。为了能清晰地观察到该效果，$Al_xMo_yO_z$复合凝胶至少需要7.8%(质量分数)的铝。如扫描电子显微镜图像所示，$Al_xMo_yO_z$中铝的质量比例越高，氧化物的精细结构保持得越好(见图2.3)。然而，该比例不应超过18%(质量分数)，以避免材料由于其孔隙的填充而致密化。

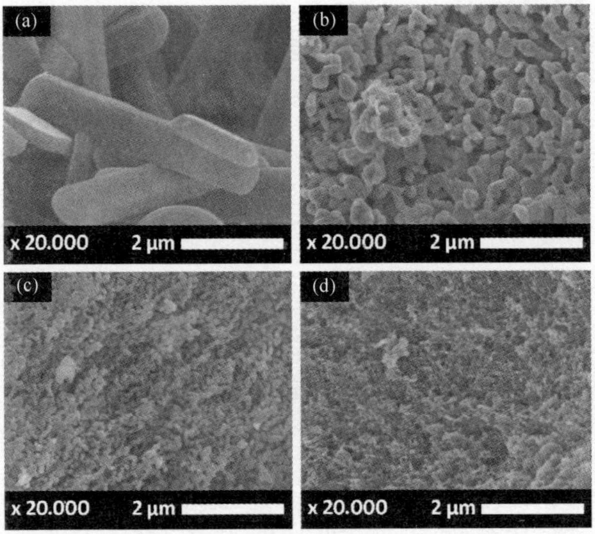

图2.3 扫描电子显微镜观察下，不同铝含量下复合干凝胶煅烧后得到的$Al_xMo_yO_z$的形态：(a) 0%；(b) 10.5%；(c) 16.8%；(d) 24.7%[68]。

基于$Al_xMo_yO_z$的研究，Comet等提出了它们的形成机理。无水三氯化铝与吸附在干凝胶表面的水反应，生成氯氧化铝。煅烧后，氯氧化合物转化成氧化铝层，覆盖着由干凝胶长丝热解产生的结构。在550℃下，琼脂完全去除，而仲钼酸盐分解成氧化钼，并能与周围的氧化铝反应。当氧化钼与氧最富有区域的氧化铝层接触会反应生成钼酸铝，其中钼达到了最高氧化态(Mo^{+6})。粒子的核心一般是二氧化钼，这是因为氧化铝和钼酸铝壳限制了MoO_2转化成MoO_3所需氧的扩散[68]，故该处金属仍处于原先的氧化态(+4)。

2.5 浸渍多孔固体

多孔固体的浸渍已经用于纳米铝热剂组分的物理分离[32]，以实现用作燃料的金属与氧化物组装[69]或将炸药掺入新纳米铝热剂中[70]。填充固体材料孔隙的操作让人感觉很容易实现，但非常遗憾，实验证明很难实现。用作基体的材料应该具有开放孔隙，其孔隙的尺寸应与浸渍它的物质、分子或颗粒的尺寸相匹配。用于使固体物质进入孔隙中的液体的亲水或疏水性质取决于基体的性质。在多孔基体中固定的物质应在溶剂蒸发时开始从溶液或悬浮液中沉积。这样，只有一部分孔隙被填满，因为最初被溶剂占用的体积仍然是空的。熔融固体的渗透更有利于填充，但是，使用该方法需要满足以下几个条件。第一，渗透物质应该能熔融，且熔融时不会发生蒸发或分解；第二，它必须与其浸渍的基材具有物理和化学相容性。

在纳米孔隙中构建化合物能在一定程度上保持非常好的分散状态。因此，在黑色粉末中，硝酸钾能以纳米尺寸微晶的形式稳定在活性炭的孔隙中。然而，这种含能材料对空气湿度非常敏感，这会导致其被吸附在活性炭中并通过与硝酸盐相互作用而损害其烟火性能。这个稳定性的缺陷会重复出现，是由在亲水性多孔基体中固定的氧化性金属盐引起的。在某些情况下，大气湿度的变化可导致最初存在于多孔基体中的物质在外部结晶。这种老化可以通过浸渍物质的溶解/再结晶循环的逐渐转化来解释。用矿物颗粒或疏水物质浸渍多孔基体不会引起这种类型的问题。

Siegert 等在中空碳纳米纤维（20~40nm）内制备了氧化锰（MnO_x）。然后他们将这种复合材料与铝（约 50nm）混合，获得了三元纳米铝热剂。合成的第一阶段是氧化碳管在硝酸（65%）中煮沸（120℃，16h）。该处理可以增加碳管表面上的氧化性官能团的数量，以便随后用氧化锰的前驱体浸渍中空纳米纤维。填充过程是通过将活化的中空纳米纤维分散在过量的熔融四水硝酸锰中（50℃，3h）。当处理完成时，用异丙醇洗涤负载硝酸盐的纤维，然后在氩气流、225℃下煅烧 2h，将硝酸盐分解成氧化物[71]。

Hu 等通过将铝纳米颗粒填充到氧化铁颗粒的孔隙中来制备了 Fe_2O_3/Al 纳米铝热剂。首先通过花粉颗粒复制法制备了多孔 α-Fe_2O_3颗粒。为了得到多孔 α-Fe_2O_3颗粒，花粉在浸渍九水硝酸铁的乙二醇（0.1mol/L）溶液（60℃，24h）之前，需先用无水乙醇洗涤，然后干燥。需要注意的是，浸渍时溶液需要加入阳离子表面活性剂，十六烷基三甲基溴化铵，其作用是促进花粉颗粒在水中的分散。浸渍完毕后用乙醇洗涤产物，干燥（空气，50℃），最后煅烧。煅烧过程包括三个阶段，即分别在100℃，200℃（2h）和500℃（2h）煅烧。通过该方法制备的氧化物为长度在20～30μm之间的长球形颗粒。它们的表面覆盖着微米级小孔。在静态真空条件下，通过吸附己烷悬浮液中的铝纳米颗粒可以填充氧化物上的这些小孔。然后将材料离心（4000r/min，5min）以使铝纳米颗粒渗透到氧化物颗粒的核中，最后干燥（50℃，4h）。该处理重复三次以提高孔填充率[69]。

在纳米铝热剂中加入次级炸药有助于它们的点燃，增加它们在反应产物中的气体比例，并提高它们的燃烧热。Comet 等在氧化铬（Cr_2O_3，约46m^2/g）[72]和氧化锰（MnO_2，300～400m^2/g）[73]的孔隙中填充黑索今（RDX）形成了新的复合物。氧化铬是由毫米级颗粒组成的重铬酸铵粉末燃烧产生的。超声作用下，在液体介质中，后者可以部分分裂成较小尺寸的多孔颗粒。它们具有网状的内部结构，可以形成非常多开放的宏观孔隙。氧化锰由具有球形和针状形态的纳米颗粒以亚微米尺寸的聚集体组装而成。后者在微米级多孔颗粒中凝聚（见图2.4）。

图2.4　通过电子显微镜观察的多孔氧化铬（a）和氧化锰（b）的形貌，文献[73]报道了用其孔负载黑索今以提高纳米铝热剂的生气量

Comet 等报道的制备复合含能材料所用的氧化物浸渍法是在超声作用下将氧化物分散在黑索今的丙酮溶液中，然后使丙酮在低压下快速蒸发。由于这些多孔氧化物具有高比表面积，所以炸药的凝固基本上发生在其表面而不是在丙酮蒸发的容器器壁上。

Bezmelnitsyn 等将由（丙烯酰氨基甲基）纤维素乙酸丁酸酯（AAMCAB）衍生得

到的非含能聚合物浸渍到通过溶胶-凝胶法制备的纳米氧化铁颗粒间的孔隙中。首先将氧化铁分散在己烷中以便让分散剂覆盖在其表面。干燥后，将不同比例的改性氧化铁分散在 AAMCAB 的丙酮溶液中，形成聚合物质量含量为 5%~20%（质量分数）的 AAMCAB-Fe_2O_3复合材料。通过将恒定质量的纯的或聚合物负载的（200mg）氧化铁与恒定质量的铝（115mg）混合在一起制备纳米铝热剂。换句话说，那些富集聚合物的材料中铝更过量[66]。

高级纳米铝热剂可以通过具有校准孔隙材料的浸渍法合成，例如多孔杂化固体。这些超多孔材料由多齿有机配体组装的金属阳离子组成，因此它们可用于封装氧化性金属盐，这些金属盐分解会产生碳结构燃烧所需的氧。通过多孔杂化固体和氧化盐反应生成的金属氧化物可以被铝纳米颗粒还原。但制备这种类型的纳米铝热剂可能是相当困难的。然而，这些多孔混合固体的孔隙结构为介孔甚至是大孔[74]，并且在它们的部分孔隙中包含大量的不同类型的有机物质，这些可能就是我们愿意制备出这种类型纳米铝热剂的原因[75]。

2.6　组装

组装是指利用构建超分子结构的相互作用力（例如范德华力，氢键或库仑吸引力）来实现燃料和氧化剂纳米颗粒之间的有序混合。为此，纳米颗粒的表面需要通过接枝彼此能识别的分子或通过电荷的累积来修饰。化学或生物方法的缺点是它们在纳米铝热剂中引入了不可忽略比例的碳材料，这会降低其烟火性能。从这个角度来看，电场辅助组装方法具有一定优势，因为它们不会在样品上留下其他材料的足迹。然而，由于纳米铝热剂对静电放电的感度高，因此，使用电场辅助组装时需要采取特别的防护措施。

2.6.1　化学方法

用于组装的化学方法包括使用各种物质作为纳米颗粒之间的“桥梁”，如聚合物、功能化有机分子、聚电解质或胶体颗粒等。

Shende 等采用三步法组装了球形铝纳米颗粒与氧化铜（CuO）纳米棒的复合材料。第一步，首先将氧化铜纳米棒（0.5g）分散在 500mL 的聚-4-乙烯吡啶（P4VP，1g/L）溶液中。P4VP 是一种常用的黏合剂，因为 P4VP 中氮原子携带的电子对可以与金属形成共价键或与极性物质形成氢键。然后，对 CuO/P4VP 悬浮液进行长时间超声处理（4h）后，采用离心法将 P4VP 改性氧化铜从溶液中分离出来。为了除去P4VP改性氧化铜上过量的P4VP,可采用以下过程循环洗涤4~5次:首先将氧化物再分散在异丙醇中(200mL),然后对悬浮液进行超声处理(2h)后,离心分离出氧化铜;最后,将分离出来的氧化铜进行热处理(120℃,1.5h)以除去溶剂并将聚合物固定在氧化物的表面。第二步,超声处理数小时将P4VP(0.4g)包覆的CuO纳米棒与铝纳米颗粒分散在异丙醇(1.5mL)中。最后一步是最终超声处理将浆料分散在异丙醇中后,通过离心分离、干燥(95℃,10min)得到纳米铝热剂[76]。

Cheng等人使用P4VP对铝纳米颗粒与氧化铁纳米管(Fe_2O_3)进行了组装。首先对氧化铁纳米管进行超长时间的超声处理(4h),使其分散在P4VP的异丙醇溶液中,最终使P4VP沉积在氧化物纳米颗粒上。去除氧化铁纳米管上过量P4VP的方法也是循环洗涤。当用P4VP修饰的氧化物纳米管与铝纳米颗粒组装后,所得材料中的两相是紧密接触的。而仅仅通过在己烷中随机混合两种粉末得到的复合物中,两相是以同一性质粒子的独立聚集体形式共存的[77]。

Malchi等人报道了一种铝纳米颗粒(约38nm)和氧化铜纳米颗粒(约33nm)形成纳米铝热剂微球(1~5μm)的组装方法。该原理包括在铝和氧化铜上接枝长链烷烃(C11),并通过分子识别使支链末端相连。在这种情况下,燃料和氧化剂的纳米粒子组装在某一特定的晶格中,晶格中基本粒度的尺度遵循化学计量。ω-胺端基酸通过其羧端基接枝到铝纳米颗粒上,夹层部分以氯化物的形式成盐。首先用11-巯基十一烷酸通过硫化键键合到氧化铜的表面使其官能化;然后羧基与四甲基氢氧化铵反应生成盐。该方法是将官能化纳米颗粒的悬浮液混合组装的。为了消除在组装反应中形成的铵盐并获得性能良好的微球,需要进行另外的处理,即将沉淀物再溶解于二甲基亚砜和乙腈的混合物中,然后在80℃下蒸发乙腈。但该过程的产率很低,且回收量不足以进行纯化产物的燃烧测试[78]。Malchi等人对未纯化的沉淀物进行了燃烧试验,结果是令人失望的。复合材料的燃烧速率稳定在0.25m/s,比用简单物理混合法制备的CuO/Al纳米铝热剂的燃烧速率(285±48m/s)低了三个数量级。这些结果说明通过接枝有机配体组装的方法存在问题。用于组装纳米颗粒的有机分子会以不可忽略的比例引入到铝热剂复合物中。它们在铝热反应过程中会发生热解产生碳。碳膜难以氧化,会阻碍氧化剂和铝之间的接触,并且它们经常会发生副反应,例如铝碳化[36]。因此,基于组装法制备高性能纳米铝热剂时,其分子结构必须减少碳含量,故采用热处理使配体适当气化是值得探索的途径之一。最后,这种制造技术要实现工业化生产,需要探索效率更高和更简单的制备方法。

Yang等通过水热法合成了氧化锰(α-MnO_2)纳米线。这些纤维的表面被羟基覆盖，使其带负电荷。阳离子聚电解质—聚二烯丙基二甲基氯化铵通过静电相互作用接枝到 MnO_2 纤维上，使其带上正电荷。将改性的氧化物与铝粉（约 80nm）在磷酸二氢铵的水溶液（质量分数 0.1%）中混合，可以抑制铝被水氧化。由于表面之间的静电吸引，带有相反电荷的铝纳米颗粒与氧化物纤维可以进行组装。再由此生成的纳米铝热剂进行简单处理可以形成厘米尺寸的柔性膜，即在悬浮液的过滤期间利用泵的抽吸作用使其呈现薄片形式。最终通过在 235℃ 下的气相沉积，MnO_2/Al 纳米铝热剂膜的表面会沉积一层聚二甲基硅氧烷，使其具有疏水性。疏水性能够保护铝免受大气湿度或液态水的影响，从而能提高纳米铝热剂的长期稳定性。水滴与疏水纳米铝热剂表面的接触角（>150°）实际上与 pH 值（1~14）无关[79]。

Thiruvengadathan 等人在氧化石墨烯（GO）存在下组装氧化铋纳米颗粒（90~210nm）与铝纳米颗粒（80nm）形成复合物。GO 是由纳米尺寸石墨片晶通过溶解在硫酸—硝酸混合物中的高锰酸酐氧化，并用双氧水处理得到的。GO 的纯化可通过循环水洗实现。最终通过简单加热（80℃，30min）的方法从胶体溶液中提取，并能引发纳米颗粒的聚集形成悬浮膜。组装过程中各个合成阶段所需的液体是由等体积比例的二甲基甲酰胺和异丙醇组成的。在超声波浴中通过超声处理能将 GO（质量分数 0.5%）分散在混合溶剂中。铝和氧化铋颗粒能分别通过类似的处理方法分散，但处理时间较短（4h）。第一步将铝悬浮液加入到 GO 悬浮液中，第二步再加入氧化铋悬浮液。每次混合后，超声处理 1h。改变石墨烯质量含量（质量分数 0%~10%）和当量比（1.0~1.8）可制备出不同性能的 GO/Al/Bi_2O_3 纳米复合材料。尽管复合材料的组成不同，但产物的质量（400mg）基本相同[80]。

Thiruvengadathan 等人注意到当铝和氧化铋悬浮液静止时，氧化铋会沉降而铝仍保持分散状态，但是在加入 GO 后，铝和氧化铋会同时沉降。沉降时间取决于纳米复合材料中 GO 的比例（见表 2.3）。快速沉降是纳米颗粒与有效组装过程之间密切相互作用的一种指标。

表 2.3　氧化石墨烯，氧化铋和铝组成的纳米复合材料的沉降时间与氧化石墨烯比例之间的关系[80]

GO/%（质量分数）	≤2	3.5~5	>10
沉降时间	24~36h	2min	∞

2.6.2　生物学方法

组装过程中的生物学方法是利用复杂的化学物质参与生物体内分子识别的某

些特定机制来制备纳米颗粒。

Slocik 等人使用铁蛋白通过组装合成了生物纳米铝热剂。铁蛋白是一类控制体内 Fe^{3+} 阳离子运动速率的分子。这种笼形蛋白具有直径为 6nm 的内腔,其可以保护羟基氧化铁(FeO(OH))纳米颗粒。天然铁蛋白的外表面被羧酸酯基团覆盖并且具有负 ζ 电位(-32.9±8.7mV)。对铁蛋白进行化学修饰可得到阳离子铁蛋白,其表面带上正电荷(+23.6±8.0mV)。羟基氧化铁核用稀释在缓冲溶液中的巯基乙酸还原,并通过连续透析去除后,可以生成脱铁铁蛋白。脱铁铁蛋白的表面可以用肽功能化,从而与铝具有较好的亲和性。为了制备杂化纳米铝热剂,Slocik 等人首先用单层阳离子铁蛋白包覆表面带负电荷的铝纳米颗粒(80nm)。然后,利用静电吸引构建了具有铁蛋白和阳离子铁蛋白交替层的沉积物,该方法可以逐渐增加杂化材料中氧化物的含量以达到化学计量比。一方面,含有双层铁蛋白的杂化材料明显比基于脱铁铁蛋白的同系物材料燃烧剧烈发出更耀眼的光,这证明铁蛋白包覆层中的羟基氧化铁的确能与铝反应。另一方面,包含两层铁蛋白的纳米材料与具有 12 层的纳米材料相比,燃烧较弱。Slocik 等人还将填充有高氯酸铵的阳离子脱铁铁蛋白的单层与铝纳米颗粒组装制备了铝热剂。尽管氧含量较低,这种复合材料也能发生非常耀眼的燃烧。

Séveracet 等人在氧化铜纳米颗粒(50nm)和铝纳米颗粒(80nm 和 120nm)的表面上接枝了互补寡核苷酸,并通过分子识别方法将它们组装形成了复合材料。在不同纳米颗粒的表面上接枝 DNA 链所采用的方法不同。例如氧化铜表面接枝寡核苷酸需要在寡核苷酸上引入硫醇基团进行化学修饰,才能使它们和氧化铜化学结合。相对而言,铝纳米颗粒壳上接枝寡核苷酸的方法并不非常明确,但过程更复杂。第一阶段是在包覆铝纳米颗粒的氧化铝层上吸附上一种蛋白质,中性抗生物素蛋白;第二阶段是通过引入生物素使中性抗生物素蛋白包覆的铝纳米颗粒上接枝寡核苷酸。互补链 DNA 功能化的纳米颗粒的流体动力学直径随时间增加而增加,而非互补寡核苷酸功能化的纳米颗粒的流体动力学直径会保持恒定。由此生成的纳米铝热剂由具有微米尺寸直径(约 2μm)的聚集体构成,所述聚集体含有数百个铝和氧化铜的纳米颗粒[81]。该方法可以用于组装各种化学性质和尺寸的纳米颗粒生成具有均匀组成的纳米铝热剂。然而,该方法仍然相当难以实施,并且需要引入不可忽略比例的碳分子。通过碳物质分离反应相可提高灵敏度阈值,但也降低了烟火性能[71]。

2.6.3 电学方法

电学方法是通过施加电位差去组装各种不同尺度的组分形成纳米铝热剂,包括纳米结构介质上离子的还原、纳米颗粒的运输和组装或在宏观尺度上形成能量物质。

2.6.3.1　电解和电泳

电解是一种通过施加电流激活化学反应的方法，可用于将无水溶液中的强还原性金属沉积在电极表面上的纳米结构金属氧化物上。电泳是通过电流引起纳米颗粒迁移并以紧凑的方式组装它们。

Dong 等通过火焰合成法在钨丝（$D=0.5$mm）的表面生长了 $WO_{2,9}$氧化物纳米长丝。氧化物纳米线垂直排列形成致密的沉积物。与长度（>10μm）相比，它们的直径（20~50nm）非常小。在无水介质中，用电化学方法使铝包覆这些纳米结构。为此，将支撑氧化物纳米线的钨丝作为阴极，阳极为铝线。电解质为无水三氯化铝的离子液体 1-乙基-3-甲基咪唑氯化物溶液。电解沉积是在-1.5V 的电位差、施加 15min 的直流电下进行的。氧化物和铝在所制备的复合长丝中是同轴排列的。铝包覆层是单晶的，其厚度约为 16nm。同时由于氧化物和金属之间仅由一个氧化铝层分开，故两相的接触非常好[82]。

Sullivan 等从微米尺寸（2μm）的铝颗粒和纳米尺寸（<50nm）氧化铜开始，通过电泳沉积法制备了 Al/CuO 铝热剂。该方法包括施加电场使悬浮液中的颗粒向沉积它们的电极迁移。用这种技术生产的铝热剂膜具有黏附性，高度均匀性并且具有均匀的化学组成。它们的表观密度（$2.6g/cm^3$）可达到复合物最大理论密度的 51%。用于沉积纳米铝热剂的悬浮液是由体积比为 3/1 的乙醇/水混合物组成。悬浮液中 Al 和 CuO 颗粒的体积浓度必须尽可能低，以使絮凝现象和随后的沉降最小化，浓度的优化值为 0.2%。电泳沉积的质量是可再生的，它随着实验的持续时间延长以对数形式增加，因为沉积层的电阻随着厚度的增加而增加。另一方面，它与沉积过程所施加的电场成正比。然而，电场不应该太强，这样颗粒才能达到尽可能紧凑的分布[83]。Sullivan 等人随后使用更薄的（80nm）铝颗粒通过该方法制备了微米级厚度（10~200μm）的 Al/CuO 纳米铝热剂[84]。为了研究电泳法获得的铝热剂的燃烧性能，Sullivan 等将沉积物沉积在由玻璃条表面形成的铂带（$L=20$mm；$l=0.25$mm）组成的特定电极上。

2.6.3.2　双极电凝

双级电凝是在静电吸引的作用下，将携带相反电荷的纳米颗粒混合在一起的一种方法。

Kim 等用这种方法制备了 Al/Fe_2O_3纳米铝热剂，其制备过程为，首先将铝纳米颗粒（约 50nm）分散在乙醇中，浓度为 9.5g/L。将该种悬浮液用第一种雾化器雾化。然后,通过扩散干燥后,将纳米颗粒直接或先穿过单极充电器之后进入到混合反应器中。氧化铁纳米颗粒是通过溶胶-凝胶法制备的,气溶胶液滴是由氯化铁($FeCl_3$),环氧化合物和水的乙醇溶液组成的。最后,氧化物纳米颗粒直接送入混合反应器或通过穿过单极充电器带电。这种巧妙的系统允许通过布朗凝结或偶极子组装制备 Al/Fe_2O_3 复合物[65]。

2.6.3.3 电解离

电解离是一种在喷嘴和面上沉积有颗粒的金属板之间施加电压时,通过具有典型亚毫米级的喷嘴喷射出含有溶质或悬浮颗粒液体的方法。

Wang 等将喷嘴和靶之间的距离设置为 10cm,并施加 19kV 的电压以实现硝酸纤维素(NC,质量分数为 1%~10%)与铝纳米颗粒(约 50nm)在三维结构上的组装。由此形成的多孔微球的尺寸(2~16μm)与 NC 溶液中悬浮铝纳米颗粒的浓度呈线性函数关系[85]。在进一步的研究中,Wang 等使用相同的方法将铝纳米颗粒(约 50nm)和氧化铜纳米颗粒(约 50nm)与 NC 组装成球形微粒[86]。根据这些科学家的研究,电解离组装的主要优点如下:

(1) 在所制备的复合材料中,燃料和氧化剂两相之间分布均匀,且接触更好;

(2) 所制备微球的直径可控并且能获得非常窄的尺寸分布;

(3) 可引入小比例聚合物黏合剂或热不稳定分子。最后,在这些微米尺寸粒度的粉末中不存在游离纳米粒子,它们被认为是可进行工业烟火应用的典型的微米尺寸粉末状物质。虽然该方法对于根据上升方法(自下而上)的组装可能是有潜力的,但是其有两个缺点,这两个缺点可能会制约该方法在更大规模上的使用。首先,Wang 等人描述的实验表明产生该结构物质的速率低于 1g/h。这个问题可以通过增加单位系统的数量部分解决。其次,需要对含有易燃溶剂的蒸气和对某种类型应力特别敏感的含能材料的介质施加高电势,这对电解离方法用于大规模生产纳米铝热剂实际上是一个非常大的挑战。

Wang 等使用电解离方法组装了铝纳米颗粒(约 50nm)和以超反应性微球形式存在的金属碘酸盐。球磨碘酸钾和三水硝酸铜可得到碘酸铜(约 65nm)。将硝酸铋和硝酸铁的硝酸溶液与用水稀释的碘酸混合,沉淀可制备出碘酸铋(约 90nm)和碘酸铁(约 70nm)。将碘酸盐纳米颗粒分散在乙醇中,然后添加铝纳米颗粒,在一些情况下还会加入爆胶棉,来制备用于电解离方法中的悬浮液。在每一阶段都需对介质进行超声波处理(60min)。所产生的悬浮液还需搅拌 24h。电解条件:针和基底之间的距离和电压分别为 10cm 和 19kV,针的直径为 0.43mm,流速为 4.5mL/h。当 NC 的质量分数为 5%时分别获得了 $Al/Bi(IO_3)_3$ 微球(直径为 3~5μm)、Al/Cu

$(IO_3)_2$微球(直径为2~4μm)和Al/Fe$(IO_3)_3$微球(直径为5~7μm)[87]。

2.6.3.4 静电纺丝

静电纺丝是一种类似于电解的方法。所使用的溶液应含有足够比例的聚合物,以便形成线而不是细分成液滴。当纺丝溶液含有纳米颗粒时,聚合物用作粘结剂,以确保材料的内聚力。通过这种技术制备的长丝,其宏观形貌为毛毡结构。

Yan等报道了生产装载有铝或CuO/Al铝热剂纳米颗粒的NC纤维的电纺丝方法。所生成的线材通过旋转系统缠绕,以形成缠结的非纺织品。该技术可以制备CuO/Al纳米铝热剂的质量比高达50%,且为具有亚微米截面(300~1000nm)的线形纳米复合材料[67]。

Li等人也使用电纺丝法制备了亚微米直径的NC纤维。在NC中掺入很少量的铝(约40nm)和氧化铁α-Fe_2O_3(约30nm)纳米颗粒。Li等人使用丙酮和*N*,*N*-二甲基乙酰胺的混合溶剂溶解NC并分散了铝和氧化物的纳米颗粒[63]。

2.7 基底表面的结构化

在基底表面构造纳米铝热剂是一种自下而上的合成方法,即通过在平坦材料(例如玻璃带或硅片)的表面沉积各种组合的燃料和氧化剂。通过对预先形成在基底上的金属层进行化学处理或采用诸如阴极溅射或真空蒸发的方法沉积金属或氧化物来形成具有纳米尺寸结构的复合物。负载的纳米铝热剂具有一些特殊形态:平叶状或蜂窝状结构,包覆的导线或与嵌入基底并与之有相互作用的导线。通常需要处理基底以改善含能包覆层的黏附性。

Menon等人将氧化铁(Fe_2O_3)细丝嵌入到铝框架中形成了一种刷型的纳米铝热剂。通过复制多孔氧化铝基质获得该形态。制备过程包括10个阶段。40V电压下,铝在草酸溶液(质量分数3%)中发生阳极氧化,即铝表面形成多孔氧化铝。通过电化学方法用铁填充多孔氧化铝的孔(约50nm),并用有机包覆层密封。然后用氯化汞溶液(质量分数3%)溶解作为多孔氧化铝基底的铝。将有机包覆层溶解在乙醇中之后,用磷铬酸处理氧化铝基质可使铁纳米线的上端暴露并被氧化。通过热蒸发在氧化铁茎上沉积铝膜($E=25$nm),然后将氧化铝基质完全溶解在磷铬酸中。最后的处理还会导致铁丝的部分氧化,直至被氧化铝保护。形成的刷子最后在100℃退火,以改善界面处相之间的接触。氧化铁线的直径为50nm。它们的表面密度接近10^{10}线/cm^2,这表示铝表面的包覆率为20%。Menon等人描述的方法可以实现对氧化铁线的直径(8~200nm)和长度,以及它们所嵌入铝层厚度等的控制[53]。

Blobaum 等人在硅衬底上通过阴极溅射交替沉积氧化铜(CuO_x)和铝制备了铝热剂。首先用可溶于丙酮的树脂通过膜旋涂法覆盖基底,从而能够通过简单的洗涤来分离层压的铝热剂。在高真空(1.9×10^{-7}Torr)室中,分别采用 DC(150W)和 RF(200W)使铝和氧化铜(CuO)靶通过溅射沉积连续层。为了避免引发铝热反应,掩蔽溅射枪使等离子体限制在靶上方的小体积内,并用水冷却衬底。最终铝热剂沉积物的厚度为 14μm。除了第一个和最后一个(0.5μm)外,其他 Al/Cu_4O_3 双层具有微米厚度(1μm)[46]。

Petrantoni 等在硅片表面制备了线状结构的 CuO/Al 纳米铝热剂。为此,首先在高真空下通过蒸发在硅上沉积了一层钛的结合涂层(30nm),接下来通过热蒸发或电解沉积铜。在这种特殊情况下,应该通过热蒸发沉积一层铜膜(50nm)使基底导电。覆盖铜表面的氧化层用稀盐酸溶液化学剥落。通过铜沉积物在空气(450℃,5h)中氧化生成纳米线。Petranton 等表明,由纯氧化铜(CuO)组成的这些细丝是独立于铜沉积方法的,但是为了观察到这种形式氧化物的生长,该金属需要一个临界厚度(300nm)。最终在氧化物层[42]上通过热蒸发沉积铝得到了纳米铝热剂。

Ohkura 等使用电镀在钢板上沉积厚度为 1μm 的铜层,在 500℃下退火形成氧化铜(CuO)纳米线,退火时间为 5h 或 24h。长时间的热处理增加了氧化物纳米线的长度和表面密度,但并不会显著改变它们的直径。然后通过阴极溅射在 CuO 纳米线上沉积了各种厚度(100~425nm)的铝[38]。

Kim 等对 CuO/Al 纳米铝热剂沉积物的形态进行比较发现,其形态为粉末或为复合纤维层。通过旋涂铝纳米颗粒(80nm)和氧化铜纳米颗粒(30nm)在异丙醇中的悬浮液来沉积粉末。他们采用与 Petrantoni 等人描述的类似方法制备了纳米铝热剂纤维。首先用二氧化硅层(100nm)涂覆用作基底的玻璃条,然后通过阴极溅射相继沉积钽膜(50nm)和铜层(1μm)。这些沉积物的各自功能是促进纳米铝热剂与基底的粘附并作为氧化铜的前驱体。然后用盐酸溶液和水漂洗除去由铜表面氧化产生的氧化层。氧化铜纳米线是金属层(500℃,4h)在空气中氧化而成,然后通过阴极溅射被铝涂覆。纳米铝热丝及其氧化物核的直径分别约为 200nm 和 50nm[27]。

Zhou 等通过掠射角沉积技术用镁纳米小棒涂覆了硅衬底。金属在高真空(2×10^{-6} Torr)下蒸发,然后在温度低于 80℃的基板上冷凝,形成的小棒具有约 200nm 的直径和接近 1.5μm 的长度。接着,它们涂覆上一层通过铜靶的反应阴极溅射沉积的氧化铜(CuO),氧化层的厚度为100~200nm,是以非常规则的方式覆盖下面的镁,保护其免受氧化[26]。Zhou 等使用相同的合成方法在纳米尺度的镁涂覆上聚四氟乙烯连续层[6]。

Zhang 等在硅晶片的表面制备了 NiO/Al 纳米铝热剂。制备方法的第一阶段包括用在高真空(7×10^{-6}Torr)下采用热蒸发金属沉积法使镍膜涂覆硅,然后在基底上冷凝(45℃)。再在氮气(体积分数为 80%)和氧气(体积分数为 20%)的混合物中进行热处理(450℃,2h),使厚度约为 200nm 的这层致密涂层氧化。在这些实验条件下,镍被完全氧化;氧化物(NiO)沉积物具有蜂窝形状。生成的表面孔隙同时伴随着涂层厚度的增加,其平均高度从约 200nm(Ni)增加到超过 500nm(NiO)。铝最终通过热蒸发(5×10^{-6}mbar)沉积在氧化物上,以确保两相之间的良好接触[4]。

Xu 等用铝涂覆了硅基底表面上的氧化钴(Co_3O_4)纳米棒。将硅晶片浸入到硝酸钴的浓溶液中,用氨碱化,并在 90℃下保持 13h,合成了小棒状氧化物。期间生成的小棒不仅含有所需的氧化物,而且含有氢氧化钴($Co(OH)_2$),它可通过随后的煅烧(250℃,4h)氧化成 Co_3O_4。生成的长丝的平均直径为 500nm,长度为 5~15μm。它们通过薄的钴界面(约 200nm)固定在下面的硅上。铝通过在真空下(4.5×10^{-6} mbar)的热蒸发以获得到厚度可调(360~2320μm)的沉积,其完全适合涂覆氧化物线的表面。铝热剂中不存在金属钴,证明其在沉积阶段氧化物不与铝反应[3]。

在基底表面上能合成纳米铝热剂,表明可以将含能物质整合到微机电系统中,并能促进性能优异的烟火系统的开发。然而,由于沉积物的量非常少,所产生的烟火效应可能会发生耀眼的燃烧,但还不足以激活某些烟火效应,例如二次爆炸物的爆炸,它们需要更多的含能物质(0.1~1.0g),而这些含能物质是分布在高孔隙率的整个体积中,而不在一个平面聚集。

2.8　结论和展望

通过粉末在液体或干燥介质中的物理混合制备纳米铝热剂是目前唯一一种能大量获得含能材料的简单方法。在过去 20 年中,已经探索了许多其他更先进的制备方法,例如包覆、溶胶-凝胶合成、多孔固体的浸渍、组装和表面纳米结构化。虽然它们各有优点,但似乎都不适用于工业化规模的制备。

将来用于合成纳米铝热剂的方法还包括:以有序方式和在最佳安全条件下组装金属、准金属、氧化物和金属盐的纳米尺寸的“结构单元”。这些方法应该在安全和环境友好的操作条件下能够取决大量生产,从千克到吨。从基本粒子到烟火系统的整个规模,形态控制都是确保材料稳定性和保证其性能一致性的至关重要因素。制备方法应旨在使纳米铝热剂的组成在纳米颗粒的尺度上均匀,同时尽可能维持它们之间高的孔隙率。目前,组装和气溶胶合成法似乎是最适合于混合和构造纳米铝热剂的方法。

迄今为止,几乎没有研究集成纳米铝热剂的宏观烟火系统,表明离应用还有一段距离。因此,这个研究领域还有很大的发展空间。

参考文献

[1] ZHOU X. ,TORABI M. ,LU J. *et al.* ,"Nanostructured energetic composites:synthesis,ignition/combustion modeling,and applications",*ACS Appl. Mater. Interfaces*,vol. 6,no. 5,pp. 3058-3074,2014.

[2] GRANIER J. J. , PANTOYA M. L. , "Laser ignition of nanocomposite thermites", *Combust. Flame*,vol. 138,no. 4,pp. 373-383,2004.

[3] XU D. ,YANG Y. ,CHENG H. *et al.* ,"Integration of nano-Al with Co_3O_4 nanorods to realize high-exothermic core-shell nanoenergetic materials on a silicon substrate", *Combust. Flame*, vol. 159,no. 6,pp. 2202-2209,2012.

[4] ZHANG K. ,ROSSI C. ,ALPHONSE P. *et al.* ,"Integrating Al with NiO nano honeycomb to realize an energetic material on silicon substrate", *Appl. Phys.* , *A*, vol. 94, no. 4, pp. 957-962,2009.

[5] MALCHI J. Y. ,YETTER R. A. ,FOLEY T. J. *et al.* ,"The effect of added Al_2O_3 on the propagation behavior of an Al/CuO nanoscale thermite",*Combust. Sci. Technol.* ,vol. 180,no. 7,pp. 1278-1294,2008.

[6] ZHOU X. ,XU D. ,YANG G. *et al.* ,"Highly exothermic and superhydrophobic mg/fluorocarbon core/shell nanoenergetic arrays", *ACS Appl. Mater. Interfaces*, vol. 6, no. 13, pp. 10497-10505,2014.

[7] SULLIVAN K. , YOUNG G. , ZACHARIAH M. R. , "Enhanced reactivity of nano-B/Al/CuO MIC's",*Combust. Flame*,vol. 156,no. 2,pp. 302-309,2009.

[8] COMET M. ,PICHOT V. ,SIEGERT B. *et al.* ,"Phosphorus-based nanothermites:a new generation of energetic materials",*J. Phys. Chem. Solids*,vol. 71,no. 2,pp. 64-68,2010.

[9] MARTIROSYAN K. S. ,WANG L. ,LUSS D. ,"Novel nanoenergetic system based on iodine pentoxide",*Chem. Phys. Lett.* ,vol. 483,no. 1-3,pp. 107-110,2009.

[10] MARTIROSYAN K. S. ,WANG L. ,VICENT A. *et al.* ,"Synthesis and performances of bismuth

trioxide nanoparticles for high energy gas generator use", *Nanotechnology*, vol. 20, pp. 405609 (8), 2009.

[11] WANG L., LUSS D., MARTIROSYAN K. S., "The behavior of nanothermite reaction based on Bi_2O_3/Al", *J. Appl. Phys.*, vol. 110, no. 074311, 2011.

[12] SULLIVAN K. T., WU C., PIEKIEL N. W. *et al.*, "Synthesis and reactivity of nano-Ag_2O as an oxidizer for energetic systems yielding antimicrobial products", *Combust. Flame*, vol. 160, no. 2, pp. 438-446, 2013.

[13] SULLIVAN K. T., PIEKIEL N. W., CHOWDHURY S. *et al.*, "Ignition and Combustion Characteristics of Nanoscale Al/$AgIO_3$: A Potential Energetic Biocidal System", *Combust. Sci. Technol.*, vol. 183, no. 3, pp. 285-302, 2010.

[14] GIBOT P., COMET M., EICHHORN A. *et al.*, "Highly insensitive/reactive thermite prepared from Cr_2O_3 nanoparticles", *Propell. Explos. Pyrot.*, vol. 36, no. 1, pp. 80-87, 2011.

[15] GIBOT P., COMET M., VIDAL L. *et al.*, "Synthesis of WO_3 nanoparticles for superthermites by the template method from silica spheres", *Solid State Sci.*, vol. 13, no. 5, pp. 908-914, 2011.

[16] FOLEY T., PACHECO A., MALCHI J. *et al.*, "Development of nanothermite composites with variable electrostatic discharge ignition thresholds", *Propell. Explos. Pyrot.*, vol. 32, no. 6, pp. 431-434, 2007.

[17] LOMBARD A., "Toxicologie industrielle", *Techniques de l' Ingénieur*, vol. TIB568DUO, no. SE 1605, pp. 1-21, 2009.

[18] VEIL S., "Aluminium", in PASCAL P., BAUD P. (eds.), *Traité de chimie minérale - Tome VII*, Masson et Cie, Paris, 1932.

[19] SMITH W. E., ANDERSON A. R., Processes for preparing metal alkyls and alkoxides, US Patent no. 2,965,663, 1960.

[20] BONAFEDE J. D., "Explosive isopropanol", *J. Chem. Educ.*, vol. 61, no. 7, pp. 652, 1984.

[21] PERRY W. L., SMITH B. L., BULIAN C. J. *et al.*, "Nano-scale tungsten oxides for metastable intermolecular composites", *Propell. Explos. Pyrot.*, vol. 29, no. 2, pp. 99-105, 2004.

[22] SHENDE R., SUBRAMANIAN S., HASAN S. *et al.*, "Nanoenergetic composites of CuO nanorods, nanowires, and al-nanoparticles", *Propell. Explos. Pyrot.*, vol. 33, no. 2, pp. 122-130, 2008.

[23] PATEL V. K., BHATTACHARYA S., "High-Performance Nanothermite Composites Based on Aloe-Vera-Directed CuO Nanorods", *ACS Appl. Mater. Interfaces*, vol. 5, no. 24, pp. 13364-13374, 2013.

[24] WEN J. Z., RINGUETTE S., BOHLOULI-ZANJANI G. *et al.*, "Characterization of thermochemical properties of Al nanoparticle and NiO nanowire composites", *Nanoscale Res. Lett.*,

vol. 8, no. 184, 2013.

[25] THIRUVENGADATHAN R., BEZMELNITSYN A., APPERSON S. *et al.*, "Combustion characteristics of novel hybrid nanoenergetic formulations", *Combust. Flame*, vol. 158, no. 5, pp. 964-978, 2011.

[26] ZHOU X., XU D., ZHANG Q. *et al.*, "Facile green in situ synthesis of Mg/CuO core/shell nanoenergetic arrays with a superior heat-release property and long-term storage stability", *ACS Appl. Mater. Interfaces*, vol. 5, no. 15, pp. 7641-7646, 2013.

[27] KIM D. K., BAE J. H., KANG M. K. *et al.*, "Analysis on thermite reactions of CuO nanowires and nanopowders coated with Al", *Curr. Appl. Phys.*, vol. 11, no. 4, pp. 1067-1070, 2011.

[28] YANG Y., ZHANG Z. -C., WANG P. -P. *et al.*, "Hierarchical MnO_2/SnO_2 heterostructures for a novel free-standing ternary thermite membrane", *Inorg. Chem.*, vol. 52, no. 16, pp. 9449-9455, 2013.

[29] BOUMA R. H. B., MEUKEN D., VERBEEK R. *et al.*, "Shear initiation of Al/MoO_3-based reactive materials", *Propell. Explos. Pyrot.*, vol. 32, no. 6, pp. 447-453, 2007.

[30] SPITZER D., COMET M., "Synthesis, structural and reactive characterization of miscellaneous nanothermites", *J. Pyrot.*, vol. 26, pp. 60-64, 2007.

[31] BACH A., GIBOT P., VIDAL L. *et al.*, "Modulation of the reactivity of a WO_3/Al energetic material with graphitized carbon black as additive", *J. Energ. Mater.*, vol. 33, no. 4, pp. 260-276, 2015.

[32] SIEGERT B., COMET M., MULLER O. *et al.*, "Reduced-sensitivity nanothermites containing manganese oxide filled carbon nanofibers", *J. Phys. Chem.*, *C*, vol. 114, no. 46, pp. 19562-19568, 2010.

[33] COMET M., SCHNELL F., PICHOT V. *et al.*, "Boron as fuel for ceramic thermites", *Energ. Fuel*, vol. 28, no. 6, pp. 4139-4148, 2014.

[34] COMET M., SIEGERT B., SCHNELL F. *et al.*, "Experimental strategies for the desensitization of nanothermites", *International Pyrotechnic Safety Symposium*, Bordeaux, France, 15-16 November 2011.

[35] COMET M., VIDICK G., SCHNELL F. *et al.*, "Sulfates-based nanothermites: an expanding horizon for metastable interstitial composites", *Angew. Chem. Int. Ed.*, vol. 54, no. 15, pp. 4458-4462, 2015.

[36] PICHOT V., COMET M., MIESCH J. *et al.*, "Nanodiamond for tuning the properties of energetic composites", *Journal of Hazardous Materials*, vol. 300, pp. 194-201, 2015.

[37] SULLIVAN K. T., KUNTZ J. D., GASH A. E., "The Role of Fuel Particle Size on Flame Propagation Velocity in Thermites with a Nanoscale Oxidizer", *Propell. Explos. Pyrot.*, vol. 39, no. 3, pp. 407-415, 2014.

[38] OHKURA Y., LIU S.-Y., RAO P. M., ZHENG X., "Synthesis and ignition of energetic CuO/Al core/shell nanowires", *Proc. Combust. Inst.*, vol. 33, no. 2, pp. 1909-1915, 2011.

[39] JIAN G., FENG J., JACOB R. J. *et al.*, "Super-reactive Nanoenergetic Gas Generators Based on Periodate Salts", *Angew. Chem. Int. Ed.*, vol. 52, no. 37, pp. 9743-9746, 2013.

[40] ZHOU W., DELISIO J. B., LI X. *et al.*, "Persulfate salt as an oxidizer for biocidal energetic nano-thermites", *J. Mater. Chem.*, *A*, vol. 3, no. 22, pp. 11838-11846, 2015.

[41] JIAN G., LIU L., ZACHARIAH M. R., "Facile aerosol route to hollow CuO spheres and its superior performance as an oxidizer in nanoenergetic gas generators", *Adv. Funct. Mater.*, vol. 23, pp. 1341-1346, 2013.

[42] PETRANTONI M., ROSSI C., CONÉDÉRA V. *et al.*, "Synthesis process of nanowired Al/CuO thermite", *J. Phys. Chem. Solids*, vol. 71, no. 2, pp. 80-83, 2010.

[43] WU C., SULLIVAN K., CHOWDHURY S. *et al.*, "Encapsulation of perchlorate salts within metal oxides for application as nanoenergetic oxidizers", *Adv. Funct. Mater.*, vol. 22, no. 1, pp. 78-85, 2012.

[44] FENG J., JIAN G., LIU Q. *et al.*, "Passivated Iodine Pentoxide Oxidizer for Potential Biocidal Nanoenergetic Applications", *ACS Appl. Mater. Interfaces*, vol. 5, no. 18, pp. 8875-8880, 2013.

[45] SPITZER D., RISSE B., HASSLER D., Preparation of nanoparticles by flash evaporation, Patent WO 2013/117671, 2013.

[46] BLOBAUM K. J., REISS M. E., PLITZKO LAWRENCE J. M. *et al.*, "Deposition and characterization of a self-propagating CuO_x/Al thermite reaction in a multilayer foil geometry", *J. Appl. Phys.*, vol. 94, no. 5, pp. 2915-2922, 2003.

[47] SPITZER D., RISSE B., SCHNELL F. *et al.*, "Continuous engineering of nano-cocrystals for medical and energetic applications", *Sci. Rep.*, vol. 4, no. 6575, 2014.

[48] COMET M., SPITZER D., Procédé de fabrication de micro et/ou nanothermites et nanothermites associées, Brevet FR2905882, 2008.

[49] LUND G. K., HANKS J. M., JOHNSTON H. E., Method for the production of α-alane, Patent WO 2005/102919, 2005.

[50] COMET M., SCHNELL F., SIEGERT B. *et al.*, "Nanothermites at the ISL: preparation, desensitization, applications", *38th International Pyrotechnics Seminar*, Denver, Colorado, USA, June 2012.

[51] KAPLOWITZ D. A., JIAN G., GASKELL K. *et al.*, "Synthesis and reactive properties of Iron Oxide-Coated Nanoaluminum", *J. Energ. Mater.*, vol. 32, no. 2, pp. 95-105, 2014.

[52] FERGUSON J. D., BUECHLER K. J., WEIMER A. W. *et al.*, "SnO_2 atomic layer deposition on ZrO_2 and Al nanoparticles: Pathway to enhanced thermite materials", *ACS Appl. Mater. Inter-*

faces, vol. 5, no. 18, pp. 8875-8880, 2013.

[53] MENON L., PATIBANDLA S., BHARGAVA. *et al.*, "Ignition studies of Al/Fe_2O_3 energetic nanocomposites", *Appl. Phys. Lett.*, vol. 84, no. 23, pp. 4735-4737, 2004.

[54] WANG Y., JIANG W., CHENG Z. *et al.*, "Thermite reactions of Al/CuO core-shell nanocomposites with WO_3", *Thermochim. Acta*, vol. 463, no. 1-2, pp. 69-76, 2007.

[55] GASH A. E., SIMPSON R. L., SATCHER J. H., "Aerogels and sol-gel composites as nanostructured energetic materials", in AEGERTER M. A., LEVENTIS N., KOEBEL M. M., *Aerogels Handbook*, Springer, New York, 2011.

[56] GASH A. E., TILLOTSON T. M., SATCHER J. H. *et al.*, "Use of epoxides in the sol-gel synthesis of porous iron (III) Oxide Monoliths from Fe(III) Salts", *Chem. Mater.*, vol. 13, no. 3, pp. 999-1007, 2001.

[57] TILLOTSON T. M., GASH A. E., SIMPSON R. L. *et al.*, "Nanostructured energetic materials using sol-gel methodologies", *J. Non-Cryst. Solids*, vol. 285, no. 1-3, pp. 338-345, 2001.

[58] GASH A. E., SATCHER J. H., SIMPSON R. L., "Strong akaganeite aerogel monoliths using epoxides: synthesis and characterization", *Chem. Mater.*, vol. 15, no. 17, pp. 3268-3275, 2003.

[59] GASH A. E., SATCHER J. H., SIMPSON R. L. *et al.*, "Nanostructured energetic materials with sol-gel methods", *Mater. Res. Soc. Sympp. P.*, vol. 800, pp. 55-66, 2004.

[60] WANG Y., JIANG W., SONG X. L. *et al.*, "Depositing of amorphous ferri-oxide nanoparticles on surfaces of submicron aluminum powder", *Appl. Mech. Mater.*, vol. 320, pp. 451-455, 2013.

[61] SHIN M.-S., KIM J.-W., MENDES MORAES C. A. *et al.*, "Reaction characteristics of Al/Fe_2O_3 nanocomposites", *J. Ind. Eng. Chem.*, vol. 18, no. 5, pp. 1768-1773, 2012.

[62] KUNTZ J. D., CERVANTES O. G., GASH A. E. *et al.*, "Tantalum-tungsten oxide thermite composites prepared by sol-gel synthesis and spark plasma sintering", *Combust. Flame*, vol. 157, no. 8, pp. 1566-1571, 2010.

[63] LIU L. C., ZHANG Q. G., ZHAO J. P. *et al.*, "Study on characteristics of nanopowders synthesized by nanosecond electrical explosion of thin aluminum wire in the argon gas", *IEEE T. Plasma Sci.*, vol. 41, no. 8, Part 2 SI, pp. 2221-2226, 2013.

[64] DEAN S. W., PANTOYA M. L., GASH A. E. *et al.*, "Enhanced convective heat transfer in nongas generating nanoparticle thermites", *J. Heat Transf.*, vol. 132, no. 11, pp. 111201.1-111201.7, 2010.

[65] KIM S. H., ZACHARIAH M. R., "Enhancing the rate of energy release from nanoenergetic materials by electrostatically enhanced assembly", *Adv. Mater.*, vol. 16, no. 20, pp. 1821-1825, 2004.

[66] BEZMELNITSYN A., THIRUVENGADATHAN R., BARIZUDDIN S. *et al.*, "Modified nanoenergetic composites with tunable combustion characteristics for propellant applications", *Propell. Explos. Pyrot.*, vol. 35, pp. 384-394, 2010.

[67] YAN S., JIAN G., ZACHARIAH M. R., "Electrospun nanofiber-based thermite textiles and their reactive properties", *ACS Appl. Mater. Interfaces*, vol. 4, pp. 6432-6435, 2012.

[68] COMET M., SPITZER D., "Elaboration and characterization of nano-sized $Al_xMo_yO_z$ thermites", *33rd International Pyrotechnics Seminar*, Fort Collins, USA, July 2006.

[69] HU X., LIAO X., XIAO L. *et al.*, "High-energy pollen-like porous Fe_2O_3/Al thermite: synthesis and properties", *Propell. Explos. Pyrot.*, vol. 40, no. 6, p. 867-872, 2015.

[70] SPITZER D., COMET M., BARAS C. *et al.*, "Energetic nano-materials: Opportunities for enhanced performances", *J. Phys. Chem. Solids*, vol. 71, no. 2, pp. 100-108, 2010.

[71] SIEGERT B., COMET M., MULLER O. *et al.*, "Reduced-sensitivity nanothermites containing manganese oxide filled carbon nanofibers", *J. Phys. Chem.*, *C*, vol. 114, no. 46, pp. 19562-19568, 2010.

[72] COMET M., SIEGERT B., PICHOT V. *et al.*, "Preparation of explosive nanoparticles in a porous chromium(III) oxide matrix: a first attempt to control the reactivity of explosives", *Nanotechnology*, vol. 19, no. 28, pp. 285716, 2008.

[73] COMET M., PICHOT V., SPITZER D. *et al.*, "Elaboration and characterization of manganese oxide (MnO_2) based 'green' nanothermites", *39th International Annual Conference of ICT, Karlsruhe*, Germany, June 2008.

[74] FURUKAWA S., REBOUL J., DIRING S. *et al.*, "Structuring of metal-organic frameworks at the mesoscopic/macroscopic scale", *Chem. Soc. Rev.*, vol. 43, pp. 5700-5734, 2014.

[75] HORCAJADA P., CHALATI T., SERRE C. *et al.*, "Porous metal-organic-framework nanoscale carriers as a potential platform for drug delivery and imaging", *Nat. Mater.*, vol. 9, pp. 172-178, 2010.

[76] SHENDE R., SUBRAMANIAN S., HASAN S. *et al.*, "Nanoenergetic composites of CuO nanorods, nanowires, and al-nanoparticles", *Propell. Explos. Pyrot.*, vol. 33, no. 2, pp. 122-130, 2008.

[77] CHENG J. L., HNG H. H., LEE Y. W. *et al.*, "Kinetic study of thermal- and impactinitiated reactions in Al-Fe_2O_3 nanothermite", *Combust. Flame*, vol. 157, no. 12, pp. 2241-2249, 2010.

[78] MALCHI J. Y., FOLEY T. J., YETTER R. A., "Electrostatically self-assembled nanocomposite reactive microspheres", *ACS Appl. Mater. Inter.*, vol. 1, no. 11, pp. 2420-2423, 2009.

[79] YANG Y., WANG P. -P., ZHANG Z. -C. *et al.*, "Nanowire membrane-based nanothermite: towards processable and tunable interfacial diffusion for solid state reaction", *Sci. Rep.*, vol. 3,

no. 1694, 2013.

[80] THIRUVENGADATHAN R., CHUNG S. W., BASURAY S. *et al.*, "A versatile selfassembly approach toward high performance nanoenergetic composite using functionalized graphene", *Langmuir*, vol. 30, no. 22, pp. 6556-6564, 2014.

[81] SÉVERAC F., ALPHONSE P., ESTÈVE A. *et al.*, "High-energy Al/CuO nanocomposites obtained by DNA-Directed assembly", *Adv. Funct. Mater.*, vol. 22, no. 2, pp. 323-329, 2012.

[82] DONG Z., AL-SHARAB J. F., KEAr B. H. *et al.*, "Combined flame and electrodeposition synthesis of energetic coaxial tungsten-oxide/aluminum nanowire arrays", *Nano Lett.*, vol. 13, no. 9, pp. 4346-4350, 2013.

[83] SULLIVAN K. T., WORSLEY M. A., KUNTZ J. D. *et al.*, "Electrophoretic deposition of binary energetic composites", *Combust. Flame*, vol. 159, no. 6, pp. 2210-2218, 2012.

[84] SULLIVAN K. T., KUNTZ J. D., GASH A. E., "Electrophoretic deposition and mechanistic studies of nano-Al/CuO thermites", *J. Appl. Phys.*, vol. 112, no. 024316, 2012.

[85] WANG H., JIAN G., YAN S. *et al.*, "Electrospray formation of gelled nanoaluminum microspheres with superior reactivity", *ACS Appl. Mater. Interfaces*, vol. 5, no. 15, pp. 6797-6801, 2013.

[86] WANG H., JIAN G., EGAN G. C. *et al.*, "Assembly and reactive properties of Al/CuO based nanothermite microparticles", *Combust. Flame*, vol. 161, pp. 2203-2208, 2014.

[87] WANG H., JIAN G., ZHOU W. *et al.*, "Metal iodate-based energetic composites and their combustion and biocidal performances", *ACS Appl. Mater. Interfaces*, vol. 7, no. 31, pp. 17363-17370, 2015.

第3章 纳米铝热剂的实验研究

3.1 引言

对纳米铝热剂及其含能组分的实验研究是一个非常复杂的过程。它包括材料的形态分析，但最重要的还是它们的烟火性能表征。

用于惰性纳米材料的表征技术也可以用来研究纳米铝热剂的形貌。在考虑纳米铝热剂的能量特性以及采取必要的保护措施和适当的实验条件来保证操作者的安全后，可以用气体吸附、粒径测试、X射线衍射、电子显微镜或者原子力显微镜（AFM）技术和光谱法表征纳米铝热剂的性能。纳米铝热剂的形态研究需要考虑金属、金属氧化物、金属盐等各自的形态，也要考虑它们在混合物中的结合状态。测试的性能包括形状、比表面积和粒径分布、基体和表面化学组分、聚集方式、混合物的均匀度、界面性质和孔体积等。

纳米铝热剂的烟火性质通常需要采用特殊的方法进行研究，这些方法一般是该领域的研究团队结合高科技计量技术开发的。最常测试的烟火性质包括点火延迟时间、非限域或限域反应的传播速度、增压速率、反应热和发光性质。测定这些性质有助于解释不同复合物的反应机理，并在某些情况下比较它们的性能。

纳米铝热剂的反应性能与多种内在因素有关，如组分的化学性质、粒子的大小和形状、混合均匀度、是否有惰性或活性添加剂、孔隙率等。反应性能还与纳米铝热剂的反应环境有关，特别是含纳米铝热剂的装置以及点火时气体的性质和压力。最后，反应性质还取决于点火能量，它必须能够激活纳米铝热剂的强烈反应模式。

由于纳米铝热剂的能量释放过程极其短且范围小，因此如何准确测试是表征纳米铝热剂性能的难题。先进的分析方法，如"T-Jump"[1]技术，可用来研究小剂量纳米铝热剂样品（1~10mg）的基本反应机理。在介观尺度上的研究，如在合适的管或压力容器中的燃烧实验，则需要较大量的样品（0.05~5g），才能获得材料的整体反应信息。纳米铝热剂在宏观尺度上（>0.1kg）的爆炸性能尚未进行研究，主要是由于监管的限制，在宏观尺度上对这些敏感的纳米材料进行研究几乎是不可能的。

本章优先关注的是纳米燃料的特征和性能,这也是最重要的。因为它已经或将要用于纳米铝热剂的制备。铝是迄今为止最常用的纳米燃料,在纳米铝热剂中具有重要地位。氧化物和金属氧化盐等几种氧化性物质的性能将在后续章节中进行介绍;本章还对表征纳米铝热剂反应性和形态特征的技术进行了论述;在结论中,对未来能显著增强纳米铝热剂性能的方法进行了展望。

3.2 主要燃料的研究与性能

Dreizin 给出了纳米铝热剂配方中几种常用燃料的最大燃烧焓值的对比图[2]。从这项研究中得出的经典数值列于表 3.1 中。

表 3.1 燃料的最大燃烧焓,数值来源于 Dreizin 发表的对比图[2]

燃 烧 焓	B	Al	Mg	Ti	Zr
最大质量热焓/(kJ/g)	58	30	22	20	11
最大体积热焓/(kJ/cm^3)	143	81	39	89	73

作为对比,甲烷的燃烧热值为 55.6kJ/g。烷烃的燃烧热随着碳链长度的增加而降低,下限值趋于 45kJ/g,固态烷烃的密度为 0.7g/cm^3左右,体积燃烧热接近 30kJ/cm^3。除硼以外,纳米铝热剂中所有可能用的燃料的质量燃烧热都低于烷烃。但因为它们的密度较高,这些燃料的体积燃烧热都远远大于烷烃。金刚石是碳的一种密集形态,氧化热值为 33kJ/g,相当于 116kJ/cm^3。

此外,Fischer 和 Grubelich[3]还用表格对数据进行了分析,他们基于铝热剂和金属间化合物的理论热化学特性对它们进行了分类,发现质量燃烧热值和体积燃烧热值最高的铝热剂分别是 Mg/B_2O_3(8.92kJ/g)和 Be/PbO_2(26.72kJ/cm^3)。这些值远低于纯燃料发生氧化反应时释放出的热量。换句话说,燃料和氧化剂混合产生的反应热要小于燃料自身单独发生氧化反应时放出的热量。

最后,燃料的实际性能不仅与氧化反应释放的热量有关,更重要的是与氧化反应动力学有关。因此,尽管纳米结构的硼和金刚石具有诱人的热力学性能,但在作为纳米铝热剂的燃料时,其性能还不如铝。

3.2.1 纳米铝

毫无疑问,纳米铝是高性能纳米铝热剂配方中最重要的一种燃料。纳米铝颗粒具有非常独特的核壳型结构，中心核为结晶态铝，外层壳则是无定形的氧化铝，这种核壳结构有效地保护了中心核金属在室温下不被氧化。氧化铝层的厚度(E)通常为 2~5nm；它必须足够厚以防止里面的铝核被氧化。没有充分钝化的纳米铝样品(E<2nm)暴露在空气中是不稳定的。当壳层氧化铝的厚度小于 1.5nm 时，铝纳米粒子会发生缓慢的氧化并产生热量，热量会通过自我封闭的方式累积，从而导致火灾[4]。与纳米铝自燃性质有关的风险可以通过在其表面产生足够厚度的钝化氧化层进行控制，或者是减少没有充分钝化的纳米铝粉的储存量。

当颗粒的平均直径减小时，纳米铝粉中氧化铝的含量会显著增加(见图 3.1)。从烟火剂的观点来看，氧化铝是惰性物质。所以，相对于物质的质量，铝发生氧化反应时释放的热量会减少，在铝热剂中发生化学计量的氧化反应时所需纳米铝粉的量会增加。

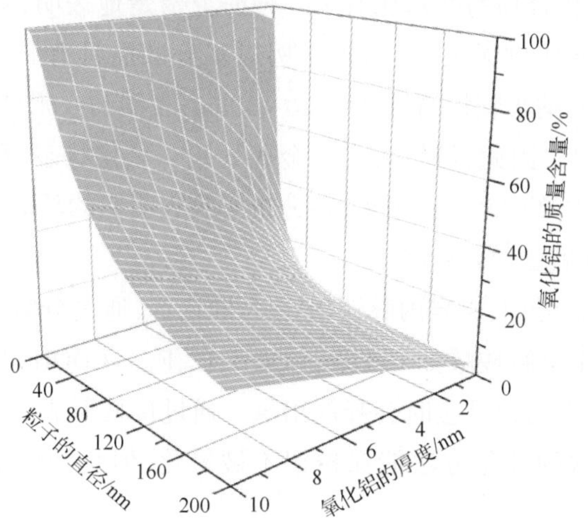

图 3.1　核-壳形态的球形纳米铝粉中氧化铝的质量变化规律，其与铝粉直径和氧化铝包覆层的厚度有关系

铝纳米颗粒的受控氧化是唯一有效的可持续保护金属核的方法。为了防止铝纳米粒子之间通过冷焊形成“颈部”，必须在制备之后彼此接触之前对它们进行预氧化。例如，Aumann 等人发现，纳米铝颗粒经后期氧化处理钝化后，会发生强烈的聚集[5]。Pesiri 等人通过在新形成的铝气溶胶中直接引入限量的氧进行钝化攻克了这一技术难题。通过后钝化过程会使氧化铝薄层变厚，目的是增加其稳定性[4]。在水蒸气或氮气等气态物质的存在下对铝进行钝化会生成含铝化合物，如氢化铝和氮化铝等，它们与潮湿的空气接触时容易水解生成氢和氨[6]。即使用有机涂层包覆未氧化的铝纳米颗粒也不能保护它们长期不被氧化。的确，透射电子显微镜

(TEM)观察表明,随着时间的增加,用这种方式包覆的铝粒子在铝芯和包覆的有机包覆层之间形成了一层氧化铝层。同时还观察到了由于包覆层材料与铝的不相容性引起的化学不稳定性。硬脂酸和油酸与铝反应形成的碳化铝(Al_4C_3)是一种对水分敏感且在甲烷和氢氧化铝中水解的化合物。硝化纤维素(NC)作为铝的一种强氧化剂,Al/NC 材料每年约损失原始质量 10%的铝[7]。

Hammerstroem 等人[8]试图通过聚醚以环的形状钝化初始的铝纳米颗粒,方法是在表面上的不同铝原子之间形成桥。接枝是在溶液中通过环氧化合物与不同链长的烃之间的反应进行的。在无水甲苯中,以异丙醇酞为催化剂,加入不同量的环氧化合物时,氢化铝(铝烷)会原位分解形成铝。Hammerstroem 等人的研究表明,如果制备过程用长链烷基取代环氧化合物,所得到的官能化的纳米颗粒更稳定。通过 Scherrer 公式计算发现,1,2-环氧十二烷包覆的铝纳米晶的尺寸与合成它们所用的铝烷/环氧化合物的摩尔比有关。该研究清楚地表明,铝核(13~15nm)的平均直径几乎与该比例无关,然而该比例对多分散性具有非常明显的影响。用 TEM 测试的包覆的纳米颗粒的尺寸为 20~30nm,表明与小尺寸的铝核相比,形成的有机层相对较厚。因此,虽然大多数金属处于非氧化状态(约 94%),但铝的总质量含量并不算高(约 35%)。最后,热分析实验表明铝的环氧化合物包覆层在温度达到 200℃之前就已经开始降解[8]。

Jouet 等人在乙醚中,以异丙醇钛(Ⅳ)为催化剂,通过分解氢化铝络合物制备了铝纳米颗粒。用全氟羧酸如 C_8F_{17}—COOH,$C_{10}F_{21}$—COOH 和 $C_{13}F_{27}$—COOH 作为包覆层材料,它们与铝反应时会释放出氢。通过接枝形成外部缺陷来中断铝纳米颗粒的生长。这种钝化方法能保护铝不被氧化,但是活性金属的质量含量非常低[9]。

Kaplowitz 通过气相法用全氟庚酸包覆未氧化的铝纳米颗粒,形成的包覆层(1~2nm)是由氧化铝和全氟庚酸组成的。用 X 射线光电子能谱(XPS)对包覆层的分析发现:56%的表面铝结合到了全氟庚酸的氧上,剩余 44%的表面铝与氧结合生成了氧化铝。红外光谱分析表明,羧酸基团与不同表面铝原子之间形成了桥键。虽然其没有铝纳米颗粒暴露在空气中表面自发形成的氧化铝层那样厚(约 4nm),但氟化物包覆层有效地抑制了金属核的氧化,理论上在非氧化铝中的质量含量更高(80%:63%)。当与氧化铜形成铝热剂时,纳米颗粒表面的氟化物使得它们的点火比常规铝纳米颗粒更敏感。Kaplowitz 等人认为,氧化铝与氟反应形成三氟化铝(AlF_3),其能影响暴露金属的氧化行为并降低点火温度[10]。

Wang 等人通过电爆炸(EEW)方法制备了聚四氟乙烯(PTFE)包覆的铝纳米

颗粒。该聚合物以胰岛形态的形式沉积在金属核上，沉积量随沉积时间的增加而增加，直到覆盖整个铝表面。PTFE 层能保护金属不被氧化并使其表面疏水。该涂层可使铝粉几乎不受湿气的影响，并能显著降低其在碱性溶液中的溶解性。具有纳米核-壳形态结构的 Al@ PTFE 比相应的物理混合物反应更加剧烈[11]。

尽管铝在分裂状态下的性质很少有报道，但紫外光对铝氧化行为的影响是一个有趣的课题。Cabrera 等人通过真空蒸发制备了透明的铝层，然后通过透射和反射模式，研究了存在和不存在紫外光条件下，薄膜的氧化随时间的变化规律。发现暴露在紫外光下，膜的氧化速率更快。作者指出这种现象不是由于形成臭氧引起的[12]。为了研究 Cabrera 等人观察到的薄膜铝沉积物的现象是否也会在金属纳米颗粒上发生，Walter 等人测量了储存在非密封透明瓶中纳米铝粉(DNP ≈ 39nm)表面氧化物层的增厚规律。最初的氧化物层厚度为 1.8nm，在实验结束时(d = 4000h)持续增加到 2.9nm。Walter 等人还发现增厚主要发生在开始的 2000h 内，并遵循 Fick 扩散定律，厚度与时间的平方根呈线性增加[13]。

3.2.1.1　纳米铝的表征

为了制备纳米铝热剂，了解纳米铝粉中金属铝含量的信息是非常必要的。Puszynski 报道了测定纳米铝粉中活性铝含量的四种方法：

(1) 热重分析法(TGA)；

(2) 体积法；

(3) 量热法；

(4) 激光诱导击穿光谱法(LIBS)[14]。

3.2.1.1.1　热重分析法

测定活性铝含量的第一种方法是使用热失重分析(TGA)测量纳米铝样品完全氧化的质量增重。活性金属含量是铝氧化时热重曲线上观察到的(2)和(6)水平之间增重的 1.125 倍(见图 3.2)。该值(1.125)对应于氧化铝中铝和氧之间的质量比。氧化铝的质量由图 3.2 中(2)处测量的样品的质量减去铝的质量得到。

TGA 不仅能够确定样品中 Al/Al_2O_3 的比例，而且还能提供有关铝粉特性的关键信息。因此，在图 3.2(1)中的质量损失对应于吸附在铝纳米颗粒表面上的水的解吸附和氧化铝层的脱羟基化，干燥的材料(2)在两个或三个阶段被氧化，如在热重曲线上(3)~(5)之间出现的逐步氧化过程；在曲线区域(3)中观察到的是铝的固相氧化，350~400℃之间开始。通过逐渐加热样品来使铝纳米粒子的中心核膨胀，从而导致氧化铝壳破裂，因此气体可以渗入，氧化铝壳不再保护所包覆的金属不被氧化。暴露在裂纹区域的氧气氛围中的铝几乎瞬间反应，这又导致氧化铝包

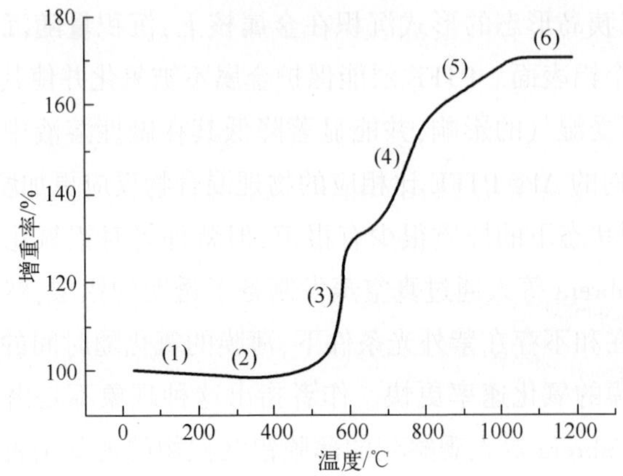

图 3.2　通过由平均尺寸为 160nm 的颗粒形成的纳米级铝粉（类型 Alex）逐渐氧化由热重分析仪（TGA）获得的典型曲线

覆层的快速“修复”。这就解释了热重曲线中区域（3）和（4）之间的氧化速率会降低的原因。曲线在 650℃时的拐点对应铝的熔化，是曲线区域（4）中第二阶段的开始。液态铝的氧化较慢，因为金属流过时会堵塞裂纹。如在（5）中观察到的氧化变缓就归因于这种效应，这使得颗粒内部的铝氧化更加困难。值得注意的是，较小尺寸（50~100nm）的铝颗粒没有观察到第三个氧化步骤。Rai 等人使用 TEM 对温度逐渐上升过程中铝纳米粒子的形态演化过程进行了跟踪，观察到了在铝的熔融温度时氧化铝层的破裂和熔融金属铝的流出现象[15]。最近，Egan 等人使用动态 TEM 研究了快速升温（$10^6 \sim 10^{11}$K/s）对铝纳米颗粒（80nm）的影响。结果表明，在快速加热条件下，相邻的纳米颗粒通过聚结机制转变成尺寸更大的颗粒。对由 50 ~100 个纳米颗粒形成的聚集体进行研究表明，15ns 的温度上升足以破坏其初始的纳米结构，并且这些物质在 50ns 之后完全烧结。发生这种转变的温度阈值（约 1300K）位于铝的熔化温度和氧化铝的熔化温度之间。Egan 等人的研究发现，氧化铝层的破裂或软化有可能促进铝纳米颗粒核的聚集。铝增厚的过程非常快，足以改变金属燃烧反应的动力学。聚结对纳米结构铝热剂反应的影响与铝纳米颗粒在其中的分布有关；如果纳米颗粒以很大的尺寸聚集在一起，则分裂状态的破坏对反应动力学是不利的。相反，如果纳米铝与氧化物相紧密混合，则聚结可以促进金属和氧化物之间的接触并改善其性能[16]。在从环境温度到 1473K 的快速加热（约 1ms）下，用扫描电子显微镜对 Al/WO_3 纳米铝热剂样品的形态进行了观察，结果发现，微观尺度下混合物形态特征几乎没有改变。Sullivan 等人注意到形态的变化基本上是在铝和氧化物彼此非常接近的区域内发生的。因此得出结论，这些相之间的放热反应归因于在相邻颗粒之间观察到的熔融和烧结，并且没有迹象表明在该实验条件下发生了氧化铝散裂和铝喷射的剧烈反应[17]。

纳米铝可以通过其总含氧量进行表征，并与活性金属含量成正比。它可以由固定在液相和固相中的氧的质量比来定义，其构成了纳米铝的"指纹"特征。

纳米铝粉的 TGA 分析需要明确实验条件。首先，它必须在完全不含氮的气氛中进行，因为铝能与氮气反应生成氮化物（AlN）。Mench 等人的研究表明，与传统尺寸的铝粉（$d \approx 20\mu m$）相比，Alex 铝粉（$d \approx 0.184\mu m$）在较低的温度（580~680℃）下就能完全氮化，而传统尺寸铝粉的氮化发生在 970~1020℃之间[18]。其次，氧气必须在氩气中稀释至百分之几的体积浓度，以避免发生不可控的氧化反应。使用氩气是合理的，因为这种气体不仅是化学惰性的，而且它还能减缓氧与铝的反应[19]。

反应过程也可以通过改变测试样品的质量以及加热速率进行控制。逐步氧化产生的氧化铝的表观体积与最初占据纳米铝粉的氧化铝的表观体积相当。然而，对铝滴形成过程中瞬间氧化的表征发现铝滴中含有大量未氧化的铝。

3.2.1.1.2　体积法

测定活性铝含量的第二种方法是测量用氢氧化钾溶液与铝粉反应释放的氢气的体积。该方法的优点是所用资源少，容易实现，在所有化学实验室中都适用。

3.2.1.1.3　量热法

可以通过量热法测量纳米铝粉氧化过程中的放热量。然后将测量值与纯铝氧化产生的热值进行比较，从而计算出样品中铝和氧化铝的比例。该测量技术的有效性是基于铝在宏观尺度和纳米尺度上氧化释放的热量是相同的。

但是量热法对铝粉的用量没有限制。因此，Sun 等人用差示扫描量热法（DSC）对平均粒径为 25~92nm 的几种纳米铝粉进行了研究，这些铝粉表面包覆有厚度为 3~5nm 的氧化铝层[20]。研究表明，随着颗粒半径的减小，铝的熔点降低。这种影响遵循 Gibbs-Thomson 定律，但是与文献中报道的实验和理论值相比，计算的固—液表面张力值偏低。作者认为，这是由于氧化物层对铝的限域效应引起的，其对金属核具有压缩作用，使得这种尺寸的铝颗粒在高于预期的温度下熔融。Mei 等人发表的研究结果指出，可以对氧化铝壳压缩的铝核的熔融温度的增加值进行估算，大约是 55K/GPa[21]。换句话说，熔点的降低并不比不存在氧化物层时明显。另一方面，熔融焓随铝纳米颗粒尺寸的减少会显著降低：对于平均直径为 92nm 和 25nm 的铝纳米颗粒，其熔化热分别只有块状铝熔化热的 88%和 20%。实际上，纳米铝比块体铝更容易熔化。Sun 和 Simon 指出,这种效应与铝中的能量增加相关,该能量源自晶体结构中的缺陷或不规则行为[20]。

3.2.1.1.4 激光诱导击穿光谱法(LIBS)

激光诱导击穿光谱法包括用 Nd:YAG 激光脉冲聚焦在被测试样品上来汽化极少量的材料。在其膨胀期间,产生的微等离子体冷却,它们中所包含的元素可以通过它们的原子发射线进行表征。不管其质量,使用这种技术分析纳米铝粉中的金属还是相当有趣的。

氧化铝层的平均厚度可以通过 TEM 对试样中一定比例的代表性纳米粒子的局部进行测量,或是分别通过氮气吸附和氦比重计来测量铝粉的比表面积(A,m^2/g)和真密度(ρ,g/cm^3)。假定样品由低分散性的球形颗粒组成,并且氧化铝壳层的厚度一定,可以计算氧化铝的平均厚度(E_{ox},nm)、铝核的直径(R_{Al},nm),从而推导出颗粒的直径(D_{NP},nm)。Pesiri 等人已经建立了计算这些值所需的方程[4]。然而,这些作者给出的公式中存在一些错误,下面将对这些方程进行修正。

第一步是根据式(3.1),用 TGA(见图 3.2)测量的质量增重(Δm)、铝的密度($\rho_{Al}=2.7g/cm^3$)和氧化铝的密度($\rho_{Al_2O_3}=2.7g/cm^3$)计算常数(β)。氧化铝的密度在水合(AlOOH:$3.01g/cm^3$)、无定形($3.40g/cm^3$)或结晶($\alpha-Al_2O_3$:$3.96g/cm^3$)时是不同的。Pesiri 使用的值是通过氦比重瓶测定的;它介于水合氧化铝和无定形氧化铝之间。M_O 和 M_{Al} 分别是分子氧和铝的原子质量:

$$\beta=\frac{\rho_{Al}}{\rho_{ox}}\left(\frac{3M_O}{2M_{Al}}\times\frac{100}{\Delta m}-1\right)\approx\frac{75}{\Delta m}-1\approx\frac{75}{0.89\times\% m_{Al}}-1 \tag{3.1}$$

然后用式(3.2)和式(3.3),根据球形模型中的比表面积(A)计算出氧化铝层的厚度和铝核的直径:

$$E_{ox}=\frac{3(1+\beta)^{\frac{2}{3}}}{A(\rho_{Al}+\beta\rho_{ox})}\left[(1+\beta)^{\frac{1}{3}}-1\right] \tag{3.2}$$

$$D_{Al}=\frac{6(1+\beta)^{\frac{2}{3}}}{A(\rho_{Al}+\beta\rho_{ox})} \tag{3.3}$$

最后,铝纳米颗粒(DNP)的总直径可用下式进行计算:

$$D_{NP}=\frac{6(1+\beta)}{A(\rho_{Al}+\beta\rho_{ox})}=D_{Al}+2E_{ox} \tag{3.4}$$

这些公式不适用于计算高度聚集和/或被形态不规则钝化层包覆的铝粉的性能(见图 3.3)。

图 3.3　(a)能通过和(b)不能通过 Pesiri 的方法计算纳米铝的电子显微镜照片

3.2.1.2　纳米铝的反应机理

铝纳米颗粒的反应机理是一个非常有争议的话题，对其已经进行了广泛的研究，并且在过去的20年中是很多出版物的主题。无论是理论上还是实践上，这些研究的主要不足是只孤立地描述铝纳米颗粒的行为，而不考虑其所处的环境。在一篇综述性文章中，Sundaram 等人提出主要有三个过程控制铝纳米颗粒的燃烧：

(1) 物质在气体混合物中的扩散，对于这种机理，作者持否定态度；

(2) 物质通过氧化铝层的扩散；

(3) 化学反应的动力学。

一些作者还提出了其他的机理，如 Levitas 提出的铝纳米颗粒的爆炸机理[22]。实际上，在纳米铝热剂中，铝的燃烧有三个组成部分：扩散、爆炸和动力学过程。金属发生燃烧的特定实验条件决定了其反应机理。

3.2.1.2.1　通过化学物质扩散的氧化机理

暴露于空气中的金属褪色是相当常见的现象，原因是在其表面上形成了一层非常薄的氧化物包覆层。这种效应的理论基础可以追溯到 Wagner 在第二次世界大战前10年期间的工作[23]。Mott 将金属分为两类：

(1) 包覆的氧化层厚度随时间的平方根成正比增加，这类金属包括铜或铁；

(2) 形成的氧化厚度保持不变，这类金属包括铝，铬或锌。

氧化一般是通过在氧化物层中离解成阳离子和电子的金属的扩散进行的，而不是通过氧的扩散来进行的[24]。对于铝来说，铝原子可以在氧化铝中溶解。金属原子从粒子的中心核向氧化物界面迁移，并在界面处与氧发生反应。该过程需要足够的能量将金属电子转移到氧化物的导带中，并且使所形成的金属离子进入氧化物的空隙位置。然而，铝离子需要毫无困难地横穿阳极氧化产生的氧化铝膜，其厚度相当大($E>1000$nm)。因为氧化铝是优良的电绝缘体，所以电子不能穿过氧化铝膜。Mott 将初始氧化铝层的形成归因于电子可以通过隧道效应穿过它,直到其厚度达到 4nm[25]。Mott 还认为,在通过占据空隙位点迁移的金属离子和氧化物层的金属离子之间发生了离子交换[24]。在后来的工作中,Mott 提出了一种新的理论来解释温度升高时包覆铝的氧化物层增厚的原因。该模型基于两个假设:

(1) 电子功函数对于热离子发射足够低,有助于电子从金属到氧化铝导带的迁移;

(2) 在金属通过扩散迁移的温度时,金属离子在氧化物中的溶解度很低。

在这些假设条件下,吸附在氧化铝外表面上的氧被金属发射的电子还原成氧化物阴离子。在离子化金属和表面阴离子之间建立的电场会引起铝离子的迁移,并且是氧化的驱动力[26]。通过应用该模型,Cabrera 等人推测,铝的氧化速率从 200℃开始会快速增加。通过对真空蒸发沉积铝层的研究,作者认为铝的氧化速度从 200℃开始增加并且在 400℃变得非常快[12,27]。

正如我们所看到的,最早关于铝氧化的研究是在铝片或者铝薄膜上进行的。现代研究受到该领域研究先驱们设计的模型的极大启发,但他们对纳米形态铝的氧化更感兴趣。

Henz 等人使用分子动力学方法对铝纳米颗粒的物理化学行为进行了模拟[28]。得到铝核的直径为 5.6nm 或 8nm,其在第一种情况下氧化铝壳的厚度为 1nm 或 2nm,在第二种情况下氧化铝壳的厚度为 2nm。关于氧化铝壳层的性质有不同假设,这些假设主要取决于:

(1) 是否是结晶氧化铝(α-Al_2O_3);

(2) 是否具有与化学计量相比少氧的无定形氧化铝;

(3) 是否是由按化学计量比无定形和多孔氧化铝组成的。

所模拟纳米颗粒的尺寸似乎是根据 Henz 等人的计算能力来确定的,而不是考虑纳米铝热剂配方实验中纳米铝粉的实际粒子尺寸(40~120nm)。模拟的颗粒具有很薄的氧化铝层厚度(1nm),或者在氧化方面是不足以稳定的(2nm)。尽管如此,因为颗粒的尺寸小,它们的氧化铝含量还是很高的,因此其活性铝含量很低(15%~35%)。然而,这些“理论纳米颗粒”可用 Henz 等人强调的几个有趣作用来解释极限尺寸的铝纳米颗粒的氧化行为。

由此定义的纳米颗粒经受非常快速的理论升温速率(10^{11} ~ 10^{13} K/s)。在 300~1000K对纳米颗粒进行真空加热发现,由于铝的熔化,铝核在大约 900K 时快速膨胀。因此观察到铝阳离子通过氧化物壳迁移到其表面。氧化铝壳不破裂,其保护作用可以用比固体氧化铝具有更好的弹性或通过铝的不充分膨胀来解释。铝的扩散无疑会有助于释放由核施加给壳体的压力。

Henz 的模拟表明，在氧化物壳中形成了负电荷梯度，这将导致铝阳离子向核—壳结构界面的流动。质量流主要是由该电场的作用产生的，当铝纳米颗粒在较低温度、氧化物包覆层较厚且组织良好时，该电场的作用更加强烈。

最后，为了解释 Rai[29] 和 Nakamura[30] 是如何通过氧化铝纳米颗粒的形成而得到中空氧化铝球的，Henz 等人将铝纳米颗粒置于氧气气氛中，按照 Henz 模型进行模拟。结果显示，在电场的作用下，铝通过氧化物壳的扩散远远快于氧化物阴离子到颗粒核心的扩散。氧化反应实际上发生在靠近氧化物/大气界面的壳层中。铝向纳米颗粒外围的扩散离开原本由金属空穴占据的空间，产生中空颗粒。相反，如果氧气向颗粒的中心核扩散并且氧化反应发生在核/壳界面处，则所产生的压力将会使颗粒胀破，这是 Rai 和 Nakamura 没有观察到的现象。

通过研究铝纳米颗粒在 500~1100 ℃之间不同温度下的氧化行为，Rai 等人用 TEM 观察发现，在 800℃以上会形成中空的氧化铝纳米颗粒。这一结果已通过密度测量证实。测试结果表明，氧化的纳米颗粒的密度随温度（500~800℃）上升逐渐增加，直至达到 $\alpha-Al_2O_3$ 的密度。当在更高的温度（800~1100℃）下进行氧化时，纳米颗粒的密度由于形成中空结构而降低。根据这些结果，Rai 提出了两步机理，包括氧化首先是通过氧的扩散进入到固体铝中，然后氧和铝作为金属熔体同时扩散发生反应[29]。通过对这些实验结果的模拟，Rai 等人提出了铝纳米颗粒的氧化时间（$D_{ox.}$）与其半径（R_{Al}）相关联的幂定律，并且考虑了核在壳上施加正压，相反，壳受到负压力的作用：

$$D_{ox} \propto (R_{Al})^{1.6\pm0.1} \tag{3.5}$$

Wang 等人使用分子动力学的方法研究了放置在氧气中的铝纳米颗粒发生氧化反应的原子机理，其铝核由激光脉冲加热[31]。研究中纳米颗粒的铝核直径（48nm）和氧化物壳的厚度（4nm）是比较合理的，但是设定的温度条件明显不可实现。Wang 等人假定氧化物壳保持在室温下，而金属核被加热到 3000K，6000K 和 9000K。这些初步假设对于维持纳米颗粒的结构是必要的，否则纳米颗粒的结构在所研究的温度下将通过其组分的蒸发而被破坏。将铝核加热至 3000K 时，对氧化物壳造成的损害极小，氧原子通过氧化物壳扩散到铝纳米颗粒的核中。较高温度（6000K）时，首先使得纳米颗粒产生强烈膨胀，形成中心空腔。随后的内爆伴随着氧向纳米颗粒的中心核渗透，形成固体。氧化层损坏，其组成接近 $AlO_{1.1}$。在 9000K 时，纳米颗粒的溶胀使得氧化物壳剧烈地膨胀，从而使壳层变为多孔结构。孔的形成允许原子能快速传输，使得铝的氧化非常快速。

Park 等人根据单粒子质谱法（SPMS）得到的尺寸研究了铝纳米颗粒的氧化[32]。这种非常先进的分析方法最初是由 Reents 等人研发的[33]。它使用 Nd:YAG激光器蒸发单个颗粒。受影响的颗粒被雾化并且其所有包含的元素以阳离子形式离子化，这使得它们能够通过质谱法测定。确定原子的数量及其性质有助于在假定球形几何形状的情况下评估所分析粒子的尺寸。Reents 等人使用这种技术表征了氯化钠（70nm）、硫酸铵（70nm）和二氧化硅（40～2000nm）等超细颗粒[34]。Mahadevan 等人为了研究金属硝酸盐（Al，Ca，Ag，Sr）的分解动力学，对该技术进行了改进。包括在表征之前，气溶胶通过管式炉时保持恒定的温度[35]。

Park 等人使用 SPMS 跟踪研究了铝纳米颗粒的氧化动力学。这些铝纳米颗粒通过电弧放电或通过激光烧蚀的方法原位制备，它们也可以通过其甲醇悬浮液的喷雾/干燥来制备。然后将铝纳米颗粒通过管式炉，温度固定在 25～111℃，使它们在离子化之前于管式炉中被氧化，然后用质谱法进行表征。作者定义了一个转换因子，等于颗粒的氧化体积与总体积的商，然后研究了其随颗粒尺寸和氧化温度的变化规律。从该研究来看，最小的铝纳米颗粒比较大的纳米颗粒能更完全且更快速的氧化。Park 等人的研究表明，铝纳米颗粒的氧化动力学由扩散控制。氧化在两个阶段发生：铝颗粒被薄的氧化铝壳非常快速地覆盖。从那时起，反应受到通过氧化物层物质的扩散限制。SPMS 技术研究表明，当金属熔化时，孤立的铝纳米颗粒开始氧化，而用 TGA 观察到的温度要低得多。氧化温度的降低归因于在块体样品内发生的热和质量传递的影响[32]。

纳米铝粉的低热导率促进了对材料内部热量的约束，从而降低了反应温度（见图 3.4）。这正是钝化不完善的铝粉暴露在氧化气氛时可能被点燃的原因。固体铝具有高的导热系数（$\lambda_{Al} = 237W \cdot m^{-1} \cdot K^{-1}$），是已知最好的导热体之一。然而，在超细状态下，其导热系数（$0.046W \cdot m^{-1} \cdot K^{-1}$）大约与空气导热系数的数量级相同。因此，纳米铝粉在宏观尺度上应当被认为是绝缘材料。

3.2.1.2.2 爆炸氧化机理

Wang 等人提出了包覆在铝纳米颗粒表面的氧化物层存在动态效应[36]。为了证明这一点，作者使用直径接近 60nm 的铝纳米颗粒，其氧化层厚度在 2.5～6nm。将这些颗粒以不同的质量浓度与硝化棉混合，然后沉积到玻璃基底上，形成微米厚度（2～3μm）的膜。复合膜用可变时间（0.1ns，10ns 和 25ns）的激光脉冲照射。作者计算了分散在膜中孤立的铝纳米颗粒之间的平均距离（d_{avg}），如果该距离大于由铝纳米颗粒反应产生作用的距离（d_{rxn}），则燃烧会传播并且烧毁连续的圆形区域。在相反的情况下（$d_{avg}<d_{rxn}$），只在局部位置发生燃烧。从间断燃烧到连续燃烧所需

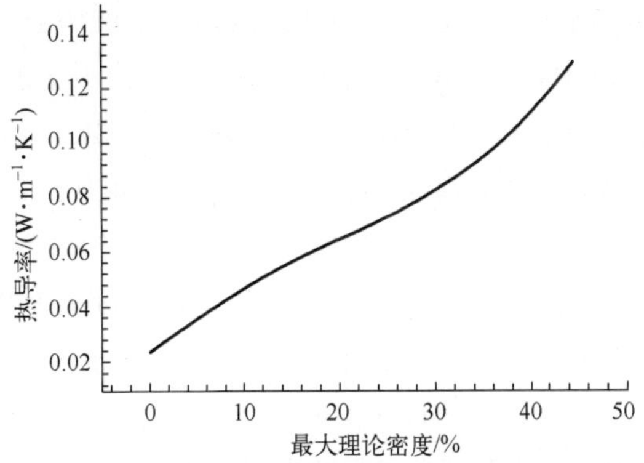

图 3.4　实验测得的含 74wt%铝的纳米铝粉(≈100nm)的热导率的变化规律;
TMD 的百分比等于零时的热导率就是空气的热导率

的表面能量密度是反应的起始阈值。该值可用于计算铝中单位体积的吸收能(E_v)。Wang 等人的研究表明,当激光脉冲较短(0.1ns)时,反应传播的平均距离(d_{rxn})随 E_v 的增加线性增加,而当激光脉冲较长(10~25ns)时,反应传播的平均距离(d_{rxn})随 E_v 增加呈亚线性增加。换句话说,当由较强的应力诱导时,铝纳米颗粒的反应更强烈。Wang 等人还注意到,对于相同的吸收能量,有较厚氧化物层包覆的铝颗粒具有更长的反应传播平均距离。因此,当铝纳米颗粒受到足够快的升温速率引起核—壳结构破裂时,氧化层在铝纳米颗粒的爆炸中起到了积极作用。Wang 等人还通过时间分辨显微镜观察发现,当使用 165μJ、25ns 的激光脉冲引发质量含量为 1%的铝纳米颗粒的膜发生反应时,产生半球形冲击波,前移速度近似为 1.4km/s。气体样品中携带的固体碎片以约 0.7km/s 的平均速度运动。

Levitas 等人提出了熔融铝的分散氧化机理,用来解释含有纳米铝的复合材料的非常特殊性质[22]。Levitas 等人提出,由于铝和氧通过氧化铝层的扩散,纳米铝热剂反应前沿的温度和压力上升非常快(≈10μs)。作者还注意到,当其半径小于 40~50nm 时,火焰前端的传播速度和点火延迟时间与铝颗粒的尺寸无关。根据实验观察到的结果,建立了描述铝纳米颗粒在快速加热条件下特殊反应的力化学模型[37],用来描述经受超快速加热时铝纳米颗粒的具体反应,也称为“熔体分散机理”(MDM)。该机理可能最适合描述纳米结构铝热剂复合材料的特殊反应机理。在快速升高温度的影响下,铝核熔化。Levitas 估计,诱导 MDM 所需的加热速率在 $10^6 \sim 10^8$K/s。当燃烧面的传播速率超过 10m/s 时,就可以通过铝热组分放热实现 MDM 的诱导[38]。铝的熔融膨胀会在氧化层处形成很高的压力(0.1~4GPa),并随着氧化层的破裂完全喷出。此时,铝滴中的压力保持不变,但是液态铝表面的压力突然下降至 10MPa。这一压力差产生的冲击波向粒子的中心传播，将铝滴分散成更小尺寸的液滴，并以 100~250m/s 的速度驱动，其氧化不受扩散的限制。

Campbell 等人通过分子动力学模拟证明，温度为 300K 时，铝纳米颗粒(20nm)在氧气中的氧化非常快，氧化铝层的初始增厚速率约为 58m/s。氧化物壳层在 0.1ns 内达到 3.3nm 的最终厚度[39]，按照 MDM 扩散的铝液滴具有比它们原始铝核小得多的直径。另一方面，因为 MDM 在铝的熔化温度下发生，所喷射液滴的氧化深度大于由 Campbell 等人计算的氧化深度。在这些条件下，通过 MDM 扩散的液滴的“寿命”为 0.01~0.1ns，并且在铝被完全氧化之前它们运动的距离不超过几十纳米。另一方面，Bazyn 等人研究了由冲击反射引起的纳米铝(80nm)的燃烧。作者通过测量产生这种现象的光强度变化确定了铝的燃烧持续时间。结果表明，当气体压力和温度都增加时，在等摩尔的 O_2/N_2 混合物中纳米铝的燃烧时间减少。然而，在高温(T>1600K)下，压力对燃烧时间的影响非常小，通过外推至 2560K，其计算值为几十微秒[40]。假设 MDM 在这些实验条件下发生，这意味着在铝被完全氧化之前，喷射铝所覆盖的距离约为几毫米。因此纳米铝被完全氧化之前，运动的距离在很大程度上取决于实验条件。然而，其估计值似乎为 10^{-7}~10^{-3}m。

在纳米铝热剂中，纳米铝主要被空气填充的颗粒间孔隙包围，并且更多的是局部被氧化物纳米颗粒包围。在正常温度和压力条件下进行的基础计算表明，每立方厘米铝的氧化和氮化需要 1.2L 的空气。在纳米铝热剂的反应温度下，实现这一反应所需的空气体积大约为 10 倍。在松散粉末的状态下，整个铝热反应中在纳米铝热剂孔隙中的空气所起的作用很小。这里应当指出，当所含的金属相对于化学计量比过量 20%~60%时，铝基纳米铝热剂的性能达到最佳。Prentice 等人在铝纳米颗粒(80nm)与氧化钨气凝胶组成的纳米铝热剂中观察到了这一差值[41]。空气氧化不是唯一的原因，水也起着重要的作用。在纳米铝热剂中，水可能来自金属氧化物中所含的羟基或某些氧化性盐的晶体结构，或者简单地来自纳米颗粒表面上吸附的湿空气中的水。值得注意的是，水也是一种纳米铝的候选氧化剂。根据 Risha 等人的研究结果，铝的湿粉和 n-Al/H_2O 浆料的质量燃烧速度超过几种高能推进剂[42]。然而，这些混合物的燃烧速度(1~10cm/s)远低于用相近尺寸铝粉制备的纳米铝热剂的燃烧速度。Risha 等人观察到，n-Al/H_2O 混合物的燃烧速度随压力的增加而增加，但与铝纳米颗粒的直径成反比。换句话说，反应取决于物质的扩散和化学反应的动力学。Tappan 等人进一步研究了 n-Al/H_2O 的组成，结果表明，在加压燃烧室(6.9MPa)中，纳米铝(80nm)在重水(D_2O，1.43cm/s)中的燃烧速度比在水(H_2O，1.92cm/s)中的燃烧速度低。作者还研究了铝纳米颗粒在尺寸不同时这类混合物燃烧速度的变化规律。最后，Tappan 等人根据实验得出结论，反应的动力学控制步骤是从水分子中夺取质子的反应，以及铝在气相中的反应[44]。

Risha 和 Tappan 得到的结果提供了在纳米铝和水混合物中不发生 MDM 的实验证据。然而，这类混合物有两个与纳米铝热剂不同的重要性质，这有助于解释为什么在爆燃的铝热剂组分中 DMD 能够形成和维持。通过铝粉中的毛细管扩散，水部分或完全填充铝粉所包含的颗粒间孔隙，所建立的表面力趋于将铝纳米颗粒聚集在一起。这些效应的结合有助于解释为什么 n-Al/H_2O 混合物具有比纳米铝热剂更高的堆积密度，其中氧化纳米颗粒导致了它们的多孔性，而铝不能像水一样可填充孔隙。最后，在 n-Al/H_2O 混合物中，铝纳米颗粒比在纳米铝热剂中靠得更加紧密，并且通过连续的水膜连接。在点燃时，水吸收提供给混合物的热量，促进其在样品中的扩散，然后通过用于限制的石英管壁散热。由于这种散热效应降低了加热速率，不足以激活 MDM。铝热反应的传播速率过慢（1～10cm/s），达不到发生 MDM 所需要的加热速率阈值，传播通过传导机制逐步发生。水部分或全部填充的 n-Al/H_2O 混合物的孔隙后，限制或阻止了未燃烧混合物中气体的对流。在这种特殊情况下，从缓慢燃烧到爆轰的转变似乎变得相当困难。

纳米结构铝热剂中燃烧面传播速度非常高的秘密在于其多孔性，其可促进气体的对流，并增强 MDM 的效率。为了理解这一点，我们可以将纳米铝热剂的燃烧与多米诺骨牌的下降线进行类比（见图 3.5）。多米诺骨牌最分散的结构代表松散粉末形式的纳米铝热剂，而最紧凑的结构代表压缩的纳米铝热剂。所描述的两个系统的推倒时间（t）是相同的，但是在第一种情况下所覆盖的距离明显高于第二种情况下所覆盖的距离（$D_1>D_2$）。当多米诺骨架分布在更大的距离（$V_1>V_2$）上时，下降速度更大。因此，多米诺骨牌排列下降产生的总能量取决于多米诺骨牌的数量，而不是它们的排列。然而，当多米诺骨牌紧凑排列时，与行进距离相关的能量更高。这与纳米铝热剂是相同的，当它们被强烈压缩时，体积反应热要高得多。Prentice 等人发现，当松散粉末在最大理论密度（TMD）的 20%和 50%之间压实时，基于三氧化钨和纳米铝组成的混合物的燃烧面传播速度要降低几个数量级[41]。

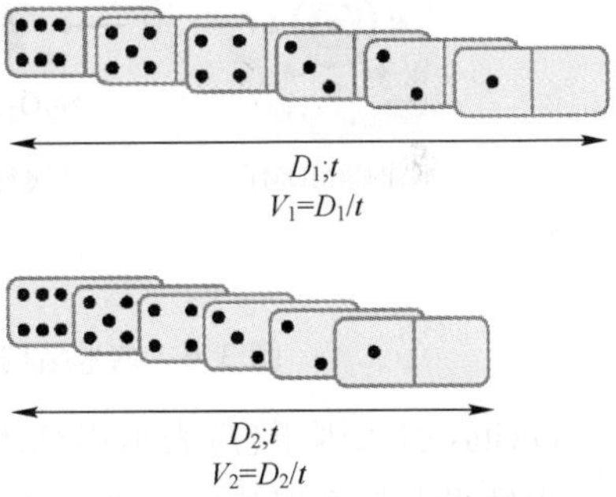

图 3.5　纳米铝热剂的燃烧传播与多米诺骨牌的下降的比较

图 3.6 演示了纳米结构铝热剂复合材料的 MDM 引发和反应阶段。铝纳米颗粒的爆炸是铝热反应的第一步,熔融金属液滴在所有方向上喷射,并且在与纳米铝热剂中的气体混合物接触时发生氧化。铝液滴(从纳米颗粒源到周围的氧化物颗粒)的飞行时间决定了反应的第二步,铝对金属氧化物的影响伴随着从金属到氧化物的热传递,从而使铝热反应活化。随后反应产生的热气体扩散进入混合物的孔隙中,并且使得 MDM 能够在更长的距离上起作用。由反应产生的热向未燃烧的混合物的传递确保了自蔓延燃烧。热传递的三种常规模式是气体的传导、辐射和对流。Egan 等人用简化的假设进行计算,发现这三种机理都不能解释纳米结构 CuO/Al 铝热剂中反应传播所需的显著热传递。作者之后证明,喷射和由反应产生的凝聚相($Cu + Al_2O_3$)的冷却在热量的传递中起基本作用[45]。这一有趣的机理类似于 MDM,其在某些方面是泛化的。纳米结构铝热剂复合材料的特殊反应可能是由支链纳米爆炸的传播引起的。这一行为能解释燃烧的规律,这是烟火领域中爆燃和传统爆轰之间的空白领域。

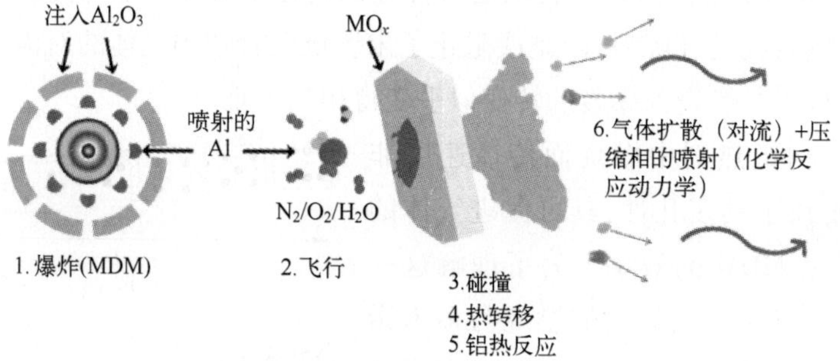

图 3.6 纳米结构铝热剂反应的动力学控制步骤

Levitas 引入因子(f)表示铝纳米颗粒爆裂时熔化铝的分数。当纳米铝热剂中所有铝纳米颗粒在爆炸之前都熔化时($f=1$),其反应速率最高。最后,Levitas 定义了一个无量纲量(M),等于铝核半径(R_{Al})与氧化铝壳厚度($E_{ox.}$)的比值。如果满足式(3.6)中表示的条件,则全部铝都会在纳米颗粒爆炸之前熔化。

$$M=\frac{R_{Al}}{E_{ox.}}\leqslant 19 \tag{3.6}$$

此时,MoO_3/Al 纳米铝热剂的火焰传播速度达到最大值,而与 M,R_{Al} 和 $E_{ox.}$ 的值无关。相反,如果 $M>19$,则在氧化层破裂之前仅有部分铝熔化,并在颗粒破裂期间分散。火焰传播速度与喷射的熔融金属所占分数成正比。剩余的固体铝氧化较慢并且对火焰传播速度没有影响[46]。在最近的工作中,Levitas 等人对铝纳米颗粒进行了热处理从而制备出与 MDM 产生的约束条件相反的核—壳结构。通过等温处理(105℃或170℃)10min,然后快速冷却,对纳米颗粒施加预应力。在与MoO_3纳米棒组成的混合物中,改性的铝纳米颗粒混合物燃烧产生的传播速度更高。对于微米级铝颗粒(3~4.5μm)也观察到了类似的效果[47]。虽然这种强化MDM的方法是诱人的,但似乎实际效果有限。预应力纳米粒子是一种有效的亚稳态材料,对含这种处理过的铝的含能物质,其性质可能随处理温度的变化而变化。氧化铝层的力学性能在MDM中起关键作用;它们不仅仅取决于其应力状态,而且还与其化学性质和潜在的缺陷有关。

Levitas证明微米级的铝颗粒(1~3μm)也会发生MDM。然而,它们爆炸喷射铝簇的速度显著低于铝纳米颗粒爆炸产生液滴的速度。这种效应可通过如下事实来解释:在微米颗粒中,氧化铝层在非常低的内部压力下就可发生破裂。然后,Levitas证明铝簇的低喷射速度对Teflon基铝热剂复合材料性能的影响小于对三氧化钼(MoO_3)基铝热剂复合材料性能的影响。Levitas将这种不同的行为归因于喷射铝簇的反应动力学:在第一种情况下,高压下,气态氟能与铝非常快速地反应;在第二种情况下,火焰传播速度受到铝氧(氧是由MoO_3提供的)反应动力学的限制[48]。

以纳米(80nm)和微米(4μm或20μm)铝粉按不同比例形成的混合物作为燃料制备出了基于三氧化钼的铝热剂[49]。Moore等人注意到,添加纳米级铝粉有助于铝热剂的点火,其还原相基本上由微米级铝组成。松散粉末或颗粒形式的Al/MoO_3混合物的燃烧速度几乎随着铝粉中所含纳米结构金属比例的增加而线性增加。Moore等人的研究表明,微米铝粉不参与由Al/MoO_3混合物燃烧产生压力峰的快速反应。微米铝颗粒的反应动力学较慢,这一点能在含有它们的Al/MoO_3混合物燃烧产生的气溶胶的延长白炽中得到反映。然而,当微米结构铝的添加量小于金属总质量的30%时,几乎不改变铝热剂的性能,因此该方法不仅降低了混合物中惰性氧化铝的质量,而且还节省了更昂贵的纳米铝。

Ohkura等人通过纳米铝的闪光点火实验确认了MDM的相关性。当相机闪光时,平均粒径为60~96nm($E_{ox.}=2$nm)的球形纳米铝粉在空气中点燃。在相同的实验条件下,微米铝粉(20μm)不发生反应。通过物理模型对这些实验结果进行分析,Ohkura等人确定了两个重要参数:铝颗粒的直径和粉末的堆积密度。最容易燃烧的铝颗粒的直径是75nm。由闪光对这种尺寸的分离颗粒($\Delta T<1$K)的加热不足以引起反应。然而,如果同样的颗粒以松散粉末的形式进行组装,当体积密度大于1%时,则由闪光($\approx 10^6$K/s)产生的热量可使温度升高到1100K以上,该温度足以引发纳米铝粉的燃烧。对已经暴露于空气中进行闪光实验的纳米颗粒进行了透射电子显微镜观

察，毫无疑问，铝核对氧化铝层施加压力，导致熔融铝的破坏和分散[50]。

尽管 MDM 理论有许多实验结果支持，并且有助于解释纳米结构铝热剂复合物的非常特殊的反应活性，但它并不被科学界一致认可。为了说明 MDM 无效并证明铝粉的扩散氧化机理，Chowdhury 等人对 Al/CuO 纳米结构混合物的点火进行了研究。为此，首先通过 500℃下的氧化处理来对包覆在原始铝纳米颗粒（50nm）上的氧化物壳层（$E_{ox.}$ = 2nm）进行增厚，然后使用改性的铝纳米颗粒（$E_{ox.}$ = 3 和 4nm）制备了 Al/CuO 纳米铝热剂。采用铂丝点火，铂丝的直径为 76μm，长度为 12mm。通过焦耳效应加热，用微量移液管将悬浮在己烷中的混合物沉积在金属丝的中心区域（3～4mm）上。点火延迟时间为放电结束的时间与由纳米铝热剂反应产生发光现象时间的差值。Chowdhury 等人通过该装置进行的实验得出结论：首先，点火温度与加热速率无关；第二，反应大约在 1250K 时发生，换句话说，该温度远高于铝的熔融温度（993K）；第三，点火延迟时间随着氧化铝层厚度的增加而增加，即使在反应开始之前就停止加热也是如此。这些实验结果与 MDM 的理论矛盾，从而使得 Chowdhury 等人拒绝接受这种机理，并得出了有利于扩散氧化机理的结论[51]。然而，似乎这些科学家使用的加热速率太低（$<10^6$K/s），不足以诱发 MDM。此外，可能测试的纳米铝热剂的质量太少，不能激活 MDM。然而 Chowdhury 等人进行的研究有一个特别有趣的现象。推测在纳米铝热剂点火期间产生扩散氧化，但是，一旦由混合物燃烧产生的温度上升达到其激活所需的阈值时，MDM 就会马上发生（见图 3.7）。纳米结构铝热剂复合物的点燃必须具有足够的能量才能激活 MDM，而不是首先通过缓慢燃烧然后加速的阶段。一种用于实现纳米铝热剂燃烧面“巡航速度”所必需的快速和较短距离的技术是使用纳米尺寸粉末状氧化铜和铝的混合物作为铝热反应的主要点火材料。

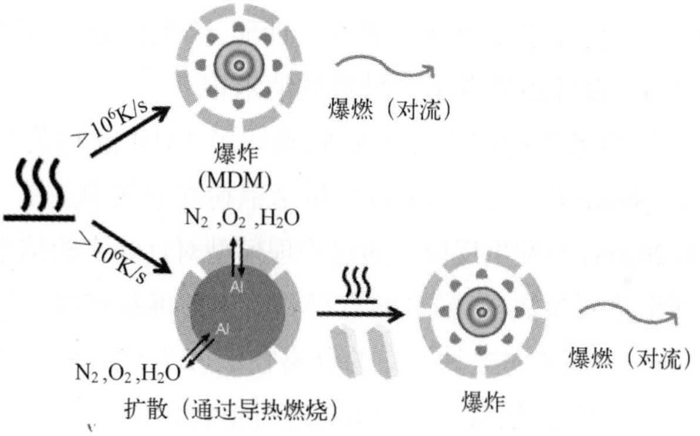

图 3.7 纳米结构的铝热剂由 MDM 直接或间接活化

正如我们已经看到的，铝纳米颗粒的爆炸是纳米结构铝热剂复合材料的高反应性的原因之一。Levitas 认为，他提出的铝的熔融金属爆炸和喷射机理也适用于金属钛和镁[37]。目前，除了铝之外，对其他纳米结构燃料制成的纳米铝热剂的实验研究还很少。然而，Fischer 和 Grubelich 等人通过考虑温度和反应热等热力学参数，筛选了一系列纳米铝热剂燃料[3]。在这些物质中，包括一些金属（Be，Hf，La，Li，Mg，Nd，Ta，Th，Ti，Y，Zr）和两种非金属（B，Si）。对于这一系列，还应该添加钙，因为 Goldschmidt 曾使用钙（Ca）作为铝热剂的组分。根据 Koch 等人的研究，镱（Yb）的烟火特性与镁（Mg）和锌（Zn）相似[52]。根据它们的具体性质以及包覆的氧化物的性质（参见表 3.2），采用半定量的方式对它们的爆炸反应能力进行了评价。这些性质包括：熔融温度（Mp）和沸腾温度（Bp），固体的线性膨胀系数（$\alpha_{Sol.}$），从固态（$d_{Sol.}$）转变为液态（$d_{Liq.}$）时金属密度的变化。根据式（3.7）可计算出相应的体积变化（$\Delta V_{Sol.\to Liq.}$）：

表 3.2　纳米铝热剂中常用燃料能通过 MDM 反应的能力评估（其中相变温度 Mp，Bp 和密度 $d_{Liq.}$，$d_{Sol.}$ 来源于文献[53]；金属和金属氧化物的线性膨胀系数（$\alpha_{Sol.}$）分别来源于文献[54]和[55]；Γ_K 值来自文献 a[56]，b[57]，c[58]，d[59]）

金属及其氧化物	Mp /℃	Bp /℃	T_{Tamman} /K	$\alpha_{Sol.}$ /(ppm. K^{-1})	($d_{Sol.}-d_{Liq.}$)/(g/cm^3) ($\Delta V_{Sol.-Liq.}$)/%	是否爆炸(MDM)（临界 Γ_K）
Al	660.32	2519	193.7	23.1~37.4 (20~627℃)	2.70~2.375 (+13.7)	是 (1.25)
$\alpha-Al_2O_3$	2053	≈3000	890	5.4~11.0 (20~1627℃)	—	
B	2075	4000	901	5[(a)] (20~200℃)	2.34~2.08 (+12.5)	否 (0.15)
B_2O_3	450	—	88.5	—	—	
Be	1287	2471	507	11.3~23.7 (20~1227℃)	1.85~1.690 (+9.5)	不确定 (0.91)
BeO	2577	—	1152	6.3~15.1 (20~2027℃)	—	
Ca	842	1484	284.5	22.3~24.5 (20~352℃)	1.54~1.378 (+11.8)	是 (1.42)
CaO	2898	—	1312.5	11.2~19.3 (20~2127℃)	—	
Hf	2233	4603	980	5.9~8.4 (20~1027℃)	13.3~12 (+10.8)	不确定 (0.61)
HfO_2	2774	—	1250.5	3.8~11.2 (20~1700℃)	—	

(续)

金属及其氧化物	Mp /℃	Bp /℃	T_{Tamman} /K	$\alpha_{Sol.}$ /(ppm. K^{-1})	$(d_{Sol.}-d_{Liq.})/(g/cm^3)$ $(\Delta V_{Sol.-Liq.})/\%$	是否爆炸(MDM)(临界 Γ_K)
La	918	3464	322.5	5.2~11.3 (20~727℃)	6.15~5.94 (+3.5)	不确定 (1.08)
La_2O_3	2304	3620	1015.5	10.8~16.3 (20~927℃)	—	
Li	180.5	1342	−46.3	46~56 (20~177℃)	0.534~0.512 (+4.3)	是 (2.03)
Li_2O	1570	—	648.5	33.6±0.8[b] (25~1000℃)	—	
Mg	650	1090	188.5	24.8~37.6 (20~627℃)	1.74~1.584 (+9.8)	是 (1.69)
MgO	2852	3600	1289.5	10.5~16.7 (20~1427℃)	—	
Nd	1021	3074	374	6.9~11.0 (20~727℃)	7.01~6.89 (+1.7)	否 (0.97)
Nd_2O_3	2233	3760	980	11.0~15.3 (20~1127℃)	—	
Si	1414	3265	570.5	2.57~4.33[c] (20~727℃)	2.329~2.57 (−9.4)	否 (0.59)
SiO_2 (玻璃体)	1713	2950	720	0.49~0.37 (20~727℃)	—	
Ta	3007	5458	1367	6.3~24.4 (20~2927℃)	16.4~15 (+9.3)	否 (0.31)
Ta_2O_3	1784	—	755.5	—	—	
Th	1750	4788	738.5	11.0~14.7 (20~1027℃)	11.7~10.35[d] (+13)	不确定 (0.91)
TbO_2	3390	4400	1558.5	7.7~12.1 (20~1727℃)	—	
Ti	1670	3287	698.5	8.6~13.5 (20~1327℃)	4.506~4.11 (+9.6)	不确定 (0.54)
TiO_2	1843	—	785	7.5~11.0 (20~1127℃)	—	
Y	1522	3345	624.5	11.3~12.8 (20~927℃)	4.47~4.24 (+5.4)	否 (0.76)
Y_2O_3	2438	—	1082.5	7.3~11.1 (20~1727℃)	—	
Yb	819	1196	546	25.1~34.2 (20~727℃)	6.90~6.21 (+11.1)	是 (1.20)
Yb_2O_3	2355	4070	1314	6.1~9.7 (20~1277℃)	—	

(续)

金属及其氧化物	Mp /℃	Bp /℃	T_{Tamman} /K	$\alpha_{Sol.}$ /(ppm. K^{-1})	($d_{Sol.}-d_{Liq.}$)/(g/cm^3) ($\Delta V_{Sol.-Liq.}$)/%	是否爆炸(MDM)(临界 Γ_K)
Zn	419.53	907	73.3	30.2~34.0 (20~417℃)	7.14~6.57 (+8.7)	是 (1.62)
ZnO	1974	—	850.5	4.3~8.0 (20~1227℃)	—	
Zr	1854	4409	790.5	5.7~11.3 (20~1527℃)	6.52~5.8 (+12.4)	不确定 (0.70)
ZrO_2	2709	—	1218	8.8~11.6 (20~1127℃)	—	

$$\Delta V_{Sol.\to Liq.}=100\times\left(\frac{d_{Sol.}}{d_{Liq.}}-1\right) \tag{3.7}$$

对于金属或非金属纳米颗粒的爆炸,构成其核的物质必须保持被其氧化物强烈限制,直到其熔化。但硼或钽不用这样,其熔化温度远高于它们各自氧化物的熔化温度(见表3.2)。因此,这些元素的纳米颗粒在熔化时发生爆炸是不可能的。显然这种情况不是最常见的,因为金属几乎都是在低于其氧化物层的熔化温度时就发生熔化。根据式(3.8)计算的塔曼(Tamman)温度(K)可提供评估爆炸能否发生的有价值的信息。

$$T_{Tamman}(\mathrm{K})=\frac{Mp(℃)+273}{2} \tag{3.8}$$

从物理学的角度来看,该温度表示分子从固态到流动态时的温度。因此,当金属熔融温度和Tamman温度之间的差值较大时,氧化物能保持其所有的力学性能。由式(3.9)可计算出氧化物的Tamman温度(K)与金属的熔融温度(K)的比值(Γ_K),提供了一个有趣的测量这两个温度差值的方法:

$$\Gamma_K=\frac{\Gamma_{Tamman}(\text{氧化物})}{Mp(\text{金属})} \tag{3.9}$$

当 $\Gamma_K>1$ 时,加热不会使氧化物层的力学性能降低,且氧化物层能有效地限制内部的金属直到其熔化,这种情况最有利于金属纳米颗粒的爆炸。铝、钙、锂、镁、镱和锌就是可以进行爆炸反应的纳米颗粒的例子。相反,当 $\Gamma_K<1$ 时,氧化物层的阻力由于加热发生了改变,不利于金属纳米颗粒的突然爆裂。因此,虽然我们不能完全排除钛,锆或铪等纳米颗粒发生爆炸的可能性,但是毫无疑问,它们发生爆炸的几率会明显对于那些比值(Γ_K)显著高于1的金属。

Rosenband认为,金属和固体之间线性膨胀系数($\alpha_{Sol.}$)的差异以及转变或金属相变产生的体积变化是导致氧化物膜破裂的原因[60]。某些金属,如铝或锌,如果纳米颗粒的加热太慢，它们会经历比其氧化物大得多的膨胀，从而在金属熔化之前使氧化物层发生开裂。对于其膨胀系数与氧化物非常接近的金属，如钛、锆或铪，加热在氧化物壳层中产生适度的机械应力。尽管随着钛（883℃）和锆（864℃）的同素异形转变的线性膨胀系数（$\alpha_{Sol.}$）发生变化，但后者可能维持其完整性直到金属熔化。除了硅在熔化时收缩以外，其他所有燃料在液化时都会明显膨胀。对于镧和钕，在熔化时体积增加很小，对这些金属的爆炸反应机理不利。

3.2.1.3 铝的特殊形态

Eapen 等人利用定容反应器研究了在空气中雾化的铝颗粒的燃烧。使用该系统，他们对具有微米尺寸（2～5μm）的球形铝颗粒与具有纳米厚度（20～200nm）的铝薄片的燃烧进行了比较。实验结果表明，尽管它们具有较低的表面积，但在空气中燃烧时，球形铝颗粒比片状铝粉产生更高的加压速率，并且在第一种情况下氧化金属的比例大于第二种情况。Eapen 等人认为，铝片缓慢和不完全燃烧归因于它们在空气涡流中的聚集，而空气涡流本来是用来分散它们的[61]。纳米铝热剂中铝薄片的行为可能完全不同，因为它们通过包覆在其表面上的氧化物纳米颗粒层彼此分离。

Wang 等人以硝化纤维素（1wt%～10wt%）为黏合剂，使用第 2 章中描述的电喷雾方法，通过金属纳米颗粒（～50nm）的组装制备了多孔铝微球（2～16μm）。在铝微球中增加硝化纤维素含量其具有缩短点火延迟时间和增加燃烧持续时间的双重效果。值得注意的是，由尺寸相近（3.0～4.5μm）的大颗粒制成纳米铝“饼干”组成的铝粉在相同的实验条件下是不反应的。在从纳米颗粒到“定制”烟火剂的漫长道路上，Wang 等人进行的研究是一个很好的例子[62]。

Young 等人在快速加热（7×10^4～6×10^5K/s）时研究了氢化铝（$\alpha-AlH_3$）在真空条件下的放氢反应和在不同气氛（空气、CO_2、Ar/O_2）中的燃烧反应。结果表明，当氢化铝快速加热时，脱氢和燃烧的温度更高，其在 650K 和 1200K 之间脱氢，在 900K 和 1500K 之间燃烧，并且几乎不依赖于氧化气氛的组成[63]。此后，Young 等人使用微米粒径（<25μm）的氢化铝（$\alpha-AlH_3$）作为添加剂，加入到基于氧化铜（CuO<50nm），氧化铁（Fe_2O_3<50nm）和氧化铋（90～120nm）与纳米铝粉组成的纳米铝热剂中。基于该物质在总铝中的摩尔含量，研究了加入氢化铝对压力容器中增压速率的影响规律。当铝含有小于 30mol% 的氢化铝时，CuO/Al 纳米铝热剂的性能增强。对于 Bi_2O_3/Al 混合物，只要该化合物在铝中的比例低于 50mol%，其性能与氢化铝的添加量无关。最后，增加氧化铝的含量改变了 Fe_2O_3/Al 纳米铝热剂的反应活性。在这三种情况下，氢化铝含量过高（40mol%-60mol%）会导致增压速

率下降。Young 等人认为这种抑制作用是因为氢化铝的分解使纳米铝热剂反应的绝热温度降低所致。反应环境的热量已经不足以使气相中的反应均匀发生，凝聚相中不同燃烧模式的转变可以解释反应活性降低的原因。总之，在一定条件下，在作为纳米铝热剂燃料的纳米铝粉中掺入少量的氢化铝可以改善它们的反应活性[64]。为了使氢化铝热解释放出氢气能有效提高增压速率，氢化铝应以纳米粒子的形式加入到纳米铝热剂中，以使其反应热量尽可能高。最后，应当指出的是，氢气是能量对流传输的理想物质，因而也是燃烧传播的理想物质。由于其尺寸小，氢气很容易渗透到任何可用的孔隙中。该气体比其他供应燃烧或由其产生的气体具有更高的热导率和热容量。

Noor 等人研究了通过金属丝电爆炸（EEW）法制备的铝铜合金颗粒（≈211nm）在空气中的形态和氧化反应，并将这些颗粒的性质与通过相同方法制备的铝颗粒（≈150nm）的性质进行了比较。合金纳米颗粒含有约 56wt% 的铝和 38wt% 的铜，主要为 $AlCu_2$，但也含有痕量的 Cu_9Al_4。包覆在合金表面的氧化物层厚度（3～4nm）比包覆在纯铝纳米颗粒表面的氧化物层厚度（4～5nm）薄。通过热分析对氧化反应的研究表明，合金熔化和氧化的温度比纯金属低[65]。

3.2.2　其他燃料

Yetter 等人在一篇综述文章中对可用作燃料的金属颗粒燃烧的各个方面，以及它们在不同含能材料中纳米形态的结合形式进行了介绍[66]。

对于在纳米铝热剂中可用作燃料的物质，首先必须对氧具有很强的亲和力；换句话说，它们必须具有还原性能。亲氧元素主要位于周期表的左侧。许多可氧化的元素不能用作燃料，因为不可能通过随时间变化形成的稳定氧化物层进行钝化。最后，一些元素（例如铍或钍）的毒性或放射性不可避免地限制了它们的使用。以纳米状态存在的燃料通常为球形，以及极少见的血小板形态。

3.2.2.1　纳米硼

硼是周期表中分子量最小的非金属固体元素。在理论上有很高的氧化焓（≈58kJ/g）及优异的物理和化学稳定性，使其成为纳米铝热剂还原剂的极佳选择。由于其分子量低，还原金属氧化物所需硼的质量比相当低。因此，金属氧化物占据大部分质量的硼热剂的理论最大密度（TMD）相对较高。尽管硼具有这些固有的性质，但是由于其耐火性，硼作为燃料在烟火剂复合材料中的适用性不如铝。硼的熔融温度（2075℃）和汽化温度（4000℃）都非常高，发生这些相变所需的热量也是非常高的（50.2kJ/g 和 480kJ/g）。

Sullivan 等人通过在压力室中进行的燃烧实验表明,向 CuO/Al 纳米铝热剂中加入纳米硼(62nm)增加了燃烧产生的增压速率,并且缩短了点火延迟时间。然而,这种性能改进仅在燃料(Al + B)中的摩尔硼含量低于 50%时才能观察到。大量添加硼改变了纳米铝热剂的性能。添加大颗粒的硼粉(700nm)时,未观察到硼对反应性能的有益影响。为了解释这些实验结果,Sullivan 等人提出了硼粒子暴露在高温(> 2350K)条件下的传热模型。由铝热剂产生的温度必须足够高,不仅能使氧化物(B_2O_3)蒸发,而且能使硼熔化。此外,这些现象必须在比铝热反应更短的时间内完成,从而使得熔融的硼能够与氧化铜反应。直径为 62nm 或 700nm 的硼参与反应所需的温度分别为 2370K 和 2800K[67]。根据该模型,纳米硼可以通过增加燃烧产物中气体的比例来增强高反应热组分的性能,例如硫酸盐基纳米铝热剂[68]。

Martirosyan 等人指出,向 MoO_3/Al 纳米铝热剂中添加少量(2.53wt%)的纳米硼粉(约 50nm)可使燃烧产生的最大压力从 0.48MPa 显著增加到 1.3MPa[69]。

Comet 等人比较了 CuO/B 和 Bi_2O_3/B 纳米铝热剂的喷射速度和无功功率。为了进行比较,将松散的纳米铝热剂粉末放置在小杯($10 \sim 15mm^3$)中,并通过静电放电点燃它们。采用高速摄像机对燃烧进行观察确定了反应时间,以及相应时间内铝热剂的反应过程和喷射的质量。然后用反应铝热剂的质量除以反应时间来计算喷射速度。混合物反应释放的能量可以用它们的质量乘以比热来计算。用能量除以反应时间可以得到反应的功率。对混合物中硼含量与喷射速率和反应功率的关系研究表明,Bi_2O_3/B 纳米铝热剂的性能最佳。Comet 等人通过该方法的研究表明氧化铜和氧化铋与铝的反应比与硼的反应剧烈得多[70]。

3.2.2.2 纳米锌

过渡金属锌可在特别低的温度下熔化和蒸发(见表 3.2)。虽然在理论上锌的还原性比铝还小,但由于包覆的氧化物层(ZnO)的保护作用比氧化铝差,锌在溶液中更容易氧化。因此锌对所处的化学环境非常敏感。锌与溶解能产生具有酸性、碱性、氧化性或络合性质的物质结合会产生不稳定的组分,例如,锌与硝酸铵和氯化钠或氯化铵的混合物在与水甚至是湿空气接触时会自燃。含锌混合物的不稳定性解释了为什么这种金属不能用作纳米铝热剂中纳米结构燃料的原因。

与硫以及高锰酸钾或氯酸钾等氧化性盐混合,微米级锌粉可作为可燃成分。锌的燃烧可通过大量的白炽烟排放进行表征。锌烟雾在褪色到白色之前是黄色的。这种行为是由于蒸气形式的金属氧化和氧化锌的热致变色造成的。

具有图3.8所示的形态和热特性的亚微米尺寸的锌粉是一种市售商品。这些颗粒通常为球形,但是它们的表面是多面体的,其尺寸分布相当宽,为50nm~1μm。这些颗粒的聚集不明显,它们通过表面张力产生的内聚作用聚集成簇。通过超声处理,粒子簇可在液体中分离。金属表面被氧化物重结晶形成的颗粒层包覆[24]。TGA分析表明,所研究的锌粉结合了其原始质量23.5%的氧,表明对应的金属质量含量高(96wt%)。锌结合的氧比铝和纳米硼结合的氧少得多,换句话说,即还原氧化剂所需燃料的质量相对较高,占组分质量的1/3~2/3。

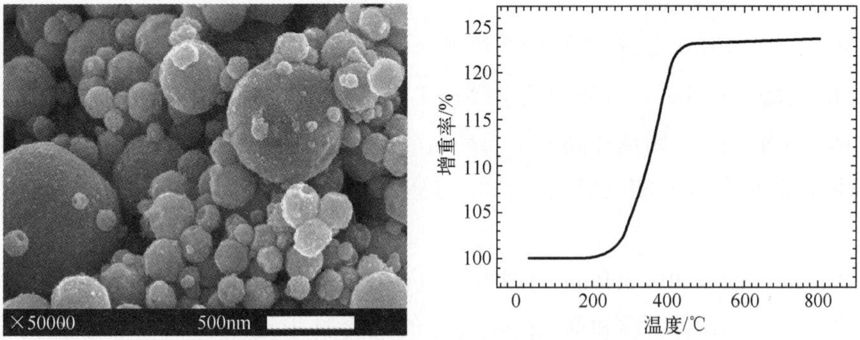

图3.8　亚微米尺寸锌颗粒的电子显微镜照片和通过热重分析(TGA)得到的锌粉逐步氧化的典型曲线

3.2.2.3　纳米镁

镁的熔点(650℃)接近铝的熔点(660℃),但镁的沸点(1090℃)非常低,是一种低密度(1.74g/cm^3)的高还原性金属。低沸点非常有利于提高镁基铝热剂复合材料的反应性,因为金属的蒸发将增加初始压力并促进与氧化剂分解释放的气态氧的燃烧。镁的主要弱点是其粉末形态的高氧化性。例如,Zhou等人的研究表明,镁纳米棒的表面通过与大气的简单接触会发生非常明显的氧化,并且在干燥箱中保存1个月后,Mg/O的比例会等于氧化物的化学计量比[71]。镁能与包括二氧化碳在内的所有含氧物质反应。换句话说,细化的镁粉不稳定,可以通过自发氧化产生的自加热来点燃。

Ricceri等人使用Mg/B_2O_3和Mg/WO_3镁热剂组分通过机械合成法制备了亚微米尺寸的硼(80~400nm)颗粒[72]和钨多晶聚集体(70~100nm)[73]。在这些镁热剂复合材料中,镁以微米尺寸(125~350μm)的粉末形式存在。对不同时间球磨组分的分析表明,在两种情况下,经过短的诱导期后,都几乎瞬间发生反应。

Zhou等人首先用氧化铜包覆镁纳米棒,然后将稳定的镁纳米棒沉积在硅基底上。DSC分析表明,Mg/CuO混合物的反应放出大量的热量(≈3.4kJ/g),并且反应是在镁没有熔化的情况下发生的,反应生成氧化镁(MgO)、铜和氧化亚铜(Cu_2O)[71]。用 PTFE 包覆镁纳米棒可使其变得对水不敏感。在某些情况下,水滴在沉积到基体上的 Mg@PTFE 棒表面的接触角达到 162°,具有超疏水特性。热分析表明,Mg@PTFE 混合物的反应热(6.35~8.65kJ/g)非常高,并且它们的起始分解温度特别低(≈270℃)。在长度为 10cm 的毛细管中测量了 Mg@PTFE 混合物的火焰传播速度,混合物在毛细管中的填充高度(1.8cm)很短。发现混合物的平均火焰传播速度在 450~600m/s,且在管的未填充部分可达到 1500m/s[74]。

3.2.2.4 纳米钛

钛是一种高活性金属,当与空气接触时,在其表面生成具有保护作用的氧化物层,钝化后使得金属对其所处的化学环境不太敏感[75]。根据 Billy 的研究,钛的化学性质与硅相当。金属钛在高温下与高锰酸盐、氧化铜和二氧化铅反应剧烈,但与氯酸钾、硝酸钾和碳酸钠反应温和[76]。这些性质表明纳米结构的钛热剂具有有趣的烟火特性。

钛粉以直径在 30~300nm 的球形颗粒存在,是一种市售商品(见图 3.9)。研究表明,在氩(98%体积)和氧(2%体积)的混合物中这些颗粒在非常低的温度(100~200℃)下就开始缓慢氧化,直到高于 1000℃才完成。由钛纳米颗粒固定的氧的质量(48.5wt%)低于其理论含量(66.8wt%),这表明样品中仅含有 72.6wt%的金属钛。最终的氧化产物呈非常浅的橙色。XRD 表征发现,样品中仅含有金红石型的氧化钛(TiO_2)。

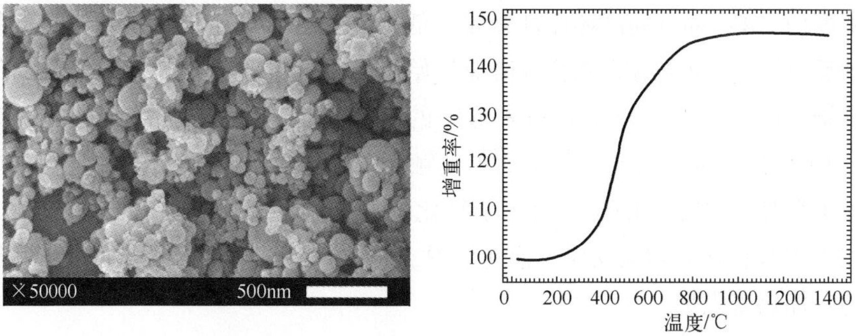

图 3.9 通过 SEM 观察含有亚微米尺寸和纳米颗粒的钛粉;TGA 获得的由钛粉逐渐氧化的典型曲线

3.2.2.5 红磷

Hale 等人申请了用红磷还原金属氧化物形成可燃粉末的专利。虽然这些作者没有给出所用氧化物的尺寸,但是他们提到的燃烧速度通常对应于微米级颗粒组成的混合物。Busky 等人获得了从红磷颗粒表面上的金属盐溶液中沉淀形成金属氢氧化物(0.1wt%~2wt%)的方法。这种方法使红磷对水蒸气和氧的氧化不敏感,因此降低了储存期间形成磷化氢(PH_3)和磷酸的量[78]。Comet 等人提出使用金属氧化物纳米颗粒与红磷为基础制备铝热剂[79]。红磷是一种理想的燃料,即使在硫酸钙等稳定性盐中也能轻易地与氧发生反应。根据 Davies 的研究,磷氧化发生反应释放的能量为 18.2~24.3kJ/g,具体数值的大小与存在的氧含量有关,分别形成 P_4O_6 或 P_4O_{10}[80]。强氧化性盐与磷的混合物能形成系列爆炸性组分。

红磷的弱点是其高可燃性(T>260℃)以及与水分接触时产生有剧毒的磷化氢(PH_3)。为了限制磷化氢的生成,在军事中磷常用作烟雾弹的组分[81],从而促进了稳定红磷技术的发展。

白磷到红磷的转化反应是放热(0.56kJ/g)反应,在电池中于 220~280℃ 下发生该反应,得到的红磷是固体,需要研磨将其变成微米级粉末。这就解释了为什么市售红磷颗粒是带棱角的(见图 3.10)。

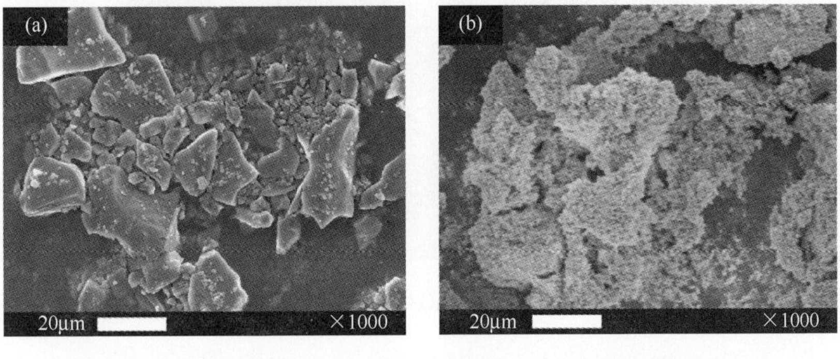

图 3.10 用电子显微镜观察:(a)红磷颗粒的形态;(b)将这些颗粒(15.7 重量%)与纳米 CuO 粉末混合而形成的复合物[82]

红磷不能以纳米颗粒的形式存在,因为它既不能溶解在液体中,也不能通过传统制备纳米材料的方法使其纳米化。初步的研究有助于根据它们的表观反应性能对金属氧化物和红磷形成的几种混合物进行分类:NiO/P<Fe_2O_3/P<Bi_2O_3/P<CuO/P<PbO_2/P(爆炸)。

通过在管式炉中煅烧质量为 0.7g 的 n-CuO/P 铝热剂材料,研究了它们的反应机理。该实验在惰性气氛(Ar,300mL/min)中进行,将样品从室温到 500℃ 进行缓慢加热(2K/min),在冷却时保持通氩气以避免燃烧后反应产物氧化。

含 15.7wt%红磷的铝热剂在煅烧过程中样品的质量没有发生变化,这说明磷不升华,也不会生成磷酸酐。煅烧产物的 XRD 分析表明,其由铜和铜盐的混合物组成:磷化铜(Cu_3P),偏磷酸铜($Cu(PO_3)_2$)和焦磷酸铜($Cu_2(P_2O_7)$)。这些结果使得我们能够写出含13.0wt%磷铝热反应的平衡反应方程式,其似乎与由原始混合物(红磷为15.7wt%)发生铝热反应的生成物的比例一致。

$$13CuO+5P \rightarrow 7Cu+Cu_3P+Cu(PO_3)_2+Cu_2(P_2O_7)$$

具有较高磷含量(30wt%)的CuO/P铝热剂在煅烧时伴随有82wt%的质量损失,对应的损失包括反应产物喷射到石英管的管壁上(见图3.11);在最冷区域沉积的带有黄色阴影的浅红色薄膜,该区域在石英管的端部,位于氧化铝坩埚的下游。溅落在坩埚上方管壁上的物质与管壁强烈地粘附在一起,它由金属铜以及铜的磷化物(Cu_3P)和环四磷酸铜($Cu_2P_4O_{12}$)组成。其升华沉积物基本上由亚磷酸酐组成,水解形成酸性溶液。其特殊的着色归因于煅烧组合物中存在过量的磷。

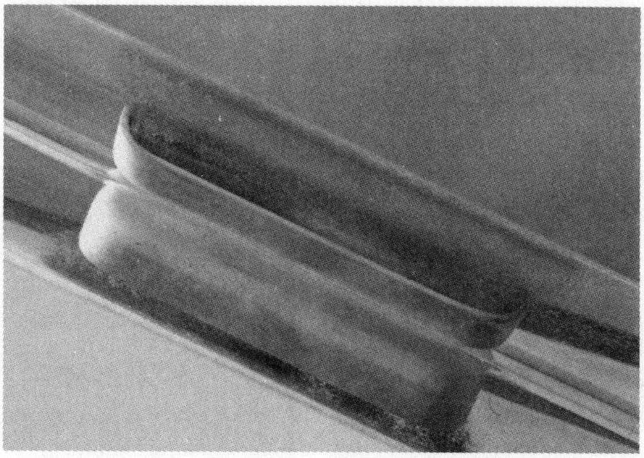

图3.11 含有30wt%红磷的CuO/P铝热剂煅烧时的喷射产物的图

燃烧残余物具有球形形态,与观察的尺度无关。铜首先形成纳米尺寸的液滴,组装成微米尺寸的颗粒,当n-CuO/P混合物被压缩时,它们自身排列成宏观球体[82]。

根据所得到的实验结果,对n-CuO/P的反应机理描述如下:

(1) 混合物加热引发磷的升华,其蒸气穿过氧化铜纳米颗粒层(见图3.10),随后将CuO还原产生纳米尺寸的铜液滴和磷酸酐(P_2O_5)蒸气。

(2) 然后磷酸酐(酸)和氧化铜(碱)之间按照下面的反应式进行反应,生成氧化性的铜盐:

$$2CuO+P_2O_5 \rightarrow Cu_2(P_2O_7)$$

$$CuO+P_2O_5 \rightarrow Cu(PO_3)_2$$

$$2Cu(PO_3)_2 \rightarrow Cu_2(P_4O_{12})$$

反应的选择性显然是由其动力学确定的:缓慢分解生成焦磷酸铜,剧烈燃烧生成环四磷酸铜。

(3) 磷化铜在高温下是不稳定的,它由磷蒸气与金属铜液滴在冷却时发生反应得到。

$$3Cu+P \rightarrow Cu_3P$$

考虑到其熔化温度($T_F \approx 900℃$)低于铜的熔化温度,磷化铜可能以液态形式在先固化的铜液滴表面上形成。由于 Cu_3P 的密度低于铜的密度,磷化铜保持在铜滴的表面。磷青铜对铜纳米粒子的包覆解释了它们聚集而没有聚合并保持其球形形态的事实。与大多数水解释放磷化氢的磷化物(例如 Ca,Al)不同,磷化铜在水中表现出良好的稳定性,因此可将其用于暴露在海洋环境中铜腐蚀的表面处理。这是开发无毒烟火系统的一个重要特征。

通过添加纳米结构的氧化铁($n-Fe_2O_3$)可降低 n-CuO/P 铝热剂的燃烧活性。改变 n-CuO/$n-Fe_2O_3$/P 三元纳米铝热剂的组成,可以调节燃烧传播的速度,以及各种应力形式下的感度[83]。

红磷基铝热剂的高可燃性可以通过磷的蒸发来解释,磷蒸发后很容易与周围的氧化性物质发生反应。这些氧化性物质可能是来自周围环境的空气或包含在材料内部孔隙的空气,这些内部孔隙的空气在材料的点火过程中起着重要作用。相比之下,铝纳米颗粒的核—壳结构破裂需要更高水平的活化温度和点火能量。

3.2.2.6　其他燃料

在一篇综述中,Zhou 等人指出多孔硅可以用作基于碱金属或碱土金属高氯酸盐铝热剂组分的纳米燃料[84]。例如,集成测试表明,用高氯酸钠浸渍多孔硅($840m^2/g$)的燃烧传播速度可达到 3050m/s[85]。在另一篇评论中,他们引用了 Laucht 等人的研究结果[86],Rossi 等人的氧弹测试结果表明,$Na(ClO_4)$/Si (9.2kJ/g)和 $Ca(ClO_4)_2$/Si(8.6kJ/g)混合物具有特别高的反应热值[87]。从严格的定义上来讲,这些能量组分不能认为是纳米铝热剂,因为它们包含的金属元素所占的比例太小,并且在它们的烟火反应中不起主导作用。因此,本书对此不作深入探讨。

Koch 等人建议使用稀有金属粒子作为燃料,这些稀有金属能与氧基氧化剂或卤代烃发生反应产生明亮的火焰。Koch 等人提到的金属有铕、钐、铥和镱等,它们符合格拉斯曼(Glassman)准则,这意味着它们的沸点低于对应氧化物的熔融温度。从这个角度来看,这些金属与镁相当[88]。此外,这些金属燃料具有相当高的密度和良好的氧化性,这使得它们可成为纳米铝热剂配方的良好选择。然而,基于此目的应用前提条件是发展能使这些金属在分散状态下稳定且不被氧化的有效保护技术。此外,由于这些元素的稀有性,它们的使用往往只限于非常特殊的领域。

3.3 用于纳米铝热剂的氧化剂

氧化性物质是纳米铝热剂的另一个重要组分,通常是金属氧化物,以及极少数的非金属氧化物。目前的研究越来越集中在含氧金属盐上,其具有比氧化物反应活性更高的优点,但其缺点就是不太稳定。氧化相以亚微米尺寸($<1\mu m$)或纳米尺寸($<100nm$)颗粒的形式使用。所有这些反应的基本原理是氧从氧化剂到燃料的转移。尽管其他元素的交换在理论上是可行的,如元素硫和氟,但是金属硫化物和氟化物显然还没有以纳米结构氧化剂的形式用于纳米催化剂中。

3.3.1 金属或非金属氧化物

无机化学为烟火技术人员提供了种类繁多的金属氧化物,但其中哪些可以用于纳米铝热剂的制备呢?为了回答这个问题,让我们来看看元素周期表。高度还原性的金属,例如碱金属或碱土金属元素,非常容易与氧结合。因此,它们的氧化物非常稳定,不能用于制备铝热剂。这同样适用于含有可用作铝热剂燃料的金属的氧化物,如 Al_2O_3、TiO_2、ZrO_2、HfO_2、Ta_2O_5、Nb_2O_5、ZnO。最后,可用于制备纳米铝热剂的氧化物是那些鲍林(Pauling)标度的电负性在 1.5~2.5 的金属。Fischer 等人根据它们的热化学性质计算确定了基于金属氧化物的能量组分的排序[3]。

目前最常用于制备纳米铝热剂的金属氧化物是氧化铋(Bi_2O_3)、氧化铜(CuO)、氧化铁(Fe_2O_3)、氧化钼(MoO_3)和氧化钨(WO_3)。由这些氧化物制备的几种铝热剂复合物的性能将在下面进行介绍。

Weismiller 等人研究了氧化物和铝粒度对 Al/CuO 和 Al/MoO_3 这两种铝热剂的反应活性的影响。结果表明,两相均为纳米结构的复合物,具有较高的燃烧速率。如果复合物是纳米尺寸和微米尺寸粒子的组合,则纳米结构的氧化物具有比纳米结构铝更显著的效果。根据 Weismiller 等人的研究,这个结果可以用如下事实解释:纳米尺寸的铝包含大量的氧化铝,这使复合物的有效铝含量降低,恶化了铝热剂的性能。另一方面,氧化物颗粒尺寸的减小有助于氧化物通过升华(在 MoO_3 的情况下)或分解(在 CuO 的情况下)产生气体。氧化性气体物质的扩散距离也会缩短。这些效应有助于增压速率变快,并通过气体物质的对流增强反应的传播[89]。Puszynski 总结并对比了基于铋(Bi_2O_3)、铜(CuO)、钼(MoO_3)和钨(WO_3)等氧化物纳米结构铝热剂的燃烧速率数据,由不同作者在非限制性系统中测量,速率大小与铝纳米颗粒的尺寸有关。对比结果表明,使用尺寸在50~80nm之间的铝纳米颗粒获得了反应最快的纳米铝热剂。

Puszynski等人通过压力小室实验对几种铝热剂复合物的性能相关性进行了研究。这几种铝热剂是用相同类型的纳米铝(≈40nm)和几种粒度相近的金属氧化物制备的,根据它们反应所产生的动态压力对三种广泛研究的铝热剂进行了分级:$Al/CuO<Al/MoO_3<Al/Bi_2O_3$。$Al/Bi_2O_3$纳米铝热剂具有最短的点火延迟时间[90]。最近,Glavier等人利用压力室研究了这些组分反应时最大压力和增压速率的变化规律。样品分别压缩至TMD的10%,30%和50%。Al/CuO和Al/Bi_2O_3纳米铝热剂分别获得了最高的最大压力和增压速率,对应的样品分别是其TMD的50%和30%[91]。

Sanders等人对金属氧化物(Bi_2O_3,CuO,MoO_3,WO_3)基铝热剂的研究表明,其在密闭环境中比在开放系统中的燃烧更快。此外,他们观察到Al/Bi_2O_3和Al/MoO_3纳米铝热剂在管中燃烧时,粉末状铝热剂比颗粒状铝热剂燃烧更快。另一方面,当这些纳米铝热剂被压实时,燃烧产生的压力将增加[92]。Trebs等人经过计算表明,上述铝热剂组分对湿度高度敏感,百分之几的水分含量足以诱导由它们反应产生的压力信号的强烈改变[93]。

Jian等人注意到,纳米铝热剂的点燃有时伴随着氧化物的氧气释放,而在其他情况下,反应在氧气(Al/Bi_2O_3、Al/SnO_2)释放之前被激活,或者相反,在氧气释放之后被激活(Al/Co_3O_4)。在其他纳米铝热剂(Al/MoO_3、Al/Sb_2O_3、Al/WO_3)中,引发反应但不释放氧气。这些结果使得Jian等人得出结论,纳米铝热剂在释放氧之前或缺氧时被点燃是由于燃料和氧化剂之间的直接界面接触引发的[94]。

下面对氧化剂性质及与所制备的纳米铝热剂性质的关系进行介绍。

3.3.1.1　氧化银(Ag_2O)

氧化银的热稳定性差,在160℃时就开始分解,生成银和氧。该热解反应是自催化的,在银的存在下加速反应。氧化银进攻一氧化碳发生反应,释放热量,并且强烈吸收二氧化碳[95]。换句话说,从纯化学的角度来看,氧化银作为纳米铝热剂的氧化剂是一个有趣的研究课题。但这种氧化物是否能在整合烟火系统的纳米铝热剂开发中进行应用是有疑问的。

Russell等人在受限的管中对由微米尺寸氧化银(20μm)和铝(40μm)粒子组成的铝热剂的反应性进行了研究。尽管组分的粒度大,但是对应的火焰传播速率很高(531±32m/s)[96]。

Sullivan等人在压力室中测量了基于纳米结构氧化银(Ag_2O)的纳米铝热剂的反应性。这些科学家发现,二元复合物(Ag_2O/Al)反应产生的增压速率比相同条件下 CuO/Al 反应产生的增压速率低 4500 倍。该结果确实令人很惊讶,因为这两种混合物的热力学性质是相近的[3]。原位飞行时间质谱法研究表明,这两种纳米铝热剂的反应都产生大量的氧,对 Ag_2O/Al 混合物,这种现象在较低的温度下发生。Sullivan 等人从而得出结论,气体在反应发生之前逸出。另一方面,CuO/Al 混合物燃烧产生火焰的绝热温度(2843K)高于 Ag_2O/Al 混合物火焰的绝热温度(2436K)。该温度接近包覆铝纳米颗粒的氧化铝的熔点(2327K),这一事实可以解释其缓慢和不完全的熔融。固体氧化铝作为屏障减缓了反应物料的扩散。为了改善 Ag_2O/Al 混合物的性能,Sullivan 等人将氧化银与氧化铜(CuO)或碘酸银($AgIO_3$)结合制备了三元纳米铝热剂。由 Al/$AgIO_3$/Ag_2O 混合物产生的增压速率随着氧化剂组分中所含氧化银质量比(0~45wt%)的增加有规律地降低,超过它(>45wt%)以后增压速率快速降低。当 Ag_2O 含量在 0~70wt%之间时,由 Al/CuO/Ag_2O 混合物产生的增压速率基本保持不变,在高氧化银含量(70wt%~95wt%)时,随氧化银含量的增加增压速率持续减小[97]。该研究指出,氧化银的铝热反应机理类似于氧化铜。在 Ag_2O/CuO 混合氧化剂组分中添加质量含量大于 25wt%的氧化铜可确保我们对氧化银的性能进行评估。

3.3.1.2 氧化铋(Bi_2O_3)

氧化铋可以用于制备能发生最强烈反应的铝热剂。尽管其活性不是很高,但该氧化物可与纳米级的硼和锌以及红磷发生反应。氧化铋是光敏性的,长期暴露在光线中会使其颜色发生变化,从柠檬黄变为灰色。氧化铋的铝热剂反应能产生大量的气体,其绝热反应温度(3253K)[3]高于铋的熔融温度(1837K),但接近反应生成的氧化铝的熔融温度(≈3273K)[53]。

Wang 等人利用一个检测管和压力敏感元件研究了各种参数对 Bi_2O_3/Al 纳米铝热剂反应的影响。结果表明,随着制备纳米铝热剂所用铝颗粒尺寸的增加,燃烧传播速度和反应产生的最大压力会大幅降低(见表 3.3)。

表 3.3 由结晶的氧化铋(40~50nm)和各种粒度铝粉构成的纳米铝热剂的最大压力(P_{max})和燃烧传播速度(V_P)与铝颗粒的直径(D_{Al})的关系

D_{Al}/μm	P_{max}/MPa	V_P/(m/s)
0.1	12.6	2500
3	8.9	1900
20	1.6	1000
70	0.7	90

用纳米铝制备的铝热剂的燃烧传播速度取决于球磨处理的持续时间。球磨7h时传播速度达到最大值(≈2500m/s),球磨时间太短不能将组分混合均匀,而延长球磨时间会产生聚集。在这两种情况下,燃烧速度都会大大降低。气氛的性质(空气,N_2,真空)对 Bi_2O_3/Al 铝热剂燃烧产生的最大压力几乎没有影响,这说明观察到的增压主要是由铋蒸发引起的。此外,对含纳米铝的铝热剂,实验测量的反应温度达到2700℃,而包含微米铝的铝热剂,实测反应温度为1700℃。这些值足以引起铋的蒸发(1564℃)。Wang 等人还观察到加压速率随着铝粉粒度的降低而增加。最后,反应产生的最大压力与包覆在铝纳米颗粒表面的氧化铝壳的厚度间接相关[98]。

Thiruvengadathan 等人使用纳米颗粒与氧化石墨烯(GO)组装的方法制备了 Bi_2O_3/Al 纳米铝热剂,并提出了解释这种合成方法的机理。用于组装的液体,由异丙醇和二甲基甲酰胺的混合物组成,铝和氧化铋的表面带正电荷,而 GO 带负电荷。在悬浮液中,由于相反电荷的作用,在铝和 GO 颗粒之间存在长程吸引力。然后铝纳米颗粒通过共价的 C-O-Al 和 O=C-O-Al 键连接到 GO 片的表面。Thiruvengadathan 等人的研究表明,GO 的表面存在各种氧化性基团——羟基、羧基、环氧化合物和酮,但仅前两种类型的基团与包覆在铝纳米颗粒的氧化铝层所携带的羟基官能团反应。氧化铋(其表面不含羟基)以非共价键的方式与 GO/Al 复合粒子结合。然而,块状 GO/Al/Bi_2O_3复合物以有序的方式随机或层层自组装成宏观结构。组装模式取决于颗粒的平整度,平整的颗粒有助于物质的组装。因此,在更高尺寸的复合颗粒群体中获得了最有序的结构[99]。在随后的研究中,Thiruvengadathan 等人对物理混合法制备的 Al/Bi_2O_3纳米铝热剂的性能和自组装法制备的 GO/Al/Bi_2O_3纳米复合材料的性能进行了比较(见表3.4)。性能提高的原因是自组装制备的纳米复合材料的混合均匀性更好[100]。

表3.4　GO/Al/Bi_2O_3纳米铝热剂反应产生的最大压力(P_{max}),增压速率(dP/dt),火焰前沿传播速度(V_P)和比冲(I_S)(其值的大小取决于它们的氧化石墨烯含量。相应的数据来源于文献[100])

GO/(wt%)	P_{max}/MPa	dP/dt/(MPa/μs)	Vp/(km/s)	I_S/s
0	86	5	1.15	44
1	93	6	1.12	46
2	140	13	1.24	48
3.5	176	17	1.54	62
5	214	11	1.26	71

Pichot 等人的研究表明,用纳米金刚石包覆氧化铋颗粒可降低铝热剂的燃烧传播速度,并减少铝热剂反应产生的热量(见表 3.5)。性能的降低可以用金刚石的吸热来解释。反应温度太低不能使铋汽化。从气体对流控制的反应向传导传播的反应的转变可对铝热剂性能的下降进行解释。此外,与纳米金刚石接触的铝碳化吸收热量并在金属和氧化物之间产生耐火屏蔽材料(Al_4C_3)[101]。

表 3.5 Bi_2O_3-nD/Al 组合物的火焰传播速度(FPV)和反应热(Q_R)的变化取决于包覆的氧化物中的纳米金刚石(nD)的质量比[101]

nD/(wt%)	0	0.5	1.2	1.8	4.5
FPV/(m/s)	492	360	254	140	14
Q_R/(J/g)	2,322	2,064	1,916	—	1,815

3.3.1.3 氧化钴(Co_3O_4)

Xu 等人在硅衬底的表面制备了具有核—壳形态的长丝状 Co_3O_4/Al 纳米铝热剂。对表面刮擦收集的样品进行了热分析,结果表明,铝热反应在相对低的温度(≈530℃)下进行,并产生显著的热释放。差热分析(DTA)曲线只有两个放热峰,两者之间还存在对应于铝熔融(660℃)的吸热峰,其对铝热反应总热量的贡献随铝热剂中金属所占比例的变化而变化。通过热分析表征的 Co_3O_4/Al 复合物的反应仅生成结晶形式的钴[102]。该结果表明,与大多数氧化物相比,氧化钴更容易释放氧气,而氧化物与铝的缓慢反应常常会生成混合的化合物。

3.3.1.4 氧化铬(Cr_2O_3)

氧化铬是一种耐火陶瓷,具有很高的物理化学稳定性。但这种氧化物仍然可以被铝还原,且能发生不生成气体的罕见的铝热反应[3]。

Comet 等人研究了颗粒状 Cr_2O_3/Al 纳米铝热剂的燃烧。这些颗粒状纳米铝热剂由不同形式的 Cr_2O_3 制备。第一种类型的 Cr_2O_3 是多孔基体,具有高的比表面积(≈44m^2/g),由纳米粒子合并组成。第二种类型的 Cr_2O_3 通过爆炸法制备,其由具有较低比表面积(≈20m^2/g)的独立纳米粒组成。在相同的压制条件下,含有多孔氧化铬的铝热剂的致密性比含有爆炸法制备的氧化铬的铝热剂低。第一种纳米铝热剂的高孔隙率有助于其点燃,但使其燃烧很不规则。纳米铝热剂的铝和氧化物能更好地混合,但孔隙率低,对点火不敏感,以更有规律的方式燃烧[103]。

Gibot 等人研究了氧化铬的粒度对颗粒状 Cr_2O_3/Al 铝热剂燃烧规律的影响。所使用的两种氧化物分别是由纳米粒子形成的粉末(113m^2/g)和由粗粒度氧化物(3.1m^2/g)形成的粉末。与含有亚微米级氧化物的铝热剂相比,用超细氧化物粒子制备的铝热剂的点火延迟时间缩短3倍,燃烧速度提高10倍。然而,与相似条件[104]下测得的其他纳米铝热剂(例如 WO_3/Al, CuO/Al)相比,反应速率(340±10mm/s)是比较低的。

用黑索今(RDX)等次级炸药部分填充氧化铬的多孔纳米结构基体制备了RDX@Cr_2O_3纳米复合材料[105]。将负载炸药的氧化物与铝纳米颗粒(≈50nm)混合,得到生成气体的纳米铝热剂。这些杂化材料的燃烧由爆炸燃烧和铝热反应之间的协同作用机制驱动[106]。

3.3.1.5 氧化铜(CuO)

氧化铜是制备纳米铝热剂中最活泼的氧化物之一,但不幸的是它也是毒性最大的氧化物之一。该化合物的熔融温度似乎很不明确,因为我们发现在不同的文献中有不同的值,其范围为1064[107]~1446℃[53]。在氩气气氛下对氧化铜细粉的TGA测试表明,在750~885℃之间约失去其初始重量的10%。样品的质量损失精确对应于氧化铜(CuO)转化为氧化亚铜(Cu_2O)时释放氧产生的质量损失。这种氧释放是含有氧化铜纳米铝热剂的高反应性的原因之一。

Apperson等人通过集成测试方法观察到,诱导铜纳米棒和铝纳米粒子制备的纳米铝热剂,其点燃所需的能量随组分中铝纳米粒子平均尺寸的降低而降低,从32mJ(Al:120nm)减小至8.8mJ(Al:80nm)。向CuO/Al(80nm)混合物中分别添加5%和10%的聚合物黏合剂,则使点火能量从8.8mJ分别增加到48mJ和229mJ。低黏合剂含量时,混合物能保持纯纳米铝热剂的性能,燃烧速度为1500m/s。另一方面,最高黏合剂含量时混合物的燃烧速率降低到300m/s[108]。这些重要的结果表明,有可能在不降低性能的情况下,通过简单的改变组分就能提高纳米铝热剂应对外界刺激时的感度阈值。

Apperson等人使用特定的实验装置进行的研究表明,与简单物理混合法制备的纳米铝热剂相比,采用组装方法制备的CuO/Al纳米铝热剂反应时产生更快的燃烧波和压力波。火焰传播速度在千米量级(2200±300m/s对1500±250m/s(物理混合)),冲击波传播较慢,为亚千米级速度传播(831±44.4m/s对766±8.1m/s(物理混合))。Apperson等人的研究还表明,通过物理混合制备的CuO/Al纳米铝热剂的火焰传播速度随压实密度的增加而减小,相反,冲击波传播速度和最大压力值则剧烈增加[109]。

Shende等人研究了各种参数对CuO/Al纳米铝热剂燃烧波传播速度的影响。发现富铝铝热剂的速度最高,其由Granier等人定义的当量比等于1.6[110]。另一方面,对于给定的氧化铜,相比于细粒度纳米铝(18nm;260m/s)和粗粒度纳米铝

(120nm; 720m/s),中等粒度(80nm)的纳米铝粉的反应速率(1650m/s)最高。Shende 等人还指出,当 CuO/Al 纳米铝热剂具有细长的形态时,其反应速度更快。反应速度按以下顺序升高:球,棒,线。此外,通过氧化物和铝自组装制备的铝热剂的性能远远好于相应的物理混合物的性能,因为物理混合物中两种组分的纳米颗粒是无规分布的[111]。

通过采用特定形态的氧化铜,Jian 等人制备的 CuO/Al 纳米铝热剂的性能优于通过纳米颗粒简单混合制备的化学组分相似的铝热剂。为此,这些科学家合成了球形和空心的氧化铜纳米颗粒。这些由特殊形态构成的氧化物颗粒的外径为 25~400nm,平均值约为 85nm;中心腔由直径约 10nm 的初级纳米颗粒的组装形成的氧化物壳限制。用中空 CuO 纳米颗粒制备的 CuO/Al 纳米铝热剂产生的增压速率(0.747MPa/μs)是相应纯球形纳米颗粒(≈50nm)组分制备的纳米铝热剂(0.250MPa/μs)的 3 倍。通过快速加热(5×10^5K/s)各种氧化铜对其释放氧时间的定量分析表明,气体总是在约 1000K 时释放,与氧化物形态无关。另一方面,CuO 的空心球失去其所含氧的速度比其他形态的氧化铜快得多。Jian 等人认为较高的氧“逸度”是由于 CuO 的微晶尺寸造成的[112]。实际上,除了其能够使极限尺寸的 CuO 纳米颗粒稳定之外,该方法还能在氧化物中形成粒间孔隙(孔隙率,约为 70%)。

为了形成多孔微米级颗粒(3~6μm),Wang 等人以硝化棉(NC)为黏合剂,采用电喷雾方法对氧化铜纳米颗粒(≈50nm)和铝纳米颗粒(≈50nm)进行了组装。制备球形聚集体所需 NC 的最小质量含量约为 5%。超过该值,这些微球的直径随 NC 含量的增加而增加。复合微球燃烧产生的最大压力和增压速率在 NC 的质量含量为 5%时达到最大值。然后,复合微球的性能迅速下降,当 NC 的质量含量大于 7%时,性能甚至低于纯 CuO/Al 纳米铝热剂。Wang 等人还将微球的反应性与具有相同组成的材料的反应性进行了比较,这种材料是用导电喷雾方法中使用的悬浮液进行自然蒸发制备的。该方法所制备材料的性能不仅低于纯纳米铝热剂的性能,而且还随着 NC 质量含量的增加而降低。最后,Wang 等人还发现,微球燃烧得到的粒子直径(0.2~1μm)远小于简单复合材料燃烧产物的粒子直径(1~10μm)。基于这些结果,他们得出结论,NC 分解在微球内局部生成的气体限制了纳米铝热剂组分的烧结,因此在反应期间保持了高的表面积。当微球含有过量的 NC 时,燃烧气体的高压触发了铝和氧化铜纳米颗粒的早期分散,使得颗粒间距离太远不能相互作用。

Yan 等人使用静电纺丝方法制备了由亚毫米直径纤维(300~1000nm)组成的可燃纳米复合材料。在这种情况下,NC 作为黏合剂使用,而且质量含量高(35%~100%)。复合材料的纳米线由纯的 NC 溶液或将纳米颗粒分散在该溶液中得到的悬浮液制备。因此，制备出了纯 NC，NC 负载铝（NC/Al）和 NC 负载纳米铝热剂（NC/Al-CuO）的织物。只要纳米颗粒的质量含量不超过 50%，纳米复合材料就会保持纤维形态。在空气中对复合材料样条（3cm×1cm）进行了燃烧测试。由纯 NC 制成的织物的平均燃烧速度接近 12.4cm/s。NC/Al 纳米复合纤维的燃速（4~9cm/s）比纯 NC 低，这是因为铝可能通过散热效应减慢燃烧。当铝和氧化物颗粒在 NC 基体（NC/Al-CuO：86/14wt%）中高度稀释时，在纳米铝热剂中观察到了相似的效果。金属和氧化物不发生相互作用，从烟火技术的观点看，它们的行为是惰性颗粒的行为。另一方面，一旦燃料（Al）和氧化剂（CuO）颗粒足够靠近时（NC/Al-CuO：75/25wt%）就可以发生铝热反应。而且随着纳米铝热剂含量的增加，燃烧速率也快速增加，对于含 50wt%纳米铝热剂的样品，燃烧速率达到 106cm/s[113]。然而，与粉末形态的 CuO/Al 纳米复合物相比，该燃烧速率还是非常缓慢的。

Blobaum 等人测量了通过阴极溅射制备的由亚微米厚度元素层构成的 CuO_x/Al 纳米铝热剂在稠密箔中的燃烧传播速度。通过火焰活化，尽管箔的厚度减小（14μm），但反应还是无衰减地传播，速率为 1m/s[114]。

Taton 等人主要研究了衬底性质对点火延迟时间和多层 CuO/Al 纳米铝热剂燃烧的影响。为此，将纳米铝热剂沉积在具有金触点的电阻钛丝（E=300nm）上，金触点通过光刻技术在各种基材（聚对苯二甲酸乙二醇酯（PET）膜、玻璃片和硅片）的表面产生。聚合物膜通过原始光刻法制备，由厚度为 75μm 的 PET 膜组成，并将其粘合到更薄的（E=25μm）树脂层的表面上，树脂层又由硅基底支撑。该微系统在纳米铝热剂与硅片间产生了热隔离。纳米铝热剂沉积层（E=4.5μm）通过阴极溅射法制备，由铝（100±5nm）和氧化铜（200±5nm）的 15 个双分子层组成；面积为 1.6mm×1.5mm。Taton 等人的研究表明，触发纳米铝热剂的点燃所需的电流强度分别为 250mA 和 500mA，这取决于它是沉积在 PET 膜上的还是沉积在玻璃晶片上的。对于两个器件，测定了点火延迟时间与施加的电流强度之间的函数关系。在低强度电流（0.5A）下观察到两个值之间存在明显差异，但是当电流强度增加（1~4A）时，两个值之间的差别迅速减小。由沉积在聚合物膜上的纳米铝热剂反应产生电火花的光强度比在玻璃板上沉积的纳米铝热剂产生的光强度大得多。即使在施加 4A 的电流时，也不能点燃硅片上的纳米铝热剂[115]。这些结果说明，薄的纳米热层中的反应在引发和发展衬底的散热发挥着重要作用。但 Taton 等人研究结果表明，其所研究系统的性能与基底的传导率之间似乎存在着相反的关系：硅（$149W \cdot m^{-1} \cdot K^{-1}$），Pyrex 7740（耐热玻璃）（$1.1W \cdot m^{-1} \cdot K^{-1}$）和 PET（$0.15 \sim 0.24W \cdot m^{-1} \cdot K^{-1}$）。纳米铝热剂在具有更好隔热性能的基底上沉积，例如，二氧化硅气凝胶（≈0.03W·m^{-1}·K^{-1}），可能会增强这类微系统的性能。

Malchi 等人研究了纳米氧化铝对 CuO/Al 铝热剂性能的稀释效应，其中纳米氧化铝的加入量为 0%~20%。在压力室中进行的燃烧测试表明，随着 $Al/CuO/Al_2O_3$ 三元复合物中氧化铝含量的增加，会增加反应诱导的时间，并显著减少增压速率和降低最大压力。当在开放通道中测量时，平均燃烧速度从纯纳米铝热剂的 380m/s 下降到 300m/s，在分别添加 1wt% 和 5wt% 的氧化铝时仅为 50m/s。当复合物中的氧化铝含量达到或超过 4wt% 时，发现燃烧模式发生了变化。在管中进行实验时，对流效应被放大，使得我们能够对三种反应传播方式进行区分，具体的传播方式取决于 $Al/CuO/Al_2O_3$ 复合物中氧化铝的含量。加入少量氧化铝（0~5wt%）时引起速度下降，然而速度下降保持恒定。在较高氧化铝含量（10wt%~15wt%）的复合物中，反应以连续加速的方式传播。最后，在氧化铝含量（20wt%）更高的复合物中，反应在转变成旋转燃烧之前非常缓慢地传播。Malchi 等人通过计算表明，加入氧化铝稀释纳米铝热剂会消除气态物质的生成。氧化铝通过吸收在反应中释放的一部分热量，将火焰温度降低到不足以使反应产物气化的水平。在缺乏气体时，通过对流传递能量是不可能的，并且能量性能急剧下降[116]。

Weismiller 等人的研究表明，CuO/Al 纳米铝热剂反应产生的气体增压会导致火焰传播速度从约 1km/s（~0MPa）下降到 1m/s（15MPa）。仅在低压下观察到了具有高速和恒速特征的对流传播。然而，高压阻碍了气体的对流，反应中释放的热通过传导传播，然后火焰以非常低且恒定的速度在复合物中前进。在这两个区域之间有一个过渡区，其传播为加速或振荡传播（见表 3.6）。在氦气中，纳米铝热剂燃烧不稳定的压力区域比其他两种气体更窄。在氦气中观察到的这一特殊效应归因于其高的热导率[117]。

表 3.6 CuO/Al 纳米铝热剂的火焰传播模式取决于其反应气体的性质和压力（这些值取自文献[117]中图 8-10）

传播方式	氩气压力/MPa	氦气压力/MPa	氮气压力/MPa
恒速（对流）	0~0.2	0~0.2	0~3.2
加速	2.0~4.3	没有观察到	3.2~4.8
振荡	4.3~9.2	2.0~4.2	4.8~8.2
恒速（热传导）	>9.2	>4.2	>8.2

Sullivan 等人使用电泳技术将 CuO/Al 纳米铝热剂沉积到铂微电极表面上，实验中使用了两种铝热剂样品，第一种样品是纳米结构氧化铜（<50nm）和微米结构铝颗粒（3.2μm）形成的铝热剂[118]，第二种是纳米结构氧化铜（<50nm）与纳米结

构铝颗粒(80nm)形成的铝热剂[119]。在第一种样品中,火焰传播速度低(≈1.7m/s)且与沉积层厚度(10~104μm)无关。在第二种样品中,火焰传播速度随纳米铝热剂的厚度不同发生显著变化。火焰在较薄的沉积层(13~44μm)中以恒定的速度(≈5.1m/s)传播,随着纳米铝热剂沉积层厚度(44~105μm)的增加而增加,最终达到最大速度(≈34.9m/s),然而传播速度不随厚度(105~180μm)的变化而变化。用最活泼的铝热剂体系获得的这些实验结果表明,当沉积层的厚度太薄时,纳米铝热剂性能不能达到最佳值。另一方面,Sullivan 等人注意到,大量的沉积物在垂直于微电极的方向上会发生开裂[119]。因此,以稳定薄层沉积的纳米铝热剂的反应能产生最强的烟火效果,是一次生动的燃烧。

3.3.1.6　三氧化二铁(Fe_2O_3)

氧化铁是 J. W. Goldschmidt 用于制备第一个含铝粉的铝热剂的组分之一。此后,这种铝热反应开始广泛用于钢轨焊接。值得注意的是,氧化铁也是第一个纳米铝热剂的组分,铝热剂是由铝部件和生锈的铁表面之间的摩擦偶然形成的,并且可能产生火花引起采矿或工业事故[120]。虽然氧化铁基纳米铝热剂不是性能最好的,但它们的优点是毒性较小,比大多数其他纳米铝热剂便宜。

Menon 等人的研究表明,Fe_2O_3/Al 纳米铝热剂燃烧时,在铝层中会形成 50nm 的氧化物线,且在 410℃时能被活化,由反应产生的火焰温度(~4000℃)与点火温度无关[121]。

Kim 等人指出,纳米铝和纳米氧化铁颗粒的混合方法对铝热反应有显著的影响。Kim 等人对比了无规混合雾化纳米粒子的布朗凝固,即借助氧和铝颗粒具有相反电荷,在静电引力作用下对纳米铝和纳米氧化铁颗粒进行了偶极组装。第二种制备方法是在粒子的尺度上,用化学计量方法能更好地得到纳米铝热剂。点火后燃烧更剧烈。同样用 DSC 对反应热进行了测量,其值为 1.8kJ/g,远高于 0.7kJ/g,同样给了充分的证明[122]。复合物的均匀性不会增加纳米铝热剂所储存的化学能,但能够使它们更完全和快速地释放能量。

Prentice 等人的研究表明,将二氧化硅(SiO_2)加入到氧化铁(Fe_2O_3)基铝热剂中可显著降低它们的燃烧速度。这种影响归因于二氧化硅对反应热的排出以及它的热阻性能。SiO_2在 Fe_2O_3/SiO_2气凝胶的形成过程中加入与单独加入相比,前者对燃烧速度的降低幅度更大[123]。

Cheng 等人的研究表明,通过氧化铁纳米管和纳米铝自组装法制备的 Fe_2O_3/Al 纳米铝热剂比用这两种组分通过简单的机械混合制备的纳米铝热剂具有更高的反应活性。作者将其性能的提高归因于自组装法改善了二相之间的接触,从而促进了反应物在固相中的扩散[123]。这种作用也可能是由于自组装法所用的纳米颗粒中有机相热解产生了气态物质引起的。

Bezmelnitsyn 等人通过引入可产生气体的非含能聚合物，例如，将丙烯酰胺基甲基-乙酸丁酸纤维素(AAMCAB)引入到纳米结构氧化铁(Fe_2O_3)颗粒的内孔中，可改善 Fe_2O_3/Al 纳米铝热剂的燃烧特性。在 AAMCAB @ Fe_2O_3/Al 复合材料的制备过程中保持浸渍氧化物与铝的质量为恒定值。因此，AAMCAB 含量的增加会导致当量比的增加[110]，例如纯 Fe_2O_3/Al 纳米铝热剂的当量比为 1.4，而包含质量为 20%聚合物的 AAMCAB @ Fe_2O_3/Al 复合物的当量比为 1.75。Bezmelnitsyn 等人的研究表明，在燃烧管中燃烧的传播速度随着当量比的增加而降低。当 AAMCAB 在氧化物中的比例低于 10%时燃烧速率保持较高的值，但当高于 10%时燃烧速率会突然降低。由压力室测得的反应产生的最大压力随纳米铝热剂中所含聚合物比例的增加而升高，这可能是由于热解产生的气体量增加导致的。另一方面，增压速率随着 AAMCAB 含量的增加而快速降低。铝热反应减慢的原因是由于铝粉过量，聚合物热解吸收能量以及氧化物和铝粉的有效接触面积减少造成的[125]。

Kaplowitz 等人尝试用四氧化三铁(Fe_3O_4)代替纳米铝表面的氧化铝层对纳米铝粉进行包覆，希望它能够保护铝芯不被氧化，仅在高温下才会反应。实际上，四氧化三铁在纳米铝表面形成的包覆层比纯纳米铝颗粒暴露于空气中表面形成的氧化铝包覆层更厚。假设在高温下，铝还原了 Fe_3O_4，因此被空气中的氧再氧化。并且反应产生的热有利于氧在铝中的渗透。基于这一机理，氧化铝层越来越厚，直到氧扩散变得不可能时才会停止。Kaplowitz 等人使用包覆有 Fe_3O_4(Al @ Fe_3O_4)的纳米铝颗粒作为 CuO /Al @ Fe_3O_4纳米铝热剂的燃料，发现与经典 CuO/Al @ Al_2O_3 复合物相比，点火温度显著降低(由 1076K 降低至 973K)。产生这一结果的原因可能是由于形成了金属间化合物导致的，例如 Fe_3Al[126]。

3.3.1.7 氧化碘(I_2O_5)

氧化碘是一种非常强的氧化剂，能与许多可燃物反应，如有机物质、碳、硫和氨。值得注意的是，I_2O_5甚至可以氧化某些燃烧反应形成的有毒产物，如一氧化碳(CO)、二氧化硫(SO_2)、硫化氢(H_2S)、氯化氢(HCl)等[127]。氧化碘可作为金属燃料的氧化剂，例如铝、镧、钕、钇或钽。这些复合物的燃烧能产生极高的温度并且产物只有气态物质[3]。然而，除烟火性能之外，氧化碘还有致命的缺点——吸湿性。空气湿度可将酸酐(I_2O_5)转化成碘酸(HIO_3)。产物的物理和化学不稳定性不允许该氧化物以纳米尺寸的纯态存在。Pascal 等人还报道了碘氧化物的光敏感性，其能够裂解释放碘[127]。当氧化物超细化后这种光敏性可能更强。

五氧化二碘(I_2O_5)和铝反应释放的热量(6.22kJ/g)高于金属氧化物基铝热剂燃烧产生的热量[3]。Martirosyan 等人最早开始研究以纳米结构的五氧化二碘为组分的铝基铝热剂,并且发现该铝热剂的火焰传播速度可达到 2km/s。在压力容器中,最大压力和容积的乘积可达约 3.8kPa·m^3,与在相同条件下测试的 Bi_2O_3/Al 纳米铝热剂(≈3.9kPa·m^3)相当。基于 I_2O_5 的纳米铝热剂的性能归因于气体碘的形成。通过 DSC 测量得到的 I_2O_5/Al 纳米铝热剂的着火温度范围在 605~620℃之间[128]。在 DSC 测试中,着火温度的值与样品的加热速率有关。由于 Martirosyan 等使用的加热速率较高(41~66℃/min),他们测得的着火温度向更高的值移动。这就解释了为什么由 Martirosyan 等人测定的铝热反应的着火温度高于 Farley 等报道的着火温度的原因[129]。

由于其吸湿性,可能会使暴露在潮湿空气的铝热剂中的 I_2O_5 不能以纯状态的形式使用。在与水蒸气接触后,该化合物水解并产生碘酸(HIO_3),使得纳米 I_2O_5 颗粒凝聚成较大的颗粒,并化学侵蚀铝,因为铝在酸性环境中不稳定。Feng 等人开发了一种用氧化铁包覆 I_2O_5 表面的方法,该方法能够有效保护纳米结构的 I_2O_5,防止其吸湿。I_2O_5@Fe_2O_3 纳米复合材料已经用作纳米铝基铝热剂中的氧化剂。在压力容器测量中,其性能与 I_2O_5@Fe_2O_3 材料中 Fe/I 的摩尔比密切相关,当该比值在 1.8~4.3 变化时性能达到最佳。在这个范围内复合材料的反应机理与 CuO/Al 纳米铝热剂类似,随着氧化物(I_2O_5)的快速分解和氧的释放,铝粉随后会开始缓慢的燃烧。另一方面,若 Fe/I 的摩尔比太低(0.25)或太高(6.2),都将减慢其反应速率,变得与 Fe_2O_3/Al 纳米铝热剂相当。在这种情况下,I_2O_5 的分解和铝的氧化同时进行,并且需要很长一段时间[130]。

Russell 等人在测试管中进行的测量表明,Al/I_2O_5 复合物的火焰传播速度高达(1305±32)m/s[96]。

3.3.1.8 氧化锰(MnO_2)

氧化锰的优点是可以通过多种溶液法非常方便地合成不同极限尺寸的纳米粒子[131]。其主要特点是在低温(≈535℃)下会熔化并分解,故在固相中纳米铝开始氧化时 MnO_2 就会放出氧(见图 3.2)。

Siegert 等人以氧化锰、铝粉和中空的碳纳米纤维为原料,分别通过直接混合的方法和将氧化锰预先填充在纳米纤维中再与铝粉混合的方法制备了纳米铝热剂。这些粉末可冷压成具有优异内聚力的颗粒,碳纤维对纳米颗粒的多孔基体起增强作用。对这些颗粒的燃烧实验研究表明,碳纳米纤维的加入具有延迟点火的作用,并显著降低了燃烧速度,燃速仅为每秒几毫米[132]。

Yang 等人通过在氧化锰(MnO_2)纳米线的表面生长氧化锡(SnO_2)纳米棒的方法对其进行了改性。将这种异质结构的 MnO_2/SnO_2 与铝纳米粒子混合制备了一种三元铝热剂,并通过简单过滤的方法制备了铝热剂膜[133]。这些纳米线的缠结使其产生了或多或少的二级结构(见图 3.12),赋予膜优异的内聚力,使铝纳米粒子保持了独立颗粒状,并被固定在 MnO_2/SnO_2 异质结构的特定网格中。

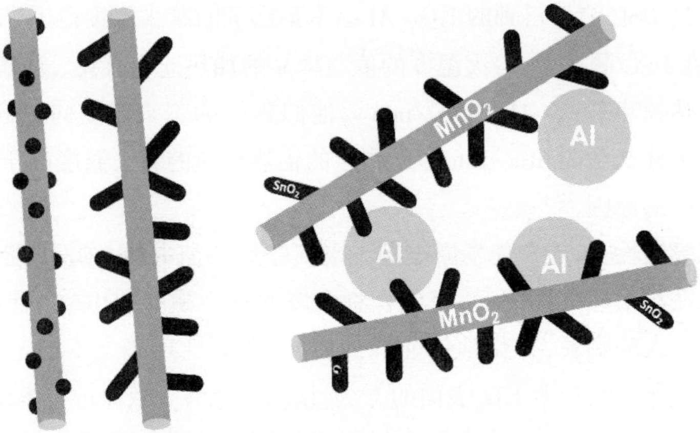

图 3.12 两种异质结构的 MnO_2/SnO_2 和 $MnO_2/SnO_2/Al$ 三元纳米铝热剂示意图(源于 Yang 等人发表的结果[133])

3.3.1.9 氧化钼(MoO_3)

氧化钼是制备纳米铝热剂最常用的氧化物之一。MoO_3 颗粒的形态像血小板一样。氧化钼具有在熔融之前开始升华[134]等特点,这使得含氧化钼的纳米铝热剂有良好的反应性。

Moore 等人的研究发现,当纳米结构的氧化钼长时间(4 天)暴露在荧光照射下时,其颜色会由明亮的黄色转变成蓝绿色。这种处理改变了氧化物的颜色,但不会影响纳米 MoO_3 颗粒的形态。在 400℃热处理后,纳米 MoO_3 颗粒会被烧结成更大的血小板状。目前已经广泛研究了氧化钼暴露在各种环境条件后的性能变化,如荧光灯、UV 灯、相对湿度(99%)等。将暴露在各种环境条件下的改性 MoO_3 用于制备 MoO_3/Al 铝热剂,并用开放式托盘燃烧实验对其燃烧进行了测定。实验结果表明,湿度对 MoO_3/Al 铝热剂中氧化钼的影响比暴露在荧光灯或紫外线照射下的影响更大。Moore 等人研究发现,煅烧 MoO_3 有效地抑制了湿度对其性能的影响[135]。

为了确定燃烧机理,Asay 等人对不同装填条件下 MoO_3/Al 纳米铝热剂在管中的反应进行了研究。在第一种类型的测试中,管内填充物分为两个区域,由较薄的红外辐射透明蓝宝石膜隔开(0.4mm)。燃烧波因蓝宝石膜阻隔而停止传播,直到压力足够大破坏蓝宝石膜为止。这个简单的实验表明能量不是通过辐射传播的。通过测量管端部的压力，再加上高速摄像机对火焰传播的观察(62500 帧/s)，估计燃烧波前沿的厚度约为 10mm，压力上升的时间大约为 10μs。在环境大气压(≈71kPa)或真空(3.3Pa)条件下，对装有松散(≈0.27g/cm^3)或压实粉末的管(0.4g/cm^3)进行了燃烧实验。这些实验表明，压力和密度不会影响燃烧传播速度。相反，无论是在真空还是有压条件下，在管端部自由空间的存在使燃烧传播速度增加。基于这些观察，Asay 等人认为 MoO_3/Al 纳米铝热剂的燃烧很可能是通过对流机制传播的[136]。

Granier 等人研究了 Al/MoO_3 铝热剂颗粒的燃烧情况，调节组成的当量比和铝粉的粒度(17.4~20μm)，制备了用于测试的铝热剂。Granier 等人使用的氧化钼由具有微米长度的片状粒子组成，厚度大约为 20nm。这些基于纳米铝粉(17.4~202nm)的 Al/MoO_3 铝热剂，点火延迟时间比用粗粒度铝粉(3~20μm)制备的 Al/MoO_3 铝热剂更短。因此，纳米铝粉增加了这些铝热剂的点火感度。对基于纳米铝的铝热剂，其最短点火延迟时间和最大燃烧速度与化学计量过量 20%铝的铝热反应相当[110]。压实的 Al/MoO_3 铝热剂的反应速率(1~30m/s)[110]比未压实的自由粉末制备的铝热剂显著降低。

Dutro 等人研究了 MoO_3/Al 纳米铝热剂中铝和氧化物比例对燃烧的影响。研究发现铝热剂中铝的质量含量在 10wt%~85wt%时铝热反应能自我维持。当其组成接近化学计量时铝热剂的燃烧达到最高速度(1000m/s)。当含有 10wt%~65wt%铝时铝热剂的燃烧以恒定的速度(100~1000m/s)传播。在铝热剂中含有过量铝(75wt%~85wt%)时反应也以恒定的速度传播，但速度较低(0.1~1m/s)。在中间铝含量(Al:70wt%)时，燃烧不稳定并且以振荡和加速的方式传播[137]。

Bockmon 等人研究了纳米铝的粒度(44nm、80nm、121nm)对 MoO_3/Al 纳米铝热剂管式燃烧特性的影响。研究发现，由平均粒径为 80nm 的铝制成的铝热剂的燃烧速度高于由更大粒径铝粉(平均粒径 120nm)制成的铝热剂的燃烧速度。使用更细的铝粉(44nm)并不会导致性能的提高。Bockmon 等人的研究还发现，MoO_3/Al(Al:80nm)铝热剂的当量比为 1.2 时，燃烧速度达到最大值。最后，Bockmon 等人还观察到，MoO_3/Al 纳米铝热剂的燃烧速度与所用燃烧管的直径无关(1~6mm)[138]。

Son 等人的研究表明，MoO_3/Al 纳米铝热剂的燃烧传播极易通过亚毫米横截面的通道。在十字形几何形状中，燃烧甚至可以沿着垂直于初始传播路径的方向传输。他们认为钼的熔融及其随后的冷却过程在燃烧传播机制中起重要作用[139]。

Dikici 等人通过将氧化钼的纳米棒(44nm)分别与微米粒径(μ-Al:3~4.5μm)和纳米粒径(*n*-Al:80nm)的两种铝粉混合制备了两种 MoO_3/Al 铝热剂。将这些复合物在 80~170℃预热一定时间后,其火焰传播速度显著增加,测量值比室温不预热时分别高出 60%(*n*-Al)和 70%(μ-Al)。这种影响可以通过反应热的升高来解释。此外,Dikici 还指出,铝热剂是首先进行预热然后缓慢冷却(0.06℃/s)至室温才反应的,好像它并未经过热处理。另一方面,铝热剂在快速冷却(0.13℃/s)后的火焰传播速度与预热处理的铝热剂相近[140]。纳米铝热剂的反应性能似乎与它们的热历史有关。这种"记忆"的形式是纳米铝颗粒的"核-壳"结构应力状态的热改性结果导致的[47]。

Gesner 等人研究了氧化铝层厚度对 MoO_3/Al 纳米铝热剂火焰传播速度的影响。为了制备氧化铝层,将纳米颗粒的铝在纯氧气氛下进行恒温(480℃)氧化处理。氧化铝层的厚度通过调节氧化时间(8~150min)来控制。初始纳米颗粒(95nm)的氧化厚度为 2.7nm,可逐渐增加至 8nm。由经改性铝粉制备的 MoO_3/Al 铝热剂火焰前端的传播速度为 315~392m/s,比由未改性纳米铝粉(682m/s)制备的纳米铝热剂要慢得多。其性能的降低归因于氧化铝壳的损坏,这可能是由于:①冷却期间产生的应力;②由反应引起的体积变化或;③氧化铝中存在相变,即从无定形态转变为结晶态(γ-Al_2O_3)。Gesner 等人最后还指出,火焰前端的传播速度在一定程度上取决于氧化铝的比例,即当量比(M),定义为铝核半径与氧化铝壳厚度的比值,在 6.1~13.4(参见方程式(3.6))时,其传播速度基本稳定,且与用铝的爆炸/分散 Levitas 机制预测的结果一致[22]。另一方面,由于排放热量以及减少了反应物质在组分中的比例,过量的氧化铝(30%±3%)会引起火焰传播速度的急剧下降[141]。

微米尺寸(≈10μm)的 Al/MoO_3 纳米复合材料颗粒可采用分散在冲击波管中反应性研磨的方法制备。冲击波穿过颗粒气溶胶可对其进行点火,在这样的条件下可测试其着火点,根据其组成不同,Al/MoO_3 纳米复合材料颗粒的点火温度,为 900~1050K。以类似的方式,Bazyn 等人测定了不同粒径 Al/MoO_3 纳米复合材料的点火温度,10μm 为 2000K,2μm 约为 1400K,80nm 为 1150K。铝与氧化钼的结合有助于其点火,当金属与空气接触后燃烧。

3.3.1.10 氧化镍(NiO)

很少报道以纳米氧化镍为组分的铝热剂的研究。原因是该反应的气体产生量少,致使其制备的纳米铝热剂的性能可能不会太好。此外,镍化合物对呼吸道具有毒性,且有可能因为 Ni 和已知的 NiO 的致癌性[143],因而不允许我们考虑这些物质气溶胶化后的应用。

通过热化学计算模拟，Dean 等人计算出 NiO/Al 和 CuO/Al 铝热剂的绝热火焰温度相似，明显的区别是两个体系产生的气体比例不同。对于 CuO，产气量(5.4mmol/g)是很大的，对于 NiO，产气量(0.108mmol/g)是可忽略的。因此，他们假设如果在纳米铝热剂中燃烧仅通过热气对流传播，则 NiO/Al 铝热剂的性能应该远低于 CuO/Al 铝热剂。通过燃烧管实验测量了这两种纳米铝热剂的火焰传播速度和产生的压力，根据 Granier 的当量比[110]定义，测试结果与铝热剂的组成有关。根据测得的结果(见表3.7)，Dean 等人认为，如果反应按照经典的热气对流机制传播，NiO/Al 的性能确实要比预测值好。燃烧波在 NiO/Al 纳米铝热剂中的快速传播可能源于纳米铝颗粒在爆炸时由金属气溶胶吸入的间隙气体(氩气)所导致[22]。这种平流燃烧机制可大致解释为什么纳米铝热剂产生很少气体或不产生气体的原因[144]。

表3.7 NiO/Al 和 CuO/Al 铝热剂的组成及实验测得的火焰传播速度(FPV)的平均值、加压峰值(P_{max})和加压速率(T_P)[144]

纳米铝热剂	FPV/(m/s)	P_{max}/MPa	T_P/(GPa/s)
Al(50nm)/NiO(~11nm)	205.5±71.2	1.83±0.89	6.04
Al(50nm)/CuO(30~50nm)	582.9±87.6	3.75±0.85	19.3

Wen 等人合成了氧化镍纳米线并且用它们制备了 NiO/Al 纳米铝热剂。这些铝热剂具有原始形态，其特征在于纳米铝颗粒与氧化镍纳米线的缠结聚集。Wen 等人研究了富铝的 NiO/Al 纳米铝热反应的产物组成。为实现这一目的，他们首先将铝热剂压成圆片状，然后将片状纳米铝热剂放在电炉中，在氩气保护下加热到不同温度。通过 XRD 分析了燃烧的残余物。结果显示，残余物中存在镍、铝、氧化铝以及由于铝过量形成的金属间化合物(AlNi)。在1000~3500K 下进行的分子动力学模拟证实了 NiO 和 Al 之间的铝热反应可以使镍和铝原子扩散有效地生成 AlNi 合金[145]。

Zhang 等人在硅基底上通过在氧化镍沉积物上冷凝铝制备出一层具有蜂窝状的 NiO/Al 纳米铝热剂。刮擦收集得到纳米铝热剂的样品，在氩气气氛下通过 DTA 测得样品的反应起始温度(≈400℃)。结果表明在该反应过程中会出现三个放热峰，其中两个位于铝的熔融吸热峰(≈610℃)前，这意味着反应是通过固体之间的扩散机制发生的[146]。

3.3.1.11 氧化锡(SnO_2)

关于氧化锡基纳米铝热剂的研究也很少。根据 Fischer 等发表的热化学数据，发现该氧化物与钇混合可能有比与铝混合更有趣的性质,特别是在反应中产生气体和放热方面[3]。

Ferguson 等人通过原子层沉积法制备了 Al/SnO_2 纳米铝热剂。尽管通过这种技术制备的纳米铝热剂高度缺氧,但却具有有趣的烟火特性。将样品(≈20mg)用特斯拉线圈产生的静电火花点燃,用常规相机(30 帧/s)进行拍照观察。发现其点火延迟低于 0.07s,反应持续时间接近 0.1s。燃烧时产生高强度闪光但不发出任何声音。在相同的实验条件进行测试时,纯纳米铝的点火较慢(<0.17s),燃烧更慢(约 6s)[147]。

Qin 等人对 Ferguson 等人的方法进行了改进,成功制备出了氧化锡含量更高的 Al/SnO_2 纳米铝热剂。被激光束点燃后,这些纳米铝热剂的反应比相同条件下的铝粉更加剧烈。点火延迟时间随着 SnO_2 含量的增加缓慢增加,调节混合物的组成,测试结果从纯铝的 33ms 增加到按化学计量比的铝热剂的 38ms。在氧化锡含量最高(≈70wt%)时反应非常剧烈,并伴有爆炸。燃烧产生的闪光时间(19ms)仅是简单物理混合制备的复合物反应产生的闪光时间(106ms)的 1/5[148]。

Yang 等人通过两种氧化物的特殊结合制备了 $MnO_2/SnO_2/Al$ 三元纳米铝热剂,其方法是以二氧化锰(MnO_2)纳米线作为基底,氧化锡(SnO_2)在基底上“分支”生长。这些异质结构中 SnO_2 的质量比例在 0~66.6%之间可调。DSC 测试结果表明,氧化锡的加入改变了 MnO_2/Al 纳米铝热剂的热性能。根据测试结果认为,氧化锰对这些含能组分性能的调控非常重要[133]。

3.3.1.12 二氧化钛(TiO_2)

Valliappan 等人通过使用开放式托盘燃烧实验测量了松散 TiO_2/Al 纳米铝热剂粉末在空气中的燃烧速度[149]。其传播速度非常缓慢(0.1m/s),表明这种纳米铝热剂的反应活性很低。然而,这种类型的复合物可以有特定的应用,例如作为烟火延迟组分。

3.3.1.13 氧化钨(WO_3)

氧化钨具有相当好的热稳定性,在 1472℃才熔化[53]。因此,基于氧化钨的纳米铝热剂比用氧化钼制备的纳米铝热剂的活性要低得多。这种铝热剂在密闭条件下燃烧会生成由钨和氧化铝组成的致密宏观碎片。

Perry 等人的研究表明,WO_3/Al 和 WO_2/Al 纳米铝热剂通过完全形成钨和氧化铝,使其具有接近理论化学计量比的最佳能量性能。WO_3/Al 在最高能量水平下,产生最大的增压速率(500GPa/s)和压力(1.45MPa)。相比之下,WO_2/Al 的性能则要差得多(6MPa/s,38kPa)。WO_3/Al 纳米铝热剂的火焰传播速度在 170~

250m/s 之间,其峰值出现在化学计量比处[150]。

Perry 等人的后续研究表明,使用水合三氧化钨($WO_3 \cdot H_2O$)制备的 WO_3/Al 混合物的性能显著增加。在能量最高时,放热量(1.8MJ/kg)比由无水氧化物制备的铝热剂产生的热量(1.1MJ/kg)更高。同样,$WO_3 \cdot H_2O/Al$ 混合物产生的无功功率($215GW/m^2$)高于 WO_3/Al 混合物($130GW/m^2$)[151]。

Dong 等人采用在氧化钨纳米线上涂覆铝的方法制备了 $WO_{2.9}$@Al 纳米铝热剂。对钨丝通电加热来点燃这些沉积物时产生剧烈的燃烧。他们使用的方法实现了两相之间良好的接触,其仅能通过独特的氧化铝层分离[152]。此界面的光滑度赋予该材料表观的稳定性,轻微的应力就会使得金属与氧化物的接触面破坏。这种复合物会表现出非常低的摩擦感度。

3.3.1.14 氧化锌(ZnO)

Qin 等人通过在铝纳米颗粒表面涂覆原子层的氧化锌(ZnO)制备了 Al@ZnO 纳米铝热剂。由于其核—壳结构,这种复合材料含 80%质量含量的 ZnO 时也能燃烧,但其燃速比 Al@SnO_2纳米铝热剂[148]慢得多。Zhou 等人的研究表明,氧化锌释放氧比氧化铁或氧化铜更困难[153]。基于 ZnO 的铝热剂的中等反应活性可能与锌的还原很性强有关。由于金属锌的氧化是高度放热的,氧化后得到相当稳定的氧化物,很难被铝还原。

3.3.2 氧化性盐

第一个含氧化性盐的铝热剂是由 Goldschmidt 从金属氧化物、硫化物和氯化物开始制备的[154]。烟火技术人员认为使用含氧盐作为铝热剂中的氧化剂可以增强其性能。这样的混合物已在固体推进剂领域广泛使用。例如,欧洲航天局研究的主打产品,著名的“阿丽亚娜”-V(Ariane-V)火箭就是由高氯酸铵(NH_4ClO_4)和铝组成的混合物作为推进动力的。从开始研究微米级粉末形式的铝和强氧化剂的混合物开始已经过去了一个多世纪。阿芒拿尔(Ammonals,一种炸药)是爆炸性复合物中的一个例子,铝能促进硝酸铵的爆轰,但当它处于纯态时是一种对起爆不敏感的炸药[155]。

与烟火组分相关的,一方面是纳米铝粉,另一方面是亚微米尺寸或纳米尺寸的含氧盐颗粒,而这些直到现在研究的都非常少。然而,与氧化物相比,含氧盐具有以下优点:首先,它们通常含有更大质量比的氧;第二,它们所含的氧比氧化物所含的氧更容易置换;第三,它们所含的氧具有较低的氧化度,从而赋予其更高的反应活性[156]。在烟火剂中,作为强氧化剂的含氧盐包括以下几类:硝酸盐(NO_3^-),氯酸盐(ClO_3^-)和高氯酸盐(ClO_4^-),溴酸盐(BrO_3^-),碘酸盐(IO_3^-)和高碘酸盐(IO_4^-),过氧化物(O_2^{2-})和超氧化物(O_2^-),高锰酸盐(MnO_4^-)和过硫酸盐($S_2O_8^{2-}$)。其他含氧盐的反应活性较低,例如碳酸盐(CO_3^{2-})、草酸盐($C_2O_4^{2-}$)、硫酸盐(SO_4^{2-})或磷酸盐(PO_4^{3-}),这些盐只有在高温下氧化性质才变得较强。这就是为什么它们必须与高还原性的物质如镁、铝或硅才能发生反应的原因,这便是 Shimizu 提出的"负炸药"概念[157]。

最早研究纳米铝颗粒和高氯酸铵混合物燃烧性能的是 Armstrong 等人。他们在压力小室实验中测量了这些混合物的燃烧速度,发现当纳米铝粉的直径从 200nm 减小到 40nm 时混合物的燃速呈指数形式增加。包含中间粒径($\approx$120nm)纳米铝粉的混合物的燃烧速度随着压力上升显著增加,压力在 0.14MPa 下大约为 25mm/s,当压力升高到 15MPa 时高达 600mm/s[158]。

在烟火剂中,高锰酸钾($KMnO_4$)可作为非常强的氧化剂,其性质与氯酸盐相似。只要与它相结合的无机还原物质具有良好化学稳定性,使用它就可以开发出高性能和低毒性的含能复合材料。Prakash 等人研究发现,$KMnO_4$($\approx$250nm)和纳米铝粉($\approx$40nm)的混合物在压力小室实验中产生的增压速率比 CuO/Al 和 MoO_3/Al 纳米铝热剂高两个数量级[159]。而该混合物的缺点是在潮湿空气、有机或酸性物质存在的环境中不稳定。在潮湿环境下,高锰酸钾逐渐转变成二氧化锰,导致混合物的老化,从而降低氧平衡和性能。当含有高锰酸盐的混合物意外接触某些有机物质,如甘油或草酸时,可能会发生自燃反应。在浓硫酸的存在下,高锰酸盐转化为七氧化二锰(Mn_2O_7),当与有机物接触时极其敏感,是一种剧烈反应的爆炸物。为了改善 $KMnO_4$/Al 纳米铝热剂的稳定性,Prakash 等人设计了一个非常巧妙的技术,用弱氧化剂氧化铁来包覆强氧化剂高锰酸盐。采用三级雾化方的法制备了以高锰酸盐为核($\approx$150nm),厚度约为 4nm 的氧化铁为壳的复合纳米粒子。当氧化铁比例>14vol.%时可以完全包覆高锰酸盐,其反应性能可以在 0.117kPa/μs(Al/Fe_2O_3)~827kPa/μs(Al/(KMnO/Fe_2O_3))范围内通过改变氧化物占纳米复合材料的含量来调节[160]。

Wu 等人使用相同的制备方法,即用氧化铁(Fe_2O_3)和氧化铜(CuO)等金属氧化物包覆高氯酸盐。第一种复合材料($KClO_4$/Fe_2O_3)是理想的核壳结构,因为具有很好的相分离,使得高氯酸盐为核而氧化铁形成壳。在第二种复合材料($KClO_4$/CuO)中,氧化铜主要存在于壳中,但也有部分与高氯酸盐混合在核里,并会破坏高氯酸盐的结晶。第三种复合材料(NH_4ClO_4/Fe_2O_3)是由均匀混合的两相形成壳的中空颗粒。当与纳米铝粉($\approx$50nm)混合时,这些复合材料产生的能量明

显比 Al/Fe_2O_3和 Al/CuO 高。高氯酸盐能在较低的温度下反应,在压力小室实验中产生的压力上升速率和最大压力明显高于那些仅含有氧化物的铝热剂。根据测试结果,他们认为反应活性增加的原因是因为高氯酸钾热解时释放氧的速率更快,且热解温度比金属氧化物 Fe_2O_3和 CuO 的热解温度更低[161]。

用金属氧化物包覆高氯酸盐可以降低其吸湿性并减少它们在周围环境中的扩散。然而,高氯酸盐阴离子在非常低的剂量下就会迅速对内分泌造成干扰。美国国家科学院的一个报告认为可接受的日摄入量为 0.7 μg/kg,高氯酸盐阴离子的毒性已是不争的事实。与碘相比,它更容易固定在糖蛋白上,并能够携带碘穿过甲状腺细胞基底外侧膜。这种作用抑制了甲状腺对碘的固定,从而产生甲状腺激素[162]。最近对碘酸盐[163]和高碘酸盐[164]的研究促使人们开始寻找高氯酸盐的替代品。

Sullivan 等人研究了微米和纳米碘酸银颗粒($AgIO_3$)与纳米铝粉(50~80nm)混合物的反应。在相同的测试实验条件下,这些复合物在压力小室实验中测得的反应活性高于 Al/Fe_2O_3和 Al/CuO 纳米铝热剂。虽然纳米尺寸的 $Al/AgIO_3$混合物比 Al/CuO 纳米铝热剂产生更高的加压速率(分别为 57 psi/μs 和 9.0 psi/μs),但通过光强度测得的两种混合物的燃烧时间却是相近的(172μs 和 192μs)。他们认为由于 $AgIO_3$比 CuO 释放更多的气体(O_2、O 和 I),从而产生较高的初始压力值,而铝的氧化限制了反应动力学的进一步发展。$AgIO_3$/Al 纳米铝热剂的反应机理如图 3.13 所示。

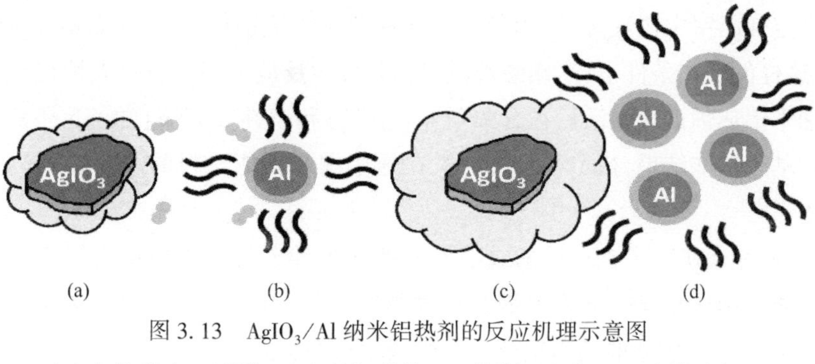

图 3.13　$AgIO_3$/Al 纳米铝热剂的反应机理示意图

(a) 热解,放出 O_2(吸热);(b) 氧化,放热;(c) 热分解(气化);(d) 铝热反应。

Sullivan 等人还注意到碘酸银在缓慢加热(5K/min)和快速加热(5×10^5K/s)时以不同的方式分解。在缓慢加热时,$AgIO_3$先熔化(692K),然后分解成碘化银(AgI)和氧(740K)。当温度继续升高时,AgI 熔化(827K)并蒸发。在快速加热时,需在更高的温度(1150K)下才观察到 O_2,O 和 I 气体的释放,缓慢加热时该温度要低得多(740K)。此外,在气体中没有检测到 AgI 和 Ag。最后,他们还注意到在快速加热时,Al/$AgIO_3$纳米铝热剂的点火温度为(1215±40)K,略高于 $AgIO_3$气化所需的温度。因而研究人员推测氧分压在铝的点火中起重要作用[163]。

Wang 等制备了含其他纳米结构金属碘酸盐($Bi^{Ⅲ}$、$Cu^{Ⅱ}$和 $Fe^{Ⅲ}$)的铝热剂。这些金属盐先分解成氧化物、碘和氧,然后才和铝发生铝热反应。基于金属碘酸盐的纳米铝热剂反应产生的绝热火焰温度(≈4050K),最大压力和加压速率高于与之对应的金属氧化物的纳米铝热剂[165,166]。

Jian 等人的研究表明,纳米结构高碘酸盐的烟火性能好于高氯酸盐并且毒性更低。高碘酸钠($NaIO_4$)和高碘酸钾(KIO_4)可以通过气溶胶干燥法制备成分散均匀的超细颗粒(50~300nm)。燃烧实验表明,Al/KIO_4和 Al/$NaIO_4$混合物在压力小室实验中测得的加压速率(2.4~2.6MPa/μs)明显高于传统的 Al/CuO 纳米铝热剂(0.06MPa/μs)。此外,他们强调了高碘酸盐纳米结构对反应活性的重要性。当高碘酸盐以纳米尺寸的颗粒使用时,其铝热反应产生的最大压力和增压速率分别比微米颗粒(≈100μm)高 60 倍和 1000 倍。Al/$NaIO_4$和 Al/KIO_4在空气中的点火温度分别是 880K 和 950K,比 Al/CuO 纳米铝热剂(1040K)要低得多。他们证明不管是缓慢加热(10K/min)还是快速加热(5×10^5K/s),高碘酸钾的热分解总是分为两个阶段。第一阶段的分解是放热的,它对应于高碘酸盐(KIO_4)转化为碘酸盐(KIO_3),并伴随着第一次氧的释放;第二个阶段在较高温度下,碘酸盐被还原成碘化钾(KI),并观察到第二次氧的释放。将 Al/KIO_4混合物放置在扫描电子显微镜的高真空样品室中快速加热(10^6K/s)时并不会激活铝热反应。残留物的分析证实,在这样的操作条件下,高碘酸钾没有与铝发生反应分解。更令人惊讶的是高碘酸盐纳米铝热剂被热激活后在含氧气氛(空气)和惰性气氛下(氩)下都发生剧烈反应。基于这些结果,Jian 等人认为氧在这些纳米含能材料的点火和燃烧中起关键作用[164]。

Come 等人研究了含有微米或纳米粒度的各种金属硫酸盐作为氧化剂的铝热剂的性质。用作燃料的铝粉由纳米尺寸颗粒组成(≈100nm),含有 74wt%的活性金属 Al。含有硫酸盐的纳米铝热剂的组成通过在弹式量热计中的一系列测试进行了优化,目的是获得可能的最高反应热。达到能量最优时铝的质量含量与硫酸盐的性质有关,但对于大多数此类铝热剂而言,其范围在 45%~55%之间。硫酸盐纳米铝热剂的反应热(4~6kJ/g)比传统的铝/金属氧化物铝热剂(1.5~4.8kJ/g)高。在燃烧管中测量的燃烧波前沿传播速度为 200~850m/s,并受硫酸盐的化学性质、形态以及孔隙率的影响。金属硫酸盐中所含的结晶水对硫酸盐类铝热剂的点火有显著影响,并且对它们的冲击和静电感度也有重要影响。最后,与大多数纳米结构的铝热剂相反,硫酸盐类纳米铝热剂对摩擦并不敏感,这使得它们的制备和处理特别安全。Comet 等人还报道了其他的含氧硫酸盐,例如亚硫酸盐(SO_3^{2-}),硫代硫酸盐($S_2O_3^{2-}$)和过硫酸盐($S_2O_8^{2-}$),当它们与纳米铝粉混合时,产生的烟火反应与硫酸盐类铝热剂相当。

最近,Zhou 等人比较了由纳米铝粉(50nm)和多种粗粒度(≈0.4μm)的氧化性盐制备的纳米铝热剂的反应性能。氧化性盐包括硫酸钾(K_2SO_4),碘酸钾(KIO_4)和过硫酸钾($K_2S_2O_8$)。为了进行实验,首先对氧化性盐的水溶液进行喷雾干燥,制备出分散状态的氧化性盐。在压力小室实验中进行的测试表明,基于过硫酸盐的铝热剂具有最高压力和增压速率。在缓慢加热(10℃/min)或非常快速加热(4×10^5℃/s)的条件下研究了过硫酸钾的热解行为,发现这种盐的分解有三个阶段。由热引发的第一次转化是过硫酸盐脱氧转化为焦硫酸盐($K_2S_2O_7$),当温度继续升高时,这种盐分解成硫酸钾(K_2SO_4)、氧气(O_2)和二氧化硫(SO_2)。最后,在更高的温度下,硫酸盐自身分解成钾(K)、O_2和 SO_2。研究表明,$K_2S_2O_8$/Al 铝热剂的点火实际上是过硫酸盐热解产生的氧与铝的反应引发的。相反,硫酸钾与铝在凝聚相的反应和大多数金属氧化物一样[156]。

总之,使用氧化物盐作为氧化剂制备的纳米结构铝热剂,比精心设计的金属氧化物基铝热剂具有更高的性能。这些混合物优异的反应性归因于从反应一开始,它们就通过氧化快速释放大量的氧。基于这些考虑,无机过氧化物和超氧化物应该可以作为纳米铝热剂的氧化剂,不仅仅是因为它们比简单的氧化物含有更多的氧,还因为它们更容易释放氧。虽然 Zhou 等人最近建议将过氧化物作为氧化剂用于制备纳米铝热剂[156],但似乎这种类型的铝热剂还没有成为研究的热点。

具有微米粒度的过氧化钡和铝组成的铝热剂比金属氧化物基铝热剂混合物对点火更加敏感。因此,它们经常用作铝热剂的点火物质[167]。能与水反应的过氧化物,例如 Na_2O_2和 K_2O_2,不能在纯态下与铝粉混合,因为它们水解得到过氧化氢(H_2O_2)的浓碱性溶液。铝与其接触时会被氧化,产生氢并释放大量的热。升高温度可促进过氧化氢的分解,并释放氧。这一系列的反应会导致上述材料自燃。

碱性过氧化物或超氧化物粒子(见表 3.8)可以通过在其表面包覆一层含氟聚合物(如 Teflon)来稳定,含氟聚合物具有三个优点:疏水,抗氧化以及能与铝发生爆轰反应[168]。

表 3.8 含过氧化物和超氧化物的高反应性纳米铝热剂配方的性能(除星号标记的值外,密度、熔融温度 $T_{Fus.}$、水的影响等都来源于文献[53])

氧化物	密度/(g/cm³)	$T_{Fus.}$/℃	氧含量/(g/g~g/cm³)	水的影响
Li_2O_2	2.31	195*	0.697~1.611	溶解
Na_2O_2	2.805	675	0.410~1.151	吸湿反应
NaO_2	2.2	552	0.582~1.280	反应
K_2O_2	2.14*	490	0.290~0.621	反应
KO_2	2.16	380	0.450~0.972	吸湿反应
MgO_2	~3	100,分解	0.568~1.705	不溶
CaO_2	2.9	200,分解	0.444~1.287	吸湿反应
ZnO_2	1.57	>150	0.329~0.516	不溶
BaO_2	4.96	450,分解	0.189~0.937	微溶*

3.4 纳米铝热剂的表征方法

由于纳米铝热剂是含能材料,它们的表征应包括反应活性和形态。在近期的文献综述中,Pantoya 等人列出了可用于纳米铝热剂表征的主要技术方法[169]。本节将对这些技术中的一部分,以及近十年开发的新的测试方法进行详细介绍。尽管有着丰富的表征手段,但不得不承认很少有人注意到纳米铝热剂的反应性能与它们形态之间的相互关系。这些最重要的进展正在到来,它将是烟火技术和材料科学之间的交叉研究领域。

3.4.1 反应活性表征

首先,由于纳米铝热剂是一种含能材料,因此其反应性能的表征方法至关重要。一个烟火性质未知的纳米铝热剂首先要进行火焰试验。试验中样品的数量不超过 10mg。这个简单的测试为烟火研究者提供了他们所研究的纳米铝热剂的可燃性和反应模式信息,以便采取适当的防护措施来确保自身的安全。其中一些铝热剂容易点燃并且燃烧剧烈(Bi_2O_3/B);一些很难像初级炸药(CuO/Al;Bi_2O_3/Al)那样通过火焰活化和发生爆炸;另外一些则需要通过剧烈燃烧或加热到赤红产生爆炸后($CaSO_4 \cdot 2H_2O$/Al)才会发生反应。其次,要对温度、冲击、摩擦和静电感度进行测试,这些方法将在本书第 4 章中进行详细介绍。经过这些确保研究者安全的实验阶段之后,烟火技术人员可以采取更先进的方法来研究所合成纳米铝热剂的反应活性。

除了热分析仪器外,为满足具体需求,在实验室中还开发了很多系统的纳米铝热剂的表征方法。已应用的纳米铝热剂的表征技术结合了很多高科技元素:高速摄像机,激光器,发射罩,用于快速测量压力的传感器,光纤和光电二极管,快速电子显微镜,飞行时间质谱等。

开发和使用微观测试方法表征纳米铝热剂反应活性的研究在不断增加。这些技术只需要少量的铝热样品,因而可不受烟火安全法规的限制,但并不是最理想的分析方法,因为忽略了数量效应对纳米铝热剂反应活性的显著影响。

3.4.1.1 热分析

目前,有两种主要的热分析方法,分别是 TG 和 DSC。这些实验技术专门用于研究物质在缓慢加热(0.5~50K/min)条件下所经历的热转变。这就是为什么它们可以用于测定纳米铝热剂的热感度或研究它们组分间相的物理和化学稳定性的原因。但使用这些技术研究或比较纳米铝热剂的反应性能没有任何意义。

TGA 用于测试放置在气流中样品的质量随温度升高的变化。例如,使用 TGA 确定某些纳米颗粒的金属含量(例如 Al,Zn,Ti),或者研究氧化物或金属盐的热分解。也可以用它来确定吸附在纳米颗粒表面的水含量或确定引入纳米铝热剂中的有机物质的比例,以便对其进行改性。

DSC 用于测量样品和参比样品之间的热流差异。这种技术可以测量包括放热或吸热在内的任何物理或化学转变。可以用它测定纳米铝热剂的活化温度。DSC 特别适用于研究由纳米铝热剂和反应性有机物质组成的杂化材料,并确定它们之间的化学相容性。其他一些更具体的用途包括:用于测量金属纳米颗粒熔融温度的降低或研究纳米铝热剂缓慢反应的机理。DSC 不能用于确定纳米铝热剂的燃烧热,因为缓慢加热这些混合物与它们剧烈燃烧产生的产物不同。

Sun 等人使用热分析方法研究了铝粉与氩气稀释的氧气(O_2/Ar:25/75)之间的氧化反应或与三氧化钼接触时的氧化反应。实验表明,在熔化前铝在固相就已被氧化。当铝为纳米尺寸时,其在熔化之前氧化反应的比例明显更高。另一方面,纳米铝粉比微米铝粉具有更高的反应活性。它们的反应活性与粒度分布密切相关。Sun 等人还观察到在固相中纳米结构铝氧化释放的热量小于由块状铝氧化产生的热量,但没有给出解释[170]。固态铝的缓慢氧化反应发生在氧化铝壳和铝核之间的界面处。这个特殊环境可以解释金属氧化反应的能量效率低以及氧化放热水平较低的原因。

采用热分析技术,Pantoya 等人的研究表明,在一定温度下三氧化钼和铝的混合物缓慢发生反应时,铝粉尺寸越大反应温度越高[134]。

为了开发利用氢还原纳米结构三氧化钨(WO_3)合成二氧化钨纳米颗粒(WO_2)的方法,Perry 等人使用 TGA 对其进行了研究。在这种情况下,TGA 用于测定反应完全性,其特征是在 650℃的温度下处理 WO_3,质量损失为 6.9%[150]。在另一项研究中,Perry 等人使用热分析来表征氧化钨脱水,水合氧化物($WO_3 \cdot H_2O$)的脱水为吸热反应,消耗 80~100J/g 的热量[151]。

Farley 等人采用 TGA 与 DSC 联用的方法研究了缓慢加热(10℃/min)条件下纯氧化碘(I_2O_5)或与纳米氧化铝(40nm)混合物的热分解。含碘较低的碘酸(HIO_3)在 206.7℃下脱水,再次生成氧化物。纯 I_2O_5氧化物在 390.6℃下熔化和分解同时进行。基于 I_2O_5/Al_2O_3混合物的热分析曲线,Farley 等人发现氧化铝的存在改变了碘氧化物的分解机制。碘氧化物热分解形成的碘离子随后通过吸附固定在氧化铝上。当温度升高时,最初是无定形的氧化铝经过相变转变成 γ-Al_2O_3。这种变化促使固定在氧化铝上的碘解吸附。此后,Farley 等人进一步证明 Al/I_2O_5铝热剂的分解模式取决于其组成中所用铝粉的粒度。当铝热剂中的铝是微米尺寸(15μm)时,实际上是碘氧化物发生分解,而不是与铝发生相互反应。但是,铝热剂中含有纳米铝粉(80nm)时则会发生复杂的反应,反应由多个阶段组成:在 390℃下碘氧化物分解的吸热被氧气与铝反应产生的放热所掩盖;在更高温度,由吸附在氧化铝上的碘解吸引起的吸热大部分会被铝、碘和氧的放热反应所掩盖;在 654℃没有观察到反应中对应的铝熔化的吸热峰[129]。

Shin 等人使用热分析方法比较了通过物理混合法制备的氧化铁与纳米铝的复合物和通过溶胶-凝胶法制备的 Fe_2O_3/纳米铝复合物的反应性能。热重曲线表明,通过溶胶-凝胶技术制备的复合材料含有较高比例的杂质(26.4wt%~47.1wt%)。然而,这些杂质在温度达到 400℃之前就分解了,因此它们不直接影响在较高温度(450~900℃)下发生的纳米铝的反应。铝与周围干凝胶发生的反应产生了独特的分解放热,而 Al/Fe_2O_3物理混合物的分解放热具有以铝的熔化为分界点的两种不同的放热特征[171]。分散在干凝胶中的铝的反应主要是金属在固相中的氧化反应,这可能与纳米铝和表面的氧化铁包覆层有良好的接触有关。在物理混合的情况下,固相中的反应由于两相之间缺乏有效的接触,只能通过铝的熔融才能与氧化物有效接触。根据 Shin 等人进行的 DSC 测量,该反应的能量接近 1kJ/g。该值远远低于氧化铁进行铝热反应释放的热量(3.96kJ/g)[3],这表明经典的 DSC 技术不适合于表征通过快速加热触发的真实铝热反应[172]。可以使用弹式量热仪精确地测量纳米铝热剂反应热。

Li 等人通过 DSC 测量发现,含硝化纤维素的 Al/NC 和 Al/Fe_2O_3/NC 纳米复合材料比纯硝化纤维素的分解温度更低。奇怪的是,他们发现通过 NC 和纳米铝热剂简单混合制备的粉末材料中的 NC 比多孔材料(如溶胶-凝胶制备)中的 NC 的热敏感性更强[173]。

Slocik 等人通过 DTA 测试显示,铁蛋白笼中羟基氧化铁反应释放的能量随铝纳米离子(80nm)表面覆盖的铁蛋白层数量的增加而增加[174]。

Comet 等人使用 DSC 测试解释了缓慢加热(4K/min)时纳米硼和氧化铋(Bi_2O_3)混合物的反应机理。为了实现该目的,专门设计了热循环实验,即在不同温度下中断样品加热,随后冷却至环境温度,然后再次加热。这些研究表明覆盖在硼纳米颗粒表面的偏硼酸(HBO_2)与氧化铋的反应是不可逆的放热反应。在更高的温度下进行的这种硼热反应变慢;它的特点是产生两个连续的放热信号。氧化铋的还原发生在硼纳米颗粒的表面,该反应产生液态的金属铋,由于毛细管作用迁移到纳米颗粒的表面。这种现象通过限制氧化铋向硼的扩散使硼热反应变缓。该机理解释了为什么 Bi_2O_3/B 纳米铝热剂在两个连续阶段都是缓慢反应的原因[70]。

3.4.1.2 激光辐射点火实验

激光器可用作激活压实或松散粉末形式纳米铝热剂燃烧的高技术打火机。激光器的点火是清洁的,它们可通过透明窗进行辐射点火。高能激光辐射与含能材料表面的相互作用导致其快速加热,并导致点火。激光器的主要缺点是操作时需要的电源和冷却系统太复杂。

通过单轴压制法将松散的纳米铝热剂粉末压缩到金属模具中是没有任何困难的。冲头和模体应该预留足够的空间,以避免在弹出样品时部件堵塞。鉴于其组份的粒度,压实的粉末不可避免地会扩散到压缩模具的间隙中。尽管纳米铝热剂的摩擦感度高,但其被偶然点火的可能性还是较低的,因为分布在模具光滑表面的一薄层纳米铝热剂粉末充当了润滑剂,不会被加热。两次连续的压实操作之间必须小心清洁金属表面,避免铝热剂积累以及模具焊接部件间隙内的纳米铝热剂填充层被点燃的情况。

纳米铝热剂的压制可显著降低它们的孔隙率,但是超过 60%TMD 的致密化需要巨大的压缩力,因为其组分具有很高的抗拉强度。压缩由纳米粒子组成的纳米铝热剂通常得到具有良好内聚力的药柱。然而,药柱的机械强度很大程度上取决于混合粒子的形态和相对尺寸。例如,压制亚微米尺寸的卵形氧化铋颗粒和球形纳米铝粉则得到高度脆性的药柱。但是,添加碳纤维[132]或纤维状聚合物可以改善纳米铝热剂药柱的机械强度。

Granier 等人采用发射功率 50W 的连续波二氧化碳激光器($\lambda = 10.6\mu m$)对 MoO_3/Al 铝热剂药柱进行点火燃烧,其在样品表面提供的最大功率密度约为 $100W/cm^2$。激光光斑的直径(4mm)与铝热剂的直径(4.5mm)相当。机电快门用于封闭或允许激光束通过。用高速照相机以 32000 帧/s 的速率记录燃烧过程,高速相机的位置垂直于铝热剂药柱[110]。Siegert 等人使用类似的装置,研究了填充有氧化锰的中空碳纳米纤维与铝纳米粒子混合得到的纳米铝热剂的燃烧,其设计灵感来自 Granier 等人开发的模型[132]。Comet 等人也使用该装置研究了 CuO/Fe_2O_3/P 三元纳米铝热剂药柱[83]和 Cr_2O_3/Al 纳米铝热剂药柱[103]的燃烧。

Stacy 等人使用工业 Nd:YAG 激光器($\lambda = 1.064nm$)发射的辐射测量了松散纳米铝热剂粉末的点火延迟时间。以直径 3mm 的光斑辐射 10ms,脉冲提供的能量约为 1.5J。将纳米铝热剂粉末(6~20mg)填充在深度为 6mm,直径为 4.7mm 的不锈钢圆形样品腔中。所有测试样品的表观密度低于 30%TMD。激光直接与纳米铝热剂作用或通过与载玻片限制的组分发生作用的方式进行点燃实验。测试结果表明,所研究的纳米铝热剂点火延迟时间的顺序与它们是否受到限制有关。根据与铝热剂接触的载玻片表面吸附沉积的碳层,最终 Stacy 等人给出了与吸光度有关的纳米铝热剂点火延迟时间的排序:

$$Al/CuO < Al/C_2F_4 < Al/Fe_2O_3 < Al/I_2O_5 < Al/MoO_3$$

氧化剂的吸收性质对激光束点燃纳米铝热剂时的点火延迟时间具有显著影响[175]。

Qin 等人使用输出功率 30W 发射 $10.6\mu m$ 波长的辐射 CO_2 激光器,以直径为 5mm 的光斑对 Al@ZnO 和 Al@SnO_2 纳米铝热剂进行了点火实验。样品放置在微量陶瓷坩埚中($\approx 0.03mL$)。采用与示波器相连的光学器件和传统相机(30 帧/s)监测光强度的变化对反应的影响[148]。

3.4.1.3 开放式燃烧测试

开放式燃烧测试可以用于研究放置在金属片制备的线性通道内纳米铝热剂粉末的燃烧性能。这种方法的优点是简便,因为它可以测试材料在开放环境中的强烈反应。通过这种技术测量的速度低于那些在约束条件下的测量值,因为在空隙中热气流对流传播的效率小于等压条件下的传播速率。

Puszynski 等人开发了具有通道的金属托盘开放燃烧系统,并用这种系统对几种铝热剂的燃烧速度进行测量。开放托盘腔的长度为 43mm、宽度为 18mm、深度为 8mm。该装置有两个相距 20mm 的端口(1mm),通过光纤传输光信号伴随着对光电二极管的反应。被测物(约 100mg)平铺在空腔的底部并且其仅填充空腔的一小部分体积(≈6.2cm^3)[176]。这个系统经过改进,配备了穿孔挡板,其作用是减小由于爆炸反应导致的粉末的移动,避免过早地对光信号进行记录[177]。

Perry 等人测量了多种不同摩尔比组成的 WO_3/Al 纳米铝热剂的火焰传播速度。为了进行测量,将被测试的粉末放置在开放通道中,用切口刀片将样品铺平。用两条间隔 20mm 连接到光学检测器的光纤对速度进行测量[150]。Malchi 等人使用相同的装置研究了氧化铝加入量对 CuO/Al 纳米铝热剂燃烧速度的影响[116]。

Plantier 等人测试了基于氧化铁和铝的纳米铝热剂在空气中的燃烧速度,测试在截面积为 3.175mm×3.175mm,长度为 5cm 的方形通道中进行。测量的速度(0.02~120m/s)不仅与氧化铁的性质有关,而且还与氧化铁和铝的比例有关。测试采用的是高速摄像机[178]。

Prentice 等人测定了几种 Al-Fe_2O_3-SiO_2三组元铝热剂的燃烧速度,测试是在截面积为 3.175mm×3.175mm,长度为 10cm 的方形通道中进行,通道用透明的丙烯酸聚合物制成。纳米铝热剂的测试样品量为 150mg,通过电火花点燃[123]。

3.4.1.4　燃烧管测试

燃烧管实验主要用于研究限制在透明管中纳米铝热剂的反应变化规律。最常用的制造约束管的材料是硼硅酸盐玻璃、聚(甲基丙烯酸甲酯)或聚碳酸酯。燃烧管应具有足够的长度以便燃烧能够达到稳定的燃烧速度,这意味着以松散粉末的形式装载纳米铝热剂时,燃烧管的长度需要 10~15cm。纳米铝热剂的燃烧容易穿过毛细管[139]或厚度几百微米的薄层[179]。但另一方面,传播速度与管径的倒数成正比[139],后者的值应该是固定的,所以它对速度没有明显的限制。大多数情况下,最佳直径范围在 3~5mm。实验证明,所用管的直径较大时效果更好,因为管中纳米热铝热剂的填充量是非常重要的参数。管中一般填充松散粉末或通过敲击或振动压实的粉末。它们需要较高的能量才能实现点火,如用电火花或烟火剂的燃烧等。

通常用高速相机观察并记录燃烧的传播速度,记录速率与传播速度有关,一般在 2×10^4~2×10^5帧/s。用于高速相机表征的燃烧管可以简单通过重量维持在以平行六面体金属部件制造的 V 形通道中。与点燃位置相反的另一端放置在静止台上,以防止管水平移动(图 3.14)。为了便于管的后处理,管出口处的开口由黏合膜覆盖。

为了测量材料火焰前端和冲击波的传播速度,有时在燃烧管上装有光纤和压力传感器[138]。为此,需将燃烧管插入到块状的透明聚合物中,其可作为测量探针的支撑,并可作为约束防止燃烧管爆炸。

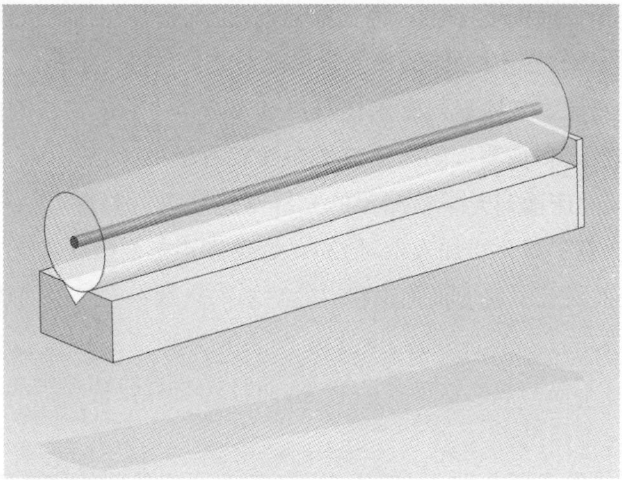

图 3.14 一个简单的用来支持纳米铝热剂燃烧管表征的示意图(支撑重量管在图中未给出)

在燃烧管中点燃纳米铝热剂不能忽视其质量(0.1~5g),点燃必须在防爆室中进行,防爆室能够抵抗等效质量的高能炸药爆炸。

2005 年,Bockmon 等人报道了在管中测试纳米铝热剂燃烧的第一个装置。该系统的燃烧管由聚丙烯酸制备,其内径为 0.3175cm,外径为 0.635cm,圆柱形腔的长度为 10.16cm,体积为 0.8044cm^3。燃烧管内填充松散粉末或通过短脉冲(5s)压缩的粉末或长时间振动压实的粉末。将装有纳米铝热剂的管插入两侧(180°)装有一系列的光纤和压力传感器的聚丙烯酸材料中,并放置在中央部位。两个测量端口之间的距离为 1cm。由于聚丙烯酸材料透明,燃烧波传播可以通过高速摄像机进行监测。将测量装置放置在不锈钢容器中,该容器配有 3cm 厚的聚丙烯酸观察窗,可直接观察实验[138]。

Sanders 等人改进了 Bockmon 等人开发的测量装置,可测量颗粒状纳米铝热剂的燃烧速度。装有颗粒状铝热剂的燃烧管放置在防爆室中进行点火。可以通过进料系统从燃烧管外部加入铝热剂颗粒,用该装置进行测量时纳米铝热剂的总加入量为 5g[92]。

Puszynski 等人使用非常短的燃烧管研究了纳米铝热剂 Fe_2O_3/Al 和 CuO/Al 的燃烧波传播。这类管的长度为 3.81cm、内径为 0.317 5cm、外径为 0.635cm。纳米铝热剂 Fe_2O_3/Al 和 CuO/Al 放在一个用块状聚丙烯酸制备的圆柱形腔中,其中块状聚丙烯酸用作植入压力传感器的约束和背衬。燃烧波前沿阵面的传播由高速摄像机监测。通过使用该装置,Puszynskiet 等人注意到 Fe_2O_3/Al 纳米铝热剂在管中燃烧传播的方式与点燃铝热剂相对的另一端是否打开有关。在开放系统中,由于组分冷却建立的降压梯度驱动燃烧,使其传播加速;另一方面,在半封闭系统中,气体只能通过后部逸出,并且组分中的压力接近常数。在这种情况下,传播速度是稳定的[90]。

Martirosyan 等人用在不锈钢块中有圆柱形通道的装置测定了 I_2O_5/Al 纳米铝热剂的燃烧波传播速度。该圆形通道内径为 2mm、长度为 40mm。测试样品被点燃的一端容积较大以便反应所产生的气体膨胀并排出。通过在垂直填充纳米铝热剂圆形腔中植入两个相距 20mm 的光电二极管来测量燃烧速度。该系统可用于小量样品(≈0.1g)的测试[128]。

Plantier 等人使用高速摄像机(32000 帧/s)测量了几种纳米结构氧化铁和铝的混合物在 Lexan 管中的火焰传播速度,该管的长度为 10cm,内径为 3.175mm 或 6.35mm。将待测试的物质(250mg)装载在测试管中,装填堆积密度为 $315kg/m^3$,是 TMD 的 5%~8%。在测试管装填完粉末状纳米铝热剂后进行短时间的周期振动(5s),以便获得密度均匀的粉末药柱,并不产生相分离。在这些管中进行的实验表明,燃烧转变为稳定状态所需的距离约为 6cm,且与管的直径和氧化铁的性质无关。但另一方面,燃烧的传播速度可以从每秒几米到 900m/s 以上,其大小与纳米铝热剂中氧化铁的性质有关。燃烧波前沿不是平的,像矛头形状,具有气体对流的传播特性。燃烧物质的喷射可以证明气体的存在[178]。

Malchi 等人研究了添加氧化铝对 Al/CuO 在管中燃烧的影响。将纳米铝热剂(250mg)装载在长度为 8.9cm、内径 0.32cm、外径 0.64cm 的聚丙烯酸管中。通过振动压实以获得均匀的密度($0.36g/cm^3$),约达到 TMD 的 6%。将管放置在聚碳酸酯基衬上,聚碳酸酯基衬每一侧有 6 个压力传感器和 6 个光纤端口,每个端口的间距为 1cm。反应由电火花激活,其燃烧传播用高速摄像机监测,速率为 110000 帧/s[116]。

Weismiller 等人使用类似的装置测试了不同气体(Ar,He,N_2)压力对 CuO/Al 纳米铝热剂火焰传播的影响。将测试管置于较大体积(23L)的测试室中,测试室装有用于高速照相机观察燃烧的光学窗口。纳米铝热剂粉末(300mg)以接近 TMD 6.6%的密度装载在燃烧管中[117]。

Dikici 等人研究了 MoO_3/Al 纳米铝热剂预热对其燃烧产生的火焰传播速度的影响。为此,使用了长度为 100mm、内径为 3mm 的石英管,铝热剂以疏松的形式装填在石英管中,密度为 TMD 的 8%。石英管中间装有一个 K 型热电偶,用于测量铝热剂的温度。将石英管放置在具有观察窗的钢块中,并将线圈加热器插入到该装置周围,然后进行点火测试[140]。

Shende 等人也使用 Lexan 管对铝热剂的燃烧实验进行了研究,管的内径为 3.2mm、长度为 10cm,两端开口,插入铝块中进行测试。燃烧速度通过植入的间隔 1cm 的四根光纤进行光学测量,四根光纤与光电检测器相连。用电火花进行点火[111]。

Apperson 等人设计了一个测量纳米铝热剂反应产生的燃烧波传播速度和冲击波速度的特殊装置。该装置由内径为 3.175mm 的聚甲基丙烯酸甲酯(PMMA)管和待表征的纳米铝热剂组成,并通过电火花点火。通过植入 PMMA 管的与光电二极管相连的光纤来测量燃烧波前沿的传播速度。第一部分与另外两个管状元件(2×10cm)同轴组装,两个管状元件分别是与纳米铝热剂接触的铝膜($E \approx 100\mu m$)之间的空气柱和固定在端部的金属板。冲击波速度由植入在填充有空气的管状元件中的压力传感器测定。压力传感器同样放置在 PMMA 管中以测定由纳米铝热剂反应产生的压力[109]。

Densmore 等人使用内径为 3mm、长度为 12cm 的聚丙烯酸管部分装填 Cu(50nm)/Al(3.5μm)铝热剂,其装填高度可在 2~10cm 之间调节。铝热剂粉末压实,密度为 TMD 的 14%。通过高速照相机监测反应,同时可监测发光前沿的传播,并对温度进行测量。在填充有铝热剂的这段管中燃烧波传播的速度与铝热剂的填充高度有关。当其从管的填充部分到管的未填充的空气段时燃烧波的传播速度显著增加,且速度逐渐达到极限值(≈1000m/s)。另一方面,凝聚相的温度在未填充铝热剂的那部分管中维持较高的值,这说明反应在白炽气溶胶中继续进行。基于这些现象,Densmore 等人认为燃烧管实验测量的是膨胀速度而不是火焰速度[180]。在纳米铝热剂中,颗粒的孔体积有助于气体和热粒子的流动。另一方面,物质构成的障碍会导致装填损失,这一现象会随着纳米铝热剂致密化变得更加明显。换句话说,低密度组分对燃烧传播的阻力较小,因此纳米铝热剂的反应更容易和更快速地达到最高燃烧传播速度。基于这一原因,应优选粉末形式的铝热剂进行燃烧管实验。该实验需要测试样品的量较小,这样做有很多优点,特别是在烟火安全性方面。

3.4.1.5 径向测试

径向实验主要是通过引发围成圆形的铝热剂层的反应,然后监测从中心到边缘的燃烧的传播。

Durãeset 等人使用这种方法研究了由微米尺寸的氧化铁和铝粉组成的铝热剂的缓慢燃烧。在不锈钢制备的直径为 50mm,深度为 10mm 的圆柱形模具中通过冷压(200MPa、5min)将铝热剂压至 50%~70% TMD,压实后的厚度为 1~2mm。

PMMA 盖用作透明挡板，在它的中心有 3mm 直径的圆柱形通道，用以填充松散粉末形式的铝热剂，其作用是将点火传递到下面的圆片铝热剂。由镍铬电阻丝通过 100V 的电容放电加热进行点火。整体燃烧波前沿由 50 帧/s 速率的照相机进行记录。在距离中心 10nm 和 20mm 处插入钨/铼热电偶进行局部速度测量。反应的传播规律可以通过燃烧波前沿的演化进行表征，传播方式为连续的同心圆形式。另一方面，圆形度的失真表示燃烧已变得不规律。这可能是由于组成的不均匀性、不对称点火或铝热剂层的厚度变化造成的，燃烧的中断是由于表面反应造成的[181]。Durãeset 等人随后定义了一个不对称参数来描述燃烧传播的不规律性。对于不对称参数的变异性，约束材料不锈钢或聚氯乙烯性质的影响比 Fe_2O_3/Al 混合物组成的影响更显著。然而，这两个实验因素是不规律燃烧的次要原因[182]。

Son 等人设计了一种用于研究三氧化钼和铝纳米铝热剂径向燃烧的测试系统。该系统由透明的聚碳酸酯腔体组成，腔体分为两部分。从腔底分离的空间能通过机械加工的方式精确地插入，系统的填充装配显然比插槽或毛细管容易。获得的结果仅是基于 380μm 厚的纳米铝热剂层的。他们观察到纳米铝热剂反应的径向传播接近化学计量并形成连续的波前沿阵面；但另一方面，铝热剂混合物中铝含量太多或太少都可能导致燃烧的不规律或不连续传播[179]。

3.4.1.6　氧弹测试

氧弹式密闭爆发器可用于测定在约束条件下含能材料的反应性能。例如，这种类型的装置用于测定火药粉末的燃烧热，研究它们的燃烧规律。这些表征方法用于研究纳米铝热剂是可行的，因为在凝聚相中反应是很困难的，与炽热物质接触可能会损坏金属燃烧室和检测元件。纳米铝热剂的燃烧比火箭推进剂和有机炸药产生的气体要少得多，因此用于表征这些含能材料的测试系统可以用于研究纳米铝热剂，且没有超压危险。

3.4.1.6.1　氧弹式量热仪测试

利用氧弹式量热计可以测量纳米铝热剂燃烧产生的热量。值得强调的是，这是评价该基本量唯一正确的方法。有时也用 DTA 和 DSC 进行测量，但测量的仅是铝热剂的缓慢热转换，其转换机制与燃烧不同。

该装置的测量原理是将氧弹放在水浴中激发氧弹中铝热剂反应，基于水温的上升计算铝热剂燃烧释放的热量。为了确保纳米铝热剂的点火，由金属线加热粉末药柱进行点火。该点火方法具有可靠有效的优点。

除了燃烧室被大量金属残留物堵塞，在氧弹式量热计中纳米铝热剂的点火没有任何困难。燃烧产物的形态和对壁的黏附情况与纳米铝热剂的性质有关，同时也取决于其组成的比例。因此，WO_3/Al 的燃烧不会产生粘附于氧弹壁的大块残渣。另一方面，Bi_2O_3/Al 混合物的反应会导致生成铋和氧化铝层覆盖在氧弹壁的表面。CuO/Al 纳米铝热剂在燃烧时产生的铜会焊接在氧弹壁上，在某些点上甚至可以切割钢。含硼铝热剂的燃烧在其放热的最佳比例时会产生大量的金属飞溅（见图 3.15）。对于富含硼的铝热剂，这种影响消失，其反应产生具有低黏附性的大量残余物。

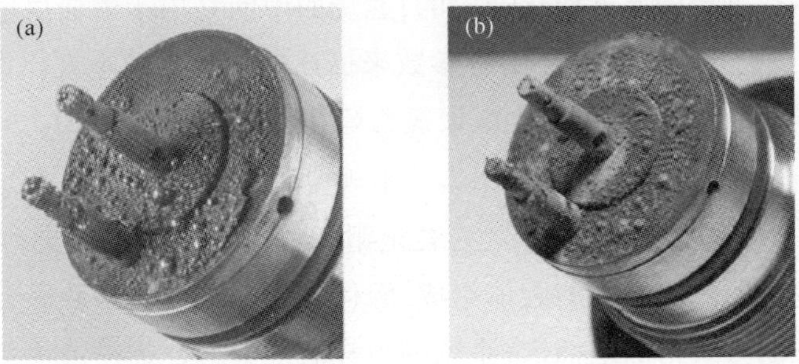

图 3.15 由(a)Bi_2O_3/B 和(b)CuO/B 燃烧在氧弹式量热计中产生的金属飞溅

Comet 等人研究了 Bi_2O_3/B 和 CuO/B 纳米铝热剂反应热的变化规律，发现其放热量与硼含量有关。然后用获得的数据计算了这些材料的无功功率[70]。纳米铝和金属硫酸盐混合物的燃烧热值高（4~6kJ/g），它们随组分中铝含量的平方发生变化[68]。

在氧弹式量热计中材料对爆燃到爆轰的转变很敏感，如纳米铝热剂和炸药的混合物。

3.4.1.6.2 压力室测试

压力室可用于研究纳米铝热剂在等容条件下的反应性能。根据要求不同，各个研究团队都研制了类似的实验装置。由点火药或激光脉冲加热进行点火。通过压力随时间的变化来监测反应的进行，有时通过燃烧产生的光发射对反应进行监测。

对压力信号进行分析可以确定点火延迟时间、加压速率和最大压力值。显然，这些值与燃烧室的装填量有关，不同的铝热剂只有当所有条件都相同时才能进行比较。监测光强度提供了反应进展的更多信息，特别是对某些压力影响很小的放热反应更有用。

Perry 等人利用装配有压力传感器和光纤的压力室测试比较了 WO_3/Al 和 $WO_3 \cdot H_2O/Al$ 纳米铝热剂的反应性能。激光脉冲为 30ns，单位面积产生的能量为

20mJ/cm²,用于点燃纳米铝热剂,并触发压力测量[151]。

Malchi 等人使用体积为 13cm³的压力室研究了添加不同比例的纳米氧化铝对 Al/CuO 纳米铝热剂能量性能的影响。$Al/CuO/Al_2O_3$复合物通过 Nd：YAG 激光(1064nm)脉冲点燃,提供大约 9mJ 的能量。每个测试样品中 Al/CuO 铝热剂的质量均为 17.5mg,因此样品的总质量取决于所加入的氧化铝的量[116]。

不同纳米铝热剂在相似条件下利用压力室测试的结果见表 3.9。对结果的比较分析发现:含氧化物盐铝热剂的性能要优于含简单金属氧化物的纳米铝热剂。这也揭示了气体的产生对纳米铝热剂反应性是至关重要的。

Wang 等人在大体积的商业压力室(342cm³)中研究了一些参数对 Bi_2O_3/Al 纳米铝热剂反应的影响。测试试样的质量相对较大(0.1~0.5g)[98]。

Patel 等人使用小体积压力室(0.15cm³)研究了包含用纳米棒形式制备的氧化铜凝胶结构对纳米铝热剂(装载 30mg 不同纳米结构的 CuO/Al 复合物)性能的影响[183]。Thiruvengadathan 等人使用更小的压力室(0.06cm³)研究了铝纳米粒子和氧化铋与 GO 通过自组装所得的纳米复合材料的性能,通过加热直径为 0.13mm 的镍合金线来确保点火[100]。

表 3.9　各种纳米铝热剂(25mg)在 13cm³压力室下测量的最大压力(P_{max}),加压速率(dP/dt)和燃烧持续时间(D_c)(符号@表示化合物中前面的化合物用后面的化合物包覆;符号/表示简单混合)

组成	P_{max}/kPa	dP/dt/(kPa/μs)	D_c/μs	文　献
Ag_2O/Al	68.9	0.047	1,381	[97]
$AgIO_3/Al$	2041	393.0	172	[163]
Bi_2O_3/Al	1000	54	240	[166]
$Bi(IO_3)_3/Al$	2300	770	150	[166]
$Bi(IO_3)_3/Al$@NC	4500	3816	235	[166]
$Bi(IO_3)_3/Al/NC$	730	53	298	[166]
CuO/Al	—	30.7	—	[159]
CuO/Al	800	62.0	192	[163]
CuO/Al	676	64.8	—	[161]
CuO/Al	800	61.5	192	[130]
CuO/Al	1100	100	220	[166]
CuO/Al/B	—	~0~113	—	[67]
CuO/Al@NC	300~1800	0.095~255	247~2250	[184-187]

（续）

组成	P_{max}/kPa	dP/dt/(kPa/μs)	D_c/μs	文　献
$Cu(IO_3)_2/Al$	1800	225	170	[166]
$Cu(IO_3)_2/Al@NC$	4900	3966	238	[165]
$Cu(IO_3)_2/Al/NC$	1400	0.07	2162	[165]
Fe_2O_3/Al	—	0.12	—	[159]
Fe_2O_3/Al	92.4	0.117	936	[163]
Fe_2O_3/Al	89.6	0.117	—	[161]
Fe_2O_3/Al	92.4	0.116	936	[130]
Fe_2O_3/Al	60	0.02	3330	[166]
$Fe(IO_3)_3/Al$	1900	590	170	[166]
$Fe(IO_3)_3/Al@NC$	4000	3186	161	[166]
$Fe(IO_3)_3/Al/NC$	170	0.10	3667	[166]
$I_2O_5@Fe_2O_3/Al$	108~1262	0.0363~45.1	183~4280	[130]
$KClO_4@CuO/Al$	1924~3682	772~2455	—	[161]
$KClO_4@Fe_2O_3/Al$	1655~3413	669~1420	—	[161]
KIO_4/Al	3800	2400	124	[164]
KIO_4/Al	909±185	91±19	130±35	[156]
K_2SO_4/Al	104±14	0.06±0.02	2800±400	[156]
$K_2S_2O_8/Al$	1206±208	151±26	205±38	[156]
$KMnO_4/Al$	—	1999	—	[159]
$KMnO_4/Al$	—	152~1999	—	[160]
$KMnO_4@Fe_2O_3/Al$	—	~0~841	—	[160]
$NaIO_4/Al$	4000	2600	124	[164]
$NH_4ClO_4@Fe_2O_3/Al$	2682	807	—	[161]

3.4.1.7 微量燃烧实验

微量燃烧实验采用非常少量的纳米铝热剂进行测试，从烟火安全的角度考虑具有一定的优势。从科学的观点来看，这项技术对认识纳米铝热剂的反应机理意义重大。然而，这种方法不能取代较大药量的测试，不能提供令人满意的关于纳米含能材料“宏观”烟火特性的信息。

3.4.1.7.1 “T-jump”测试技术

“T-jump”技术是由 Zhou 等人为了表征含能材料开发的[1]，它用于表征基于氧化物或金属盐的多种纳米铝热剂。该实验方法包括快速加热（10^5~10^6 K/s）纳米铝热剂或某一成分，测量温度，分析反应产物的组成。同步测量可关联温度和化学转变，从而确定给定组分的反应机制。为此，先将悬浮的纳米铝热剂沉积在直径为76μm、长度为10mm的铂丝的中心区域（5mm）。通电使铂丝加热，纳米铝热剂层的燃烧从两端开始，两个燃烧波前沿向铂丝的中心传播并相遇。喷出点燃的物质，并继续反应，用一个复杂的装置收集由燃烧产生的电离物质，并用飞行时间质谱法对电离物质进行表征[153]。

通过使用这种分析方法，Zhou等人发现，氧化铜（CuO）分解并伴随释放氧的温度（≈1150K）明显低于氧化铁（Fe_2O_3，≈1450K）。而且，氧化铜所含有的氧比氧化铁含有的氧能更完全且迅速地释放。纳米氧化锌（ZnO）的分解温（~1900K）高于ZnO/Al反应的绝热温度（≈1822K）。这就解释了为什么一些作者发现在某些实验条件下这种铝热反应不发生的原因[153]。

3.4.1.7.2　片上测试

Gangopadhyay等人发明了纳米含能材料点火及燃烧速度测量的小型化装置，即使用厘米尺寸的玻璃板（2.5cm×7.5cm）。采用光刻法制备两种样品组成的模板，分别进行纳米铝热剂的点火和燃烧速度测量。这两个元件的制备方法是，先在玻璃板上沉积钛的薄膜（20nm），再在沉积钛的薄膜上通过阴极溅射形成更厚的铂层（100~200nm），然后在基材的表面用旋涂的方法涂上高分子黏合剂，如聚（4-乙烯基吡啶）等，目的是固定纳米含能材料。通过光刻形成的模板来调控纳米铝热剂沉积物的形态，最后将糊状的含能材料通过旋涂沉积在模板上。蒸发溶剂后，通过适当的洗涤方法去除过量的纳米含能材料。使用这种制备方法，Gangopadhyay等人测量了基于不同纳米结构的氧化铜（CuO）和铝（300~2400m/s）组成的铝热剂的燃烧速度，仅用几毫克这些高反应活性物质就能进行测量[188]。基于这种方法，Apperson等人通过在玻璃板上沉积两个铂膜区的方法制备了测试元件。第一个铂涂覆区域用于纳米铝热剂的点火，采用电加热的方式进行点燃。燃烧通过第二个铂膜区，使其电阻发生变化。测量这种现象持续的时间可以确定燃烧波前沿覆盖"膜检测器"长度（32mm）所需的时间，并推导出平均燃烧速度。每秒1.25×10^6次记录的高速摄像机可以在相当短的距离上测量这种快速燃烧过程。Apperson等人观察到CuO/Al纳米铝热剂薄层（$E<5\mu m$）的燃烧仅产生一个信号（350m/s），而较厚的涂层产生两个信号，对应的速度分别是1100m/s和350m/s。他们还注意到纳米铝热剂沉积厚度增加导致第一个信号（1100m/s）增强，但由于与空气接触，沉积层顶部的燃烧会比底层慢。为此，建议使用足够厚的沉积物来测量自我约束的纳米铝热剂层的燃烧速度。以这种方式测定的速度值与在燃烧管中用高速相机测量的速度非常接近（±5%）。Apperson等人使用这种小型化的测试装置测定了CuO/Al纳

米铝热剂的点火延迟时间。结果表明,点火延时时间随着点火功率的增加而降低,随点火膜表面积的减少而降低[108]。Bhattacharya 等人使用相同的装置测定了纳米铝(80nm)与氧化铜(CuO,9nm)或氧化铋(Bi_2O_3,150nm)组成的纳米铝热剂的燃烧速度,结果表明前者的反应速度(442±55.4m/s)比后者(147±6.5m/s)大得多[189]。但这比由 Martirosyan 测定的类似组成的 Bi_2O_3/Al 纳米铝热剂的燃烧速度(≈2500m/s)要低很多[190]。这些不同的结果可以用测量方式的不同来解释,不受限的片上测试是一种情况,在管中测试则是另一种情况。根据 Fischer 和 Grubelich[3] 发表的热化学数据,1g Bi_2O_3/Al 混合物燃烧产生的气体和放出的热量分别是相同质量 CuO/Al 燃烧时的 2.6 倍和 1.9 倍。片上实验中速度测量的有效性与铝热剂的性质及组成有关。

3.4.1.7.3 微通道测量

Son 等人在微通道中研究了由纳米铝和三氧化钼组成的纳米铝热剂的燃烧性能。这些测试在小内径(0.48mm、1.01mm、1.85mm 和 3.63mm)的管中或在亚毫米直径(121~769μm)、长度为 2.54cm 的放电加工钢槽中进行。将含微通道的钢板置于支架中,夹在两片 PMMA 之间,其中一个用作观察窗。对于两种实验装置,都用电火花进行点火。火焰前沿的传播过程由高速摄像机监测。使用这些实验装置,Son 等人发现 Al/MoO_3 纳米铝热剂的燃烧通过很小的横截面通道传播,燃烧波前沿的传播速度(V)随着管直径倒数(d)的增加线性减小,有如下方程:

$$V = V_\infty - \frac{k}{d} \tag{3.10}$$

鉴于这一结果,Son 等人提出了一个参数 ξ,该参数根据式(3.11)计算得到,利用该参数可比较纳米铝热剂的性能:

$$\xi = \frac{k}{V_\infty} \tag{3.11}$$

具有较小 ξ 值的纳米铝热剂具有较小的失效直径和更好的燃烧效率[139]。

Malchi 等人通过将 2mg 样品放置在 2.54cm 长的微道中测试了三种 CuO/Al 纳米铝热剂在微通道中的燃烧性能。第一种是纯的纳米铝热剂,只由氧化铜和铝在己烷中经简单分散混合而得;第二种材料通过自组装方法制备,这种材料中含有一定比例的有机物,通过氧化物和铝纳米粒子的配位接枝进行自组装;第三种材料参考第二种材料类似的方法制备,但最后不对纳米颗粒进行自组装。实验中都通过电火花进行点火。少量的纯 CuO/Al 纳米铝热剂可以作为中介物质以促进铝热剂点火。纯纳米铝热剂的火焰传播速度为 285±48m/s,通过自组装制备的纳米铝热剂的反应明显慢很多,并且可以观察到两种燃烧状态。首先,燃烧在大约 0.5cm 的距离以 10m/s 的速度快速传播,然后速度稳定在 0.25m/s,直至到达微通道的末端。相同测试条件下,作为参考的纳米热铝热剂不会被点燃。比较第三种纳米铝热剂和通过组装制备的铝热剂,Malchi 等人认为燃料和氧化剂的添加有利于铝热反应[191]。

3.4.1.7.4 喷射测量

Zhou 等人报道了一种在爆炸箔引发装置中测量聚酰亚胺膜喷射速度的新方法。参考体系为 1μm 厚的铜沉积膜,以桥的形式(450μm×450μm)连接两个三角形区域的顶部。在改进的系统中,铜膜由薄的铝热剂层(2μm)包覆,并形成铝(250nm)和氧化铜(500nm)的交替层。该装置中的电容放电触发铜膜产生爆炸,引发铝热剂层燃烧。高速摄像机对爆炸的观察表明,在铝热剂存在时,光发射的持续时间从 300μs 增加到 600μs,并且点燃的颗粒喷射距离为 6mm。每个反应体系都被聚酰亚胺膜(25μm)包覆,然后在聚偏二氟乙烯(PVDF)膜的顶部放置一个限定高度(0.54mm)的套筒。铜或包覆有铝热剂的铜反应层发生爆炸反应,将聚酰亚胺喷射到 PVDF 膜上,由于压电效应,这种压缩产生高强度电流。当投影到达时记为当前时间,用该时间减去聚酰亚胺喷射的时间可计算出飞行时间,此时伴随铜膜中的电容放电,且电压出现峰值。Zhou 等人用这种巧妙的测量设备测试表明,铜线爆炸喷射聚酰亚胺比涂铜铝热剂的速度更高(381m/s 对 326m/s)[192]。

3.4.1.8 冲击实验

由于纳米铝热剂对冲击的敏感度低,需要强大的冲击才能激活它们的反应。纳米铝热剂对冲击的敏化可以通过将它们与有机物质混合来实现。另一种方法是使用由冲击提供的能量产生摩擦或电火花,纳米铝热剂对这类刺激高度敏感。在第一种情况下,可以通过添加硬质材料颗粒来诱导转化,例如碳化硅[193]。稀土金属颗粒可用于将摩擦转换成电火花;在第二种情况下,压电陶瓷碎片可以用作冲击激活的电火花发生器。

Bouma 等人研究了剪切应力压缩作用下 MoO_3/Al 复合物的点火性能,剪切应力可由落锤的撞击产生或通过对钢板的冲击产生。第一个实验装置是落锤冲击装置的仪表化形式。要测试的铝热剂为密实的片状样品,通过压实的方法制备,直径为 5mm、高度为 1.2mm。将片状铝热剂样品放在砂纸上,在落锤的作用下被挤压。用该装置进行的实验结果表明,当 MoO_3 为纳米结构时,MoO_3/Al 铝热剂反应的活化时间是较短的。另一方面,机械变形引发的感度随着孔隙率的增加而减小。最后,铝和氧化钼的比例不会影响 MoO_3/Al 铝热剂的机械感度。Bouma 等人将纳米尺寸的铝、微米尺寸的氧化钼和氟橡胶(10wt%)混合物压制成密度为 95%TMD 的样品,然后放置在 30mm 的弹丸风帽中。其对钢板冲击反应的激活阈值范围在 1.26~1.54km/s[194]。

Cheng 等人测定了 Fe_2O_3/Al 铝热剂的冲击感度,将样品压实到最大密度的(70±3)%,铝热剂样品的厚度为 2mm,直径为 3.23mm。将它们粘结到 7.62mm 直径的铜弹丸上。它们由压缩空气枪发射,将弹丸加速到 200~500m/s。让弹丸撞击位于真空(50~100mtorr)室中的硬化钢靶。Cheng 等人使用该实验装置的研究结果表明,通过物理混合或自组装制备的 Fe_2O_3/Al 纳米铝热剂比 Fe_2O_3/Al 微米铝热剂具有更高的冲击感度阈值。产生这一结果的原因是在纳米结构材料中冲击引起的应力能更好的分布均匀[123]。

Russel 等人采用 1000m/s 的速度撞击钢板的方法研究了铝热反应的活化。三种测试样品(Al/I_2O_5、Al/Ag_2O、Nd/I_2O_5)均由具有微米粒度的活性材料组成。将样品装在直径为 12.5mm 的黄铜弹丸的圆柱形腔($V=2.4cm^3$)中,总质量约 20g。将弹丸用枪射入金属室内($D=40cm$,$L=338cm$),其依次连接到较小的仪器室($D=40cm$,$L=149cm$),并在里面发生撞击。目标靶是低碳钢板($E=3.25mm$),可撞击穿孔。子弹碎片最终被放置在靶后面的金属挡块阻挡停止。温度和压力通过探针热电偶和压力传感器进行测量,传感器分布在冲击区附近,靶的上下方两个测试点间相距 38cm。测试由高速摄像机进行监控,拍照速率为 10000 帧/s。Russell 等人的研究发现,为了激活铝热剂的反应,目标靶应该足够厚($E>0.6mm$)。冲击触发铝热剂点火,反应的主体部分则是在靶后侧观察到的。基于其实验记录的分析,Russell 等人认为由冲击激活反应的传播速度与弹丸速度($\approx 1000m/s$)处于相同的数量级。对温度的测量表明,在所测试的铝热剂中,Al/Ag_2O 的反应放热最大。Russell 等人指出,当碘氧化物为微米级时,Al/I_2O_5 铝热剂的反应放热更强烈[96]。

3.4.1.9 高温测量

由于必须在极端的条件下进行,因此,测量纳米铝热剂的燃烧温度是很困难的。首先,纳米铝热剂反应产生的温度(1500~4000K)非常高,并产生大量的白炽粒子,这可能会损坏与样品接触的测量系统。另一方面,短期动态现象的测量需要极短的时间响应,需在接近热平衡的条件下进行,这是传统的热电偶无法实现的。高温光学测量方法具有很短的采样时间,能进行远程测量,可用于测量铝热剂的燃烧温度。

Weismiller 等人使用多波长高温计测量了三种纳米铝热剂(Al/CuO,Al/MoO_3

和 Al/Fe_2O_3)燃烧产生的温度。第一种方法是通过监测少量(≈10mg)纳米铝热剂的燃烧,记录发射光谱随时间变化的积分。第二种方法更复杂,需要监测限制在丙烯酸管中的纳米铝热剂反应,获得时间分辨的发射光谱。在这两种方法中,测量装置配备有准直透镜,其将反应发射的光聚焦,并通过光纤传输到测量装置。通过第一种方法测得的三种铝热剂在燃烧期间的平均温度分别是 2390±150K(Al/CuO),2150±100K(Al/MoO_3)和 1735±50K(Al/Fe_2O_3)。基于这些测试数据,推导出由纳米铝热剂燃烧产生的气体基本上来自氧化物的汽化(MoO_3)或氧化物的分解(CuO 和 Fe_2O_3)[195]。值得注意的是,这些实验值明显低于 Fischer 等人对相同铝热剂燃烧温度的计算值:2843K(Al/CuO),3253K(Al/MoO_3)和 3135K(Al/Fe_2O_3)[3]。在铝热剂组分中存在不可忽略比例的氧化铝是导致这种现象的原因之一。

Densmore 等人开发了一种测量烟火反应温度的新方法,该方法具有良好的时间分辨率。为此,高速彩色相机在经过复杂校准后用作光学高温计,以便对给定范围的温度进行测量。他们最早采用这种技术监测了由 C-4 炸药爆炸产生的温度演变过程[196],然后测定了 CuO/Al 铝热剂在燃烧管中的温度变化[180]。

3.4.2　形态表征

由于纳米铝热剂的烟火特性,它更多的是作为烟火剂研究而不是作为材料本身研究。因此开展纳米铝热剂及其燃烧产物形态学的研究具有重要意义,通过这些研究,能够将纳米铝热剂的能量性能与其特定的形态进行关联。

大多数传统材料的表征技术同样适用于纳米铝热剂的研究。要特别注意的是,如果操作不当,会导致纳米铝热剂的意外激活,从而损害分析仪器,甚至会伤及未经训练的或没有防备的实验操作人员。作为对铝热剂操作固有风险的保护措施,在研究其形态特征之前,必须了解它们的烟火特性,要特别关注它们在不同应力形式作用下的感度。表征实验应始终小心谨慎,所用样品量应该是科学测量所需的最小量。根据处理的纳米铝热剂的数量,可以从以下几点对其风险进行评估。如果实验者不与纳米铝热剂直接接触,处理量低于 10mg 时,基本没有风险。当纳米铝热剂的数量在 10~100mg,且操作者和纳米铝热剂间的安全距离保持在 20cm 以上,这时风险也很低。如果需要处理大量(0.1~1.0g)样品,则需要全面的防护措施,如佩戴面罩、凯芙拉手套和夹具,这样才可以在一定的距离(>50cm)操作样品。当操作更大量的样品时,则只能在特定的烟火实验室中才能进行纳米铝热剂的实验。

最常用的形态分析方法包括显微测试技术、XRD 分析和比表面积测量。

3.4.2.1 显微测试技术

显微测试技术可用于研究纳米铝热剂的形态，针对配方优化制备方法，同时理解它们的反应机理。

对于纳米铝热剂的微观形态分析来说，光学显微镜分辨率太低，但它可以用于观察由纳米铝热剂组成的聚集体，沉积物或微米尺寸的物体。

对纳米粒子的形态观察，扫描电子显微镜(SEM)具有足够高的分辨率，可测量它们的尺寸，并分析纳米铝热剂中多种相态的分布。纳米铝热剂组分的无机性质，赋予它们一定的热稳定性，有利于进行 SEM 观察。但还需要通过金或铂的阴极溅射来使纳米铝热剂的样品金属化，以促进电子的迁移并提高图像的质量。

TEM 能够获取物质的内部结构和单个纳米颗粒在一定尺度上的元素分布信息。在样品制备过程中应特别小心，避免样品在液体中分散并沉积到观察网格上发生变性。TEM 是一种研究通过包覆制备的铝热剂[197]或具有复杂精细结构[133]的纳米铝热剂的理想技术，但是它不能用于含有热敏物质或高能有机物的纳米铝热剂杂化材料的观察，因为这些样品受到电子束传递的热量作用时，易发生降解。

AFM 可用于观察含有有机相的纳米铝热剂。观察前，应首先对粉末样品进行压实，使表面粗糙度最低。压制过程可以采用软压实，以避免有机纳米颗粒的精细结构被破坏。可利用纳米铝热剂中矿物组成和有机化合物之间的硬度差异，在纳米尺度上确定材料中的相分布。

Blobaum 等人使用 XRD、TEM 和俄歇电子能谱表征了通过阴极溅射制备的 CuO_x/Al 铝热剂的层状结构。铝和氧化铜的连续层厚度分别为 0.3μm 和 0.7μm。沉积的氧化铜是三氧化四铜(Cu_4O_3)，因此在阴极溅射期间发生了原始氧化物(CuO)中氧的减少。俄歇深度分布表明，氧仅分布在含铜区域中，铝层没有铜和氧。层与层之间的界面由纳米晶原位形成的无定型氧化铝微区组成。其厚度(≈10nm)大于铝暴露在空气中形成的天然氧化铝层厚(2~3nm)。这种效应可能是由于溅射过程中 CuO 离解产生的氧离子深度渗透引起的，或者是 CuO_x 氧化物层有利于氧化铝的生长造成的[114]。

Shin 等人用扫描电镜研究了按照 Gash 等人报道的方法[198]制备的复杂纳米材料的形态，该材料具体是按照环氧化合物胶凝的方法，将铝纳米离子加入到氧化铁干凝胶中制备的。其形态取决于 Al/Fe 的摩尔比，当其小于 2 时，铝纳米粒子以簇的形式在干凝胶中聚集，形成非均相的混合物。当铝的摩尔比例增加(Al/Fe>2)时，干凝胶分布在金属颗粒中，其形态类似于水泥。然后混合物变成亚微米尺度[171]的均匀结构。

Gesne 等人使用透射电镜测量了铝纳米颗粒(95nm)表面处形成的氧化铝层的厚度(2.7~8nm),其大小取决于等温(480℃)氧化处理的时间[141]。

Li 等人使用 AFM 测量了纯 NC 或 Al/Fe_2O_3 纳米铝热剂掺杂的 NC 纤维的弹性模量。具有亚微米直径的纤维排列在硅板制成的通道上方。通过 AFM 的针尖向悬在通道上的纤维段的中间施加作用力。挠度测量结果可用于弹性模量的计算。Li 等人通过掺入5%的 Al/Fe_2O_3 纳米铝热剂(96GPa)有效提高了 NC 纤维的强度(71GPa),但是当该含量超过10%时,NC 纤维的强度(48GPa)明显下降[173]。

为了监测纳米材料的快速转变,例如晶相转变或金属间反应的变化,LaGrange 等人在劳伦斯·利弗莫尔(Lawrence Livermore)国家实验室(美国)开发了动态透射电子显微镜(DTEM)。该电镜的空间分辨率可以达到10nm,并且可以以15ns的间隔捕获图像。为此,在紫外光区工作的 Nd:YLF 激光器向透射电子显微镜的光电阴极发射10ns脉冲,该光电阴极就会发射约15ns的电子流(10^8~10^9)。被 Nd:YAG 激光器红外加热的样品,会产生10ns脉冲[199]。Egan 等人利用这种显微技术证明了影响铝纳米颗粒快速加热(10^{11}K/s)的烧结机制。这些科学家还将氮化硅涂覆在集成芯片上制成加热基板,以减缓加热速率($\approx 10^6$K/s)[16]。

Qin 等人使用 TEM 技术表征了通过分子层连续沉积在铝纳米颗粒表面形成的氧化锌(ZnO)或氧化锡(SnO_2)壳的形态,并测量了其厚度。除了颗粒间接触区域的氧化物膜较薄以外,其他氧化物包覆层的厚度是均匀的。Qin 等人通过 XPS 对这些复合纳米粒子的表面组成进行了分析,并使用能量色散 X 射线光谱对它们的整体组成进行了分析[148]。

Dong 等人研究了包覆有铝的 $WO_{2.9}$ 氧化物纳米线的形态,高分辨率 TEM 观察发现在这些相之间的界面处形成了非常薄的氧化铝层[152]。

Comet 等人使用 AFM 观察了 RDX@Cr_2O_3 复合材料的热行为。这种复合材料是由多孔氧化铬(Cr_2O_3)负载黑索今(RDX)制备的。实验表明,在氧化铬基体中的纳米结构黑索今的起始分解温度($\approx$130℃)比本体炸药的分解温度($\approx$205℃)低得多。反应生成的气体使多孔 Cr_2O_3 基体发生膨胀[105]。基于这些观察,Comet 等人提出了一种解释杂化 RDX@Cr_2O_3/Al 纳米铝热剂燃烧的机理,即是由于炸药燃烧和铝热反应[172]之间产生协同作用的结果。

3.4.2.2 X 射线衍射

XRD 是一种有效测定结晶相化学性质的工具,结晶相是纳米铝热剂或纳米铝热反应产物的重要组成部分。XRD 所用的样品量比显微镜多(100~500mg)。

Siegert 等人通过对填充有氧化锰(MnO_x)的中空碳纳米纤维与纳米铝混合组成

的纳米铝热剂的燃烧残余物的 XRD 分析得出了一些有趣的结论。碳化铝(Al_4C_3)的存在表明在这种类型的混合物中一部分铝与碳管壁发生了反应。然而,金属锰的存在证明封装在中空碳纤维中的氧化锰发生了铝热反应。灰分中还含有两种锰的氧化物,即碱沸石(ε-MnO_2)和褐铁矿(Mn_3O_4),它们分别在低温(<250℃)和高温(900~1200℃)下是稳定的。赤铁矿是在冷却过程中锰发生氧化反应形成的,褐铁矿是封装在中空碳纤维中的部分未还原的氧化锰(MnO_x)在加热过程中形成的[132]。

Comet 等人使用 XRD 证明了氧化物 $Al_xM_yO_z$ 相的组成[200],并确定了硫酸盐基铝热剂复合物在弹式量热计中反应产物的性质[68]。有时可以采用 Scherrer 公式,根据 XRD 测试结果计算燃料纳米颗粒的平均直径,条件是后者为结晶状态,且其颗粒的尺寸较小(<150nm)。

3.4.2.3 比表面积测量

材料的比表面积通过用几何表面积除以其质量来计算。它是以在液氮温度下测量的氮气吸附等温线为基础,通过 Brunauer、Emmett 和 Teller 方法计算的。测定纳米铝热剂比表面积的实验必须非常谨慎,因为它需要的样品量较大(0.05~1g)。测试时,首先必须将纳米铝热剂样品脱气以除去吸附在粒子表面的分子。为此,将纳米铝热剂放在高真空或干氦气流中加热脱气,脱气温度由 TGA 实验确定。

比表面积是非常重要的参数,深入分析比表面积可以提供更多关于样品的有用信息。当纳米铝热剂的比表面积(S_{BET})等于通过表面力(式(3.12))计算的各组分的表面积(S_i)(通过其在混合物中的质量分数(μ_i)加权计算)之和时,这意味着颗粒仅有少量的聚集。另一方面,如果实验测得的比表面积较小,则表明颗粒大量聚集。

$$S_{BET} = \sum_i \mu_i S_i, \sum_i \mu_i = 1 \tag{3.12}$$

比表面积(S_{BET})还可用于计算具有已知密度(ρ)和确定形态的颗粒群的平均特征尺寸。

例如,对于球形粒子其平均直径如下:

$$\Phi_S = \frac{6}{\rho \times S_{BET}} \tag{3.13}$$

式(3.14)可以计算立方体颗粒的边长(A)或较长对角线长度(D):

$$A = \frac{8}{\rho \times S_{BET}}, D = \frac{8\sqrt{3}}{\rho \times S_{BET}} \tag{3.14}$$

式(3.15)可计算丝状圆柱形颗粒的平均直径(Φ_c):

$$\Phi_c \approx \frac{4}{\rho \times S_{BET}} \tag{3.15}$$

式(3.16)适用于片状颗粒,其厚度(E_p)与其表面相比可忽略不计:

$$E_p = \frac{2}{\rho \times S_{\mathrm{BET}}} \tag{3.16}$$

这些方程对于最简单和经常遇到的形态来说是有效的,也可以将这些方法用于具有更复杂形态材料的分析。铝纳米颗粒的比表面积测量可用于计算包覆其金属核周围氧化铝壳层的平均厚度[4]。比表面积的测量还可以用于评估通过包覆制备的纳米铝热剂的质量。在这种情况下,比表面积由包覆颗粒的初始尺寸、沉积层的厚度、两种相关材料的密度和聚集程度决定。从三个第一参数计算的理想材料的比表面积以及实验测得的比表面积之间的差别与粒子的聚集程度有关。这些值越接近表明包覆越理想,差别越大表明聚集越严重[201]。

Qin 等人通过比表面积测量研究了铝热剂纳米粒子的聚集程度,这些铝热剂纳米粒子是通过在纳米铝粒子表面包覆 ZnO 或 SnO_2 薄膜的方法制备的。研究表明,Al@ZnO铝热剂粒子的聚集程度比 Al@ SnO_2 铝热剂粒子的聚集程度大[148]。然而,Qin 等人给出的解释并没有考虑氧化物包覆层引起的密度增加以及对比表面积的影响。

Yang 等人通过气体吸附测量了由缠结纳米线形成的氧化锰(α-MnO_2)和通过该氧化物与铝纳米粒子组装制备的纳米铝热剂孔隙的尺寸分布。他们还获得了铝填充氧化物的颗粒间孔隙率[202]。

Gibot 等人测量了由球形纳米颗粒构成的氧化铬(Cr_2O_3)的比表面积(113m^2/g),然后使用该值计算了颗粒样品的平均直径(≈10nm)。基于 X 射线衍射图,采用 Scherrer 公式计算出晶体的平均尺寸为 12nm;Gibot 等人据此得出结论:氧化物颗粒为单晶[104]。

Comet 等人通过比表面积测量研究了在氧化铬(Cr_2O_3)多孔基体中炸药(RDX)的分布。为此,假设氧化物表面 RDX 沉积的厚度随复合材料中 RDX 比例的增加呈线性增加。根据比表面积的实验结果,计算了各种复合材料的比例系数(α)。通过分析 α 值的变化规律,Comet 等人认为黑索今的分布取决于其在 RDX-Cr_2O_3复合材料中的比例。当其百分含量范围在 0%~36.8%之间时,RDX 在氧化物表面以独立颗粒的形式凝固。当其百分含量更高(36.8wt%~73.8wt%)时,炸药形成连续层,且随炸药含量的增加厚度成正比的增加,从而证明了最初的假设。最后,当其百分含量在 73.8wt%以上时,炸药在氧化物多孔基体的外部结晶。Comet 等人还指出,这些复合材料的燃烧和爆炸速度,以及由它们制成的 Al/RDX@ Cr_2O_3 纳米铝热剂的性质与炸药在多孔氧化物基体中的分布密切相关[105]。

Comet 等人使用比表面积测量来优化由琼脂和仲钼酸铵组成的杂化凝胶,该杂化凝胶是用于合成纳米结构 $Al_xM_yO_z$ 混合氧化物的前驱体。杂化凝胶由具有纳米直径(20~90nm)的相互连接的丝组成,其中仲钼酸盐呈球形,定义为念珠状形态。对这种结构的模拟表明,当凝胶含量达到一定值(≈80wt%)后,矿物相在琼脂外部以微米级颗粒的形式结晶[200]。

3.5 结论:纳米铝热剂的性能及其优化

在过去的20多年里,关于纳米铝热剂的研究取得了重大进展,在发展路径上,与对这一领域认知的发展是一致的。最初的研究与纳米铝的制备有关,尤其是与通过形成氧化铝层来稳定纳米铝相关。核-壳铝的反应模式已进行了大量研究和讨论[203]。不同金属氧化物(Cr_2O_3、Fe_2O_3、WO_3、MoO_3、CuO、Bi_2O_3)组成的铝热剂的性能已通过多种实验参数进行了测试。近几年,有了一些新的发展:氧化物越来越多的被金属盐取代,因为金属盐更容易释放出它们所含的氧,因此得到的铝热剂具有更高的反应活性。同时,硼和磷等一些燃料开始出现。最近的重要进展之一是在纳米铝热剂中加入能够加热汽化的物质,以弥补纳米铝热剂产气量不足的缺点。

科学技术的发展清楚地指明了未来进一步增强纳米铝热剂性能的发展方向。

首先,未来的研究重点应该集中在化学氧含量高的纳米结构的金属氧化剂上,如过氧化物盐。氧化物粒子的形态对纳米铝热剂的性能有重要影响[111]。管状的氧化物颗粒不仅能使氧化剂和燃料更好地接触[204],而且还能促进气体的对流。中空的氧化物纤维能够起到增强反应活性的作用,同时还能增强通过压缩制备的纳米铝热剂的黏聚力。

在本章中已经提到,有几种物质具有作为纳米铝热剂中纳米结构燃料的潜力。但目前很少有对它们进行研究的。主要的困难是在这个领域中,金属纳米颗粒的钝化问题没有解决,这是保证纳米铝热剂贮存稳定性的基本要求。保护金属不被氧化的物质,应该与金属具有良好的化学相容性、对大气具有高的不敏感性和理想的高温氧化性能。基于这些标准,含氟聚合物是这些聚合物中最有前途的。

纳米铝热剂独特的烟火特性归功于其自身所含的巨大孔体积。未来的研究应该想方设法提高纳米铝热剂的孔隙率,以便赋予这些材料良好的物理稳定性,同时保持它们的反应活性。稳定的孔隙率方便产生对流现象,同时也在很大程度上限制了 Sullivan 等人描述的纳米颗粒的聚结现象[205]。

在反应时,大多数铝热剂产生的气体比例通常是很低的[3]。但某些铝热剂在反应时会产生较大量的气体[206],如基于氧化碘(Al/I_2O_5)或氧化铋(Al/Bi_2O_3)的混合物。这种方法是十分有限的,因为它限制了一些组分的可能应用领域。第二种方法是比较普通的,因为它是在纳米铝热剂中引入了可汽化的物质。铝热剂燃烧产生的热量可促使气体发生剂发生热解。Thiruvengadathan 等人将 Al/CuO 纳米铝热剂与不同的次级炸药结合,制备了一类杂化材料,这些次级炸药有硝酸铵、黑索今(RDX)或六硝基六氮杂异伍兹烷(CL-20)等。这类材料的反应活性取决于纳米铝热剂或炸药的反应性能,并与它们的组成有关[207]。Qiao 等人分别使用细粒度(1~10μm)或粗粒度(≈50μm)的 Fe_2O_3/Al 纳米铝热剂对微米级的 RDX 进行包覆制备了杂化材料。这类杂化材料的反应活性比组成它的两种材料单独的反应活性都好[142]。非含能有机物质可用于增加纳米铝热剂反应时产气量。例如,Bezmelnitsyn 等人使用纤维素衍生物增加 Fe_2O_3/Al 纳米铝热剂的产气量[125],Comet 等人使用偶氮二甲酰胺来提高 WO_3/Al 纳米铝热剂的产气性能等[197]。

更通俗地说,未来的纳米铝热剂将是由多种组分组成的复合物,并对其性能进行定制以满足特定的需求。

在未来的几十年里,纳米铝热剂从实验室的研究到烟火系统元器件的转变仍需人们为该领域的技术发展做出巨大努力。已经报道了实现从粉末到物质过渡的几种方法,并报道了纳米铝热剂疏水膜[43]或纳米铝热剂碳垫[113]的制备方法。但这些技术仍处于初期探索阶段。

其他方面,还有一些与纳米铝热剂反应有关的更有趣的问题尚待研究。这些有趣的问题包括在闪蒸光作用下纳米铝热剂的点火[50],通过微波导致的纳米铝热剂燃烧活化[178]以及铝热剂反应时产生的电磁辐射[124]等。

参考文献

[1] ZHOU L. ,PIEKIEL N. ,CHOWDHURY S. *et al.* ,"T-jump/time-of-flight mass spectrometry for time-resolved analysis of energetic materials",*Rapid Commun. Mass Spectrom.* ,vol. 23,no. 1,pp. 194-202,2009.

[2] DREIZIN E. L. ,"Metal-based reactive nanomaterials",*Prog. Energy Combust. Sci.* ,no. 35, pp. 141-167,2009.

[3] FISCHER S. H. ,GRUBELICH M. C. ,"A survey of combustible metals,thermites,and intermetallics for pyrotechnic applications",*32nd AIAA/ASME/SAE/ASEE Joint Propulsion Conference*, Lake Buena Vista,Florida,USA,July 1996.

[4] PESIRI D. ,AUMANN C. E. ,BILGER L. *et al.* ,"Industrial Scale Nano-Aluminum Powder Manufacturing",*J. Pyro.* ,vol. 19,pp. 19-31,2004.

[5] AUMANN C. E. ,SKOFRONICK G. L. ,MARTIN J. A. ,"Oxidation behavior of aluminum nanopowders",*J. Vac. Sci. Technol.* ,*B*,vol. 13,no. 3,pp. 1178-1183,1995.

[6] KWON Y. S. ,GROMOV A. A. ,ILYIN A. P. *et al.* ,"Passivation process for superfine aluminum powders obtained by electrical explosion of wires",*Appl. Surf. Sci.* ,vol. 211,no. 1-4,pp. 57-67,2003.

[7] KWON Y. S. ,GROMOV A. A. ,STROKOVA J. I. ,"Passivation of the surface of aluminum nanopowders by protective coatings of the different chemical origin",*Appl. Surf. Sci.* ,vol. 253,no. 12,pp. 5558-5564,2007.

[8] HAMMERSTROEM D. W. ,BURGERS M. A. ,CHUNG S. W. *et al.* ,"Aluminum nanoparticles capped by polymerization of alkyl-substituted epoxides:ratio-dependent stability and particle size",*Inorg. Chem.* ,vol. 50,no. 11,pp. 5054-5059,2011.

[9] OUET R. J. , WARREN A. D. , ROSENBERG D. M. *et al.* , "Surface passivation of bare aluminum nanoparticles using perfluoroalkyl carboxylic acids",*Chem. Mater.* ,vol. 17,no. 11, pp. 2987-2996,2005.

[10] KAPLOWITZ D. A. ,JIAN G. ,GASKELL K. *et al.* ,"Aerosol synthesis and reactivity of thin oxide shell aluminum nanoparticles via fluorocarboxylic acid functional coating",*Part. Part. Syst. Charact.* ,vol. 30,no. 10,pp. 881-887,2013.

[11] WANG J. ,QIAO Z. ,YANG Y. *et al.* ,"Core-shell Al-Polytetrafluoroethylene(PTFE) configurations to enhance reaction kinetics and energy performance for nanoenergetic materials", *Chem. Eur. J.* ,vol. 22,no. 1,pp. 279-284,2016.

[12] CABRERA N. ,TERRIEN J. ,HAMON J. ,"Sur l'oxydation de l'aluminium en atmosphère sèche",*C. R. Acad. Sci.* ,Paris,vol. 224,pp. 1558-1560,1947.

[13] WALTER K.C. , AUMANN C.E. , CARPENTER R.D. *et al.* , "Energetic materials development at technanogy materials development",*Mater. Res. Soc. Sympp. Proc.* ,vol. 800, pp. 27-37,2004.

[14] PUSZYNSKI J. A. "Processing and characterization of aluminum-based nanothermites"[J]. *J. Therm. Anal. Calorim.* ,2009,96(3):677-685.

[15] RAI A. ,LEE D. ,PARK K. ,*et al.* "Importance of Phase Change of Aluminum in Oxidation of Aluminum Nanoparticles"[J]. *J. Phys. Chem. B*,2004,108(39):14793-14795.

[16] EGAN G. C. ,SULLIVAN K. T. ,LAGRANGE T. ,REED B. W. *et al.* ,"In situ imaging of ultra-fast loss of nanostructure in nanoparticle aggregates",*J. Appl. Phys.* ,vol. 115,no. 084903,2014.

[17] SULLIVAN K. T. ,CHIOU W. -A. ,FIORE R. *et al.* ,"In situ microscopy of rapidly heated nano-Al and nano-Al/WO_3 thermites",*Appl. Phys. Lett.* ,vol. 97,no. 133104,2010.

[18] MENCH M. M. ,KUO K. K. ,YEH C. L. *et al.* ,"Comparison of thermal behavior of regular and

ultra-fine aluminum powders (Alex) made from plasma explosion process", *Combust. Sci. Technol.*, vol. 135, no. 1-6, pp. 269-292, 1998.

[19] MEILINGER M., "Promoted ignition-combustion tests with structured aluminum packings in gaseous oxygen with argon or nitrogen dilution at 0.1 and 0.6MPa", *Flammability and sensitivity of materials in oxygen-enriched atmospheres: tenth volume*, vol. 1454, pp. 137-150, 2003.

[20] SUN J., SIMON S. L., "The melting behavior of aluminum nanoparticles", *Thermochim. Acta*, vol. 463, no. 1-2, pp. 32-40, 2007.

[21] MEI Q. S., WANG S. C., CONG H. T. *et al.*, "Pressure-induced superheating of Al nanoparticles encapsulated in Al_2O_3 shells without epitaxial interface", *Acta Mater.*, vol. 53, no. 4, pp. 1059-1066, 2005.

[22] LEVITAS V. I., ASAY B. W., SON S. F. *et al.*, "Melt dispersion mechanism for fast reaction of nanothermites", *Appl. Phys. Lett.*, vol. 89, no. 071909, 2006.

[23] WAGNER C., "Beitrag zur Theorie des Anlaufvorgangs", *Z. Phys. Chem. B-Chem. E.*, vol. B21, pp. 25-41, 1933.

[24] MOTT N. F., "Oxidation of metals and the formation of protective films", *Nature*, vol. 145, pp. 996-1000, 1940.

[25] MOTT N. F., "A theory of the formation of protective oxide films on metals", *Trans. Faraday Soc.*, vol. 35, pp. 1175-1177, 1939.

[26] MOTT N. F., "The theory of the formation of protective oxide films on metals. -III", *Trans. Faraday Soc.*, vol. 43, pp. 429-434, 1947.

[27] CABRERA N., HAMON J., "Sur l'oxydation de l'aluminium à haute température", *C. R. Acad. Sci.*, Paris, vol. 224, pp. 1713-1715, 1947.

[28] HENZ B. J., HAWA T., ZACHARIAH M. R., "On the role of built-in electric fields on the ignition of oxide coated nanoaluminum: Ion mobility versus Fickian diffusion", *J. Appl. Phys.*, vol. 107, no. 024901, 2010.

[29] RAI A., PARK K. L., ZHOU, *et al.* "Understanding the mechanism of aluminium nanoparticle oxidation"[J]. *Combust. Theor. Model.*, 2006, 10(5): 843-859.

[30] NAKAMURA R., TOKOZAKURA D., NAKAJIMA H. *et al.*, "Hollow oxide formation by oxidation of Al and Cu nanoparticles", *J. Appl. Phys.*, vol. 101, no. 074303, 2007.

[31] WANG W., CLARK R., NAKANO A. *et al.*, "Fast reaction mechanism of a core(Al)-shell (Al_2O_3) nanoparticles in oxygen", *Appl. Phys. Lett.*, vol. 95, no. 261901, 2009.

[32] PARK K., LEE D., RAI A. *et al.*, "Size-resolved kinetic measurements of aluminum nanoparticle oxidation with single particle mass spectrometry", *J. Phys. Chem.*, *B*, vol. 109, no. 15, pp. 7290-7299, 2005.

[33] REETNS W. D. ,GE Z. ,"Simultaneous Elemental Composition and Size Distributions of Submicron Particles in Real Time Using Laser Atomization Ionization Mass Spectrometry" [J]. *Aerosol. Sci. Technol.* ,2000,33(1-2):122-134.

[34] REENTS W. D. ,SCHABEL M. J. ,CHEM A. ,"Measurement of individual particle atomic composition by aerosol mass spectrometry" [J]. *Anal. Chem.* ,2001,73(22):5403-5414.

[35] MAHADEVAN R. ,LEE D. ,SAKURAI H. *et al.* ,"Measurement of condensed-phase reaction kinetics in the aerosol phase using single particle mass spectrometry" ,*J. Phys. Chem.* ,*A*,vol. 106,no. 46,pp. 11083-11092,2002.

[36] WANG S. ,YANG Y. ,YU H. *et al.* ,"Dynamical effects of the oxide layer in aluminum nanoenergetic materials" ,*Propell. Explos. Pyrot.* ,vol. 30,no. 2,pp. 148-155,2005.

[37] LEVITAS V. I. ,ASAY B. W. ,SON S. F. *et al.* ,"Mechanochemical mechanism for fast reaction of metastable intermolecular composites based on dispersion of liquid metal" ,*J. Appl. Phys.* , vol. 101,no. 083524,2007.

[38] LEVITAS V. I. ,"Burn time of aluminum nanoparticles:strong effect of the heating rate and melt-dispersion mechanism" ,*Combust. Flame*,vol. 156,no. 2,pp. 543-546,2009.

[39] CAMPBELL T. ,KALIA R. K. ,NAKANO A. *et al.* ,"Dynamics of oxidation of aluminum nanoclusters using variable charge-molecular-dynamics simulations on parallel computers" ,*Phys. Rev. Lett.* ,vol. 82,no. 24,pp. 4866-4869,1999.

[40] BAZYN T. ,KRIER H. ,GLUMAC N. ,"Combustion of nanoaluminum at elevated pressure and temperature behind reflected shock waves" , *Combust. Flame*, vol. 145, no. 4, pp. 703-713,2006.

[41] PRENTICE D. ,"Combustion behavior of sol-gel synthesized aluminum and tungsten trioxide" [J]. 2006.

[42] RISHA G. A. ,SON S. F. ,YETTER R. A. ,*et al.* "Combustion of nano-aluminum and liquid water ☆" [J]. *P. Combust. Inst.* ,2007,31(2):2029-2036.

[43] YANG Y. ,WANG P. -P. ,ZHANG Z. -C. *et al.* ,"Nanowire membrane-based nanothermite: towards processable and tunable interfacial diffusion for solid state reaction" ,*Sci. Rep.* ,vol. 3, no. 1694,2013.

[44] TAPPAN B. C. ,DIRMYER M. R. ,RISHA G. A. ,"Evidence of a kinetic isotope effect in nanoaluminum and water combustion" ,*Angew. Chem. Int. Ed.* ,vol. 53,no. 35,pp. 9218-9221,2014.

[45] EGAN G. C. ,ZACHARIAH M. R. ,"Commentary on the heat transfer mechanisms controlling propagation in nanothermites" ,*Combust. Flame*,vol. 162,no. 7,pp. 2959-2961,2015.

[46] LEVITAS V. I. ,PANTOYA M. L. ,DIKICI B. ,"Melt dispersion versus diffusive oxidation mechanism for aluminum nanoparticles:Critical experiments and controlling parameters" ,*Appl.*

Phys. Lett., vol. 92, no. 011921, 2008.

[47] LEVITAS V. I., DIKICI B., PANTOYA M. L., "Toward design of the pre-stressed nanoand microscale aluminum particles covered by oxide shell", *Combust. Flame*, vol. 158, no. 7, pp. 1413-1417, 2011.

[48] LEVITAS V. I., PANTOYA M. L., WATSON K. W., "Melt-dispersion mechanism for fast reaction of aluminum particles: Extension for micron scale particles and fluorination", *Appl. Phys. Lett.*, vol. 92, no. 201917, 2008.

[49] MOORE K., PANTOYA M. L., SON S. F., "Combustion behaviors resulting from bimodal aluminum size distributions in thermites", *J. Propul. Power*, vol. 23, no. 1, pp. 181-185, 2007.

[50] OHKURA Y., RAO P. M., ZHENG X., "Flash ignition of Al nanoparticles: mechanism and applications", *Combust. Flame*, vol. 158, no. 12, pp. 2544-2548, 2011.

[51] CHOWDHURY S., SULLIVAN K., PIEKIEL N. *et al.*, "Diffusive vs. explosive reaction at the nanoscale", *J. Phys. Chem.*, *C*, vol. 114, no. 20, pp. 9191-9195, 2010.

[52] KOCH E. C., WEISER V., ROTH E. *et al.*, "Combustion of ytterbium metal", *Propell. Explos. Pyrot.*, vol. 37, no. 1, pp. 9-11, 2012.

[53] LIDE D. R., "Properties of the elements and inorganic compounds", *CRC Handbook of Chemistry and Physics*, Internet Version 2005, CRC Press, Boca Raton, FL, 2005, available at http://www.hbcpnetbase.com.

[54] TOULOUKIAN Y. S., KIRBY R. K., TAYLOR R. E. *et al.*, "Thermal expansion-Metallic Elements and Alloys", in TOULOUKIAN Y. S. (ed.), *Thermophysical properties of matter* (Volume 12), Plenum Publishing Corporation, New York, 1975.

[55] TOULOUKIAN Y. S., KIRBY R. K., TAYLOR R. E. *et al.*, "Thermal expansion-Nonmetallic Solids", in TOULOUKIAN Y. S. (ed.), *Thermophysical properties of matter* (Volume 13), Plenum Publishing Corporation, New York, 1977.

[56] KIRILLOV P. L., BOBKOV V. P., FOKIN L. R. *et al.*, "Structural materials", in KIRILLOV P. L., STANCULESCU A. (ed.), *Thermophysical Properties of Materials for Nuclear Engineering: A Tutorial and Collection of Data*, IAEA, Vienna, 2008.

[57] KURASAWA T., TAKAHASHI T., NODA K. *et al.*, "Thermal expansion of lithium oxide", *J. Nucl. Mater.*, vol. 107, pp. 334-336, 1982.

[58] WATANABE H., YAMADA N., OKAJI M., "Linear thermal expansion coefficient of silicon from 293 to 1000 K", *Int. J. Thermophys.*, vol. 25, no. 1, pp. 221-236, 2004.

[59] KIRSHENBAUM A. D., GROSSE A. V., Basic research in inorganic and physical chemistry at high temperatures, 5th Annual Report, United States, OSTI identifier: 4686208, no. TID-18951, 1963.

[60] ROSENBAND V., "Thermo-mechanical aspects of the heterogeneous ignition of metals" [J].

Combust. Flame. ,2004,137(3):366-375.

[61] EAPEN B. Z. , HOFFMANN V. K. , SCHOENITZ M. *et al.* , "Combustion of aerosolized spherical aluminum powders and flakes in air", *Combust. Sci. Technol.* , vol. 176, no. 7, pp. 1055-1069, 2004.

[62] WANG H. , JIAN G. , YAN S. *et al.* , "Electrospray formation of gelled nanoaluminum microspheres with superior reactivity", *ACS Appl. Mater. Interfaces*, vol. 5, no. 15, pp. 6797-6801, 2013.

[63] YOUNG G. , PIEKIEL N. , CHOWDHURY S. *et al.* , "Ignition behavior of α-AlH3", *Combust. Sci. Technol.* , vol. 182, no. 9, pp. 1341-1359, 2010.

[64] YOUNG G. , SULLIVAN K. , PIEKIEL N. *et al.* , "Aluminum hydride as a fuel supplement to nanothermites", *J. Propul. Power*, vol. 30, no. 1, pp. 70-77, 2014.

[65] NOOR F. , VOROZHTSOV A. , LERNER M. *et al.* , "Exothermic characteristics of aluminum based nanomaterials", *Powder Technol.* , vol. 282, pp. 19-24, 2015.

[66] YETTER R. A. , RISHA G. A. , SON S. F. , "Metal particle combustion and nanotechnology", *Proc. Combust. Inst.* , vol. 32, no. 2, pp. 1819-1838, 2009.

[67] SULAIMANKULOVA S. , OMURZAK E. , JASNAKUNOV J. *et al.* , New Preparation Method of Nanocrystalline Materials by Impulse Plasma in Liquid", *J. Clust. Sci.* , no. 20, pp. 37-49, 2009.

[68] COMET M. , VIDICK G. , SCHNELL F. *et al.* , "Sulfates-based nanothermites: an expanding horizon for metastable interstitial composites", *Angew. Chem. Int. Ed.* , vol. 54, no. 15, pp. 4458-4462, 2015.

[69] MARTIROSYAN K. S. , WANG L. , VICENT A. *et al.* , "Nanoenergetic Gas-Generators: Design and Performance", *Propell. Explos. Pyrot.* , vol. 34, no. 6, pp. 532-538, 2009.

[70] COMET M. , SCHNELL F. , PICHOT V. *et al.* , "Boron as fuel for ceramic thermites", *Energ. Fuel*, vol. 28, no. 6, pp. 4139-4148, 2014.

[71] ZHOU X. , XU D. , ZHANG Q. *et al.* , "Facile green in situ synthesis of Mg/CuO core/shell nanoenergetic arrays with a superior heat-release property and long-term storage stability", *ACS Appl. Mater. Interfaces*, vol. 5, no. 15, pp. 7641-7646, 2013.

[72] RICCERI R. , MATTEAZZI P. , "Mechanochemical synthesis of elemental boron"[J]. *Int. J. Powder. Metall.* , 2003, 39(3):48-52.

[73] RICCERI R. , MATTEAZZI P. , "A study of formation of nanometric W by room temperature mechanosynthesis"[J]. *J. Alloys. Compd.* , 2003, 358(1):71-75.

[74] ZHOU X. , XU D. , YANG G. *et al.* , "Highly exothermic and superhydrophobic mg/fluorocarbon core/shell nanoenergetic arrays", *ACS Appl. Mater. Interfaces*, vol. 6, no. 13, pp. 10497-10505, 2014.

[75] MILLET Y., "Corrosion du titane et de ses alliages", *Techniques de l' Ingénieur*, vol. TIB373DUO, no. COR 320, pp. 1-15, 2012.

[76] BILLY M., "Titane", in PASCAL P., BAUD P. (ed.), *Traité de chimie minérale-Tome V*, Masson et Cie, Paris, 1932.

[77] HALE G. C., HART D., Fuse powder composition, US Patent no. 2,468,061, 1949.

[78] BUSKY R. T., BOTCHER T. R., SANDSTROM J. *et al.*, Nontoxic, noncorrosive phosphorus-based primer compositions, US Patent no. 7,857,921, 2010.

[79] COMET M., PICHOT V., SIEGERT B. *et al.*, "Phosphorus-based nanothermites: a new generation of energetic materials", *J. Phys. Chem. Solids*, vol. 71, no. 2, pp. 64-68, 2010.

[80] DAVIES N., Red phosphorus for use in screening smoke compositions, Pentagon Reports, available at: www. dtic. mil/dtic/tr/fulltext/u2/a372367. pdf, 1999.

[81] KOCH E. C., "Special materials in pyrotechnics: V. military applications of phosphorus and its compounds", *Propell. Explos. Pyrot.*, vol. 33, no. 3, pp. 165-176, 2008.

[82] COMET M., SIEGERT B., SCHNELL F. *et al.*, "Phosphorus-based nanothermites: a new generation of pyrotecnics illustrated by the example of n-CuO/Red P mixtures", *Propell. Explos. Pyrot.*, vol. 35, no. 3, pp. 220-225, 2010.

[83] COMET M., SIEGERT B., SCHNELL F. *et al.*, "Control of the reactivity of phosphorus based nanothermites", 37*th International Pyrotechnics Seminar*, Reims, France, May 2011.

[84] ZHOU X., TORABI M., LU J. *et al.*, "Nanostructured energetic composites: synthesis, ignition/combustion modeling, and applications", *ACS Appl. Mater. Interfaces*, vol. 6, no. 5, pp. 3058-3074, 2014.

[85] BECKER C. R., APPERSON S., MORRIS C. J. *et al.*, "Galvanic porous silicon composites for high-velocity nanoenergetics", *Nano. Lett.*, vol. 11, no. 2, pp. 803-807, 2011.

[86] LAUCHT H., BARTUCH H., KOVALEV D., "Silicon initiator, from the idea to functional tests", 7*th International Symposium & Exhibition on Sophisticated Car Occupant Safety Systems*, Karlsruhe, Germany, 2004.

[87] ROSSI C., ZHANG K., ESTEVE D., *et al.*, "Nanoenergetic Materials for MEMS: A Review" [J]. *J. Microelectromech. S.*, 2007, 16(4): 919-931.

[88] KOCH E. C., WEISER V., ROTH E. *et al.*, "Consideration of some 4f-metals as new flare fuels-Europium, samarium, thulium and ytterbium", 42*nd International Annual Conference of the Fraunhofer ICT*, Karlsruhe, Germany, 2011.

[89] WEISMILLER M. R., MALCHI J. Y., LEE J. G. *et al.*, "Effects of fuel and oxidizer particle dimensions on the propagation of aluminum containing thermites", *Proc. Combust. Inst.*, vol. 33, no. 2, pp. 1989-1996, 2011.

[90] PUSZYNSKI J. A., BULIAN C. J., JACEK J., SWIATKIEWICZ S., BICHAY M. M.,

Challenges in processing of aluminum and metal oxide nanopowders in water

[91] GLAVIER L. ,TATON G. ,DUCÉRÉ J. -M. *et al.* ,"Nanoenergetics as pressure generator for nontoxic impact primers: Comparison of Al/Bi2O3, Al/CuO, Al/MoO_3 nanothermites and Al/PTFE",*Combust. Flame*,vol. 162,pp. 1813-1820,2015.

[92] SANDU I. ,MOREAU P. ,GUYOMARD D. *et al.* ,"Synthesis of nanosized Si particles via a mechanochemical solid-liquid reaction and application in Li-ion batteries",*Solid State Ionics*, no. 178,pp. 1297-1303,2007.

[93] TREBS A. ,FOLEY T. J. ,"Semi-empirical model for reaction progress in nanothermite",*J. Propul. Power*,vol. 26,no. 4,pp. 772-775,2010.

[94] JIAN G. , CHOWDHURY S. , SULLIVAN K. *et al.* ,"Nanothermite reactions: Is gas phase oxygen generation from the oxygen carrier an essential prerequisite to ignition?", *Combust. Flame*,vol. 160,no. 2,pp. 432-437,2013.

[95] OLMER L. -J. ,"Argent",DANS P. PASCAL,P. BAUD (ed.),*Traité de chimie minérale* - Tome VIII,Masson et Cie,Paris,1933.

[96] RUSSELL R. ,BLESS S. ,Pantoya M. ,"Impact-Driven Thermite Reactions with Iodine Pentoxide and Silver Oxide"[J]. *J. Energ. Mater.* ,2011,29(2):175-192.

[97] SULLIVAN K. T. ,WU C. ,PIEKIEL N. W. *et al.* ,"Synthesis and reactivity of nano-Ag_2O as an oxidizer for energetic systems yielding antimicrobial products",*Combust. Flame*,vol. 160, no. 2,pp. 438-446,2013.

[98] WANG L. ,LUSS D. ,MARTIROSYAN K. S. ,"The behavior of nanothermite reaction based on Bi_2O_3/Al",*J. Appl. Phys.* ,vol. 110,no. 074311,2011.

[99] THIRUVENGADATHAN R. ,CHUNG S. W. ,BASURAY S. *et al.* ,"A versatile self-assembly approach toward high performance nanoenergetic composite using functionalized graphene", *Langmuir*,vol. 30,no. 22,pp. 6556-6564,2014.

[100] THIRUVENGADATHAN R. , STALEY C. , GEESON J. M. *et al.* , "Enhanced combustion characteristics of bismuth trioxide-aluminum nanocomposites prepared through grapheme oxide directed self-assembly",*Propell. Explos. Pyrot.* ,vol. 40,no. 5,pp. 729-734,2015.

[101] PICHOT V. ,COMET M. ,MIESCH J. *et al.* ,"Nanodiamond for tuning the properties of energetic composites",*Journal of Hazardous Materials*,vol. 300,pp. 194-201,2015.

[102] XU D. ,YANG Y. ,CHENG H. *et al.* ,"Integration of nano-Al with Co_3O_4 nanorods to realize high-exothermic core-shell nanoenergetic materials on a silicon substrate",*Combust. Flame*, vol. 159,no. 6,pp. 2202-2209,2012.

[103] COMET M. ,PICHOT V. ,SIEGERT B. *et al.* ,"Preparation of Cr_2O_3 nanoparticles for superthermites by the detonation of an explosive nanocomposite material",*J. Nanopart. Res.* ,vol. 13,no. 5,pp. 1961-1969,2011.

[104] GIBOT P. ,COMET M. ,EICHHORN A. *et al.* ,"Highly insensitive/reactive thermite prepared from Cr_2O_3 nanoparticles",*Propell. Explos. Pyrot.* ,vol. 36,no. 1,pp. 80-87,2011.

[105] COMET M. ,SIEGERT B. ,PICHOT V. *et al.* ,"Preparation of explosive nanoparticles in a porous chromium(III) oxide matrix:a first attempt to control the reactivity of explosives", *Nanotechnology*,vol. 19,no. 28,pp. 285716,2008.

[106] SPITZER D. ,COMET M. ,BARAS C. *et al.* ,"Energetic nano-materials:Opportunities for enhanced performances",*J. Phys. Chem. Solids*,vol. 71,no. 2,pp. 100-108,2010.

[107] ISABEY J. ,"Cuivre",in PASCAL P. ,BAUD P. (ed),*Traité de chimie minérale*,vol. 8, Masson et Cie,Paris,1933.

[108] APPERSON S. ,BHATTACHARYA S. ,GAO Y. *et al.* ,"On-chip initiation and burn rate measurements of thermite energetic reactions",*Mater. Res. Soc. Sympp. P.* ,vol. 896,pp. 81-86,2006.

[109] APPERSON S. ,SHENDE R. V. ,SUBRAMANIAN S. *et al.* ,"Generation of fast propagating combustion and shock waves with copper oxide/aluminum nanothermite composites",*Appl. Phys. Lett.* ,vol. 91,no. 243109,2007.

[110] GRANIER J. J. ,PANTOYA M. L. ,"Laser ignition of nanocomposite thermites",*Combust. Flame*,vol. 138,no. 4,pp. 373-383,2004.

[111] SHENDE R. ,SUBRAMANIAN S. ,HASAN S. *et al.* ,"Nanoenergetic composites of CuO nanorods,nanowires,and al-nanoparticles",*Propell. Explos. Pyrot.* ,vol. 33,no. 2,pp. 122-130,2008.

[112] JIAN G. ,LIU L. ,ZACHARIAH M. R. ,"Facile aerosol route to hollow CuO spheres and its superior performance as an oxidizer in nanoenergetic gas generators",*Adv. Funct. Mater.* , vol. 23,pp. 1341-1346,2013.

[113] YANG S. -T. ,WANG T. ,DONG E. *et al.* ,"Bioavailability and preliminary toxicity evaluations of alumina nanoparticules in vivo after oral exposure",*Toxicol. Res.* ,vol. 1,pp. 69-74,2012.

[114] BLOBAUM K. J. ,REISS M. E. ,PLITZKO LAWRENCE J. M. *et al.* ,"Deposition and characterization of a self-propagating CuO_x/Al thermite reaction in a multilayer foil geometry",*J. Appl. Phys.* ,vol. 94,no. 5,pp. 2915-2922,2003.

[115] TATON G. ,LAGRANGE D. ,CONEDERA V. *et al.* ,"Micro-chip initiator realized by integrating Al/CuO multilayer nanothermite on polymeric membrane",*J. Micromech. Microeng.* ,vol. 23,no. 105009,2013.

[116] MALCHI J. Y. ,YETTER R. A. ,FOLEY T. J. *et al.* ,"The effect of added Al_2O_3 on the propagation behavior of an Al/CuO nanoscale thermite",*Combust. Sci. Technol.* ,vol. 180,no. 7, pp. 1278-1294,2008.

[117] WEISMILLER M. R. , MALCHI J. Y. , YETTER R. A. *et al.* , "Dependence of flame propagation on pressure and pressurizing gas for an Al/CuO nanoscale thermite", *Proc. Combust. Inst.* ,vol. 32,no. 2,pp. 1895-1903,2009.

[118] SULLIVAN K. T. , WORSLEY M. A. , KUNTZ J. D. *et al.* , "Electrophoretic deposition of binary energetic composites", *Combust. Flame*, vol. 159, no. 6, pp. 2210-2218, 2012.

[119] SULLIVAN K. T. , KUNTZ J. D. , GASH A. E. , "Electrophoretic deposition and mechanistic studies of nano-Al/CuO thermites", *J. Appl. Phys.* , vol. 112, no. 024316, 2012.

[120] WANG L. L. , MUNIR Z. A. , MAXIMOV Y. M. , "Thermite reactions: their utilization in the synthesis and processing of materials", *J. Mater. Sci.* , vol. 28, no. 14, pp. 3693-3708, 1993.

[121] MENON L. , PATIBANDLA S. , BHARGAVA. *et al.* , "Ignition studies of Al/Fe_2O_3 energetic nanocomposites", *Appl. Phys. Lett.* , vol. 84, no. 23, pp. 4735-4737, 2004.

[122] KIM S. H. , ZACHARIAH M. R. , "Enhancing the rate of energy release from nanoenergetic materials by electrostatically enhanced assembly", *Adv. Mater.* , vol. 16, no. 20, pp. 1821-1825, 2004.

[123] PRENTICE D. , PANTOYA M. L. , CLAPSADDLE B. J. , "Effect of nanocomposite synthesis on the combustion performance of a ternary thermite" [J]. *J. Phys. Chem. B.* , 2005, 109 (43): 20180-20185.

[124] KOROGODOV V. S. , KIRDYASHKIN A. I. , MAKSIMOV Y. M. *et al.* , "Microwave radiation from combustion of an Iron-aluminum thermite mixture", *Combust. Explos. Shock Waves*, vol. 41, no. 4, pp. 481-483, 2005.

[125] BEZMELNITSYN A. , THIRUVENGADATHAN R. , BARIZUDDIN S. *et al.* , "Modified nanoenergetic composites with tunable combustion characteristics for propellant applications", *Propell. Explos. Pyrot.* , vol. 35, pp. 384-394, 2010.

[126] KAPLOWITZ D. A. , JIAN G. , GASKELL K. *et al.* , "Synthesis and reactive properties of Iron Oxide-Coated Nanoaluminum", *J. Energ. Mater.* , vol. 32, no. 2, pp. 95-105, 2014.

[127] PASCAL P. , "Iode", in PASCAL P. , BAUD P. (eds.), *Traité de chimie minérale - Tome I*, Masson et Cie, Paris, 1931.

[128] MARTIROSYAN K. S. , WANG L. , LUSS D. , "Novel nanoenergetic system based on iodine pentoxide", *Chem. Phys. Lett.* , vol. 483, no. 1-3, pp. 107-110, 2009.

[129] FARLEY C. , PANTOYA M. L. , "Reaction kinetics of nanometric aluminum and iodine pentoxide", *J. Therm. Anal. Calorim.* , vol. 102, no. 2, pp. 609-613, 2010.

[130] FENG J. , JIAN G. , LIU Q. *et al.* , "Passivated Iodine Pentoxide Oxidizer for Potential Biocidal Nanoenergetic Applications", *ACS Appl. Mater. Interfaces*, vol. 5, no. 18, pp. 8875-8880, 2013.

[131] COMET M. ,PICHOT V. ,SPITZER D. *et al.* ,"Elaboration and characterization of manganese oxide (MnO_2) based 'green' nanothermites",39*th International Annual Conference of ICT*, *Karlsruhe*,Germany,June 2008.

[132] SIEGERT B. , COMET M. , MULLER O. *et al.* , " Reduced - sensitivity nanothermites containing manganese oxide filled carbon nanofibers",*J. Phys. Chem.* ,*C*,vol. 114,no. 46, pp. 19562-19568,2010.

[133] YANG Y. ,ZHANG Z. -C. ,WANG P. -P. *et al.* ,"Hierarchical MnO_2/SnO_2 heterostructures for a novel free-standing ternary thermite membrane",*Inorg. Chem.* ,vol. 52,no. 16,pp. 9449-9455,2013.

[134] PANTOYA M. L. ,GRANIER J. J. ,"The effect of slow heating rates on the reaction mechanisms of nano and micron composite thermite reactions",*J. Therm. Anal. Calorim.* ,vol. 85, no. 1,pp. 37-43,2006.

[135] MOORE K. ,PANTOYA M. L. ,"Combustion of environmentally altered molybdenum trioxide nanocomposites",*Propell. Explos. Pyrot.* ,vol. 31,no. 3,pp. 182-187,2006.

[136] ASAY B. W. ,SON S. F. ,BUSSE J. R. *et al.* ,"Ignition characteristics of metastable intermolecular composites",*Propell. Explos. Pyrot.* ,vol. 29,no. 4,pp. 216-219,2004.

[137] DUTRO G. M. ,YETTER R. A. ,RISHA G. A. *et al.* ,"The effect of stoichiometry on the combustion behavior of a nanoscale Al/MoO_3 thermite",*P. Combust. Inst.* ,vol. 32,no. 2, pp. 1921-1928,2009.

[138] BOCKMON B. S. ,PANTOYA M. L. ,SON S. F. *et al.* ,"Combustion velocities and propagation mechanisms of metastable interstitial composites", *Appl. Phys. Lett.* , vol. 98, no. 064903,2005.

[139] SON S. F. ,ASAY B. W. ,FOLEY T. J. *et al.* ,"Combustion of nanoscale Al/MoO_3 thermite in microchannels",*J. Propul. Power*,vol. 23,no. 4,pp. 715-721,2007.

[140] DIKICI B. ,PANTOYA M. L. ,LEVITAS V. ,"The effect of pre-heating on flame propagation in nanocomposite thermites",*Combust. Flame*,vol. 157,no. 8,pp. 1581-1585,2010.

[141] GESNEr J. , PANTOYA M. L. , LEVITAS V. I. , " Effect of oxide shell growth on nanoaluminum thermite propagation rates", *Combust. Flame*, vol. 159, no. 11, pp. 3448-3453,2012.

[142] QIAO Z. ,SHEN J. ,WANG J. ,*et al.* ,"Fast deflagration to detonation transition of energetic material based on a quasi-core/shell structured nanothermite composite"[J]. *Compos. Sci. Technol.* ,2015,107:113-119.

[143] BONNARD N. ,BRONDEAU M. -T. ,FALCY M. *et al.* ,Nickel et ses oxydes,Fiches Toxicologiques,Institut National de Recherche et Sécurité (INRS),FT 68,2009.

[144] DEAN S. W. ,PANTOYA M. L. ,GASH A. E. *et al.* ,"Enhanced convective heat transfer in

nongas generating nanoparticle thermites", *J. Heat Transf.*, vol. 132, no. 11, pp. 111201.1-111201.7, 2010.

[145] ZHANG K., ROSSI C., ALPHONSE P. *et al.*, "Integrating Al with NiO nano honeycomb to realize an energetic material on silicon substrate", *Appl. Phys.*, *A*, vol. 94, no. 4, pp. 957-962, 2009.

[146] ZHANG K., ROSSI C., ALPHONSE P. *et al.*, "Integrating Al with NiO nano honeycomb to realize an energetic material on silicon substrate", *Appl. Phys.*, *A*, vol. 94, no. 4, pp. 957-962, 2009.

[147] FERGUSON J. D., BUECHLER K. J., WEIMER A. W. *et al.*, "SnO_2 atomic layer deposition on ZrO_2 and Al nanoparticles: Pathway to enhanced thermite materials", *ACS Appl. Mater. Interfaces*, vol. 5, no. 18, pp. 8875-8880, 2013.

[148] Qin L., Gong T., Hao H., *et al.*, "Core-shell-structured nanothermites synthesized by atomic layer deposition"[J]. *J. Nanopart. Res.*, 2013, 15(12): 2150.

[149] VALLIAPAN S., PUSZYNSKI J. A., "Combustion characteristics of metal-based nanoenergetic systems", *Proc. SD Acad. Science*, vol. 82, pp. 97-101, 2003.

[150] PERRY W. L., SMITH B. L., BULIAN C. J. *et al.*, "Nano-scale tungsten oxides for metastable intermolecular composites", *Propell. Explos. Pyrot.*, vol. 29, no. 2, pp. 99-105, 2004.

[151] PERRY W. L., TAPPAN B. C., REARDON B. L. *et al.*, "Energy release characteristics of the nanoscale aluminum-tungsten oxide hydrate metastable intermolecular composite", *J. Appl. Phys.*, vol. 101, no. 064313, 2007.

[152] DONG Z., AL-SHARAB J. F., KEAr B. H. *et al.*, "Combined flame and electrodeposition synthesis of energetic coaxial tungsten-oxide/aluminum nanowire arrays", *Nano Lett.*, vol. 13, no. 9, pp. 4346-4350, 2013.

[153] ZHOU L., PIEKIEL N., CHOWDHURY S. *et al.*, "Time-resolved mass spectrometry of the exothermic reaction between nanoaluminum and metal oxides: the role of oxygen release", *J. Phys. Chem.*, *C*, vol. 114, no. 33, pp. 14269-14275, 2010.

[154] GOLDSCHMIDT H., Method of producing metals and alloys, US Patent no. 578868 A, 1897.

[155] FUZELLIER H., COMET M., "Étude synoptique des explosifs", *Actual. Chimique*, vol. 233, pp. 4-11, 2000.

[156] ZHOU W., DELISIO J. B., LI X. *et al.*, "Persulfate salt as an oxidizer for biocidal energetic nano-thermites", *J. Mater. Chem.*, *A*, vol. 3, no. 22, pp. 11838-11846, 2015.

[157] SHIMIZU T., "A Concept and the Use of Negative Explosives", 11*th International Pyrotechnics Seminar*, Vail, Colorado, USA, July 1986.

[158] ARMSTRONG R. W., BASCHUNG B., BOOTH D. W. *et al.*, "Enhanced propellant combustion with nanoparticles", *Nano Lett.*, vol. 3, no. 2, pp. 253-255, 2003.

[159] PRAKASH A. ,MCCORMICK A. V. ,ZACHARIAH M. R. ,"Synthesis and Reactivity of a Super-Reactive Metastable Intermolecular Composite Formulation of Al/$KMnO_4$"[J]. *Adv. Mater.* ,2005,17(7):900-903.

[160] PRAKASH A. ,MCCORMICK A. V. ,ZACHARIAH M. R. ,"Tuning the reactivity of energetic nanoparticles by creation of a core-shell nanostructure"[J]. *Nano. Lett.* ,2005,5(7):1357-1360.

[161] WU C. ,SULLIVAN K. ,CHOWDHURY S. *et al.* ,"Encapsulation of perchlorate salts within metal oxides for application as nanoenergetic oxidizers",*Adv. Funct. Mater.* ,vol. 22,no. 1,pp. 78-85,2012.

[162] LEUNG A. M. ,PEARCE E. N. ,BRAVERMAN L. E. ,"Perchlorate,iodine and the thyroid",*Best. Pract. Res. Cl. En.* ,vol. 24,no. 1,pp. 133-141,2010.

[163] SULLIVAN K. T. ,PIEKIEL N. W. ,CHOWDHURY S. *et al.* ,"Ignition and Combustion Characteristics of Nanoscale Al/$AgIO_3$: A Potential Energetic Biocidal System",*Combust. Sci. Technol.* ,vol. 183,no. 3,pp. 285-302,2010.

[164] JIAN G. ,FENG J. ,JACOB R. J. *et al.* ,"Super-reactive Nanoenergetic Gas Generators Based on Periodate Salts",*Angew. Chem. Int. Ed.* ,vol. 52,no. 37,pp. 9743-9746,2013.

[165] WANG Y. -F. ,LI X. -F. ,LI D. -J. *et al.* ,"Controllable synthesis of hierarchical SnO_2 microspheres for dye sensitized solar cells",*J. Power Sources*,no. 280,pp. 476-482,2015.

[166] WANG H. ,JIAN G. ,ZHOU W. *et al.* ,"Metal iodate-based energetic composites and their combustion and biocidal performances",*ACS Appl. Mater. Interfaces*,vol. 7,no. 31,pp. 17363-17370,2015.

[167] COMET M. ,SPITZER D. ,"Des thermites classiques aux composites interstitials métastables",*Actual. Chimique*,vol. 299,pp. 20-25,2006.

[168] DOLGOBORODOV A. Y. ,MAKHOV M. N. ,KOLBANEV I. V. *et al.* ,"Detonation in an aluminum-teflon mixture",*J. Expp. Theor. Phys. Lett.* ,vol. 81,no. 7,pp. 311-314,2005.

[169] PANTOYA M. L. ,SON S. F. ,DANEN W. C. *et al.* ,"Characterization of Metastable Intermolecular Composites",*ACS Sym. Ser.* ,vol. 891,no. 16,pp. 227-240,2005.

[170] SUN J. ,PANTOYA M. L. ,SIMON S. L. ,"Dependence of size and size distribution on reactivity of aluminum nanoparticles in reactions with oxygen and MoO_3",*Thermochim. Acta.* ,vol. 444,no. 2,pp. 117-127,2006.

[171] SHIN M. -S. ,KIM J. -W. ,MENDES MORAES C. A. *et al.* ,"Reaction characteristics of Al/Fe_2O_3 nanocomposites",*J. Ind. Eng. Chem.* ,vol. 18,no. 5,pp. 1768-1773,2012.

[172] COMET M. ,SIEGERT B. ,PICHOT V. *et al.* ,"Reactive characterization of nanothermites",*J. Therm. Anal. Calorim.* ,vol. 111,no. 1,pp. 431-436,2013.

[173] LI R. ,XU H. ,HU H. *et al.* ,"Microstructured Al/Fe_2O_3/nitrocellulose energetic fibers

realized by electrospinning", *J. Energ. Mater.*, vol. 32, no. 1, pp. 50-59, 2013.

[174] SLOCIK J. M., CROUSE C. A., SPOWART J. E. *et al.*, "Biologically tunable reactivity of energetic nanomaterials using protein cages", *Nano Lett.*, vol. 13, no. 6, pp. 2535-2540, 2013.

[175] STACY S. C., PANTOYA M. L., "Laser ignition of nano - composite energetic loose powders", *Propell. Explos. Pyrot.*, vol. 38, no. 3, pp. 441-447, 2013.

[176] PUSZYNSKI J. A., BULIAN C. J., SWIATKIEWICZ J. J., "Processing and ignition characteristics of aluminum-bismuth trioxide nanothermite system" [J]. *J. Propul. Power.*, 2007, 23 (4): 698.

[177] VALLIAPPAN S., SWIATKIEWICZ J. J. *et al.*, "Reactivity of aluminum nanopowders with metal oxides", *Powder Technol.*, vol. 156, no. 2-3, pp. 164-169, 2005.

[178] MEIR Y., JERBY E., "Thermite powder ignition by localized microwaves", *Combust. Flame*, vol. 159, no. 7, pp. 2474-2479, 2012.

[179] SON S. F. DUTRO G. M., ZASECK K. M. *et al.*, "Combustion modes of nanoscale energetic composites", *Int. J. Energ. Mater. Chem. Propul.*, vol. 8, no. 4, pp. 309-319, 2009.

[180] DENSMORE J. M., SULLIVAN K. T., GASH A. E. *et al.*, "Expansion behavior and temperature mapping of thermites in burn tubes as a function of fill length", *Propell. Explos. Pyrot.*, vol. 39, no. 3, pp. 416-422, 2014.

[181] DURÃES L., CAMPOS J., PORTUGAL A., "Radial combustion propagation in iron (III) oxide/aluminum thermite mixtures", *Propell. Explos. Pyrot.*, vol. 31, no. 1, pp. 42-49, 2006.

[182] DURÃES L., PLAKSIN I., ANTUNES J. *et al.*, "Radial combustion dynamics in Fe_2O_3/Al thermite: variability of the flame propagation profiles", *AIP Conf. Proc.*, vol. 1195, pp. 428-431, 2009.

[183] PATEL V. K., BHATTACHARYA S., "High-Performance Nanothermite Composites Based on Aloe-Vera-Directed CuO Nanorods", *ACS Appl. Mater. Interfaces*, vol. 5, no. 24, pp. 13364-13374, 2013.

[184] WANG A., CHEN L., XU F. *et al.*, "In situ synthesis of copper nanoparticles within ionic liquid-in-vegetable oil microemulsions and their direct use as high efficient nanolubricants", *RSC Adv.*, no. 4, pp. 45251-45257, 2014.

[185] WANG X., ZHANG H., LIU L. *et al.*, "Controlled morphologies and growth direction of WO_3 nanostructures hydrothermally synthesized with citric acid", *Mater. Lett.*, no. 130, pp. 248-251, 2014.

[186] WANG L., CAI Y., SONG L.-Y. *et al.*, "High efficient photocatalyst of spherical TiO_2 particles synthesized by a sol-gel method modified with glycol", *Colloids Surf.*, A, no. 461, pp. 195-201, 2014.

[187] WANG H., JIAN G., EGAN G. C. *et al.*, "Assembly and reactive properties of Al/CuO based

nanothermite microparticles", *Combust. Flame*, vol. 161, pp. 2203-2208, 2014.

[188] GANGOPADHYAY S., SHENDE R., APPERSON S. *et al.*, "On-chip igniter and method of manufacture", US 2007/0099335, 2007.

[189] BHATTACHARYA S., GAO Y., APPERSON S. *et al.*, "A novel on-chip diagnostic method to measure burn rates of energetic materials", *J. Energ. Mater.*, vol. 24, no. 1, pp. 1-15, 2006.

[190] MARTIROSYAN K. S., WANG L., VICENT A. *et al.*, "Synthesis and performances of bismuth trioxide nanoparticles for high energy gas generator use", *Nanotechnology*, vol. 20, pp. 405609 (8), 2009.

[191] MALCHI J. Y., FOLEY T. J., YETTER R. A., "Electrostatically self-assembled nanocomposite reactive microspheres", *ACS Appl. Mater. Inter.*, vol. 1, no. 11, pp. 2420-2423, 2009.

[192] ZHOU X., SHEN R., YE Y. *et al.*, "Influence of Al/CuO reactive multilayer films additives on exploding foil initiator", *J. Appl. Phys.*, vol. 110, no. 094505, 2003.

[193] GIBOT P., MORY J., MOITRIER F. *et al.*, "Miniaturization of micrometric SiC from a detonation process of highly energetic material", *Powder Technol.*, vol. 208, no. 2, pp. 324-328, 2011.

[194] BOUMA R. H. B., MEUKEN D., VERBEEK R. *et al.*, "Shear initiation of Al/MoO_3-based reactive materials", *Propell. Explos. Pyrot.*, vol. 32, no. 6, pp. 447-453, 2007.

[195] WEISMILLER M. R., LEE J. G., YETTER R. A., "Temperature measurements of Al containing nano-thermite reactions using multi-wavelength pyrometry", *Proc. Combust. Inst.*, vol. 33, no. 2, pp. 1933-1940, 2011.

[196] DENSMORE J. M., BISS M. M., MCNESBY K. L. *et al.*, "High-speed digital color imaging pyrometry", *Appl. Optics*, vol. 50, no. 17, pp. 2659-2665, 2011.

[197] COMET M., SCHNELL F., SIEGERT B. *et al.*, "Nanothermites at the ISL: preparation, desensitization, applications", 38*th International Pyrotechnics Seminar*, Denver, Colorado, USA, June 2012.

[198] GASH A. E., TILLOTSON T. M., SATCHER J. H. *et al.*, "Use of epoxides in the sol-gel synthesis of porous iron (III) Oxide Monoliths from Fe(III) Salts", *Chem. Mater.*, vol. 13, no. 3, pp. 999-1007, 2001.

[199] LAGRANGE T., CAMPBELL G. H., REED B. W. *et al.*, "Nanosecond time-resolved investigations using the in situ of dynamic transmission electron microscope (DTEM)", *Ultramicroscopy*, vol. 108, no. 11, pp. 1441-1449, 2008.

[200] COMET M., SPITZER D., "Elaboration and characterization of nano-sized $Al_xMo_yO_z$ thermites", 33*rd International Pyrotechnics Seminar*, Fort Collins, USA, July 2006.

[201] COMET M., Les nanomatériaux énergétiques: préparation, caractérisation, propriétés et utilisations, Thesis, University of Strasbourg, 2013.

[202] YANG Y., WANG P.-P., ZHANG Z.-C. *et al.*, "Nanowire membrane-based nanothermite: towards processable and tunable interfacial diffusion for solid state reaction", *Sci. Rep.*, vol. 3, no. 1694, 2013.

[203] STARIK A. M., SAVEL'EV A. M., TITOVA N. S., "Specific features of ignition and combustion of composite fuels containing aluminum nanoparticles (review)", *Combust. Explos. Shock Waves*, vol. 51, no. 2, pp. 197-222, 201.

[204] PATZKE G. R., KRUMEICH F., NESPER R., "Oxidic nanotubes and nanorodsanisotropic modules for a future nanotechnology", *Angew. Chem. Int. Ed.*, vol. 41, no. 14, pp. 2446-2461, 2002.

[205] SULLIVAN K. T., PIEKIEL N. W., WU C. *et al.*, "Reactive sintering: An important component in the combustion of nanocomposite thermites", *Combust. Flame*, vol. 159, no. 1, pp. 2-15, 2012.

[206] MARTIROSYAN K. S., "Nanoenergetic gas-generators: principles and applications", *J. Mater. Chem.*, vol. 21, pp. 9400-9405, 2011.

[207] THIRUVENGADATHAN R., BEZMELNITSYN A., APPERSON S. *et al.*, "Combustion characteristics of novel hybrid nanoenergetic formulations", *Combust. Flame*, vol. 158, no. 5, pp. 964-978, 2011.

第 4 章　纳米铝热剂及其安全性

4.1　引言

如本书前几章所述,就其形态和烟火性质而言,纳米铝热剂是一种新材料。在其制备、操作及使用过程中会引起诸多安全问题。迄今为止,有关这些材料安全问题的研究还很少,这关系到很多科学工作者在未来若干年中所关注的基础和应用研究领域。在纳米铝热剂技术从实验室向工业应用的转变过程中,对该领域知识和信息的需求越来越强烈。

本章主要就纳米铝热剂技术的烟火安全性、中和销毁和毒性风险进行讨论。

4.2　烟火安全性

在含能材料领域确保安全的唯一途径是全面掌握其实验特性。这一规则对于所有含能材料都无一例外,无论其约束力如何,任何其他规则都不能替代它。烟火剂领域的"第一原理"同样适用于纳米铝热剂。

若实验操作者不了解纳米铝热剂,首次制备时要限制其用量(<0.1g),这也是其他含能材料必须遵守的。首次测试要将几毫克的纳米铝热剂置于火焰下研究其反应模式:热引发、明亮燃烧、爆炸。然后确定其摩擦感度和静电感度(ESD),这些决定了纳米铝热剂对外界刺激的反应程度。最后,如果评估得到该纳米铝热剂的反应是活跃的或对于某种感度的阈值特别低,就必须研发出降感的方法,然后才能大批量制备生产。

下面对铝热剂的感度进行论述,主要包括感度的测试技术、各种外界刺激的响应效果、降感方法、烟火风险的评估和监管等方面的内容。

4.2.1　感度的定义和测量

纳米铝热剂的感度表示的是当其受到诸如热、撞击、摩擦和静电等各种刺激时分解的趋势[1]。感度的阈值表示的是6次连续实验没有发生反应的最高外界刺激值。阈值越低,材料的感度越高。Piercey等根据含能材料的撞击和摩擦感度对阀值进行了划分,他们还注意到人体所携带的静电能量在5~20mJ之间[2]。

热感度可用DSC进行测量。测量时,将样品(1~5mg)放在坩埚中,控制升温速率为1~20K/min。烟火反应通过显著的放热量来表征。放热反应开始时的温度表征了铝热剂对于缓慢加热时的热感度。这个温度显然与升温速率有关:升温速率越高,反应开始时的温度越高。因此,测量热感度通常尽可能选择低的升热速率(1~5K/min)。大多数纳米铝热剂在高温下反应(>400℃),这说明纳米铝热剂具有较低的热感度特性。正因为如此,通常要加入一些有机物到纳米铝热剂中,以增加燃烧产物中的气体产物量。与对应的纳米铝热剂相比,其反应温度较低,使纳米铝热剂变成一种热敏材料。当用DSC对纳米铝热剂的热性能进行表征时,若用敞口坩埚,应在纯氩气气氛下进行。但是,最好的实验方法是采用压实的密封坩埚,从而使反应物与空气隔绝。

纳米铝热剂的撞击感度可通过一个由纵向导轨导引的落锤撞击待测铝热剂样品的装置进行测定(图4.1)。撞击感度用能量表示,由落锤重量与下落高度的乘积计算,量纲为焦耳。测试时,落锤连接钢环自由滑动,钢环起导向和约束作用,撞击置于两个金属击柱之间的粉状样品。测试材料的体积是恒定的(40μL),样品的质量取决于其固有密度和致密性。与炸药相比,纳米铝热剂是否反应难以从落锤撞击产生的噪声中进行判断。但是我们可以通过以下几个标准来判断反应是否发生。首先,薄盘有金属光亮往往是纳米铝热剂未反应的信号,这可以通过将该材料

(a) (b) (c)

图4.1 测试纳米铝热剂撞击感度、摩擦感度和静电感度的装置

(a) 落锤撞击测试装置;(b) Julius-Peters装置;(c) 静电放电测试仪。

的一部分放置在火焰中进行试验验证；另一方面，若粘结在击柱上的铝热剂有颜色变化则证明反应已经发生；其他的一些情况，也可以作为是否发生反应的判断方法，例如通过在反应过程中形成的刺激性气味来判断[3]。大多数纳米铝热剂都有相当高的撞击感度阈值，这意味着其对撞击的敏感性较低。加入有机物质通常可以降低纳米铝热剂的撞击感度阈值，从而使它们更敏感。

纳米铝热剂的摩擦感度可以用 Julius-Peters 装置来测量（图 4.1）。将给定体积（10μL）的样品放置在粗糙的陶瓷表面上，陶瓷表面有平行纹。通过一个垂直的瓷钉来回移动摩擦纳米铝热剂，反应通常伴随着火焰和“噼里啪啦”的响声，甚至是爆炸，注意留下的痕迹通常有颜色变化。施加力的强度以牛顿计量，它由挂在不同位置的杠杆的质量来确定。两相均匀混合后，铝和金属氧化物的粒度越低，摩擦感度的阈值越高（两者均匀混合）。通过微米级氧化物颗粒或纳米级氧化物颗粒制备的铝热剂复合材料对于摩擦是不敏感的。对于这些复合物，若想得出摩擦感度的阈值，可以通过该复合物在宏观尺度的均匀性来解析。

测量静电感度（ESD）时，将 5~20mg 的纳米铝热剂置于两个 1mm 厚的电极板之间（图 4.1），向其施加电火花刺激。电火花的能量由电容和电压确定。纳米铝热剂的静电感度阈值很低。Puszynski 测得 Al/Bi_2O_3 纳米铝热剂的静电感度为 0.075~2μJ，且随着 Bi_2O_3 粒度的降低而降低[4]。

4.2.2 纳米铝热剂的降感技术

我们知道，纳米铝热剂最敏感的是摩擦和静电。相关研究表明，提高纳米铝热剂的感度阈值或多或少会降低它们的反应活性。因此，研究人员面对的挑战是在提高纳米铝热剂感度阈值的同时，不显著降低其反应活性。在实际应用中，感度和性能不是相互对立的，相反，两者之间是相辅相成的，两者之间有一个微妙的平衡，我们可以利用这种平衡获得所需要的性能。

Puszynski 等人研究了存放在玻璃烧瓶中的铝与钼的氧化物（氧化钼 MoO_3）和铋的氧化物（Bi_2O_3）粉末表面上的静电电荷堆积。得到总电荷量与它们的质量成正比。材料所带的静电电荷的绝对值取决于材料的比表面积等性质，用每克库仑表示。电荷在材料中的积累可导致意外点火，静电感度的阈值低时更加容易发生意外。Puszynski 等人测定了 Al/Bi_2O_3、Al/MoO_3 和 Al/Fe_2O_3 三种典型纳米铝热剂的静电感度，其值分别为 0.125μJ（Al/Bi_2O_3）、50μJ（Al/MoO_3）、1.25mJ（Al/Fe_2O_3）。其中降低 Al/Bi_2O_3 的 ESD 是很困难的，用磷酸二氢铵（3.3wt%）对 Al 进行包覆没有效果，但用油酸（5wt%）对 Al 进行包覆可以取得明显的效果，可使其感度的阈值提高 4.5μJ。根据 Puszynski 的研究结果,瓜尔胶是最有效的钝感剂。由溶液液滴形成的半球形颗粒(≈1mm)使得其静电感度值达到 30.2mJ。然而,当复合微米颗粒通过研磨变成细颗粒后该材料又变得敏感起来[5]。

Siegert 等使用中空的碳纳米纤维(n-FC)来改善 MnO_x 和 Al 组成的纳米铝热剂的摩擦、撞击和静电感度 ESD(表 4.1),这一方法对于提高摩擦感度的阈值很有效。将氧化锰封装在碳纳米纤维的中空管中得到的纳米铝热剂(MnO_x@n-FC/Al)比单纯的三者混合制备的纳米铝热剂(MnO_x/n-FC/Al)的撞击感度低,但静电感度高[6]。这是由于含碳层的阻隔造成的,而静电感度的结果却不同,这可以用电荷在样品中的分散机理解释,电荷可以高效加热 MnO_x/Al 接触面;而物理分散则由于孔隙率阻碍热传导,且碳含量高也会减慢燃烧,给铝热剂性能带来不利的影响。

表 4.1 不同组分含量复合物的摩擦感度 S_F,撞击感度 S_I 和静电感度 S_{ESD} 值("@"表示氧化物 MnO_x 封装于中空碳纳米纤维的碳纳米管中,"/"表示各组分简单物理混合)[6]

组　成	氧化物/n-FC/Al/wt%	S_F/N	S_I/J	S_{ESD}/mJ
MnO_2/Al	55.1/0.0/44.9	<5	31.9	1.0
MnO_2/n-FC/Al	34.6/37.2/28.2	>360	29.4	1.800
MnO_x@n-FC/Al	35.1/37.2/26.7	>360	44.2	35

Bach 等人使用纯的或活化处理的炭黑来改善 WO_3/Al 纳米铝热剂的感度,加入炭黑的量最少为 5wt%。研究发现,加入炭黑改性后,纳米铝热剂的撞击感度(>50J)和静电感度(<0.14mJ)并未发生改变,但摩擦感度却发生了改变(由 64N 到 360N)。加入大量的(20wt%~50wt%)炭黑有可能降低其静电感度,但是这种影响是以降低烟火反应性能为代价的[7]。

Pichot 等人使用爆炸法制备的纳米金刚石(≈3.7nm,nD)包覆铋氧化物纳米颗粒(≈200nm)有效降低了其摩擦感度和静电感度。纳米金刚石限制了氧化物和铝表面之间的接触,同时确保颗粒间的润滑,使得其对于摩擦变得钝感。获得这一效果需要三四层的纳米颗粒,大约需要 nD 的量为 1.2wt%(表 4.2)。这样使具有核-壳结构纳米铝的爆炸物[8]熔融颗粒不能接触到氧化物[9]。

Thiruvengadathan 等人使用氧化石墨烯 GO (1wt%~5wt%),通过组装的方法制备了 Bi_2O_3/Al 纳米铝热剂。研究发现,根据美国军用标准测定的组装法制备的 Bi_2O_3/Al 纳米铝热剂的静电感度值随着氧化石墨烯 GO 含量的增加而降低。通过物理共混制备的铝/氧化铋铝热剂的静电感度在 0.16mJ 以下，而 GO/Bi_2O_3/Al 纳米铝热剂的静电感度大于 1.2mJ，这是由于引入 GO 使铝热剂的电导率增加，使材料表面的电荷减少所致。事实上，纳米粒子组装成微米结构后降低了表面携带电荷的敏感性[10]。

表 4.2　不同含量 nD 包覆得到的 Bi_2O_3@nD/Al 复合物的摩擦感度和静电感度[9]

nD/(wt%)	0	0.5	1.2	1.8	4.5
S_F/N	5	28	128	216	>360
S_{ESD}/mJ	0.14	0.14	0.14	2.71	1249

Foley 等人使用含氟聚合物 Viton A® 对 CuO/Al 纳米铝热剂进行降感，结果见表 4.3。为了评估加入 Viton A® 对纳米铝热剂性能的影响，同时也对其进行了点火压力实验。结果表明，Viton A® 的加入对压力峰没有影响[11]，但点火阈值大幅提高，这可能是由于 Al 与 Viton A® 中的 F 发生反应所致。

表 4.3　不同含量的 VitonA® 包覆的 CuO/Al 纳米铝热剂的静电感度[11]

VitonA®/(wt%)	0	3	5	10
S_{ESD}/mJ	<0.14	0.80	2.11	21.22

Yang 等人将聚二甲基硅氧烷应用到 MnO_2/Al 纳米铝热剂膜上，使其具有疏水性，硅层通过气相沉积法(235℃)均匀包覆在铝和氧化物纳米粒子表面。反应物的表面硅化有效抑制了摩擦感度的上升，从而达到了降感的目的，结果如表 4.4 所示[12]。

表 4.4　硅蒸气处理时间(D_t)、硅层厚度 E_s 与 MnO_2/Al 纳米铝热剂膜的摩擦感度 S_F[12]

D_t/min	0	30	60	120	t
E_s/nm	0	≈1	≈2	≈3	$-1.26.10^{-4}.t^2+4.05.10^{-2}.t-2.73.10^{-2}$
S_F/N	<5	≈140	≈170	≈240	$1.12.t+105$

Weir 等人研究了由 MoO_3(44nm)和不同粒径 Al 粉(0.05～40nm)组成的纳米铝热剂的 ESD 感度阈值。结果发现，含微米级 Al 粉(4～20μm)时，其对静电是不敏感的(S_{ESD}>100mJ)。但当 Al 颗粒的粒径在 2μm 以下时，随铝颗粒粒径的减小，静电感度阈值迅速降低。他们的研究还发现，MoO_3/Al 纳米铝热剂的静电感度阈

值随其电阻的升高而升高[13]。事实上,铝纳米粒子表面有氧化铝壳存在,起着绝缘体的作用,它允许材料积累电荷,然后通过电容放电失去它们。

Comet 等人发明了一个可以在点火瞬间将燃料和氧化剂混合形成铝热剂的技术。该方法是在磁场下,金属或磁性物质充当类似搅拌棒的作用对铝热剂进行活化,因为组分的活化发生在纳米结构相的混合时,这种降感作用能够确保纳米铝热剂在使用前都是不敏感的[14]。

4.2.3 烟火风险评估

烟火风险与含能材料在意外刺激作用下内部储存的化学能迅速释放有关。对于某种物质在使用时的反应行为进行深入了解和准确认识可以大大降低这种风险,甚至消除这种风险。有关纳米铝热剂的使用风险报道非常少,纳米铝热剂反应活性的大小和摩擦感度的阈值与各组分的化学结构和形态有关。在反应程度方面,纳米铝热剂可以发生从 Fe_2O_3/P 混合物的白炽化到 Bi_2O_3/Al 混合物的爆轰反应。纳米铝热剂的烟火响应也取决于激发它们的外界刺激的强度,在热分析时对样品的缓慢加热引起的是渐进的分解过程,但是这无法反映如点燃之类的强烈刺激作用[15]。

为了解决这一问题,可由下面的方程定量评价铝热剂使用时的风险[16]。

$$\text{Risk} \propto \frac{\left(\dfrac{V_d}{V_R}\right)^2}{\min\left(\dfrac{S_i}{S_{R/i}}\right)} \tag{4.1}$$

式中 V_d——含能材料分解时的速度;

V_R——参考速度;

S_i——感度的阈值(撞击、摩擦、静电感度);

$S_{R/i}$——S_i的参考值。

该式反映了给定含能材料的操作风险,其与分解速度的平方成正比,与感度的阈值成反比。

首先,摩擦、撞击、ESD 感度的阈值可用前面介绍的方法进行实验测量,然后以实验值为参考进行归一化处理。例如,联合国规定公路运输含能材料的感度最小值:撞击感度为 2J,摩擦感度为 80N。就 ESD 而言,其临界能量就是指人体能够储存的能量,作者认为是 5~20mJ[2],有的甚至可达 156mJ[1]。这些值只可以作为参考,因为在烟火安全领域,最好始终考虑其危险最大化。

对三种形式的感度阈值进行归一化处理可以得到无量纲的数值，因此可以进行比较。感度阈值的最低标准值是含能材料最敏感的刺激特性，在计算风险性时该值应保留。

分解速度可通过适当的仪器进行测量。通过实验条件的调节来反映真实的意外刺激对于材料的影响。速度一般设置为 10m/s，任何超过它的值都将会引发剧烈的燃烧。

纳米铝热剂危险性的极值通常是由具有极端和对立特性的材料定义的。Bi_2O_3/Al 是一种典型的纳米铝热剂，其具有较高的活性和感度。Puszynski 的研究发现，Bi_2O_3（40nm）与 Al（80nm）纳米颗粒组成的混合物的静电感度只有 0.075μJ[4]。此外，Martirosyan 的研究发现，相同组成和形态的纳米铝热剂的反应速度可以达到 2500m/s[17]，按照上面的公式可计算出该铝热剂的使用风险为 1.3×10^{11}。正如 Comet 所描述的那样[18]，低反应活性和低感度的红磷与 Fe_2O_3 纳米粒子组成的铝热剂可以采用同样的方法定义风险的最低水平。根据红磷/Fe_2O_3 纳米铝热剂的燃烧速度（0.83cm/s）和静电感度（24.12mJ），可以计算出其风险值为 4.5×10^{-6}，对应的对数值范围是 $-5.4\sim+11.1$。当材料具有最低的反应速率和感度阈值时（$V_d=V_R$；$S_i=S_{R/i}$），其风险值为零。无效风险定义为不能形成真正危险的低风险区域和产生巨大风险区域之间的边界。基于此标准对纳米铝热剂进行分类的优点是能够基于纯烟火标准对具有不同化学组成和形态的材料进行客观的比较。

另外，还有一种完全采用纳米铝热剂的反应特性的互补方法，包括测定它们的喷射速率和在相同实验条件下的无功功率。该测试中所用的纳米铝热剂为松散的粉末样品，其比密实状态时的反应更剧烈。该反应由 ESD 触发，其能量高于激活纳米铝热剂所需的最小能量。一次 10～100mJ 的放电将触发大多数纳米铝热剂的强烈点火，但不会由于静电等离子体的耗散作用引起热效应使样品显著分散。用于测量 ESD 阈值的装置如图 4.1 所示。该装置与高速摄像机相连，图像采集速率高于 50000 帧/s，可以测量主反应阶段的持续时间（d_r），喷射质量（m_e）可用微分称量的方法得到，用于式（4.2）计算喷射速率（T_e）。无功功率（P_r）可根据氧弹式量热计测量的爆热（Q_{ex}）由式（4.3）计算得到。

$$T_e=\frac{m_e}{d_r}\tag{4.2}$$

$$P_r=\frac{Q_{ex}}{d_r}\tag{4.3}$$

Comet 利用这种方法进行测试的结果表明，纳米硼组成的 Bi_2O_3/B、CuO/B 铝

热剂的反应活性比 Bi_2O_3/Al、CuO/Al 铝热组分低 2 个数量级[19]。

4.2.4 监管方面

在法国,有关含能材料的研究受 20 世纪 70 年代末制定的法规监管,该法规明确了与爆炸物的制造、运输、包装和使用等活动相关的法律框架。由于缺乏更具体的立法,这项法令也适用于科研领域[20]。这种技术性限制已经对创新造成了很大的影响,并严重制约了法国的工业发展。因此为了能够成功地进行技术创新,烟火科学家需要一个新的法律框架,以保证其在科研上有一定程度的自由。更灵活的法规会有激发创新的短期效果,但从长远来看,这将是法国和欧洲烟火行业可持续性发展的保障,以确保他们能够与来自新兴国家的技术展开竞争。新的法规应免除研究领域受到工业领域的约束,并从欧洲的 REACH 法规中吸取灵感。欧洲的 REACH 法规规定了以研究为目,免于注册、授权和限制使用的化学物质的数量。

为了确保烟火剂安全,法规将风险最大化,而不是进行实际测量。当含能物质由知识有限的操作者大剂量使用时,这种法规是合理的。但是当由本领域的专家以研究为目的的小量操作使用时这种法规是不适用的。炸药通常是按照其具有的不同反应性基团进行分类的,这一简化对工艺生产是有益的,但对于研究者没有意义,甚至对于发挥他们的创造力是有害的。

鉴于其特殊的烟火性质,很难对纳米铝热剂进行分类。就其反应产生的效果来讲,虽然它们确实具有一些高能材料的特征,但它们不属于初级炸药和次级炸药,更不属于火药。实际上,这些非典型纳米结构复合材料的发展为烟火行业法规的修订提供了难得的机会,这将促进欧洲立法,使其适应本领域科学和技术的发展。烟火领域未来的立法应该比目前法规采用更多的科学事实作依据。

4.3 纳米铝热剂的中和处理

纳米铝热剂的处理包括使用特定方法对纳米铝热剂进行去烟火特性,尽管这很重要,但是对纳米铝热剂却一直没有这方面的文献报道。纳米铝热剂的去烟火特性处理一直被错误地认为是一项例行的程序化操作,并不能为科学活动带来真正有附加值的东西。然而,懂得如何处理残留在实验室的纳米铝热剂以及如何销毁在工业规模生产时产生的不合格产品是非常有必要的。

销毁有机爆炸物的方法并不适用于处理纳米铝热剂,通常销毁次级炸药采用的是燃烧的方法。当它们以小的不限量方式燃烧时,这类物质通过自蔓延燃烧进行分解,例如黑索今(RDX)或六硝基芪(HNS)等。该技术同样也适用于容易转爆轰的某些初级炸药,例如三过氧化三丙酮,方法是首先将它们溶解在可燃液体中,然后溶液以气溶胶的形式燃烧。因为它们的易燃性质,所以不能采用燃烧的方法来销毁纳米铝热剂,这种操作被归类为危险操作,是烟火法规中严格禁止的。依靠缓慢加热来销毁纳米铝热剂是一种实验室方法,在非常特定的操作条件下最多可销毁几百毫克的纳米铝热剂,利用缓慢热降解销毁纳米铝热剂的机理是通过热分析实验观察得到的[15]。当纳米铝热剂混合物以每分钟几度的升温速率加热分解时,并不发生伴有烟火效应的放热转变。在空气气氛中,首先是空气中的氧通过表面的氧化铝壳渗透扩散对固相中的纳米铝进行氧化,铝熔融的同时伴随氧化铝壳层破裂,液态铝通过裂纹流出与周围的气态物质或与其氧化物纳米颗粒接触并发生反应。WO_3/Al 混合物缓慢反应生成氧化铝和钨酸铝的混合物,而对于相同配方,若发生燃烧则生成氧化铝和钨。

铝热剂在高温下的分解使得它可以依靠热破坏其所含有的气体发生剂,后续反应不会引发纳米铝热剂的剧烈反应。这一现象已经在偶氮二甲酰胺产生惰性气体物质的实验中观察到,实验中偶氮二甲酰胺是以微小颗粒的形式掺入到 WO_3/Al 纳米铝热剂中的[15]。在含有纳米 RDX 颗粒和大孔氧化铬(Cr_2O_3)(Ⅲ)组成的纳米铝热剂中也得到了类似的结果[21]。

中和大量的纳米铝热剂应该使用溶液的方法解决。去除纳米铝热剂烟火特性的一般原则是将其氧化剂组分与还原剂组分分开,然后采用物理或化学的方法对其中的一相进行破坏。

例如,由高氯酸钾和锆组成的点火药剂 ZPP,就可通过物理方法销毁。具体的方法是将 ZPP 分散在水中,然后通过倾滤或过滤的方法将锆粉与高氯酸盐溶液分离。这类纳米铝热剂组成的共同点是其中的氧化物相是可溶性的氧化性盐。严格地说,利用物理法中和降解纳米铝热剂是很难实现的,一方面是因为金属和金属氧化物粉末是不溶解的;另一方面是因为纳米粒子难以沉降,并且它们容易穿过或堵塞过滤膜。通过物理方法中和降解纳米铝热剂的应用是有限制的,仅限于将有机物质加入到纳米铝热剂中改善其性质的情况。如加入涂料蜡、气体发生剂和有机炸药的纳米铝热剂,这种纳米铝热剂可以采用合适的有机溶剂通过索氏提取器(Soxhlet)进行洗涤分离。

ZPP 也可以通过化学的方法进行销毁,例如采用王水或氢氟酸进攻锆使其破坏的方法。化学破坏方法特别适用于中和纳米铝热剂。对体系中活性最高的燃料组分进行氧化是非常有利的。中和处理必须在尺寸相对较大的容器中进行,以避免过热、反应性气态物质的聚集以及在溶液表面产生泡沫溢出。纳米铝热剂应该在适度搅拌下分批少量加入到溶液中。为避免反应性气体的积聚和爆炸性气体的形成,操作处理应在通风良好的通风橱内进行。当观察到有气体产生时,建议等气体减少后再恢复加料。要注意的是要确保混合物在与水接触时不易燃烧,特别是燃料发生氧化反应后气体产物可燃的情况。因此,过氧化钠和铝混合物在与水接触时会被点燃。将过硫酸钠和纳米铝的混合物加入到苛性钾溶液中时,由于铝与水的还原反应产生氢气,过硫酸盐阴离子在碱性介质中产生氧气,氢气和氧气会在溶液表面发生反应引起爆炸。

当与水接触时,纳米铝会被氧化,但该反应太慢,不能用于中和纳米铝热剂。纳米铝与水以合适的比例混合能得到可燃的含能组分[22],其中水起氧化剂的作用。在实践层面,中和铝粉或纳米铝热剂操作时的用水量应当比处理相同量的金属时的用水量要多很多,这是为了避免产生烟火剂组分。

组成纳米铝热剂的铝纳米颗粒可以采用将其分散在浓 NaOH 溶液或浓 KOH 溶液中的方法进行销毁。反应快速产生大量的氢,并放出大量的热。当碱溶液在低温时这种反应是很缓慢的。当温度升高时,反应速率会迅速增加。由于 NaOH 或 KOH 在水中溶解时是放热的,可以有效地对溶液进行加热,从而确保发生铝的氧化反应,但要避免反应不受控制。

不推荐使用浓盐酸溶液来处理铝粉,因为它需要很长时间来诱导酸与氧化铝的反应。由于水合氢离子的金属氧化反应以及随后与氯阴离子的络合反应会使反应不受控制且没有选择性。在锌纳米颗粒存在的情况下则没有观察到这种不可控的反应,但当它们与氯化氢溶液接触时立即发生。此外,在室温下,用于制备纳米铝热剂的亚微米级的多种金属氧化物颗粒则能在浓盐酸(37wt%)中溶解,如 Bi_2O_3、CuO、Fe_2O_3、MnO_2和 NiO 等。

一般来说,含有爆炸性基团的无机酸[23],如硝酸或高氯酸不应用于燃料的中和,因为它们在与燃料接触时会形成高能组分。发烟硝酸(HNO_3)的显著特征是它有非常强的氧化性能,常作为氧化剂以及许多自燃混合物的组分。因此,建议尽可能少地使用这种酸,且要避免这类酸与其他有机物接触。至少用一半的水稀释后得到的硝酸在通过氧化作用破坏某些金属时是非常有用的,例如红磷或硼,它们是某些特定纳米铝热剂的组分。

硫酸(H_2SO_4)和正磷酸(H_3PO_4)与前面的酸相比更不适合于中和纳米铝热剂。因为当浓度较高时,这些酸很黏稠,即黏度很大。高黏性使得离子的扩散很困难,并且显著降低了固体粉末在酸中分散时受到的离子的进攻。然而,当其在水中稀释或加热时黏度迅速降低。但在水溶液中或在室温下，硫酸和磷酸阴离子的氧化能力非常低。唯一的活性氧化物质是水合氢离子。高温下，SO_4^{2-}和PO_4^{3-}阴离子具有很强的氧化性，在中和处理时应该格外注意。因此，当纳米铝粉与这些无机酸的混合物暴露于火焰时，会导致混合物剧烈爆燃。浓磷酸溶液（85wt%）在等体积的水中稀释后可溶解纳米氧化铜颗粒，但对Bi_2O_3、Co_3O_4、Fe_2O_3、NiO和WO_3等纳米颗粒的溶解作用非常有限。然而，当溶液被加热到沸点时，仍可继续溶解Fe_2O_3和NiO纳米颗粒。经过一定时间的诱导后，之前的磷酸溶液缓慢进攻分散在其中的纳米铝粉，在加热条件下反应发生的更快。但在室温下，用等体积的水稀释的浓硫酸（95wt%）不能溶解氧化铜。而当加热时，铝和铁的三元氧化物（Co_3O_4，Fe_2O_3，NiO）能被进攻并完全溶解。加热时，氧化铋会形成胶体悬浮液而不是真溶液，其在冷却时会产生胶凝现象。

4.4　纳米铝热剂的毒理学风险

迄今为止，几乎还没有关于纳米铝热剂操作、组分以及燃烧产生的烟气的毒理学风险的研究。然而，这是一个关键问题，特别是对含纳米铝热剂的烟火行业的发展更为重要。从热化学的观点来看，使用某些有毒的纳米铝热剂，甚至放射性的金属或金属氧化物是可以的，如铍（Be）、钍（Th）、氧化钴（Co_3O_4）、氧化汞（HgO）、氧化铅（Pb_3O_4和PbO_2）、氧化锇（OsO_4）或铀（U_3O_8），但这并不是明智的选择。

在缺乏具体的毒理学数据的情况下，纳米铝热剂及其反应产物的毒性可以认为与其所含金属元素的氧化物相当。这种近似可以由以下事实证明，即组成纳米铝热剂的大多数纳米结构相的表面以及纳米铝热剂燃烧形成的表面都是由其金属氧化物组成的。

Buzea等人对纳米颗粒进入人体的各种方式以及它们对人体各种系统和内脏的影响进行了详细讨论[24]。

4.4.1　纳米铝热剂组分和反应产物的毒性

对于纳米铝热剂的组成和反应产物来说，具有代表性的纳米结构物质的毒性的研究在最近的科学文献中开始见诸报道。值得注意的是，其研究常常是在完全不同的生物体系中进行的，并且很少有研究集中在纳米颗粒对宏观生物的影响上。纳米颗粒对于宏观生物的毒性可能低于在分离细胞上测量的毒性，这是由于保护机制和免疫系统的防御机制阻止了纳米颗粒向宏观生物体的渗透。纳米颗粒广泛存在于自然环境中,它们可以在水中以有机胶体物质和二氧化硅纳米粒子的形式存在,碳质纳米颗粒是通过有机材料的燃烧产生的,而纳米结构矿物物质则通过火山爆发大量排放。病毒的尺寸范围为10~400nm,是非常复杂的生物学纳米颗粒的例子。因此,只要暴露阈值低,就要进行自身防御,阻止纳米粒子聚集,纳米铝热剂也不例外。依据Paracelsus原则,可以将剂量与毒性作用关联起来。

在Niazi的文献综述中,介绍了金属纳米颗粒对于微生物毒性的各个方面。存在于环境中的细菌是人造纳米粒子的第一个目标。因此,研究这些单细胞生物以及细小物质之间的相互作用是极其重要的,因为它可以评估纳米颗粒在自然环境中传播的潜在后果。金属纳米粒子主要用作好氧细菌的膜,使它们的膜被破坏和穿孔。活性氧化物质的释放将触发膜脂质的过氧化,这将对维持细胞必要功能的其他有机分子产生有害影响,例如碳水化合物、蛋白质和DNA。厌氧细菌对溶解态金属离子的毒性不太敏感,因为当金属离子过量时,其外膜通过电化学反应使金属溶解物质以金属或氧化物纳米颗粒的形式沉淀出来[25]。这种生物机制使其局部毒性降低,意味着纳米颗粒比金属离子的毒性小。

根据Djurišićet等的理论,关于金属氧化物纳米粒子对细菌细胞毒性的主要机制解释如下:

(1) 产生导致氧化应激的反应性氧化物质;

(2) 通过氧化物的溶解释放金属离子;

(3) 纳米颗粒在膜的表面积累;

(4) 纳米颗粒渗透到细胞中。

值得注意的是表面携带正电荷的纳米粒子毒性是最大的,它们很容易通过静电相互作用结合到带负电的细菌细胞膜上[26]。

Huang等人发表了用图形表示的人支气管上皮细胞(BEAS-2B)的生存能力与所接触的纳米金属氧化物浓度的函数关系。其中氧化铬(Cr_2O_3)、氧化铁(Fe_2O_3)和氧化钛(TiO_2)粒子的毒性最小;氧化锰(Mn_2O_3)和氧化镍(NiO)具有平均毒性;而氧化铜(CuO)、氧化钴(CoO)和氧化锌(ZnO)等氧化物的毒性最大。按照Huang等人的观点,氧化应激可能是由纳米粒子的金属或半导体特性引起的。活性氧化物质对DNA的损伤有多种不同机制,并可导致细胞坏死或凋亡,氧化应激也会破坏细胞内钙的平衡并引发炎症反应[27]。

最近,Sabella等人提出了一种解释金属纳米颗粒细胞内毒性的通用机制。纳米颗粒通过内噬作用或不需要任何外部能量的机制渗透入细胞中。在第一种情况下,纳米颗粒通过内陷和空泡化穿过等离子体。然后它们以封装的形式在细胞质内释放,并与细胞内体细胞器发生作用,细胞器的作用是识别进入细胞的物质。颗粒最终转移到溶酶体,它们负责清理细胞活动产生的垃圾。溶酶体内部的酸度($3.5<pH<5$)能溶解金属纳米粒子,产生有毒的金属离子,然后分散在细胞质中,对细胞器产生有害作用。换句话说,溶酶体的作用不是保护细胞,而是有助于其破坏作用。纳米颗粒通过不同于内噬作用分散的机制穿透细胞液($pH=7$)而不释放大量的金属,它们的毒性作用因此受到限制。例如,纳米金刚石和二氧化硅纳米粒子在酸性环境中不溶解,因而具有生物相容性。通过二氧化硅接枝对 Fe_3O_4 纳米颗粒进行表面改性可防止铁进入溶液从而降低它们的细胞毒性,因此颗粒的表面处理可降低其尺寸和表面电荷。依靠这一机制,Sabella 等人提出可以使用避免内噬作用的涂层来减少金属纳米颗粒引起的细胞内毒性,促进纳米颗粒快速排出溶酶体,并增强对细胞器内部酸性的抵抗作用[28]。

Braydich-Stolle 等人研究了银(15nm)、三氧化钼(30nm)和铝(30nm)纳米颗粒对干细胞系(C18-4)的毒性,选择体外实验用于评价纳米颗粒对生殖细胞系的毒性。将尺寸介于 5~10μm 的纳米颗粒置于 100μg/mL 浓度的培养基中,在 33℃下,含有 5% CO_2 的大气气氛中培养 48h。测试结果表明,纳米颗粒引起质膜损伤的平均浓度非常低,分别为 2.5μg/mL(Ag)、5μg/mL(MoO_3)和 4.7μg/mL(Al)。银和三氧化钼纳米粒子还可影响细胞线粒体的功能和代谢活性,比碳酸银和钼酸铵的影响更显著。Braydich-Stolle 的研究表明,纳米颗粒的细胞毒性顺序为 $Ag>Al>MoO_3$,且它们的损伤作用在低浓度下就很明显,并对剂量具有依赖性[29]。

Puzyn 等人发展了基于结构与活性的定量关系模型来预测金属氧化物的细胞毒性。提出的方程将纳米氧化物颗粒的有效中值浓度(CE50)与描述参数进行了关联,CE50 浓度下大肠杆菌的繁殖能力减半,后者对应于该氧化程度下金属阳离子的气态生成焓。这一预测模型在 17 种金属氧化物中得到了实验验证[30]。

Chen 等人在体外研究了氧化铝纳米颗粒(8~12nm)对来自脑毛细血管的人内皮细胞的影响。纳米氧化铝使细胞中的线粒体功能失调,从而导致确保膜连接的蛋白质氧化应激功能受到损害。细胞间的空间变得具有渗透性,使血液中的物质或细胞由血液转移到大脑[31]。换句话说,氧化铝对脑血管的毒性可通过血脑屏障的破坏进行表征。纳米氧化铝是大多数处于分散状态的纳米铝热剂的反应产物,其影响更为严重。根据 Chen 等人的研究,纳米氧化铝被肺部或消化系统吸收,也可能被皮肤吸收,它可能是以柠檬酸铝的形式排泄。纳米氧化铝颗粒穿透细胞膜并在细胞器中积累。积累在大脑中的氧化铝有多种毒性作用。然而,体外试验表明,谷胱甘肽的存在可防止暴露于氧化铝纳米粒子细胞的氧化应激[31]。

Park 等人对小鼠进行了口服铝纳米颗粒(35.0±18.8nm)实验,日剂量为15mg/kg,30mg/kg 或 60mg/kg,持续 28 天。完成实验后,暴露于最高剂量(60mg/kg)下的动物的白细胞数量减少,血小板数增多。对于较低剂量的纳米铝则没有观察到这种现象。各种器官的铝含量分析表明金属累积在胸腺、肺和大脑中,不在肝或脾中累积。对口服纳米铝的小鼠的脑、肾、肝和肺进行组织病理学分析,但不能确定最强剂量的铝(60mg/kg)与不摄取铝的小鼠的器官的差异[32]。

Yang 等人研究了特定剂量的纳米级氧化铝(50mg/kg 或 500mg/kg)对管饲小鼠产生的影响。统计上看,动物器官在暴露 1 天后比不摄入氧化铝的动物含有更高含量的铝。另一方面,氧化铝摄入对器官中微量元素(Fe,Cu,Zn)的量影响非常有限。然而,血清生化分析结果表明,口服纳米氧化铝的小鼠体内的乳酸脱氢酶浓度增加,脱氢酶是细胞状态的指示剂,其他剂量的生物标记物显示氧化铝在低剂量下(50mg/kg)即可引起肝和肾毒性,但心脏和免疫活性不受影响。更长时间的分析表明,摄入氧化铝 7 天和 14 天后,毒性效应随时间的增加而消失[33]。

Rajsekhar 等人研究了反复吸入细颗粒($\alpha-Al_2O_3$,150nm)和超细颗粒($\gamma-Al_2O_3$,10nm)氧化铝纳米粒子对小鼠的影响,其在空气中的浓度范围分别为 0~160mg/m^3和 0~500mg/m^3。支气管肺泡灌洗液的生化分析表明,两种氧化铝对肺部都具有损害作用,可用明显的炎症反应来表征。组织病理学检查显示,细颗粒氧化铝会引起肺气肿,这意味着肺泡的弹性丧失。观察到的损伤与小鼠所处的氧化铝的浓度有关。超细的氧化铝积累在巨噬细胞中,不会引起肺气肿。沉积在肺中的纳米氧化铝的量与吸入气溶胶的浓度成正比。这是因为巨噬细胞不能去除氧化铝。细颗粒氧化铝在生物学的半衰期长于超颗粒细氧化铝的半衰期,所以超细氧化铝更容易被消除[34]。

Radziun 等人在体外研究了氧化铝纳米颗粒($\gamma-Al_2O_3$;50~80nm)对人(BJ)和鼠(L929)成纤维细胞的毒性。成纤维细胞是合成胶原蛋白的结缔组织细胞,是增强组织和赋予它们机械强度的蛋白质。将细胞在浓度为 10~400μg/mL 的氧化铝悬浮溶液中培养 24h,细胞毒性效应在最高浓度(400μg/mL)下是明显的,标记显示鼠成纤维细胞略高,较低的氧化铝浓度(10~200μg/mL)时没有诱导任何明显的细胞毒性反应。在不引起细胞凋亡的前提下研究了两种类型氧化铝纳米颗粒的细胞渗透性,当成纤维细胞暴露在氧化铝中时,铝的渗透性随着悬浮液浓度的升高而增加。从这些结果中 Radziun 等人得出结论:氧化铝纳米颗粒对所研究的哺乳动物细胞没有细胞毒性作用[35]。

Strigul 等人研究了硼(10~20nm)、铝(100nm)和二氧化钛(6nm)等纳米颗粒分散在水中时对水生生物的毒性作用。对毫米尺寸的水蚤、甲壳类动物的急性毒性进行了测试。实验结果表明，对水蚤来说，硼的毒性比铝大，铝的毒性比二氧化钛大。Strigul 等人注意到纳米颗粒（B，Al，TiO_2）在水蚤的消化道积累，将它们暴露在高浓度的 TiO_2（80mg/L 和 250mg/L）中 24h，会使其运动减缓。Strigul 等人还观察到硼纳米颗粒分散在水中时导致 pH 值轻微增加。根据他们的研究，这两种效应无法解释纳米粒子的急性毒性，而是要与它们的化学性质联系起来进行解释[36]。值得注意的是硼暴露在含氧物质中会导致其表面氧化并形成硼酸（H_3BO_3），这种物质的抗菌和杀虫性质或许能够解释观察到的结果。Strigul 还发现硼纳米颗粒对费氏弧菌具有毒性作用，但与铝和二氧化钛的作用相反。

Sadiq 等人发现将微藻（*Scenedesmus sp.*）和小球藻属（*Chlorella sp.*）置于氧化铝悬浮液（3~192mg/L）中 72h 后，其叶绿素含量降低且它们的生长受到了抑制。这些作用随氧化铝浓度的升高而增加。纳米氧化铝（9~172nm）比微米级氧化铝（<5μm）具有更明显的毒性作用。这一结果可以由氧化铝在细胞壁表面的聚集来解释。聚集形成的屏障能阻止光穿透细胞并导致光合作用减少。细的氧化铝能更有效地覆盖微藻的细胞壁，因此表现出更强的毒性[37]。

Kennedy 等研究了球状或棒状氧化铜（CuO）纳米粒子水悬浮液的性质，以及由这两种形式的氧化物制备的铝热剂燃烧残余物的形态。球形 CuO 纳米颗粒比棒状纳米颗粒的沉降动力学慢。此外，由氧化物溶解产生的铜纳米粒子的浓度测量结果表明，CuO 纳米棒分散在水中时快速释放大量的铜，而球形颗粒则以更平缓的方式释放所含的金属。CuO/Al 纳米铝热剂的燃烧残渣能快速沉积，且比氧化铜更容易释放所含有的铜。Kennedy 等对模糊网纹蚤的毒性测试结果表明，纳米铜粒子对微生物的毒性比铜离子小。铜纳米颗粒的毒性与在溶液中金属的释放有关，纳米粒子具有很大的比表面积，这种性能更显著。加入适当浓度的多齿配体对铜进行络合可降低铜溶解物的毒性，这类配体如乙二胺四乙酸等。在自然环境中，天然有机分子可以发挥这种作用，从而降低含铜纳米颗粒的毒性[38]。

Park 等人采用体外方法研究了银（150nm）、铝（100nm）、锌（100nm）和镍（100nm）纳米颗粒对于人肺泡上皮细胞系（A549）的毒性。这些金属纳米颗粒并不会诱导细胞的形态发生显著变化，但当环境浓度超过 50μg/mL 时，它们具有细胞毒性作用。Park 等人根据其毒性将这些纳米颗粒进行了分类：n-Zn>n-Ni>n-Al>n-Ag[39]。

Hussain 等人利用大鼠的肝细胞系（BRL 3A）研究了几种纳米结构金属（Ag；Al）和氧化物（MoO_3，Fe_3O_4和 TiO_2）的毒性。研究结果表明，银纳米粒子的毒性是最强的，MoO_3的毒性中等，铁和钛的氧化物毒性较小，如果说证明有的话，在研究所使用的浓度下也是具有毒性的[40]。Turkez 等人研究了三氧化钨纳米颗粒(100nm)在大鼠肝细胞上的毒性，发现在低浓度(<150ppm)时，WO_3纳米颗粒没有毒性作用，在更高浓度(300~1000ppm)时，它们能降低细胞的活性并触发对 DNA 具有损伤作用的活性氧的产生。WO_3纳米颗粒通过与 DNA 形成加合物产生间接毒性作用[41]。Hasegawa 等人的研究表明，纳米三氧化钨(100nm)对两种鼠伤寒沙门氏菌(*Salmonella typhimurium*)(TA1537 和 TA98)具有致突变作用，而微米粒度(10.5μm)的氧化物则没有这种作用[42]。

Wagner 等人研究了氧化铝(30nm 和 40nm)和铝(50nm，80nm 和 120nm)的纳米颗粒对大鼠肺泡巨噬细胞的影响。结果表明，在高浓度(100μg/mL 和 250μg/mL)时，氧化铝具有延缓毒性的作用，但这种作用只有在足够长的暴露时间(96h 和 144h)后才能出现，而在相同浓度下铝的毒性则表现的更快(24h)。巨噬细胞暴露于无毒水平的铝(25μg/mL)环境中可降低其吞噬活性。研究中没有对纳米颗粒引起的巨噬细胞的炎症反应进行测试[43]。

根据上述研究，纳米铝和氧化铝似乎具有相对低的毒性。制备纳米铝热剂的金属氧化物的毒性既与其本身的性能有关，也与其制备方法有关。铋(Bi_2O_3)、铁(Fe_2O_3和 Fe_3O_4)和钛(TiO_2)具有低毒性；钴(Co_3O_4)、镍(NiO)或铜(CuO)具有更高的毒性。生物合成的纳米氧化物粒子在某种程度上可以降低其毒性[44]。

4.4.2 具体风险和正确的处置方法分析

虽然所研究的大多数纳米铝热剂在制造和操作过程中的毒性风险是很低的，但是对于经常接触纳米铝热剂的人员来说，在操作过程中采取特殊的防护措施，对他们进行保护是非常必要的。超细粒子能够穿过呼吸道上皮，通过皮肤进入血液，进而可以到达肝脏、脾脏或脑等内脏器官。它们对血液凝固、心脏功能或中枢神经系统是有损害作用的[45]。到目前为止，还没有制定出经过实践检验的好的操作准则，一些注意事项是在对该领域实验操作的观察和分析基础上得出的。对大量纳米颗粒组成物进行扫描电镜观察发现，在表面张力的作用下，纳米或亚微米尺寸的基本粒子具有组装成微米聚集体的强烈倾向(图 4.2)。实际上，易分散在大气中的自由粒子的比例非常低，纳米粒子的聚集作用非常强烈，为了得到均匀混合的纳米铝热剂，人们不得不把氧化物和燃料纳米簇分散在液体中，并用大功率的超声装置将其分散。

颗粒能否穿过呼吸道取决于它们的尺寸。瑞士联邦卫生局在一份关于细颗粒物的报告中提到，微米颗粒(10~30μm)沉积在鼻、喉和气管上，直径小于 10μm 的颗粒可到达支气管和细支气管,而最小的颗粒(<2~3μm)则沉积在肺泡中[46]。

图 4.2　(a)铝与(b)三氧化钨纳米颗粒在×1000 和×100000 放大倍数时的扫描电子显微镜照片以及纳米颗粒聚集成微米级结构的现象

大多数用于制备纳米铝热剂的基本粒子的直径范围为 0.02~2μm。因此,从理论上讲,它们有能力穿过由咽、气管和支气管组成的保护屏障到达肺泡并沉积下来。不过,SEM(图 4.2)观察发现,气溶胶主要是由上面提到的颗粒簇组成的。考虑到这一点,可以说明大部分颗粒被吸入后是沉积在上呼吸道的。在体液(唾液和黏液)的作用下,聚集体可以分离并与组织发生相互作用。在这一阶段,毒性取决于粒子的化学性质、溶解性和颗粒形态。材料固有的化学毒性通常因为纳米化而增加,纳米化有助于其通过生物膜渗透到生物机体中。纳米颗粒的高比表面积增加了它们在体液中的溶解性,缩短了其在体内的寿命,但通过快速形成大量的金属离子增加了其化学毒性,干扰了生物机制。具有高延伸率的粒子,例如碳纳米管,比致密粒子的毒性更高。虽然大多数纳米铝热剂的组成中没有纤维状物质,但是,有时为了提高 ESD 感度的阈值,往往向其中加入一定量的纳米结构的纤维物质,并改善由压缩产生的内聚力[6]。然而,纤维状物质的加入对铝热剂本身可能是不利的,在含能材料操作过程中纤维之间的缠结促进了大尺寸粒子簇的形成,从而降低了纳米粒子混合物的分散性。

在宏观尺度上,除了强酸性或强碱性环境,过渡金属的氧化物在水环境中的溶解性相对较小,其溶解性与金属元素本身的性质有关。在呼吸道体液里存在 pH 值接近中性的物质,因此不利于氧化物颗粒的溶解。吸入的金属氧化物具有一定的物理和化学稳定性,这降低了它们的有害作用,但也阻止了它们被身体自身消除,除非对它们进行机械处理。从长远看,通过体液内所含阴离子的络合作用而逐渐溶解消除某些氧化物是可能的。

动物实验表明,一些金属可通过嗅觉受体神经元从鼻腔到达嗅球[47],然后,这些金属可以通过次级嗅觉神经元更深地迁移到大脑中。用于制备纳米铝热剂的金属或由它们反应产生的金属(Al,Bi,Cu,Mn)能在嗅球中积聚。Sunderman 进一步对兔子和老鼠进行了实验,结果表明,以可溶性盐形式存在的铝可穿过鼻黏膜屏障到达大脑的不同位置[47]。Sunderman 对实验结果的分析表明,研究金属的鼻吸收利用的是水环境中可溶性的金属盐。能被肌肽络合的阳离子的形成是这种不寻常的金属吸收模式的开始。由于用于制备纳米铝热剂的金属氧化物的溶解度低,它们所包含的金属通过鼻道穿透黏膜大量进入大脑似乎是不太可能的。

纳米铝热剂中用作燃料的纳米铝粉活性是最高的。这就是为什么大多数发表的科学文献都集中在铝热剂配方上的原因。因此无论是实验室研究还是工业生产,纳米铝热剂的固有风险是纳米铝热剂制造和操作过程中的重要问题。如前所述,纳米铝粒子具有特殊结构,其铝核外面有一层氧化铝壳。这个系统是亚稳态的,因为从热力学的角度来看铝核具有氧化的可能性,但通常不会发生,因为氧化铝层限制了气体氧分子的扩散,在室温下铝核的氧化速率接近于零。在液态水存在的条件下,氧化铝层不能有效保护铝免受腐蚀。根据 Puszynski 的研究,水合反应会不断发生直至金属铝完全氧化。它从铝的表面开始,按照扩散控制机理不断向内部进行,且不改变水合粒子的整体形态,这一过程可由堆芯坍塌模型进行描述[48]。在后续阶段,当铝的比例低于初始含量的 20%时,水合产物会形成一个独特的分离相。在体外观察到的纳米铝粒子在纯水中缓慢水解产生的“消化”现象,在体内由于体液中氯阴离子存在有可能会加速,可以假定大部分氢氧化铝形成的凝胶状物质能够通过黏液或咳嗽消除。

与纳米铝粉接触的吸水纸变红是一个有趣的实验现象。这一特点说明铝纳米颗粒的还原性能够诱导纸纤维中的多糖脱羟基并进行标记。这种化学碳化的效果与纸暴露于高温下所观察到的效果相似,它表明当铝纳米颗粒与机体组织接触,特别是与黏膜接触时有强烈的刺激作用。

纳米铝热剂的反应生成白炽气溶胶,分散在周围大气中并很快熄灭。在密闭状态下的燃烧实验中,烟雾冷凝并大量沉积(图 4.3),其宏观和微观形态取决于组分的性质。基于三氧化钨的纳米铝热剂燃烧产生熔渣,其最初的纳米结构完全消失(图 4.3),而基于氧化铜的纳米铝热剂的燃烧产物则是由烧结组装的纳米粒子簇组成的。与空气接触时,通过燃烧释放的金属颗粒被其氧化物层覆盖。从毒理学的角度来看,它们的短期影响与金属氧化物颗粒类似。从长远来看,这些颗粒的影响取决于氧化层的稳定性及其限制所包覆金属的溶解能力。

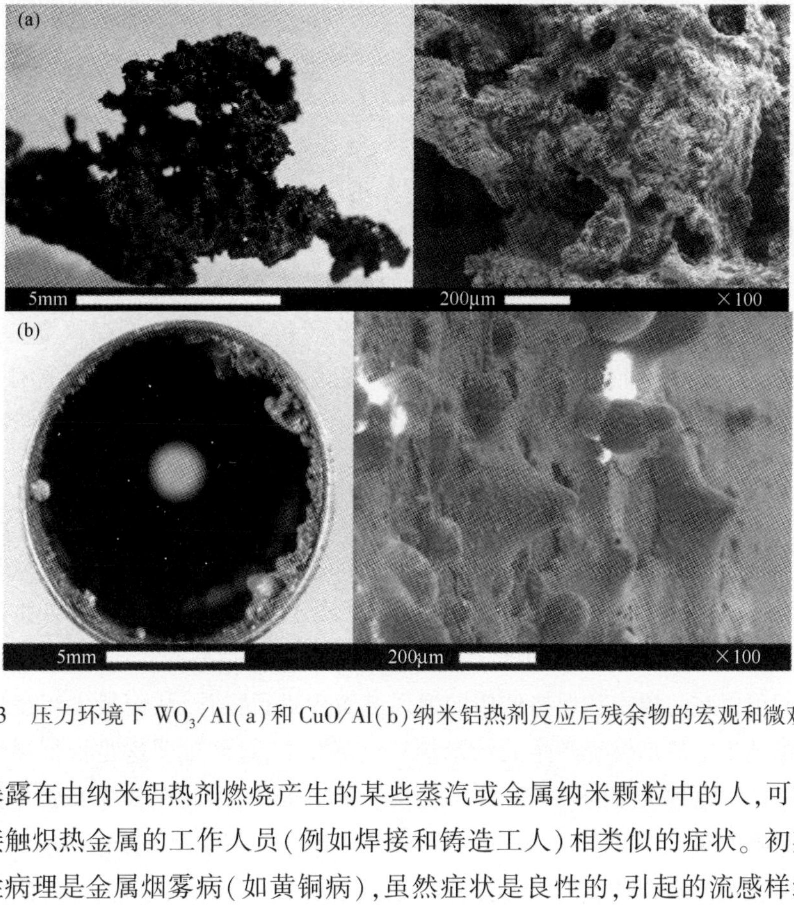

图 4.3　压力环境下 WO_3/Al(a)和 CuO/Al(b)纳米铝热剂反应后残余物的宏观和微观形态

暴露在由纳米铝热剂燃烧产生的某些蒸汽或金属纳米颗粒中的人,可能会出现与接触炽热金属的工作人员(例如焊接和铸造工人)相类似的症状。初期主要的急性病理是金属烟雾病(如黄铜病),虽然症状是良性的,引起的流感样综合征在一两天内会消失。但可能引起慢性病理,导致复发性过敏(哮喘)或炎症(支气管炎)。在最极端情况下,吸入金属或氧化物可导致肺尘埃沉积病,这将对肺产生不可逆的损伤。

幸运的是,有几种有效方法可以降低纳米铝热剂的组分和反应产物的吸入。

首先,要尽可能保持密闭,取样、称重和混合等每项单元操作都应该在实验室的通风橱中进行。因为分散在大气中的纳米颗粒进行的是与布朗运动有关的局部运动,大体上它们跟随所处的空气而运动。在没有有效通风系统的情况下,纳米粉末应该在封闭的地方生产、操作和储存,避免其在大气中扩散。在工业规模生产时,应采用由 Risse 等开发的闪蒸技术进行连续生产。它是一种大量制备纳米结构含能材料最安全和最有效的方法[49]。

第二,建议避免所有纳米颗粒分散的可能性,特别是在静电力作用下的分散。在这方面,不建议戴绝缘手套,因为它有助于纳米颗粒通过手套产生的机械作用和静电进行分散。使用护手霜可有效保护自身由于皮肤的多孔性而导致的纳米颗粒在皮肤的滞留。当有大量的纳米铝热剂粉末溢洒到表皮上时,要按以下步骤处理:第一步是处理掉没有黏附在皮肤上的粉末,方法是在实验室的通风橱中轻轻地抖掉这些粉末;第二步,用水射流冲洗皮肤,但要避免摩擦;最后一步,用大量的水并使用含表面活性剂的洗涤剂彻底洗涤,这是消除大多数嵌入表皮的纳米颗粒所必需的。除了毛囊以外,皮肤是防止纳米颗粒渗透的屏障。但是当皮肤受到机械应力损坏时,纳米颗粒是可以穿透这个屏障的[24]。

最后,使用颗粒过滤面罩可以提供高水平的保护,并显著降低细颗粒在吸入空气中的比例(99%)。捕获气溶胶的效率取决于其组分颗粒的尺寸,尺寸范围为 30~1000nm 的颗粒仅被部分保留在过滤装置中。然而,最能穿透的颗粒(200~300nm)是那些在呼吸道中总沉积率最低的成分[46]。

实验中操作纳米铝热剂及其组分时,小量样品溢洒到工作台上是不可避免的。当工作台受到污染时,其表面首先要用湿纸巾进行清洁,湿纸巾能有效地收集颗粒,并且使得它们能够固定在纸纤维上以避免其分散。通过对污染的纸张进行处理就能实现纳米颗粒的销毁,但这还取决于吸收材料的性质。

人们可以在防爆室和保持低压的通风装置中进行操作,从而最大程度地降低暴露于由纳米铝热剂燃烧产生的纳米颗粒气溶胶下,已经证明这是抵抗爆炸影响的有效方法。这种类型的基础设施不能提供绝对保护,因此在整个实验过程中需佩戴呼吸器面罩,这种面罩类似于在制造纳米铝热剂时所使用的面罩,这对于通过反应来分散纳米结构物质的全部操作都是有必要的。若偶然暴露于燃烧烟雾下,建议彻底清洗受污染的工作服,特别是头发,这是纳米粒子问题的真正所在。由于静电电荷的积累和皮脂的存在,头发表面容易捕获和保留纳米颗粒。显然,头发的表面积是可变的,因为它取决于头发的直径、长度和数量。初步计算得出其表面积范围为 $10 \sim 60m^2$,平均为 $1 \sim 10m^2$,与人体表面积的平均值($1.7m^2$)相比,这个数值是很高的,这表明通过戴头盔保护头发是至关重要的。由纳米铝热剂燃烧产生纳米颗粒气溶胶,接触该气溶胶人员的头发卫生需要特别关注。

实验中将头发暴露于由纳米铝热剂 WO_3/Al 燃烧产生的气溶胶下，对其进行扫描电子显微镜观察发现，头发上覆盖着亚微米尺寸颗粒的连续层，并且在某些地方存在这些颗粒的球形聚集体（1～10μm）（图 4.4）。

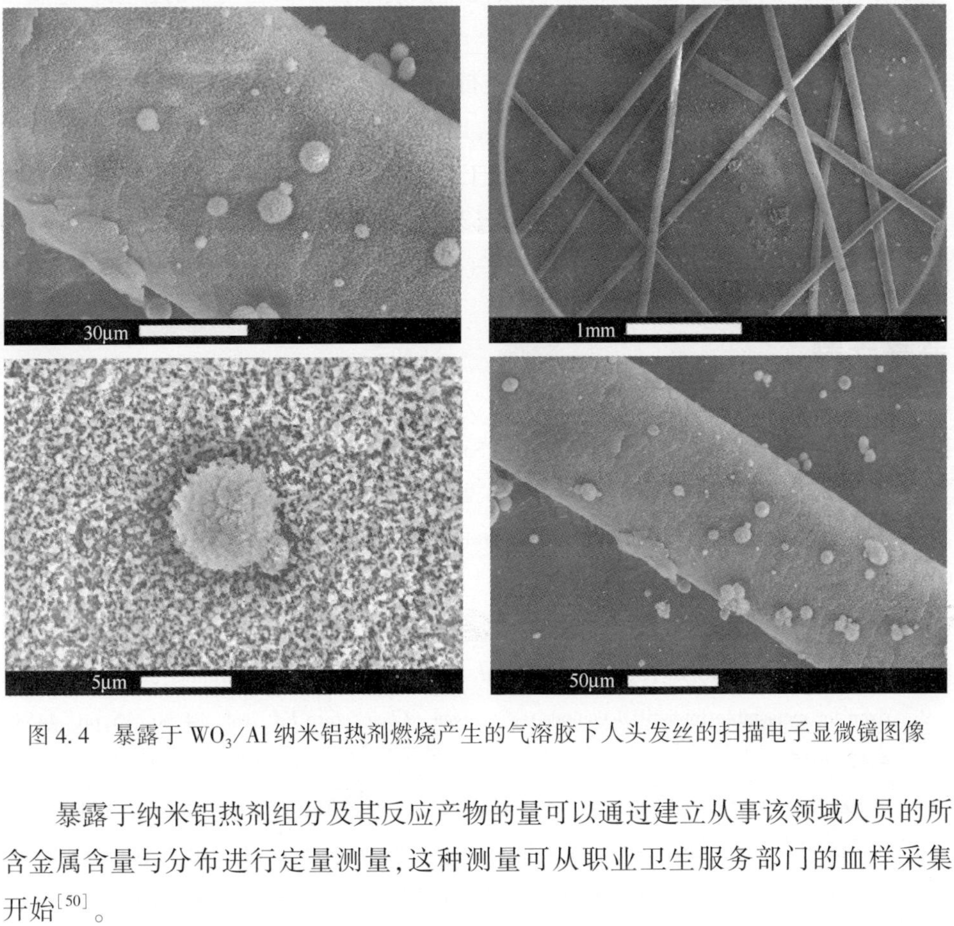

图 4.4　暴露于 WO_3/Al 纳米铝热剂燃烧产生的气溶胶下人头发丝的扫描电子显微镜图像

暴露于纳米铝热剂组分及其反应产物的量可以通过建立从事该领域人员的所含金属含量与分布进行定量测量，这种测量可从职业卫生服务部门的血样采集开始[50]。

4.5　结论与展望

由于使用量少以及从事该领域的科学家采用了合适的防护措施，在实验室制备、使用纳米铝热剂时的烟火安全性和毒性风险是有限的。研究的重点是，在不大幅降低纳米铝热剂反应活性的前提下降低它们对于摩擦和静电的感度。对于其烟火（发火）安全性，研发用极少量的样品就能建立其对操作人员风险等级的方法是尤为重要的。

在工业规模将纳米铝热剂与复杂的烟火体系结合进行生产时，需要对操作者所面临的毒性风险有更准确的了解和认识，因为他们每天都暴露在纳米铝热剂及生成的反应产物中。所设计的制备方法必须保证所制备的目标材料具有纳米结构和稳定的形态。这些方法必须最大限度地降低纳米粒子在空气中的扩散。金属或氧化物纳米粒子在空气中的排放并不是一个新的问题，从工业时代开始，很多冶金工业就排放这种气溶胶[51]。对操作者进行保护是纳米结构材料生产的基本需求，受到的保护必须适应其暴露的特殊环境，比如产物的特征、在空气中的浓度、操作的频率和时间等。在涉及到超细物质的工业活动中，应对工作场所大气中纳米粒子的含量进行系统的测量。例如，法国国家安全研究所就发布了关于纳米材料的潜在排放特征及操作时职业暴露在纳米气凝胶中的风险建议[52]。

参考文献

[1] SIEGERT B. ,COMET M. ,SPITZER D. ,“Safer energetic materials by a nanotechnological approach”,*Nanoscale*,vol. 3,pp. 3534-3544,2011.

[2] PIERCEY D. G. ,KLAPÖTKE T. M. ,“Nanoscale Aluminum - Metal oxide (thermite) reactions for application in energetic materials”,*Cent. Eur. J. Energ. Mater.* ,vol. 7,no. 2,pp. 115-129,2010.

[3] COMET M. ,VIDICK G. ,SCHNELL F. *et al.* ,“Sulfates-based nanothermites:an expanding horizon for metastable interstitial composites”,*Angew. Chem. Int. Ed.* ,vol. 54,no. 15,pp. 4458-4462,2015.

[4] PUSZYNSKI J. ,DOORENBOS Z. ,WALTERS I. ,*et al.* ,“The Effect of Gaseous Additives on Dynamic Pressure Output and Ignition Sensitivity of Nanothermites”[J]. 2011,1426(1):2004.

[5] PUSZYNSKI J. A. ,BULIAN C. J. ,SWIATKIEWICZ J. J. ,“Processing and ignition characteristics of aluminum-bismuth trioxide nanothermite system”[J]. *J. Propul. Power.* ,2007,23(4):698-706.

[6] SIEGERT B. ,COMET M. ,MULLER O. *et al.* ,“Reduced-sensitivity nanothermites containing manganese oxide filled carbon nanofibers”,*J. Phys. Chem.* ,*C*,vol. 114,no. 46,pp. 19562-19568,2010.

[7] BACH A. ,GIBOT P. ,VIDAL L. *et al.* ,“Modulation of the reactivity of a WO_3/Al energetic material with graphitized carbon black as additive”,*J. Energ. Mater.* ,vol. 33,no. 4,pp. 260-276,2015.

[8] LEVITAS V. I. ,ASAY B. W. ,SON S. F. *et al.* ,“Melt dispersion mechanism for fast reaction of

nanothermites", *Appl. Phys. Lett.*, vol. 89, no. 071909, 2006.

[9] PICHOT V., COMET M., MIESCH J. *et al.*, "Nanodiamond for tuning the properties of energetic composites", *Journal of Hazardous Materials*, vol. 300, pp. 194-201, 2015.

[10] THIRUVENGADATHAN R., STALEY C., GEESON J. M. *et al.*, "Enhanced combustion characteristics of bismuth trioxide-aluminum nanocomposites prepared through grapheme oxide directed self-assembly", *Propell. Explos. Pyrot.*, vol. 40, no. 5, pp. 729-734, 2015.

[11] FOLEY T., PACHECO A., MALCHI J. *et al.*, "Development of nanothermite composites with variable electrostatic discharge ignition thresholds", *Propell. Explos. Pyrot.*, vol. 32, no. 6, pp. 431-434, 2007.

[12] YANG Y., WANG P.-P., ZHANG Z.-C. *et al.*, "Nanowire membrane-based nanothermite: towards processable and tunable interfacial diffusion for solid state reaction", *Sci. Rep.*, vol. 3, no. 1694, 2013.

[13] WEIR C., PANTOYA M. L., DANIELS M. A., "The role of aluminum particle size in electrostatic ignition sensitivity of composite energetic materials", *Combust. Flame*, vol. 160, no. 10, pp. 2279-2281, 2013.

[14] COMET M., SPITZER D., HASSLER D. *et al.*, Activation of energetic compositions by magnetic mixing, European patent no. 2,615,077, 2013.

[15] COMET M., SIEGERT B., PICHOT V. *et al.*, "Reactive characterization of nanothermites", *J. Therm. Anal. Calorim.*, vol. 111, no. 1, pp. 431-436, 2013.

[16] COMET M., Les nanomatériaux énergétiques: préparation, caractérisation, propriétés et utilisations, Thesis, University of Strasbourg, 2013.

[17] WANG L., LUSS D., MARTIROSYAN K. S., "The behavior of nanothermite reaction based on Bi_2O_3/Al", *J. Appl. Phys.*, vol. 110, no. 074311, 2011.

[18] COMET M., PICHOT V., SIEGERT B. *et al.*, "Phosphorus-based nanothermites: a new generation of energetic materials", *J. Phys. Chem. Solids*, vol. 71, no. 2, pp. 64-68, 2010.

[19] COMET M., SCHNELL F., PICHOT V. *et al.*, "Boron as fuel for ceramic thermites", *Energ. Fuel*, vol. 28, no. 6, pp. 4139-4148, 2014.

[20] COMET M., SCHNELL F., PICHOT V. *et al.*, "La sécurité pyrotechnique: fait scientifique ou réglementaire?", *Actual. Chimique*, vol. 373, pp. 31-36, 2013.

[21] COMET M., SIEGERT B., PICHOT V. *et al.*, "Preparation of explosive nanoparticles in a porous chromium(III) oxide matrix: a first attempt to control the reactivity of explosives", *Nanotechnology*, vol. 19, no. 28, pp. 285716, 2008.

[22] RISHA G. A., SON S. F., YETTER R. A., *et al.*, "Combustion of nano-aluminum and liquid water"[J]. *P. Combust. Inst.*, 2007, 31(2): 2029-2036.

[23] FUZELLIER H. ,COMET M. ,"Étude synoptique des explosifs",*Actual. Chimique*,vol. 233, pp. 4-11,2000.

[24] BUZEA C. , PACHECO BLANDINO I. I. , ROBBIE K. , Nanomaterials and nanoparticles: Sources and toxicity,*Biointerphases*,vol. 2,no. 4,pp. MR17-MR172,2007.

[25] NIAZI J. H. ,GU M. B. ,"Toxicity of Metallic Nanoparticles in Microorganisms-a Review", DANS Y. J. KIM,U. PLATT,M. B. GU,IWAHASHI H. (ed.),*Atmospheric and Biological Environmental Monitoring*,Springer,Netherlands,2009.

[26] DJURIŠIĆA. B. ,LEUNG Y. H. ,NG A. M. C. *et al.* ,"Toxicity of metal oxide nanoparticles: mechanisms,characterization,and avoiding experimental artefacts",*Small*,vol. 11,no. 1,pp. 26-44,2015.

[27] HUANG Z. ,WU Q. ,LI X. *et al.* "Synthesis and characterization of nano-sized boron powder prepared by plasma torch",*Plasma Sci. Technol.* ,vol. 12,no. 5,pp. 577-580,2010.

[28] SABELLA S. ,CARNEY R. P. ,BRUNETTI V. ,*et al.* ,"A general mechanism for intracellular toxicity of metal-containing nanoparticles"[J]. *Nanoscale.* ,2014,6(12):7052-7061.

[29] BRAYDICH-STOLLE L. ,HUSSAIN S. ,SCHLAGER J. J. *et al.* ,"In vitro cytotoxicity of nanoparticles in mammalian germline stem cells", *Toxicol. Sci.* , vol. 88, no. 2, pp. 412-419,2005.

[30] GAJEWICZ A. ,HU X. ,DASARI T. P. ,"Using nano-QSAR to predict the cytotoxicity of metal oxide nanoparticles"[J]. *Nat. Nanotechnol.* ,2011,6(3):175-178.

[31] CHEN L. ,YOKEL R. A. ,HENNIG B. *et al.* ,"Manufactured aluminum oxide nanoparticles decrease expression of tight junction proteins in brain vasculature",*J. Neuroimmune Pharm.* ,vol. 3,no. 4,pp. 286-295,2008.

[32] PARK E.-J. ,KIM H. ,KIM Y. *et al.* ,"Repeated-dose toxicity attributed to aluminum nanoparticles following 28-day oral administration,particularly on gene expression in mouse brain", *Toxicol. Environ. Chem.* ,vol. 93,no. 1,pp. 120-133,2011.

[33] YANG S.-T. ,WANG T. ,DONG E. *et al.* ,"Bioavailability and preliminary toxicity evaluations of alumina nanoparticules in vivo after oral exposure",*Toxicol. Res.* ,vol. 1,pp. 69-74,2012.

[34] RAJSEKHAR P. V. ,SELVAM G. ,GOPARAJU A. ,*et al.* ,"Pulmonary Responses of Manufactured Ultrafine Aluminum Oxide Particles Upon Repeated Exposure by Inhalation in Rats"[J]. *J. Mol. Struc. Theochem.* ,2014,258(8):97-102.

[35] RADZIUN E. ,DUDKIEWICZ W. J. ,KSIAZEK I. ,*et al.* ,"Assessment of the cytotoxicity of aluminium oxide nanoparticles on selected mammalian cells"[J]. *Toxicol. In. Vitro.* ,2011,25(8):1694-1700.

[36] STRIGUL N., VACCARI L., GALDUN C. *et al.*, "Acute toxicity of boron, titanium dioxide, and aluminum nanoparticles to Daphnia magna and Vibrio fischeri", *Desalination*, vol. 248, no. 1-3, pp. 771-782, 2009.

[37] SADIQ I. M., PAKRASHI S., CHANDRASEKARAN N., *et al.*, "Studies on toxicity of aluminum oxide (Al_2O_3) nanoparticles to microalgae species: Scenedesmus, sp. and Chlorella, sp" [J]. *J. Nanopart. Res.*, 2011, 13(8): 3287-3299.

[38] KENNEDY A. J., MELBY N. L., MOSER R. D. *et al.*, "Fate and Toxicity of CuO Nanospheres and Nanorods used in Al/CuO Nanothermites Before and After Combustion", *Environ. Sci. Technol.*, vol. 47, no. 19, pp. 11258-11267, 2013.

[39] PARK S., LEE Y. K., JUNG M. *et al.*, "Cellular Toxicity of Various Inhalable Metal Nanoparticles on Human Alveolar Epithelial Cell", *Inhal. Toxicol.*, vol. 19, pp. 59-65, 2007.

[40] HUSSAIN S. M., HESS K. L., GEARHART J. M. *et al.*, "In vitro toxicity of nanoparticles in BRL 3A rat liver cells", *Toxicol. In Vitro*, vol. 19, no. 7, pp. 975-983, 2005.

[41] TURKEZ H., SONMEZ E., TURKEZ O. *et al.*, "The risk evaluation of tungsten oxide nanoparticles in cultured rat liver cells for its safe applications in nanotechnology", *Braz. Arch. Biol. Technol.*, vol. 57, no. 4, pp. 532-541, 2014.

[42] HASEGAWA G., SHIMONAKA M., ISHIHARA Y., "Differential genotoxicity of chemical properties and particle size of rare metal and metal oxide nanoparticles", *J. Appl. Toxicol.*, vol. 32, no. 1, pp. 72-80, 2012.

[43] WAGNER A., BLECKMANN C., ENGLAND E. *et al.*, "In vitro toxicity of aluminum nanoparticles in rat alveolar macrophages", Air Force Research Laboratory, no. AFRLHE-WP-TP-2006-0022, 2001.

[44] SEABRA A. B., DURÁN N., "Nanotoxicology of Metal Oxide Nanoparticles", *Metals*, vol. 5, no. 2, pp. 934-975, 2015.

[45] KREYLING W. G., "Toxicokinetics of inhaled nanoparticles", in *Nanomaterials*, Wiley-VCH, Weinheim, 2013.

[46] CFHA, "Les poussières fines en Suisse", available at: www.bafu.admin.ch/div-5013-f, Berne, 2007.

[47] SUNDERMAN F. W., "Nasal Toxicity, Carcinogenicity, and Olfactory Uptake of Metals", *Ann. Clin. Lab. Sci.*, vol. 31, no. 1, pp. 3-24, 2001.

[48] PUSZYNSKI J. A., "Recent Advances in Synthesis and Densification of Nanomaterials in Self-Propagating High-Temperature Regime" [M]. *Adv. Sci. Technol.*, 2006: 994-1004.

[49] RISSE B., SPITZER D., HASSLER D., *et al.*, "Continuous formation of submicron energetic particles by the flash-evaporation technique" [J]. *Chem. Eng. J.*, 2012, 203(5): 158-165.

[50] GOULLÉ J.-P., SAUSSEREAU E., MAHIEU L. *et al.*, "Une nouvelle approche biologique: le profil métallique", *Ann. Biol. Clin.*, vol. 68, no. 4, pp. 429-440, 2010.

[51] BERGES M. G. M., "Exposure during production and handling of manufactured nanomaterials", in *Nanomaterials*, Wiley-VCH, Weinheim, 2013.

[52] WITSCHGER O., LE BIHAN O., DURAND C. *et al.*, "Préconisations en matière de caractérisation des potentiels d'émission et d'exposition professionnelle aux aérosols lors d'opérations mettant en oeuvre des nanomatériaux", *Hygiène et sécurité du travail*, Institut National de Recherche et Sécurité (INRS), vol. 226, pp. 41-55, 2012.

第 5 章　结　　论

纳米铝热剂是一类具有优异烟火特性的非常规含能材料，它们可在较低的能量下激发并发生剧烈的燃烧，这类激发源可以是明火[1]、由焦耳效应加热的电线[2]、激光束[3]、静电放电或闪光[4]。纳米铝热剂在发生反应时释放大量的热，但产生的气体产物很少。其燃烧传播的速率变化范围很大，从每秒几厘米[5]至每秒数千米不等[6]。另外，加入可释放气体产物的含能物质会增强纳米铝热剂的反应活性[7]。

在未来几年中，关于纳米铝热剂的研究热点将会是除铝以外的其他纳米结构燃料，这也将促进氧化性物质的发展，而非仅限于金属氧化物。有机纳米颗粒制备方法的发展会为高性能复合材料的制备开辟了新的途径，如闪蒸技术。

高活性纳米铝热剂的发展需要大量的研究工作来控制此类材料对冲击、摩擦和静电的敏感程度。该领域的挑战是最大限度地提升其性能，这意味着要发展既具有高反应活性又不太敏感的材料。

就形貌而言，纳米铝热剂的特点是颗粒间的高孔隙率，这也是其高反应活性的本质。纳米铝热剂大量的孔体积有利于燃烧通过热气对流快速传播。

纳米铝热剂极有可能成为未来烟火剂领域应用最频繁的一类含能材料，因为可用其具体性质来实现我们特定的目的。纳米铝热剂的反应传播速度范围从白炽传播速度(mm/s)至爆轰速度(km/s)。这种烟火效应可通过改变纳米铝热剂的化学性质来调节，改变纳米铝热剂尺寸、粒子形态、孔隙率以及加入添加剂可调节或增强其反应活性、宏观形态和自身限制。

纳米铝热剂可以在多个烟火剂领域广泛应用。Puszynski 等人在撞击火帽中使用纳米铝热剂作为主成分并申请了专利。Martirosyan 等人使用 Al/Bi_2O_3 和 Al/I_2O_5 纳米复合材料制备了微推进系统的基体[8]。由氧化铬、浸渍炸药和铝制备的产气型纳米铝热剂，已用于 40mm 口径的制导炮弹[9]。将纳米结构铝热剂引入到炸药的方法已由 Jones 申请了专利[10]，其目的是制备高能量密度炸药。Crane 等人研发了一种喷枪，该喷枪可将置于温度传感器或硅基片上面的微米或纳米结构 Al/Fe_2O_3 燃烧产生的炽热气溶胶喷射 26.6mm 的距离[11]，该装置可用于切割金属零件。Kim 等人制备出了一种特殊形貌的纳米铝热剂,该铝热剂可在水中用闪光点燃[12]。最后,纳米铝热剂可用于发射具有一定延迟时间的烟火信号,点燃火药粉末[13]。结合纳米铝热剂与高能炸药组分的复合材料具备爆轰性能,Comet 等人就用这种方法将爆轰传递给 PETN 次级装药[14]。这种现象称为"烟火传导",因为它可将火焰或热丝产生的低功能烟火信号转换成爆轰。复合纳米铝热剂是一种有望替换铅基起爆药的材料,因为铅基起爆药既敏感又具有毒性。Thiruvengadathan 等人制备了一系列不同性质的杂化纳米铝热剂[7],而且最近 Qiao 等人也报道了这方面的研究工作。

Clark 等人的研究表明,纳米结构的 Al/I_2O_5 燃烧所产生的碘蒸气可有效杀灭萎缩芽胞杆菌[15]。Russell 等人证实了氧化碘基混合物消灭萎缩芽胞杆菌的潜力。测试此类物质对病原菌的高效作用是比较有趣的,比如炭疽芽孢杆菌或耶尔森氏菌。可利用纳米铝热剂燃烧时的热效应来销毁库存的含有机磷酸盐物质的化学武器。银[16]、铁、铜、铋[17]的碘酸盐或过硫酸钾[18]等含氧盐已在纳米结构的铝热剂配方中作为氧化剂使用,它们表现出可以接受的灭菌性质。

为更好地将纳米铝热剂应用到功能性烟火剂体系中,最后还有一个将粉末制备成实物的关键性步骤需要实施,截止目前,并没有关于此方面的相关研究。毫无疑问,这是最关键的步骤,因为纳米铝热剂的制备过程需要保持其孔隙结构不被破坏。该技术问题的解决将为纳米铝热剂在烟火剂领域的广泛应用开辟新途径。

参考文献

[1] COMET M. ,VIDICK G. ,SCHNELL F. *et al.* ,"Sulfates-based nanothermites:an expanding horizon for metastable interstitial composites",*Angew. Chem. Int. Ed.* ,vol. 54,no. 15,pp. 4458-4462,2015.

[2] ZHOU L. ,PIEKIEL N. ,CHOWDHURY S. *et al.* ,"T-jump/time-of-flight mass spectrometry for time-resolved analysis of energetic materials",*Rapid Commun. Mass Spectrom.* ,vol. 23,no. 1,pp. 194-202,2009.

[3] GRANIER J. J. , PANTOYA M. L. , "Laser ignition of nanocomposite thermites", *Combust. Flame*,vol. 138,no. 4,pp. 373-383,2004.

[4] OHKURA Y. ,RAO P. M. ,ZHENG X. ,"Flash ignition of Al nanoparticles:mechanism and applications",*Combust. Flame*,vol. 158,no. 12,pp. 2544-2548,2011.

[5] COMET M. ,PICHOT V. ,SIEGERT B. *et al.* ,"Preparation of Cr_2O_3 nanoparticles for superthermites by the detonation of an explosive nanocomposite material",*J. Nanopart. Res.* ,vol. 13,

no. 5,pp. 1961-1969,2011.

[6] WANG L. ,LUSS D. ,MARTIROSYAN K. S. ,"The behavior of nanothermite reaction based on Bi_2O_3/Al",*J. Appl. Phys.* ,vol. 110,no. 074311,2011.

[7] THIRUVENGADATHAN R. ,BEZMELNITSYN A. ,APPERSON S. *et al.* ,"Combustion characteristics of novel hybrid nanoenergetic formulations",*Combust. Flame*,vol. 158,no. 5,pp. 964-978,2011.

[8] MARTIROSYAN K. S. ,HOBOSYAN M. ,LYSHEVSKI S. E. ,"Enabling nanoenergetic materials with integrated microelectronics and MEMS platforms", *12th IEEE International Conference on Nanotechnology* (*IEEE-NANO*),Birmingham,United Kingdom,August 2012.

[9] CISZEK F. ,COMET M. ,SOURGEN F. *et al.* ,Dispositif de pilotage d'un missile ou d'un projectile,European patent no. 2,226,605,2012.

[10] JONES J. W. ,Energy dense explosives,US Patent no. 6,679,960,2004.

[11] CRANE C. A. ,COLLINS E. S. ,PANTOYA M. L. *et al.* ,"Nanoscale investigation of surfaces exposed to a thermite spray",*Appl. Therm. Eng.* ,vol. 31,no. 6-7,pp. 1286-1292,2011.

[12] KIM J. H. ,KIM S. B. ,CHOI M. G. *et al.* ,"Flash-ignitable nanoenergetic materials with tunable underwater explosion reactivity:The role of sea urchin-like carbon nanotubes",*Combust. Flame*,vol. 162,no. 4,pp. 1448-1454,2015.

[13] BASCHUNG B. ,BOUCHAMA A. ,COMET M. *et al.* ,"Experimental investigation of different ignition methods for LOVA gun propellant", *28th International Symposium on Ballistics*, Atlanta,Georgia,USA,September 2014.

[14] COMET M. ,MARTIN C. ,KLAUMÜNZER M. *et al.* ,"Energetic nanocomposites for detonation initiation in high explosives without primary explosive",*Appl. Phys. Lett.* ,vol. 107,no. 243 p. 108,2015.

[15] CLARK B. R. ,PANTOYA M. L. ,"The aluminium and iodine pentoxide reaction for the destruction of spore forming bacteria",*Phys. Chem. Chem. Phys.* ,vol. 12,no. 39,pp. 12653-12657,2010.

[16] SULLIVAN K. T. ,PIEKIEL N. W. ,CHOWDHURY S. *et al.* ,"Ignition and Combustion Characteristics of Nanoscale Al/$AgIO_3$: A Potential Energetic Biocidal System", *Combust. Sci. Technol.* ,vol. 183,no. 3,pp. 285-302,2010.

[17] WANG H. ,JIAN G. ,ZHOU W. *et al.* ,"Metal iodate-based energetic composites and their combustion and biocidal performances", *ACS Appl. Mater. Interfaces*, vol. 7, no. 31, pp. 17363-17370,2015.

[18] ZHOU W. ,DELISIO J. B. ,LI X. *et al.* ,"Persulfate salt as an oxidizer for biocidal energetic nano-thermites",*J. Mater. Chem.* ,*A*,vol. 3,no. 22,pp. 11838-11846,2015.

内 容 简 介

本书内容包括金属和金属氧化物纳米颗粒的制备方法、纳米铝热剂的概念及制备方法、纳米铝热剂及其组分的结构与性能关系以及其表征方法、纳米铝热剂的安全、中和处理、毒性风险等分析。本书既有基础组分的合成与性能介绍,又有纳米铝热剂的合成与性能介绍;既介绍了已有的最新研究进展,又对发展趋势进行了展望。本书内容全面、新颖,系统性强,是一本有关纳米铝热剂的优秀学术著作。

本书可为国内研究者和技术人员提供参考,也可以作为教材让研究生和大学生了解纳米复合含能材料的前沿,同时还可以为管理者决策提供参考。